Härdtle/Ewald/Hölzel
Wälder des Tieflandes und der Mittelgebirge

Ökosysteme Mitteleuropas
aus geobotanischer Sicht

herausgegeben von
Professor Dr. Richard Pott

Werner Härdtle
Jörg Ewald
Norbert Hölzel

Wälder des Tieflandes und der Mittelgebirge

47 Farbfotos
65 Zeichnungen
41 Tabellen

Ulmer

Umschlagfotos: Oben links: Frühjahrsaspekt mit *Anemone ranunculoides*. Oben rechts: Buchen-Eichen-Wald (Fotos W. Härdtle). Unten von links nach rechts: *Pulmonaria officinalis, Ilex aquifolium, Primula veris* (Fotos: J. Morhard).

Prof. Dr. Werner Härdtle, geb. 1957, ist Inhaber des Lehrstuhls für Landschaftsökologie und Naturschutz im Institut für Ökologie und Umweltchemie an der Universität Lüneburg. Studium der Biologie (Dipl.) und der Bodenkunde an den Universitäten Göttingen und Kiel. Promotion zum Dr. rer. nat. an der Universität Kiel. Venia legendi in Geobotanik und Landschaftsökologie.
Forschungsschwerpunkte: Vegetationsökologie, insbesondere Waldökologie und Walddynamik, Naturschutzforschung.

Prof. Dr. Jörg Ewald, geb. 1964, lehrt Botanik und Vegetationskunde am Fachbereich Wald und Forstwirtschaft der Fachhochschule Weihenstephan. Studium der Biologie (Dipl.) und der Bodenkunde an den Universitäten Tübingen, Edinburgh und München, Promotion zum Dr. rer. silv. an der LMU München.
Forschungsschwerpunkte: Beziehungen zwischen Umweltbedingungen und Artenzusammensetzung von Wäldern sowie pflanzensoziologische Datenbanken.

Dr. Norbert Hölzel, geb. 1963, ist Wissenschaftlicher Assistent am Institut für Landschaftsökologie und Ressourcenmanagement der Universität Gießen. Studium der Geographie (Dipl.), Bodenkunde und Landschaftsökologie an der LMU München, Promotion zum Dr. rer. silv. an der LMU München.
Forschungsschwerpunkte: Vegetationsökologie, insbesondere Waldökologie und Auenökologie, Populationsökologie.

Bibliografische Information der Deutschen Nationalbibliothek
Die Deutsche Nationalbibliothek verzeichnet diese Publikation in der Deutschen Nationalbibliografie; detaillierte bibliografische Daten sind im Internet über http://dnb.d-nb.de abrufbar.

Wollgrasweg 41, 70599 Stuttgart (Hohenheim)
E-Mail: info@ulmer.de
Internet: www.ulmer.de
Lektorat: Angelika Greif, Helen Haas
Herstellung: Gabriele Wieczorek
Druck und Bindung: Friedrich Pustet, Regensburg
Printed in Germany

ISBN 978-3-8001-5639-9

Inhaltsverzeichnis

Vorwort des Herausgebers

Beziehungsgefüge von Organismen mit physikalischen und chemischen Standortfaktoren bezeichnet man unabhängig von ihrer Ausdehnung und Komplexität als **Ökosysteme**. Als naturräumlich abgrenzbare Einheiten können landschaftliche Ökosysteme physiogeographisch und typologisch abgegrenzt werden. In Mitteleuropa unterscheidet man u. a. die Binnengewässer der Flüsse und Seen als aquatische Ökosysteme von den marinen Ökosystemen der Küsten des Wattenmeeres und der Inseln. Man trennt die Moore von den Heiden, die Gebüsche von den Wäldern und die Hochgebirgsrasen von den Trockenrasen. Hinsichtlich ihrer Natürlichkeit oder Naturnähe unterscheidet man die primären natürlichen Ökosysteme von den sekundären Ökosystemen der Kulturlandschaften. Das ist auch die Grundidee unserer neuen Buchreihe über die „Ökosysteme Mitteleuropas aus geobotanischer Sicht". Ursprüngliche Naturlandschaften, aber auch Kulturlandschaften, sollen mit ihren typischen Pflanzen- und Tierarten im Zentrum dieser neuen Buchreihe stehen: Gewässer des Binnenlandes, Moore, Küstenlebensräume, Trockenrasen, Zwergstrauchheiden, Grünlandvegetation, Ruderalvegetation, Vegetation der Äcker, Weinberge und der besiedelten Regionen, Säume, Hecken und Gebüsche, Hochgebirgsvegetation und die verschiedenen Waldtypen Mitteleuropas.

Ich danke allen Autorinnen und Autoren der ersten Bände dieses umfangreichen Gesamtwerkes für ihre Bereitschaft zur Mitwirkung. Dem Verlag Eugen Ulmer danke ich für die Bereitschaft und Unterstützung zum Druck eines solchen Werkes.

Möge diese neue Buchreihe ein Bild von der biologischen Vielfalt der Ökosysteme Mitteleuropas liefern und eine Vorstellung von ihrem Werden, ihrer Entwicklung, ihrer Funktion sowie vom Gesamtgefüge von Klima, Boden, Pflanze, Tier und Mensch wie auch eine Kausalanalyse ihrer Stoff- und Energieumsätze geben. Darüber hinaus hoffe ich sehr, mit diesen Bänden neue Freunde für unsere *Scientia amabilis*, die Geobotanik, zu gewinnen.

Hannover, im Juli 2001
Richard Pott

Vorwort der Verfasser

Ohne Einflussnahme des Menschen würden Wälder in Mitteleuropa auf über 90 Prozent der Fläche die natürliche Vegetationsdecke bilden. Obwohl der Mensch seit der Jungsteinzeit und besonders im Mittelalter einen Großteil der ursprünglichen Waldfläche in landwirtschaftliche Nutzflächen umwandelte, ist Mitteleuropa auch heute noch zu etwa einem Drittel mit Wäldern bedeckt.

Besonders in Kulturlandschaften hat diese verbliebene Waldfläche einen hohen ökologischen und gesellschaftlichen Stellenwert: In Wäldern werden Nährstoffkreisläufe durch den Menschen nur wenig gestört; ebenso bilden sie für Niederschläge und das Atmosphärengas Kohlendioxid natürliche Retentionsräume – Waldökosysteme haben somit eine immense Schutzfunktion als Puffer gegen schädigende klimarelevante Umweltfaktoren. Doch eben in dieser Funktion liegt ein großes Gefährdungspotential der Waldökosysteme: Aufgrund ihrer hohen Filterleistung reagieren sie sensibel auf den Eintrag von Fremdstoffen aus der Atmosphäre.

Besondere gesellschaftliche Bedeutung hat der Wald als Rohstofflieferant und Erholungsort, und schließlich beherbergen Wälder einen großen Teil der biologischen Vielfalt Mitteleuropas, so dass der Schutz waldtypischer Arten, ihrer Lebensräume und der natürlichen Walddynamik heute wichtige Naturschutzziele sind.

Das vorliegende Buch widmet sich dem Lebensraum Wald aus geobotanischer Sicht und legt Schwerpunkte auf die geschichtlichen, ökosystemaren, vegetationskundlichen und naturschutzrelevanten Aspekte sowie deren Verknüpfung. Die Artenzusammensetzung und die Struktur der wichtigsten Laub- und Nadelwaldgesellschaften des Tieflandes und des Mittelgebirgsraumes werden in ihrer Abhängigkeit von Klima, Boden und Nutzung vergleichend dargestellt. Diese Betrachtung mündet in einer Zusammenfassung der kennzeichnenden Ökosystemeigenschaften. Im abschließenden Kapitel „Naturschutz" werden einige wesentliche, heute für Waldökosysteme bestehende Gefährdungsfaktoren erläutert und Perspektiven ihres Schutzes – unter anderem im Rahmen einer ökologisch nachhaltigen Waldbewirtschaftung – aufgezeigt.

Das Buch richtet sich an alle Studierenden und Fachwissenschaftler der Biologie, Geographie, Forst- und Umweltwissenschaft, die einen geobotanischen und landschaftsökologischen Zugang zum Thema Wald suchen. Darüber hinaus hoffen wir, dass sich mit diesem Buch dem naturkundlich und landschaftsgeschichtlich interessierten Laien eine stärker wissenschaftlich geprägte Betrachtungsweise eröffnen lässt.

Das Buch wäre nicht ohne die Mithilfe und Unterstützung zahlreicher Kolleginnen und Kollegen zustande gekommen. Unser Dank gilt all jenen, die das Manuskript ganz oder in Teilen gelesen und durch ihre Anregungen und Anmerkungen wesentlich zu dessen Verbesserung beitrugen: K. Dierßen (Kiel), R. Ewald (Göppingen), A. Fischer (Freising), Ch. Kölling (Freising), H.-G. Michiels (Freiburg), Th. Müller (Steinheim), R. Pott (Hannover), F. Schuhwerk (München), W. Türk (Höxter) und H. Walentowski (Freising). Danken möchten wir ferner den Herren W. Türk und J. Dengler, die uns Bildmaterial zur Darstellung verschiedener Waldgesellschaften und -arten zur Verfügung stellten.

Besonders danken möchten wir Herrn R. Pott (Hannover) als Initiator der Reihe „Ökosysteme Mitteleuropas", dem Verlag Eugen Ulmer für die großzügige Ausstattung des Buches sowie Frau N. Kneissler und Frau A. Springorum vom Lektorat des Verlages für die stets angenehme und fruchtbare Zusammenarbeit.

Lüneburg, im März 2003
Werner Härdtle,
Jörg Ewald,
Norbert Hölzel

1 Einführender Überblick

Im Gegensatz zu Kulturlandschaften spiegeln Waldlandschaften die naturgegebenen Standortsbedingungen besonders gut wider. Dies beruht darauf, dass der wirtschaftende Mensch die Entwicklung der Vegetation in Kulturlandschaften maßgeblich beeinflusst, das Artengefüge in Wäldern aber, von anthropogenen Forsten einmal abgesehen, vorwiegend von natürlichen Faktoren wie Klima und Boden bestimmt wird. Daher wird im Folgenden der Beschreibung der Waldvegetation Mitteleuropas eine Kurzcharakteristik ihrer wichtigsten klimatischen und bodenkundlichen Wuchsbedingungen vorangestellt. Diese Vorgehensweise erlaubt, ein Bild der natürlichen Waldvegetation in Mitteleuropa zu entwerfen.

Unter physiogeographischer Sicht umfasst das Verbreitungsgebiet der Wälder Mitteleuropas ein Gebiet, das die Bundesrepublik Deutschland, Polen, Tschechien, Luxemburg sowie Teile angrenzender Länder (Dänemark, Niederlande, Frankreich, Schweiz, Österreich, Slowakei) einschließt (Abb. 1, S. 34/35). Im Norden wird es durch den 55. Breitengrad und im Süden durch den Alpenraum begrenzt. Da der Waldvegetation der Alpen im Rahmen der Buchreihe „Ökosysteme Mitteleuropas" ein eigener Band gewidmet ist, wird diese hier nur am Rande behandelt. Thematische Überschneidungen finden sich dort, wo die Waldvegetation der höchsten Mittelgebirgsgipfel vorgestellt wird, da diese bereits deutliche Beziehungen zu jener des Alpenraumes aufweist.

1.1 Physiogeographische Kennzeichnung Mitteleuropas

Klimatische, geomorphologische und bodenkundliche Gegebenheiten sind die abiotischen Standortsbedingungen. Sie prägen wesentlich die mitteleuropäischen Waldgesellschaften. Im Folgenden wird kurz auf diese grundlegenden Voraussetzungen der Waldentwicklung in Mitteleuropa eingegangen.

1.1.1 Klimatische Verhältnisse

Mitteleuropa liegt innerhalb der temperaten Zone, für die ein kühl gemäßigtes Klima mit einem ausgeprägten Jahreszeitenwechsel kennzeichnend ist und in der sommergrüne Laubwälder vorherrschen. Von Westen nach Osten ist ein deutliches Ozeanitätsgefälle charakteristisch, das sich – im Zusammenwirken mit anderen Standortsfaktoren – im Artengefüge der Gefäßpflanzenflora und somit auch in der Waldvegetation widerspiegelt (Jäger 1968). Während das westliche und nordwestliche Mitteleuropa ein atlantisch-subatlantisches Klima aufweist, herrschen in Ostmitteleuropa subkontinentale Klimabedingungen vor. Für küstennahe Gebiete der Nordsee sind milde Winter mit weniger als 60 Frosttagen im Jahr (Tage mit einem Temperaturminimum unter 0 °C) kennzeichnend. Mit zunehmender Entfernung von der Meeresküste allerdings steigt die Zahl der jährlichen Frosttage an: So weisen beispielsweise das nordostdeutsche und das polnische Tiefland jährlich 90 beziehungsweise 110 Frosttage auf; manche atlantisch-subatlantisch verbreitete Waldart (z. B. *Ilex aquifolium*, Benkert et al. 1998, Haeupler & Schönfelder 1988 u. Abb. 2) stößt hier an ihre östliche Verbreitungsgrenze. Die meisten Frosttage (etwa 140 bis zu 220 pro Jahr) weisen die Montanlagen der Mittelgebirge auf, so der Harz, der Schwarzwald, der Bayerische Wald, der Thüringer Wald sowie das Fichtel- und Riesengebirge.

Wie nahezu überall in der gemäßigten Zone sind extreme Temperaturwerte auch in Mitteleuropa wenig ausgeprägt. Lufttemperaturen von +30 °C im Sommer und –20 °C im Winter werden kaum über- beziehungsweise unterschritten. Für die Lage Mitteleuropas ist ferner charakteristisch, dass Frühjahr und Herbst – im Vergleich zu Nordeuropa – lange andauern und sich damit die Vegetationsperiode für die Pflanzen verlängert.

In weiten Teilen des westlichen Mitteleuropas fallen pro Jahr im Durchschnitt Niederschlagsmengen zwischen 600 und 850 mm, in Ostmitteleuropa hingegen lediglich 500 bis 600 mm. In Mittelgebirgslagen, die durch Stei-

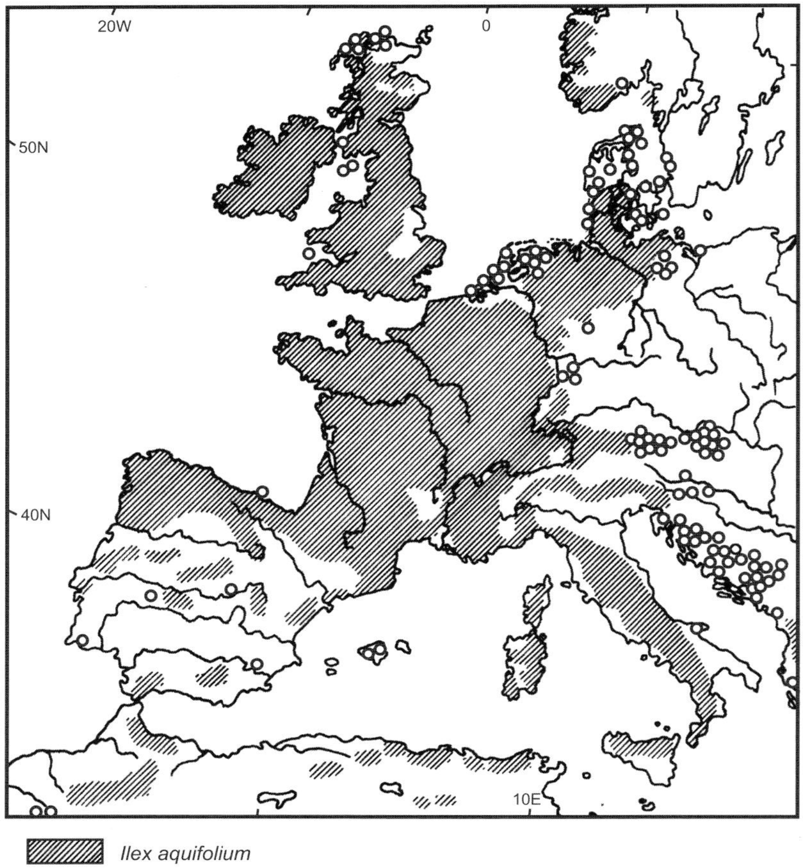

Abb. 2
Areal der Stechpalme (*Ilex aquifolium*) in Mitteleuropa (schraffiert). Diese wintergrüne Art erreicht durch die Zunahme starker Winterfröste bereits in Ost-Mitteleuropa ihre absolute östliche Verbreitungsgrenze; ○ Einzelvorkommen außerhalb des geschlossenen Areals (nach MEUSEL et al. 1965, 1978).

gungsregen erhöhte Niederschläge zu verzeichnen haben, sind Werte von über 2 000 mm keine Seltenheit. Besonders niederschlagsarm (unter 500 mm) hingegen sind das Saale- und das Odertal sowie das Weichselbecken westlich von Warschau.

1.1.2 Geomorphologische und bodenkundliche Verhältnisse

Die Verbreitung der wichtigsten Bodengesellschaften Mitteleuropas lassen über ihre aktuelle Bedeutung für die Vegetationsentwicklung hinaus auch auf die Pedogenese rückschließen. Abbildung 3 (S. 12/13) ermöglicht einen solchen Einblick in die geologischen Zusammenhänge zwischen Bodenentstehung und Bodenverhältnissen in Mitteleuropa.

Ein Vergleich mit Abbildung 1 (S. 34/35) zeigt, inwieweit die natürlichen Wald- und Bodengesellschaften in Mitteleuropa koinzidieren. Bodengesellschaften der eiszeitlichen Aufschüttungsgebiete prägen das norddeutsche Flachland und das Alpenvorland. In den nördlichen, weichseleiszeitlichen Moränengebieten (**Jungmoränenlandschaften**) war Geschiebemergel das Ausgangsgestein für die Bodenbildung. Dort sind Parabraunerden und Pseudogleye, seltener auch Pararendzinen und podsolige Böden verbreitet. Aus den meist grobkörnigen, wasserdurchlässigeren Würm-Moränen und -Schottern des Alpenvorlandes haben sich überwiegend Parabraunerden, in steileren Erosionslagen auf kalkreichem Substrat Pararendzinen entwickelt, auf silikatischem Material entstanden Regosole und flachgründige Braunerden.

Die Bodenentwicklung ist in **Altmoränenlandschaften** im Vergleich zur Jungmoränenlandschaft weiter fortgeschritten, so dass Podsole oder podsolige Böden hier besonders verbreitet sind. **Lösslandschaften** treten in Mitteleuropa von Belgien bis Südpolen auf und erreichen als ein den Mittelgebirgen vorgelagerter, bandartiger Landschaftsbestandteil ihre größte Flächenausdehnung. Aus dem Ausgangsmaterial der Bodenbildung, dem Löss, sind vorwiegend Parabraunerden und Pseudogleye, seltener auch podsolige Böden sowie im östlichen Mitteleuropa Schwarzerden hervorgegangen.

Bei den durch die Braunerdebildung gekennzeichneten **Mittelgebirgslandschaften** können ganz verschiedene Bodentypen nebeneinander vorkommen oder miteinander verzahnt sein. Unterschiedliche Gesteins- und Reliefausprägungen sind hier ausschlaggebend: In steileren Kuppen- und Hanglagen treten auf silikatischen Festgesteinen – neben Fels-Rohböden – Bodengesellschaften aus Rankern und sauren Braunerden auf; auf Karbonatgesteinen sind Rendzinen mit gering oder nicht versauerten Braunerden und Terrae fuscae verbreitet. Während in mehr oder minder ebenen Lagen auf Sand- oder Tonsteinen Parabraunerden und Pseudogleye vorherrschen, entstanden aus basischen Magmatiten relativ nährstoffreiche Ranker und Braunerden. Böden aus Graniten, Gneisen oder in Sandsteingebieten weisen aufgrund der Basenarmut des Ausgangsgesteines häufig Podsolierungsmerkmale auf.

In der **Schichtstufenlandschaft** Süddeutschlands zeigt die Bodenentwicklung eine enge Beziehung zur Landschaftsgeschichte. Besonders auf den tertiären kalkhaltigen Landoberflächen der Fränkischen und Schwäbischen Alb treten neben den rezenten Rendzinen und den vorwiegend pleistozänen Terrae fuscae auch noch Relikte der tertiären Böden auf, zum Beispiel fossile Terrae rossae. Umgelagerte Braunlehm-, Graulehm- und Rotlehm-Reste des Tertiärs finden sich zudem in Hochlagen der Eifel und des Rheinischen Schiefergebirges.

1.2 Natürliche Waldlandschaften Mitteleuropas als Ausdruck der physiogeographischen Verhältnisse

Die in Mitteleuropa vorherrschenden und oben skizzierten Klima- und Bodenverhältnisse sind besonders für Phanerophyten günstig, so dass – ohne Eingriffe des Menschen – etwa 90 % der Fläche Mitteleuropas von Wald bedeckt wäre (Hofmann et al. 2000). Im vorherrschenden Klima gedeihen Laubhölzer mit mesophytischem Blattbau und mäßig geschützten Winterknospen besonders gut, so beispielsweise die **Rot-Buche** (*Fagus sylvatica*) und die **Stiel-Eiche** (*Quercus robur*). Beide Holzarten tolerieren ein breites Trophiespektrum der von ihnen besiedelten Böden (siehe Kap. 4.3). In weiten Teilen Mitteleuropas wären Rot-Buche und Stiel-Eiche daher maßgeblich am Aufbau der von Natur aus vorherrschenden Waldlandschaften beteiligt (siehe Abb. 1, S. 34/35).

Mit zunehmender Kontinentalität des Klimas werden die Winter kälter und Spätfrostereignisse häufiger. Dies kann die Knospen der meisten Laubbäume, ihr Frühjahrslaub und auch ihre Blüten schädigen. Zugleich sind die in Mitteleuropa heimischen Laubbäume weniger an Lufttrockenheit im Sommer angepasst, so dass wintergrüne und weniger kälteempfindliche Nadelbäume mit ihren skleromorphen Nadelblättern unter subkontinentalen und kontinentalen Klimabedingungen, aber auch in kühleren Gebirgslagen Konkurrenzvorteile erlangen. Zu nennen sind die **Tanne** (*Abies alba*) und die **Fichte** (*Picea abies*).

Der wohl wirksamste Faktor allerdings, der immergrüne Nadelhölzer gegenüber sommergrünen Laubbäumen im Hinblick auf physiogeographische Verhältnisse begünstigt, ist die Kürze der Vegetationsperiode. Diese macht sich in der Zusammensetzung der Vegetation nicht nur im kontinentalen Klima in Ostmittel- und Osteuropa, sondern auch bei zunehmender geographischer Breite und orographischer Höhe bemerkbar. So erreichen viele Laubhölzer in Südschweden ihre nördliche Arealgrenze, wo das sommergrüne Laubwaldgebiet in die boreale Nadelwaldzone übergeht (Abb. 4, Dierssen 1996). Auch in den höheren Mittelgebirgen bereichern in Abhängigkeit von den edaphischen Verhältnissen in der Montanstufe Tanne (*Abies alba*) oder Fichte (*Picea abies*) regelmäßig die Baumartenmischung, so dass Mischwälder aus Laub- und Nadelhölzern oder gar reine Nadelwälder entstehen.

Im Ökogramm (Abb. 5) wird der Einfluss des Jahresniederschlags und des Jahresmittels der Lufttemperatur auf die Baumartenzusammensetzung deutlich. Grundsätzlich herrschen Nadelbäume dann vor, wenn ein bestimmter Jahresmittelwert der Lufttemperatur – der un-

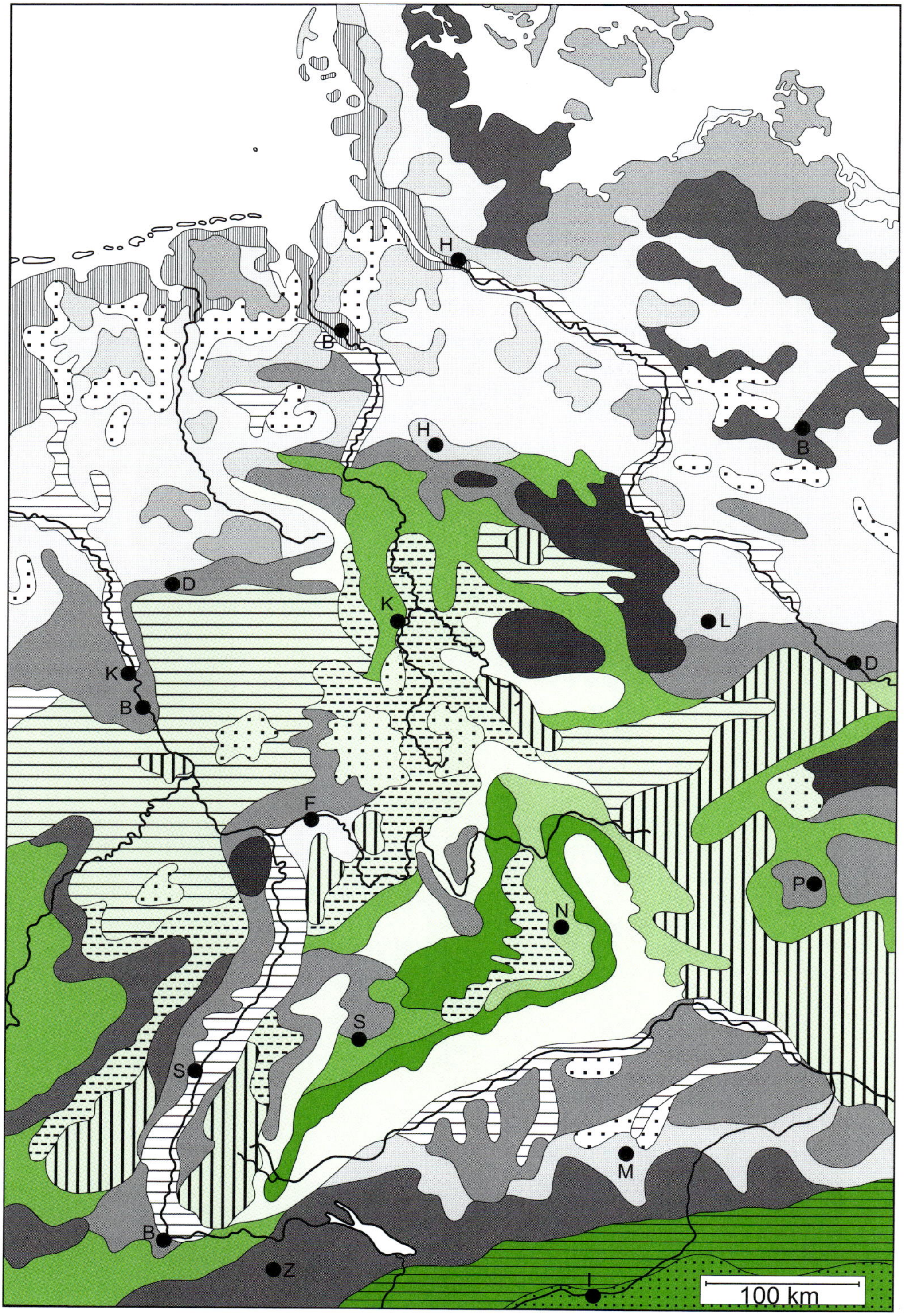
H
B
H
B
D
K
L
K
D
B
F
P
N
S
S
M
B
Z
I
100 km

Böden der großen Täler und Küstengebiete			
	Marschen-Gebiete	Seemarsch, Brackmarsch, Flussmarsch u. a.; Salzmarsch, Kalkmarsch, Kleimarsch	mariner bis brackischer Schlick
	Auenboden-Gebiete	Auenböden, Gleye, Niedermoore, höhere Lagen mit Braunerde, Parabraunerde, Pararendzina	tonige bis sandige Flusssedimente
	Moorboden-Gebiete	Hochmoor (bes. in Norddeutschland), Niedermoor	Torfe
Böden des Flachlandes und der Lössgebiete (in Tälern Auenböden und Gleye, z. T. Moore)			
	Podsol-Gebiete	Podsol, Podsol-Braunerde, Rostbraunerde; Bänderparabraunerde; Gley-Podsol	fluviatile, glazifluviatile, glazigene und äolische Sande
	Fahlerde-Gebiete	Fahlerde, Podsol-Fahlerde, Pseudogley-Fahlerde; Podsol-Parabraunerde, Pseudogley-Parabraunerde	Sand (z. T. Geschiebedecksand) über Geschiebelehm
	Parabraunerde-Gebiete	Parabraunerde, Pseudogley-Parabraunerde, Fahlerde, Pseudogley-Fahlerde	kalkhaltige Moränenablagerungen, u. a. Geschiebemergel, z. T. mit Sanddecke
	Parabraunerde-Gebiete	Parabraunerde, Pseudogley-Parabraunerde, Fahlerde, Pseudogley-Fahlerde; z. T. Übergänge zur Schwarzerde	Löss, Sandlöss, Schwemmlöss, Hochflutlehm
	Schwarzerde-Gebiete	Schwarzerde, Pseudogley-Schwarzerde, Übergänge zu Parabraunerde („degradierte" Schwarzerde); Pararendzina, Brauner Steppenboden (Mainzer Becken)	Löss, Schwemmlöss
	Pseudogley-Gebiete	Pseudogley, Fahlerde-Pseudogley, Parabraunerde-Pseudogley, Podsol-Pseudogley	Geschiebemergel, z. T. Geschiebelehm, selten Löss
Böden der Bergländer und Mittelgebirge (in Tälern Auenböden und Gleye, z. T. Moore)			
	Podsol-Gebiete	Podsol, Podsol-Braunerde	Sandstein
	Braunerde-Gebiete	Braunerde, Podsol-Braunerde, Pseudogley-Braunerde; Pseudogley, Stagnogley, Ranker	Sandstein, Schluff-Sandstein
	Braunerde-Gebiete	Braunerde, Podsol-Braunerde, Ranker; örtlich Plastosol-Relikte (z. B. Eifel)	Schluff- und Tonschiefer
	Braunerde-Gebiete	Braunerde, Podsol-Braunerde, Ranker	saure Magmatite, z. B. Granit, Gneis, Trachyt
	Braunerde-Gebiete	Braunerde und Parabraunerde; Pseudogley, Ranker, örtl. Latosol-Relikte (z. B. Vogelsberg)	basische und intermediäre Magmatite, häufig Basalt, oft mit Lössdecke
	Braunerde-Rendzina-Gebiete	Relativ engräumiger Wechsel von Braunerde, Rendzina, Ranker, Parabraunerde, Pseudogley	Sandstein, Schluffstein, Tonstein, Kalkstein und Mergelstein im Wechsel ohne und mit Deckschicht (z. T. Löss)
	Rendzina-Terra fusca-Gebiete	Rendzina, Rendzina-Braunerde, Braunerde-Terra fusca; Parabraunerde, Pseudogley; örtliche Terra rossa-Relikte (Alb)	Kalkstein, Mergelgestein, Dolomit oft mit Lehm- oder Lössdecke
	Pseudogley-Pelosol-Gebiete	Pseudogley, Pelosol, Pseudogley-Braunerde; Pseudogley-Parabraunerde, Rendzina	Tonstein, Tonmergelstein, oft mit lehmiger Deckschicht (z. T. Löss)
Böden des Hochgebirges (in Tälern Auenböden und Gleye, z. T. Moore)			
	Rendzina-Rohboden-Gebiete	Rendzina, Tangelrendzina, Pararendzina, Rohböden; Braunerde, Pseudogley	Dolomitstein, Kalkstein, Mergelstein und deren Schutt
	Ranker-Rohboden-Gebiete	Ranker, Rohböden; Braunerde, Pseudogley, Podsol	Silikatische Festgesteine (oft Gneis, Granit) und deren Schutt

Abb. 3 Die wichtigsten Bodenlandschaften Mitteleuropas mit bedeutenden Leitböden und Ausgangsgesteinen. Ein Vergleich mit Abbildung 1 (S. 34/35) zeigt, inwieweit sich natürliche Wald- und Bodengesellschaften entsprechen (nach ROESCHMANN aus KUNTZE et al. 1994).

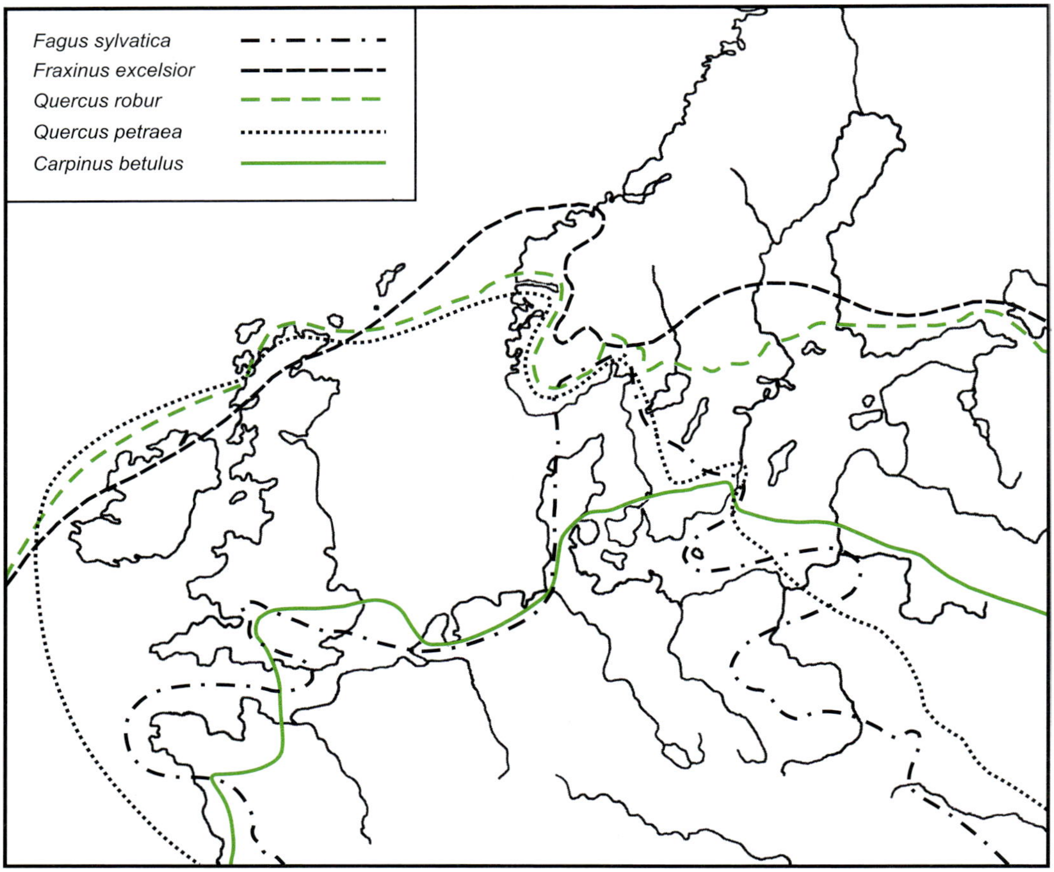

Abb. 4 Nördliche Arealgrenzen einiger Laubholzarten in Europa (nach MAYER 1984).

ter anderem ein Ausdruck für die Länge der Vegetationsperiode ist – unterschritten wird. Im vorliegenden Beispiel liegt dieser Wert bei etwa 4 °C, er verschiebt sich aber in Abhängigkeit vom Jahresniederschlag (viel Niederschlag: Wert steigt, wenig Niederschlag: Wert sinkt). In Kapitel 4 folgt für einzelne Gehölz- und krautige Waldarten eine detaillierte Beschreibung ihres vegetationsgeographischen und orographischen Verhaltens.

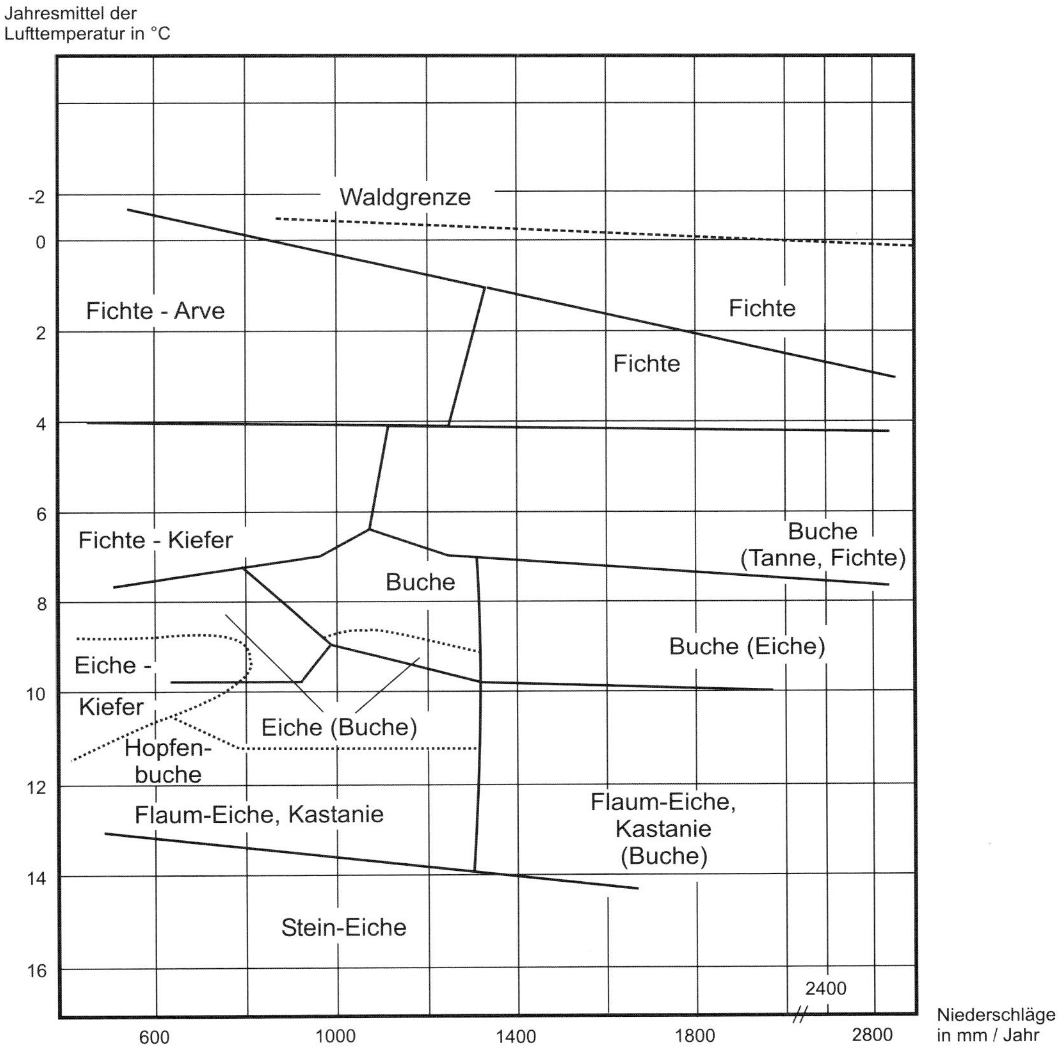

Abb. 5 Herrschaftsbereiche einiger Baumarten in Abhängigkeit von der jährlichen Niederschlagssumme und dem Jahresmittel der Lufttemperatur, dargestellt am Beispiel der natürlichen Waldvegetation des Alpenraumes (verändert nach Rehder 1965).

2 Vegetationsgeschichtlicher Überblick: Natürliche Waldentwicklung in der Spät- und Nacheiszeit

Die klimatischen Bedingungen im Hochglazial hatten Mitteleuropa als völlig waldfreien Landschaftsraum hinterlassen. Wesentliche Voraussetzung einer Wiederbewaldung dieser Landschaft war entsprechend eine im Hinblick auf die Vegetationsentwicklung kontinuierliche Verbesserung der Klimabedingungen. Nach KRAL (1979) begann die Erwärmungsphase etwa 18 000 v.h. Man geht heute davon aus, dass diese Zeit der klimatischen Veränderungen etwa 8 000 Jahre andauerte und mit Beginn des Holozäns (etwa 10 000 v.h.) abgeschlossen war (BORTENSCHLAGER 1972, FRENZEL 1977, KRAL 1979; Abb. 6).

In den nachfolgenden Kapiteln, die sich mit den einzelnen vegetationsgeschichtlichen Epochen beschäftigen, richten sich die genannten Zeiträume nach SPEIER (1997, Tab. 1) und beziehen sich auf die Vegetationsentwicklung in Nordwestdeutschland.

Für das südliche Mitteleuropa sind die entsprechenden Epochen durchweg früher (ca. 500–1000 Jahre) anzusetzen. Ein Überblick über wahrscheinliche Ausbreitungsgeschwindigkeiten der einzelnen Baumarten während der spätglazialen und holozänen Wiederbewaldung Mitteleuropas ist Tab. 2 zu entnehmen.

2.1 Spätglaziale Vegetationsentwicklung

Eine detaillierte Rekonstruktion der Vegetationsentwicklung im Spätglazial (**Subarktikum**, 13 300 bis 10 300 v.h.) ist für viele Landschaften Mitteleuropas aufgrund derzeit bestehender Forschungslücken noch unvollständig (POTT 1993). Die nachfolgende Beschreibung gibt daher ein eher generalisierendes Bild der spätglazialen Vegetationsentwicklung wieder.

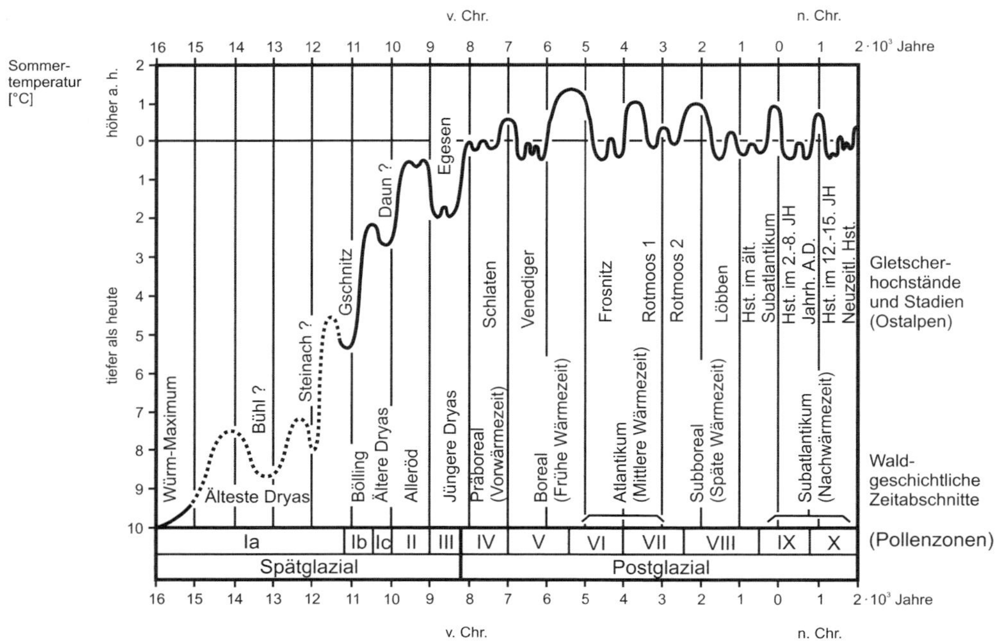

Abb. 6 Wahrscheinlicher Temperaturverlauf während der Spät- und Nacheiszeit (nach BORTENSCHLAGER aus KRAL 1979).

Tab. 1 Vereinfachte Übersicht über den Verlauf der spät- und nacheiszeitlichen Vegetationsentwicklung in Nordwestdeutschland im Vergleich zur archäologischen Kulturstufeneinteilung (nach Speier 1997)

Vegetationsgeschichtliche Einteilung	Vegetationsentwicklung	Sukzessionsphasen	Kulturstufen
Jüngeres **Subatlantikum** 1100 v. h.	Phase der stark bis übermäßig genutzten Wälder mit a. Ausbildung von Nieder-, Hude- und Lohschälwäldern b. Bildung von Heckenlandschaften c. Waldvernichtungsphasen – Heidelandschaftsbildung – Binnendünenbildung im Wuchsgebiet der Eichen-Birken-Wälder d. Neuzeitlichen Forsten	**Anthropo-zoogen beeinflusste Sukzessionen von Offenlandschafts- und Waldökosystemen** – Beeinflussung natürlicher Verbreitungsgrenzen von Arten – Etablierung anthropogener Phytozönosen – Erhöhung der strukturellen Diversität – Eingriffe in die edaphische und hydrologische Entwicklung	**Metallzeiten** Neuzeit: 1493–heute Mittelalter: 568–1493 Völkerwanderung: 375–568 n. Chr. RKZ: 1. Jh. v.–4. Jh. n. Chr. Latène: 450–1. Jh. v. Chr. Hallstatt: 750–450 v. Chr. Bronzezeit: 1800–750 v. Chr.
Älteres **Subatlantikum** 3300 (3100)–1100 v. h.	Massenausbreitung der Buche, Ausbildung und Differenzierung von Buchen-, Buchen-Eichen- und Eichen-Hainbuchen-Wäldern		
Subboreal 5200–3300 (3100) v. h.	Einwanderung von Buche u. Hainbuche, standörtlich differenzierte Mischwälder mit geringeren Anteilen an Ulmen u. Linden		**Neolithikum** Jungsteinzeit 6500–3800 v. heute Bauernkulturen Ackerbau und Viehzucht Beginn der Kulturlandschaftsentwicklung
Atlantikum 8000–5200 v. h.	Laubmischwälder mit standörtlicher Differenzierung aus Eiche, Ulme, Linde, Esche, Ahorn, Fichte auf Sonderstandorten, Etablierung von Erlen-Auenwäldern, Ausbildung von Kiefern-Refugialgebieten	klimatisch bestimmte Einwanderung vorwiegend von Laubhölzern **Klimatogene Sukzessionen von Waldökosystemen**	**Mesolithikum** Mittelsteinzeit 10 000–6500 v. h. Jagd- und Sammelkulturen „geschliffene" Steine Beile, Äxte, Klingen Mikrolithe
Boreal 9000–8000 v. h.	haselreiche Kiefern-Birken-Wälder		
Präboreal 10 300–9000 v. h.	Birken-Kiefern-Wälder		
Subarktikum – **Jüngere Dryas** (Jüngere Parktundrenzeit) 10 800–10 300 v. h.	Wiederausbreitung glazialer Steppen- u. Tundrenelemente		
Subarktikum – **Alleröd** 12 000–10 800 v. h.	Kiefern-Birken-Wälder mit Weiden-Spaliersträuchern, *Juniperus*, z. T. *Hippophaë*, Ericaceae, fleckenhaft heliophile Glazialflora, *Betula pendula*	klimatisch gesteuerte **Einwanderung** und phasenweise Etablierung von **Pioniergehölzen** **Klimatogene Sukzessionen von Offenland** und ± geschlossenen **Gehölzformationen**	**Paläolithikum** Altsteinzeit bis ca. 10 000 v. h. Jagd- und Sammelkulturen „behauene" Steine Faustkeile Abschläge
Subarktikum – **Ältere Dryas** (Ältere Parktundrenzeit) 12 400–12 000 v. h.	Arkt.-alpine Steppenflora (*Helianthemum, Thalictrum, Artemisia, Ephedra, Potentilla*, Fabaceae, *Rumex*, etc.)		
Subarktikum – **Bölling-Interstadial** 13 300–12 400 v. h.	Tundren u. Pioniergehölze Birken (*Betula nana, B. pubescens*) Weiden (*Salix retusa, S. reticulata*), Wacholder (*Juniperus*) Sanddorn (*Hippophaë*)		
Artikum 16 500–13 300 v. h.	baumlose Tundren mit arkt.-alpinen Steppenelementen		

Tab. 2 Ausbreitungsgeschwindigkeiten, Ausbreitungssprünge und Ausbreitungsarten verschiedener Baumarten im Spätglazial und Holozän (nach LANG 1994, SPEIER 1997, BONN & POSCHLOD 1998).
Erläuterung der Zeichen bzw. Abkürzungen:
○: Lichtholz, ◑: Halbschattholz, ●: Schattholz; A = anemochor, H = hydrochor, Z = zoochor (überwiegend dysochor, d. h. durch Vögel oder den Menschen ausgebreitet); (...): rezent beobachtete Ausbreitungssprünge (nach LANG 1994). Die Ausbreitungssprünge ergeben sich durch die Multiplikation der Wandergeschwindigkeit mit dem Blühreifealter. Die Begriffe proto-, meso- und telokratisch beziehen sich auf das zeitliche Einwanderungsverhalten der Gehölze im Holozän (siehe LANG 1994: 17,171 f.)

	Blühreifealter (Jahre)	Wandergeschwindigkeit (m/Jahr)	Ausbreitungssprünge (km)	Ausbreitungsart(en)
Protokratische Gehölze				
○ *Betula pendula/pubescens*	10	250– < 2000	2,5– < 20 (3)	A/H/Z
○ *Pinus Diploxylon (sylvestris)*	10	1500	15–60 (2)	A/H/Z
Mesokratische Gehölze				
◑ *Acer*	10	500–1000	10–20 (4)	A/H/Z
◑ *Alnus glutinosa/incana*	15	500–2000	7,5–30	A/H/Z
○ *Corylus*	10	500–1500	5–15 (10)	H/Z
◑ *Fraxinus excelsior*	25	200– 500	5–12,5	A/H/Z
○ *Quercus* (sommergrün)	30	5– 500	2,2–15 (10–30)	H/Z
◑ *Tilia*	10	50– 500	0,5–5	A/H
◑ *Ulmus*	30	100–1000	3–30	A
Telokratische Gehölze				
● *Abies*	30	40– 300	1,2–9 (8)	A/Z
◑ *Picea*	30	60– 500	1,8–15	A/Z
● *Carpinus betulus*	20	50–1000	1–20	A/Z
● *Fagus*	40	175– 350	7–14 (10)	Z

Kennzeichnend für die an das Weichsel-Hochglazial (bis 16 500 v.h.) anschließende **Älteste Dryaszeit** (16 500 bis 13 300 v.h.) ist eine baumlose, von kalt-kontinentalem Klima geprägte Tundra, deren Vegetation und Physiognomie weitgehend den heutigen Tundren arktisch-alpiner Gebiete Europas entspricht. Pollenanalytisch nachweisbar sind für diese Zeit – neben der Namen gebenden Silberwurz (*Dryas octopetala*) – verschiedene Arten der Familien der Poaceae und der Cyperaceae, die Gletscher-Weiden (*Salix herbacea*, *S. reticulata*, *S. retusa*), die Zwerg-Birke (*Betula nana*) und der Beifuß (*Artemisia* spp.). Nach POTT (1997) hat in der Dryaszeit während der Sommermonate die Temperatur im bodennahen Bereich Werte von 20 °C erreicht und überschritten, so dass zumindest für die dem Boden anliegenden Zwergsträucher und Kräuter günstige Assmilationsverhältnisse bestanden. Eine geringe Erwärmung besonders des nördlichen Mitteleuropas während der **Böllingzeit** (13 300 bis 12 400 v.h.) begünstigte eine Ausbreitung der Baum-Birken (*Betula pubescens*). Es entstanden parkartige Tundren, in denen diese Birkenart – bei gleichzeitiger Präsenz von *Betula nana* – vorherrschte (OVERBECK 1975, USINGER 1983).

Die Wald-Kiefer erreichte das mitteldeutsche Trockengebiet und den Südrand des nordwestdeutschen Tieflandes. Für die **Ältere Dryaszeit** (12 400 bis12 000 v.h.) ist ein Kälterückschlag kennzeichnend, der zu einem Rückgang der Baum- und auch der Zwerg-Birken (*Betula pubescens*, *B. nana*) führte (USINGER 1983). Ein deutlicher Erwärmungsschub lässt sich für das **Alleröd** (12 000 bis 10 800 v.h.) belegen, so dass sich in weiten Teilen der Mittelgebirge Birken-Kiefern-Wälder etablieren konnten. Ein erneuter Temperaturrückgang leitete die Epoche der **Jüngeren Dryaszeit** (10 800 bis 10 300 v.h.) ein. Mit ihm verschlechterten sich die Wuchsbedingungen für die Baum-Birken und die Wald-Kiefer, so dass in weiten Teilen Mitteleuropas erneut Parktundren entstanden.

2.2 Entstehung der natürlichen Waldvegetation im Holozän

Im Gegensatz zum Spätglazial ist die Wiederbewaldung Mitteleuropas im **Holozän** (Postglazial oder Nacheiszeit, ab 10 300 v.h.) pollenanalytisch gut untersucht. Das **Präboreal** (10 300 bis 9 000 v.h.), mit dem die Postglazial-

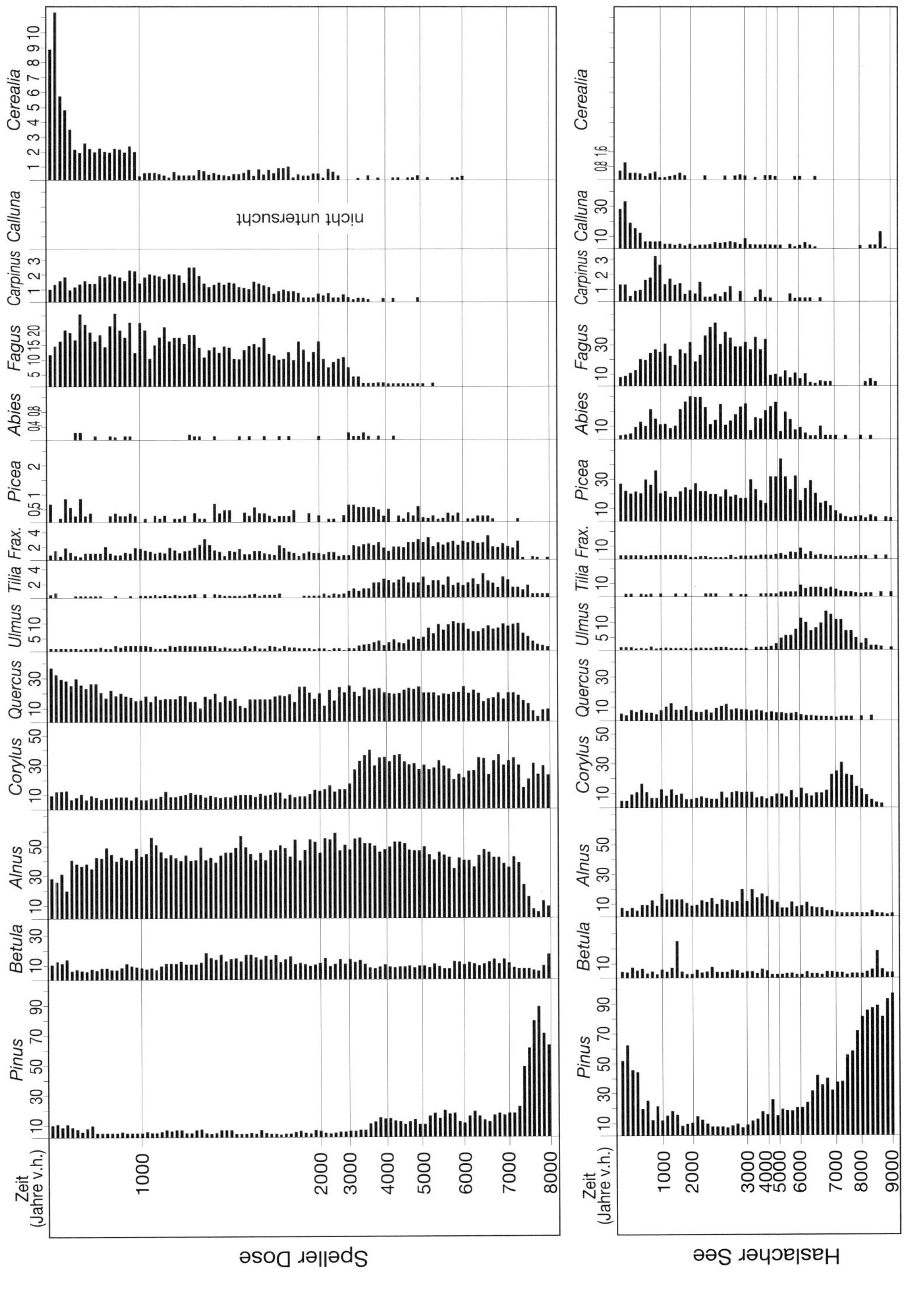

Abb. 7 Vergleich der Waldentwicklung im Postglazial in Nord- und Süddeutschland anhand von zwei Pollendiagrammen: oben Speller Dose, Emsland (nach KRAMM 1978), unten Haslacher See/Auerberg, Südbayern (nach KÜSTER 1988).

zeit beginnt, war allgemein durch eine Klimabesserung beziehungsweise Klimastabilisierung gekennzeichnet, so dass nun eine kontinuierliche Bewaldung möglich wurde (Pott 1996). Bezeichnend für diese Epoche war eine Ausbreitung beziehungsweise Wiederetablierung von Birken-Kiefern-Wäldern (Abb. 7), wobei sich am Waldaufbau neben *Betula pubescens* und *Pinus sylvestris* auch *Betula pendula* und – im südlichen Mittelgebirgsraum – *Pinus mugo* beteiligten.

Für die Waldentwicklung im **Boreal** (9 000 bis 8 000 v.h.) lassen sich nach Overbeck (1975) vier wichtige Spezifika nennen:

- eine starke Ausbreitung der Hasel, besonders im westlichen Europa und in höheren Lagen der Mittelgebirge (Küster 1996),
- eine deutliche Ausbreitung der Kiefer in den während des Präboreal noch birkenreichen Landschaften,
- dort anschließend beziehungsweise in den übrigen Landschaften Mitteleuropas zeitgleich die beginnende Einwanderung von Arten der atlantischen Laubmischwälder (z. B. Arten der Gattungen *Quercus* und *Ulmus*),
- die beginnende Ausbreitung der Fichte in den südlichen und südöstlichen Mittelgebirgen.

Eine rasche Ausbreitung von *Corylus avellana* ist hauptsächlich auf eine Erhöhung der Durchschnittstemperaturen im Boreal zurückzuführen (Kubitzki 1961). Als gesichert gilt ein Anstieg der Jahresmitteltemperaturen, die die heute herrschenden Temperaturen um 2 bis 3 °C überschritten (Pott 1996). Bezeichnend für die frühe Wärmezeit waren in Mitteleuropa haselreiche Birken-Kiefern-Wälder, in denen *Populus tremula* und im weiteren Verlauf des Boreals zunehmend auch Eichen und Ulmen auftraten. Fichtenreiche Birken-Kiefern-Wälder entstanden hauptsächlich im östlichen Mitteleuropa und im Alpenvorland, wo kürzere Vegetationsperioden und eine rasch einsetzende Frühjahrserwärmung Nadelhölzer allgemein begünstigen.

Für die etwa drei Jahrtausende andauernde Epoche des **Atlantikums** (8 000 bis 5 200 v. h.) war ein feucht-mildes Klima kennzeichnend, in dem die mittleren Sommertemperaturen die heute in Mitteleuropa bestehenden durchschnittlich um 1,5 bis 2 °C überschritten (Pott 1997). Zugleich stiegen die jährlichen Niederschlagsmengen an. Ein solches Klima förderte in erster Linie den Wuchs von Laubbäumen, so dass im Verlauf der mittleren Wärmezeit Birken-Kiefern-Wälder durch einwandernde Laubhölzer des Eichen-Mischwaldes verdrängt wurden. Folgende Charakteristika lassen sich für die Vegetationsentwicklung in Mitteleuropa jener Zeit benennen (Freund 1994):

- die Entstehung von Eichen-Mischwäldern: Die mittlere Wärmezeit wird entsprechend auch als Eichen-Mischwald-Zeit bezeichnet. Vorherrschend war *Quercus robur*, während *Tilia platyphyllos* und *Tilia cordata*, *Acer platanoides*, *Ulmus glabra* und *Fraxinus excelsior* als Mischhölzer auftraten,
- ein starkes Zurückweichen der Kiefer, die sich zuletzt auf Sonderstandorte wie Moore oder Sandböden in Dünenbereichen im nordwestdeutschen Altmoränengebiet (Burrichter 1982) beschränken musste,
- eine Massenentfaltung der Erle und die Entstehung von Erlen-Bruchwäldern, insbesondere in den Niederungsgebieten des Nordwestdeutschen Tieflandes,
- eine deutliche Arealeinengung der Kiefer und der Licht liebenden, vorwiegend xerothermen Arten auf Refugialbereiche hauptsächlich im östlichen und nordöstlichen Mitteleuropa,
- die Einwanderung der Buche und der Tanne im südlichen Mitteleuropa. Beide Baumarten hatten allerdings im gesamten Atlantikum stets nur geringen Anteil am Aufbau der Eichen-Mischwälder,
- eine Ausbreitung der Fichte insbesondere in höheren Lagen, ausgehend von den östlichen Mittelgebirgen bis zum Allgäu, zum Thüringer Wald und zum Harz,
- die Bildung beziehungsweise die starke Ausbreitung von Hochmooren im nordwestlichen Tiefland, in den Mittelgebirgen, im Alpenvorland und im Alpenraum infolge einer Zunahme der Jahresniederschläge.

Einen wichtigen Hinweis zur Datierung der mittleren Wärmezeit liefern Pollendiagramme über das vermehrte Auftreten der Buchenpollen: die geschlossene Buchenkurve (empirische Pollengrenze) lässt schließen, dass *Fagus sylvatica* in entsprechenden Landschaften nun stetig – wenngleich auch mit geringer Individuenzahl – vertreten war. Im Alpen- und südöstlichen Mittelgebirgsraum begann diese Kontinuität der Rotbuchen-Präsenz vor etwa 7 500 Jahren (Pott 1989, 2000a/b, Küster 1997). Der Buche war es damit gelungen, von ihren eiszeitlichen Refugien im Mittelmeerraum ausgehend den zentraleuropäischen Raum zu besiedeln (Zoller 1960, Beug 1975, Grüger 1975, Schneider 1978, Pott 2000a/b). Wie neuere DNA-Analysen an Buchen-Chloroplasten zeigen, haben dabei wohl nur die aus den südosteuropäischen Refugien (Balkan-Halbinsel, Karpaten) stammenden Rot-Buchen Mitteleuropa erreicht, indem sie die Alpen östlich und zunächst entlang des Südalpenrandes auch westlich umwanderten (Demesure et al. 1996). Die aus Refugien der südlichen Apenninen-Halbinsel stammenden Rot-Buchen scheinen dabei infolge einer raschen Ausbreitung der südosteuropäischen Populationen im nördlichen Apeninnenraum an einer weiteren nördlichen Ausbreitung gehindert worden zu sein (Demesure et al. 1996).

Im nachfolgenden **Subboreal** (Späte Wärmezeit; 5 200 bis 3 300 v.h., in Nordeuropa etwa bis 3 100 v.h.) nahmen die mittleren Winter- und auch Sommertemperaturen ab (Overbeck 1975). Während im Norddeutschen Tiefland zu dieser Zeit weiterhin Eichen-Mischwälder vorherrschten, wandelte sich die Zusammensetzung der Vegetation im Mittelgebirgsraum bereits grundlegend. Hier wurden Eichen-Mischwälder durch eine Massenausbreitung der Rot-Buche, in begrenztem Maße auch durch die Hainbuche und die Tanne (vor allem im Schwarzwald) verdrängt.

Das Pollendiagramm (Abb. 7) zeigt, in welchem Maß sich die Pollenniederschläge der einzelnen Baumarten in einem Moorkörper in Südbayern (Auerberg/Haslacher See; Küster 1988) im Übergang vom Atlantikum zum Subboreal veränderten.

Augenfällig ist besonders der Rückgang der Bäume des Eichenmischwaldes, beispielsweise von *Ulmus*, *Tilia* und *Fraxinus*, während die Pollenanteile von *Fagus* und *Abies* zunahmen. Darüber hinaus reduzierte sich das Areal der Kiefer auf nunmehr kleinräumige Reliktstandorte. Für die auffällige Korrelation zwischen der Ausbreitung der Buche einerseits und dem Rückgang von Hölzern des Eichenmischwaldes führt Pott (2000a) verschiedene Gründe an:

- Buchen-Wälder konnten sich infolge klimatischer Veränderungen zu Ungunsten der Eichen-Mischwälder ausbreiten.
- *Fagus sylvatica* verdrängte als Schattholzart die durchweg lichtbedürftigeren Baumarten der Eichen-Mischwälder.
- Der Abnahme von Linden- und Ulmenspektren in Pollendiagrammen könnten lokale, konkurrenzbedingte Ursachen wie auch schädlingsbedingte Rückschläge (z. B. durch den Pilz *Graphium ulmi*) zugrunde liegen.
- Während der Ausbreitung von *Fagus sylvatica* in der Späten Wärmezeit nahm zugleich der Einfluss spätneolithischer und bronzezeitlicher Bauern auf die Entwicklung der Waldlandschaften Mitteleuropas zu, so dass der Mensch zumindest teilweise die Änderungen des Baumartengefüges mitverursachte (siehe Kap. 3).

Eine Übersicht über die Ausbreitung der Rot-Buche im Holozän gibt Abb. 8 (Pott 1989, 1992a, 2000).

Das **Subatlantikum** (Nachwärmezeit, ab 3 300 bzw. 3 100 v.h.) wird oftmals auch als die eigentliche „Buchenzeit“ bezeichnet, da *Fagus sylvatica* in weiten Teilen Mitteleuropas zur Vorherrschaft gelangte oder diese behauptete. Bezeichnend für die Waldentwicklung in dieser Zeit war ferner eine Ausbreitung der Tanne im Mittelgebirgs- und Voralpenraum und der Hainbuche im Tiefland sowie eine Verdrängung der Eichen-Mischwälder und der Hasel.

In den Waldlandschaften des älteren Subatlantikums (3 300 bzw. 3 100 v.h. bis 1 100 v.h.) lassen sich nach Firbas (1949) in Mitteleuropa vier wichtige Wuchsgebiete unterscheiden.

In der **west- und südwestbaltischen Jungmoräne** erlangte die Buche auf nährstoffreichen und grundwasserfernen Böden die absolute Vorherrschaft. Demgegenüber gewannen mit abnehmender Atlantizität des Klimas im süd- und südostbaltischen Raum Eiche und Hainbuche an Bedeutung, während der Rot-Buchenanteil abnahm. Stark vernässte Geländesenken und Niederungen wurden – abhängig von den bestehenden Trophieverhältnissen – von der Schwarz-Erle oder der Moor-Birke besiedelt.

Im **nordwestdeutschen Altmoränengebiet** entstanden küstennah Eichen- und – mit zunehmender Entfernung zur Küste – Buchen-

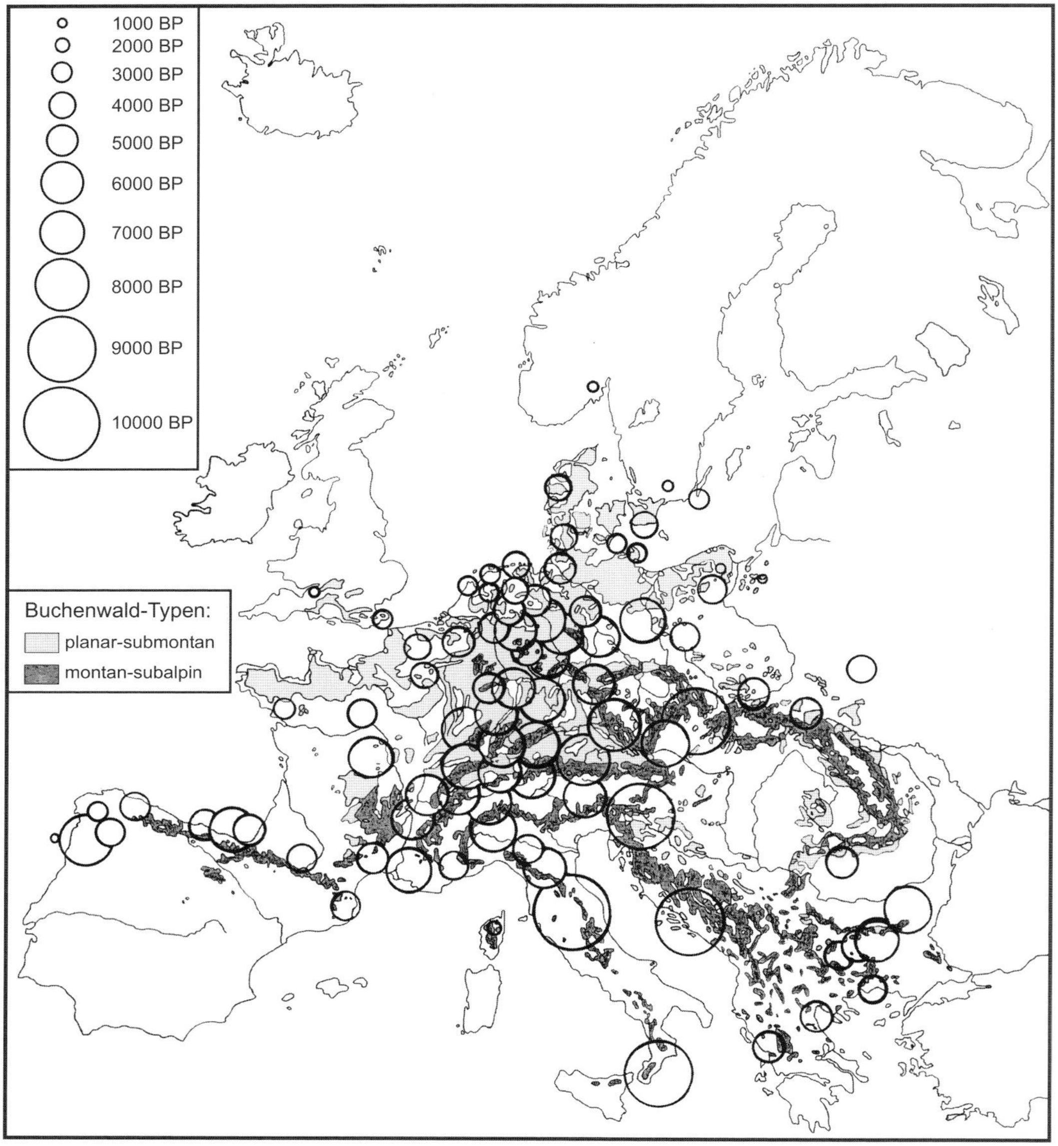

Abb. 8 Nacheiszeitliche Ausbreitung der Rot-Buche in Europa, indiziert durch erste kontinuierliche Nachweise von Buchenpollen (nach C^{14}-Radiokarbondatierung absoluter Pollenfrequenzen; aus POTT 1999).

Mischwälder. Das Hauptareal der Kiefer verlief ursprünglich entlang einer westlichen Begrenzung im Tiefland von Wismar an der Ostsee südwärts zur Elbe und von dort entlang der Elbe-Saale-Linie. Sie wurde während des älteren Subatlantikums bis auf wenige Reliktstandorte zurückgedrängt (DENGLER 1904, 1910, 1912, SELLE 1936, OVERBECK 1975). In der Westfälischen Bucht und in anderen Regionen Nordwesteuropas blieben an moorigen Standorten und in Hochmoor-Randgebieten Reliktvorkommen der Wald-Kiefer bis in die historische Neuzeit erhalten (BURRICHTER 1982).

Für den küstenfernen Teil des **nordostdeutschen** und **polnischen Tieflandes** waren Kiefern-Eichen-Wälder kennzeichnend, denen auf frischeren Standorten auch die Rot-Buche beigemischt war. Im Nordosten dieses Gebietes waren die Fichte und im Kontakt zur Mittelgebirgsregion zusätzlich auch die Tanne vertreten.

In den **Waldgebieten** der **Mittelgebirge** und des **Alpenvorlandes** führten die Ausbreitung von Rot-Buche und Tanne sowie eine zeitgleiche Abnahme der Sommerwärme im Übergang von der Späten Wärmezeit zur Nachwärmezeit zu einer deutlichen Differenzierung verschiedener Höhenstufen. Nach FIRBAS (1949) waren folgende, orographisch unterscheidbare Waldgesellschaften charakteristisch:

- Eichen- und Buchen-Mischwälder mit Hainbuche, diese zum Teil auch mit Kiefer, vorwiegend in Tieflagen unterhalb 200 m über NN,
- Buchen-Wälder, besonders Buchen-Bergwälder mit nur geringem Eichen- und Hainbuchenanteil, ohne oder mit geringem Vorkommen von Tanne, Fichte und Kiefer, vorwiegend zwischen 200 bis 950 m über NN,
- Berg-Mischwälder aus Buche, Tanne und Fichte in Höhen zwischen 300 und 1 300 m,
- Inseln einer obersten, subalpinen Bergwaldstufe – wahrscheinlich fichtenreiche Buchenmisch- oder Fichten-Buchen-Wälder – auf den höchsten Kämmen und Gipfeln einiger Mittelgebirge.

3 Veränderung der natürlichen Waldlandschaften unter dem Einfluss des Menschen

Die Waldentwicklung im jüngeren Subatlantikum (ab 1 100 v.h.) wird, gemäß dem seit dieser Zeit bestehenden Nutzungseinfluss durch den Menschen im nun folgenden Kapitel behandelt.

3.1 Wald- und Landnutzung in vorgeschichtlicher Zeit bis zum Mittelalter

Heute ist davon auszugehen, dass im **Jungpaläolithikum** (etwa 42 000 bis 10 000 v.h.) und im **Mesolithikum** (etwa 10 000 bis 6 500 v.h., Tab. 1) die Vegetation und ihre Entwicklung durch den Menschen nicht oder nur wenig gestört war. Die Bevölkerungszahlen waren in Mitteleuropa gering, und die Lebensweise des Cro-Magnon-Menschen wie auch die älterer Vertreter der Gattung Homo im Pleistozän war nomadisch. Im Verlauf der ersten Hälfte des Holozäns (etwa 10 000 bis 5 000 v.h.) breiteten sich bäuerliche Kulturen mit Dauersiedlungen, Ackerbau und Tierhaltung von Kleinasien und Südosteuropa nach Zentraleuropa aus (Abb. 9 und 10). Die sesshafte und mit der Domestikation von Pflanzen und Tieren verbundene Lebensweise des Menschen markiert den Beginn des **Neolithikums**.

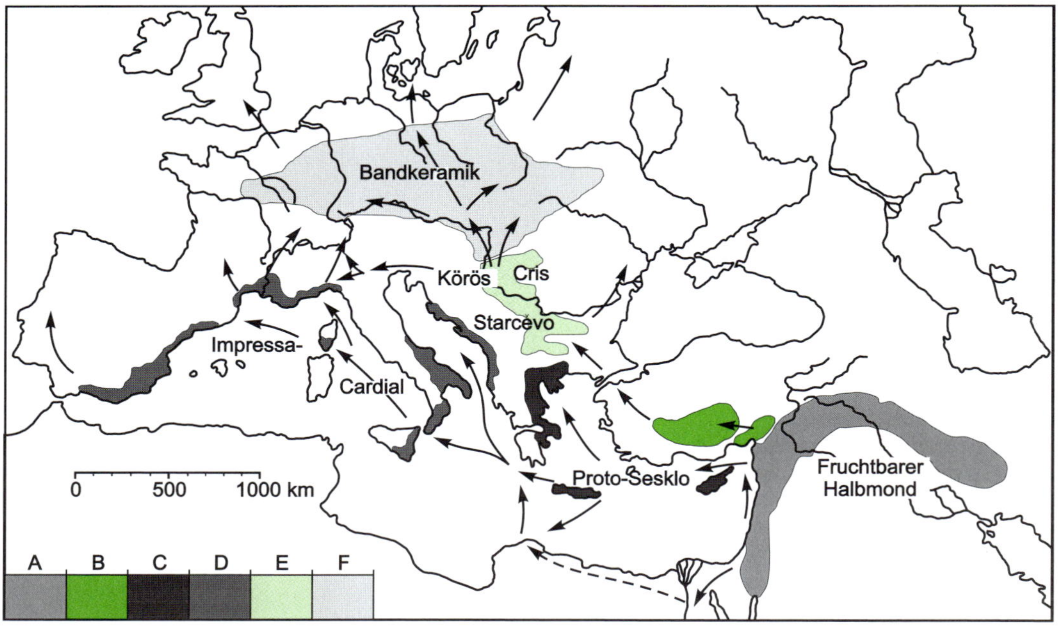

Abb. 9 Entstehungsgebiete und Ausbreitung der bäuerlichen Wirtschaftsform im Nahen Osten und in Europa. A: Kerngebiet im „fruchtbaren Halbmond“ mit wichtigen archäologischen Fundstellen, etwa um 9000 v.h.; B: Südanatolischer Teil des Kerngebietes oder primäres Ausbreitungsgebiet mit wichtigen archäologischen Fundstellen, bis etwa 8500 v.h.; C: Erste Ausbreitung auf den Inseln des östlichen Mittelmeeres und dem europäischen Festland, Gebiet der Proto-Sesklo-Kultur, bis etwa 8000 v.h.; D: Süd- und südwesteuropäisches Ausbreitungsgebiet, Gebiet der in Impressa-Cardial-Kultur (Abdruckkeramik), etwa 7500 bis 6500 v.h.; E: Donauländisches Sekundärzentrum, Gebiet der Starčevo-Körös-Kultur, zwischen 8000 und 7000 v.h.; F: Zentraleuropäisches Ausbreitungsgebiet, Gebiet der Bandkeramik, zwischen 7000 und 6000 v.h.; verändert nach Uerpmann (1983) und Lang (1994).

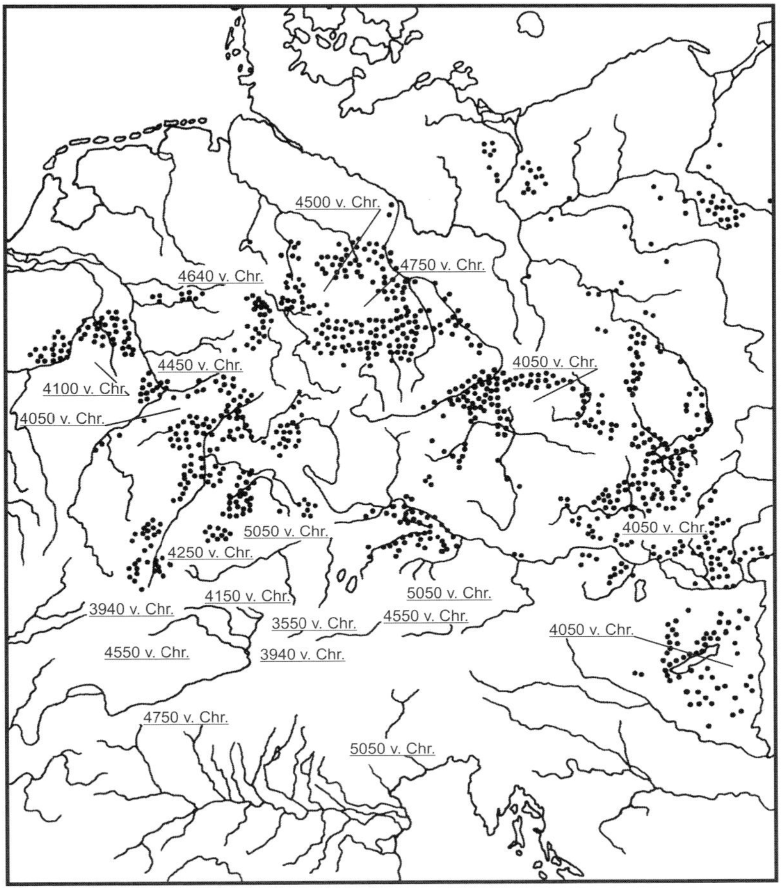

Abb. 10
Verbreitung frühneolithischer Siedlungen mit Getreideanbau, nach C[14]-Radiokarbondaten des ersten Getreideanbaus aus Mitteleuropa (aus Pott 1993).

Obgleich sich der Wandel vom Nomaden zum Siedler nicht abrupt, sondern über mehrere Generationen vollzog, wird dieser oftmals aufgrund der tiefgreifenden Folgen für die Menschheits- und Landschaftsgeschichte in Europa als „Neolithische Revolution“ bezeichnet (Childe 1960, Lang 1994, Pott 1996).

Kennzeichnend für die **Bronze-** (1 800 bis 750 v. Chr.) und die **Eisenzeit** (750 bis 450 v. Chr.) ist die Weiterentwicklung der zur Waldrodung und zur Bearbeitung der Agrarflächen eingesetzten Werkzeuge, die aus Bronze oder später aus Eisen gefertigt wurden. Während – besonders im Tiefland – die Siedlungen in der Bronzezeit noch weit verstreut lagen, schlossen sich in der Eisenzeit die Siedlungen zunehmend zusammen (Behre 1976, Jeschke & Lange 1987). Damit vergrößerten sich zugleich die waldfreien Flächen im Siedlungsumfeld.

Die **Römische Kaiserzeit** (100 v. Chr. bis 400 n. Chr.) kann als Epoche der größten Landschaftsumgestaltung vor dem Mittelalter bezeichnet werden. Immer mehr Städte wurden gegründet, die Wegenetze verstärkt ausgebaut. Während der Römischen Kaiserzeit wurden Bäume mit nutzbaren Früchten wie *Juglans regia* oder *Castanea sativa* in wärmeren Gebiete Mitteleuropas angepflanzt und der Weinbau eingeführt. Ein selektiver Einschlag der Tanne, deren Holz für den Bau größerer Häuser, Schiffe oder Brücken benötigt wurde, führte mancherorts im Schwarzwald, in den Vogesen, im Schweizer Jura und in den Schweizer Alpen (z. B. Wallis) zu einem deutlichen Rückgang dieser Baumart (Küster 1994).

Während der **Germanischen Völkerwanderung** (375 bis 568 n. Chr.) wurden viele der bis zu dieser Zeit bestehenden Siedlungsstellen aufgegeben, so dass sich Wälder auf den Wüs-

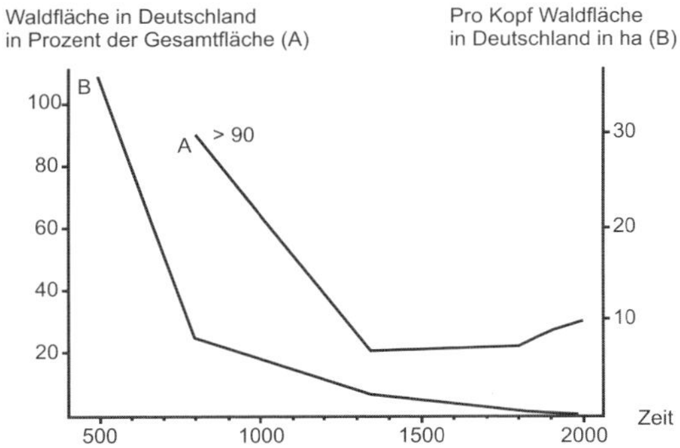

Abb. 11 Die Entwicklung der Waldfläche in Deutschland in Prozent der Gesamtfläche während der vergangenen 1200 Jahre und die damit korrespondierende Entwicklung der pro-Kopf-Waldfläche (nach Angaben von MANTEL 1990 und ELLENBERG 1996).

tungen und den sie vormals umgebenden Agrarflächen wieder entwickeln konnten. Neben historischen Aufzeichnungen (da archäologische Funde aus dieser Zeit fehlen) geben pollenanalytische Untersuchungen Hinweise darauf, in welchen Räumen und über welche Zeitspannen sich diese Entwicklung vollzog. Pollenanalytisch kennzeichnend sind insbesondere ein Rückgang der Cerealia-Pollen sowie eine Zunahme der Gehölze, vor allem sich rasch ausbreitender Pionierbäume wie der Birke (*Betula*).

3.2 Waldentwicklung und -verwüstung im Mittelalter

Wie intensiv auch immer die Waldlandschaften in prä- und frühhistorischer Zeit verändert wurden: das Ausmaß ihrer Nutzung und Umgestaltung war im Vergleich zu jener im **Mittelalter** (568–1493 n. Chr.) doch nur gering. Erst seit dem Mittelalter erfasste der nachhaltige Wandel praktisch die gesamte ursprüngliche Waldvegetation, dessen Auswirkungen bis in die Gegenwart reichen.

Bezeichnend waren nun eine stetig fortschreitende Ausweitung der Siedlungsaktivitäten und eine entsprechende Ausweitung der Agrarflächen, mit der sich das Waldareal verkleinerte. Vor allem vom 6. bis zum 8. Jahrhundert wurden bislang nicht erschlossene Gebiete der höheren Mittelgebirgslagen neu besiedelt, in denen Wälder bis zu jener Zeit allenfalls in Randbereichen durch Weidebetrieb beeinflusst waren („Jungsiedlungsgebiete“).

Die agrarwirtschaftlich bedeutsamsten Formen der Waldnutzung waren im Mittelalter bis zum 19. Jahrhundert die Waldweide und die Schweinemast (MANTEL 1980, POTT 1990, 1993, SPEIER 1994). Wie später dargelegt wird (siehe Kap. 3.4.1), waren diese Nutzungsformen für die Entwicklung der Waldlandschaften nicht nur in Mitteleuropa besonders folgenschwer.

3.3 Waldnutzung und -veränderung in der Neuzeit

In der **Neuzeit** (ab 1493 n. Chr.) nahm die Waldfläche nicht nur weiter ab, auch ihr Baumartengefüge unterlag nun einem zum Teil extremen Wandel.

Das 16. Jahrhundert umfasste eine neue Kolonisationsperiode, in der nicht nur spätmittelalterliche Wüstungen zum Teil wieder aufgebaut, sondern auch neue Siedlungen angelegt wurden (ABEL 1978). Seit dieser Zeit weiteten sich – sieht man von Unterbrechungen durch Kriege (z. B. 30-jähriger Krieg) im 17. Jahrhundert ab – die Siedlungs- und Kulturflächen kontinuierlich aus.

Im 18. Jahrhundert begann unter dem Einfluss der Aufklärung eine Auflösung der „Allmende“ beziehungsweise der „Gemeinen Marken“. Dies bedeutete, dass bis dahin gemeinschaftlich bewirtschaftete Agrar- und Waldflächen aufgeteilt wurden und im Zuge dieser „Markenteilung“ in Privateigentum übergingen. Da viele der in Bauerneigentum überführten Waldungen zur Vergrößerung der Agrarfläche gerodet wurden, war der Verlust an Waldfläche in vielen Gebieten beträchtlich: Beispielsweise verlor Schleswig-Holstein im Zuge dieser „Privatisierungen“ etwa die Hälfte des zu Beginn der Allmendeauflösung noch vorhandenen Waldareals (HÄRDTLE 1996). Im Tiefland wurde das absolute Minimum der Waldausdehnung etwa in der zweiten Hälfte des 19. Jahrhunderts erreicht. Abbildung 11 verdeutlicht, wie sich die Waldfläche und der Pro-Kopf-Waldflächenanteil in Deutschland seit dem Mittelalter verändert haben.

3.4 Nutzungsformen der Wälder und ihre Auswirkungen im Vergleich

Die Nutzung des Waldes ist eng mit der Entwicklung der Siedlungsgeschichte des Menschen verbunden. Spuren seiner Eingriffe und der damit verbundenen Veränderungen sind oftmals auch heute noch in der Struktur des Waldes und dem Erscheinungsbild der Pflanzenindividuen abzulesen.

3.4.1 Waldhude und Mastnutzung

Als Waldhude oder -weide wird das Eintreiben von Haustieren in Wälder bezeichnet. Die Waldhude ist sicherlich die älteste Form der Waldnutzung, wurde in Mitteleuropa bereits seit der Jungsteinzeit betrieben und dauerte – in größerem Umfang – bis zum 18. Jahrhundert an. Auch heute noch wird in manchen Gegenden diese Form der Waldnutzung praktiziert, so beispielsweise in den Hudelandschaften des Emslandes (Pott & Hüppe 1991), im Schwarzwald (Schwabe & Kratochwil 1987) oder in den bayerischen Alpen (Ewald 1997). Unter agrarökonomischen Gesichtspunkten ist sie heute unrentabel und wird vorrangig aus Gründen der Landschaftspflege oder des Kulturlandschaftsschutzes betrieben.

Die Waldweide, zu der man im weiteren Sinne auch die Mastnutzung zählen kann, war früher eine wesentliche Existenzgrundlage der Bauern. Waldhude wurde anfänglich ganzjährig, später nur noch während der Sommermonate betrieben und diente der Ernährung der gehaltenen Haustiere, die ansonsten bis zum 19. Jahrhundert auf andere Weise nicht zu bewerkstelligen war. Während man im Tiefland und im Mittelgebirge zur Waldweide überwiegend Rinder und Schweine hielt, wurde sie in höheren Montan- und Gebirgslagen mit Rindern, Pferden, Schafen und Ziegen betrieben.

Durch den Verbiss der Baumsämlinge und der Jungbäume verhindert die Waldweide eine natürliche Verjüngung des Waldes (Weber 1986, Pott 1988). Langfristig führt diese Form der Bewirtschaftung daher zur Auflichtung der Wälder und zur Entstehung parkartiger Landschaften (Abb. 12, S. 33).

Die Einzelbäume entwickeln aufgrund des weiten Stammabstandes ausladende Kronen, eine tief ansetzende Beastung und an verbissenen Stammpartien Verbissplatten beziehungsweise mächtige Wundkallusbildungen (Liss 1990, Verbücheln & Schneider 1990, Abb. 13, S. 36 und Abb. 14, S. 53). Die Physiognomie der vom ständigen Verbiss geprägten „Weidbuchen" mit einer für sie bezeichnenden „Verbisshohlkehle" im Kopfhöhenbereich des Viehs untersuchten Schwabe & Kratochwil (1987) im Schwarzwald.

Sowohl Beweidung als auch Schlag und Brand förderten die Entstehung der so genannten **Triftweiden**. Diese boten zwar einen im Vergleich zur Waldweide höheren Futterertrag, ihre Böden waren aber erosionsgefährdeter als die ungenutzter oder wenig gelichteter Wälder (Abb. 15). Der andauernde Nährstoffentzug führte bei den Triftweiden – wenn nicht gedüngt wurde – bald zu einem Rückgang des Futterertrages. Etliche Weideflächen wurden deshalb wieder aufgegeben, verbuschten und konnten sich schließlich wieder bewalden.

Waldweide führt langfristig nicht nur zur Auflichtung der betroffenen Wälder, sie verändert auch das Artengefüge der Baum-, Strauch- und Krautschicht. Beispielsweise befressen Weidetiere die Waldpflanzen selektiv; wenig schmackhafte (z. B. solche mit Bitterstoffen) und mit Dornen oder Stacheln bewehrte Arten werden gemieden. Aufgrund ihres giftigen oder wenig schmackhaften Laubes werden zum Beispiel die Grau-Erle (*Alnus incana*), aber auch bewehrte Sträucher wie die Schlehe (*Prunus spinosa*) und der Weißdorn (*Crataegus oxyacantha* agg.) oder spitzblättrige Arten wie *Juniperus communis* oder *Picea abies* gemieden. Für das Vieh schmackhaft scheinen hingegen die Esche (*Fraxinus excelsior*), die Hainbuche (*Carpinus betulus*), die Rot-Buche (*Fagus sylvatica*) und die Ulmen-Arten (*Ulmus glabra*, *U. laevis*), ferner Birken, Linden, Berg-Ahorn und Hasel zu sein.

Darüber hinaus unterscheiden sich einzelne Pflanzensippen deutlich hinsichtlich ihrer Verbissresistenz und ihrer Fähigkeit zur Regeneration. Wenig resistent gegen Verbiss sind Arten mit Terminalknospen und damit monopodialem Wuchs, zum Beispiel die Weiß-Tanne (*Abies alba*). Eine Zwischenstellung unter den vom Vieh befressenen Bäumen nehmen die Eichen (*Quercus robur*, *Q. petraea*) ein. Ihre Blätter und Zweige wurden zwar wegen ihres Gerbstoffgehaltes weniger gern gefressen als die anderer Laubbäume, doch boten ihre Früchte und Keimlinge für Schweine ein wertvolles Mastfutter.

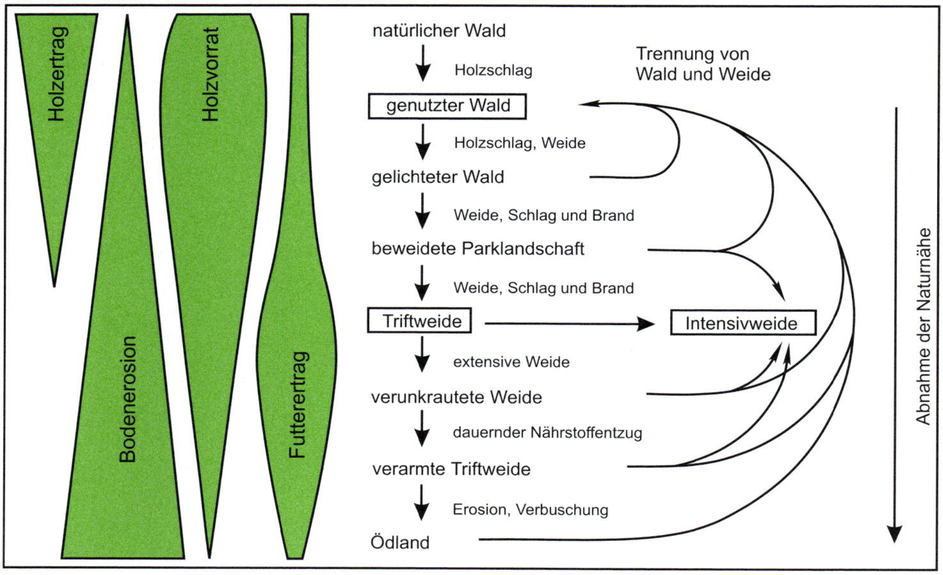

Abb. 15 Mit der durch eine Nutzung des Waldes (Holzschlag, Weide) einhergehenden Auflichtung verbessert sich zwar der Futterertrag, zugleich nehmen aber auch die beerntbaren Holzvorräte ab und die Bodenerosionen zu. Erst seit dem 19. Jahrhundert wurde in Mitteleuropa fast durchweg eine Trennung von Wald und Weide vollzogen, mit denen sich die Holzvorräte in Wirtschaftswäldern wieder vergrößerten und auch auf bewirtschafteten Grünländereien eine Ertragssteigerung möglich wurde (nach Ellenberg 1996).

In der Krautschicht durchweideter und geöffneter Wälder finden vor allem Licht liebende Arten günstige Wuchsbedingungen (Speier 1994). Insbesondere Gräser, deren teilungsaktive Meristeme eine rasche Regeneration nach Verbiss gewährleisten, werden durch die Waldhude gefördert. Überdies vergrasen Hudewälder bodensaurer und trockener Standorte rascher als jene basenreicher Böden mit ausgeglichener Wasserversorgung. Zu den durch Waldweide begünstigten krautigen Zweikeimblättrigen zählen nach Ellenberg (1996) und Bracht (1997) die Große Sternmiere (*Stellaria holostea*), der Giersch (*Aegopodium podagraria*) und andere, soziologisch den Ruderal- oder Trittpflanzengesellschaften zugehörige Arten. Generell wurde durch Waldweide ein Rückgang waldtypischer Geophyten zugunsten von Chamae- und Hemikryptophyten eingeleitet.

Bezeichnend für Hudelandschaften ist ferner ein **Struktur-** und **Vegetationsmosaik**, in dem sich Triftrasen, Staudensäume, Waldreste und Gebüschzonen verzahnen und stets wechselnde Flächenanteile einnehmen (Pott & Hüppe 1991). Damit unterliegen Hudelandschaften einem stetigen, dynamischen Strukturwandel, der vom Verbiss der Weidetiere vorangetrieben wird und durch eine ständige Regeneration einzelner Gehölzgruppen gekennzeichnet ist.

3.4.2 Laubheugewinnung und Streunutzung

Während Laubheu zur Winterversorgung des Viehs diente, fand die durch Rechen gesammelte Streu als Stallstreu Verwendung. Diese wurde als Stallmist schließlich zur Düngung der Äcker- oder Grünlandflächen eingesetzt. Laubheugewinnung und Streurechen bewirkten in Wäldern einen Biomassenentzug und damit zugleich einen mehr oder minder großen Verlust an Nährstoffen.

Laubheu gewann man durch wiederholtes Abschneiden beblätterter Schösslinge. Für die so genannte **Schneitelwirtschaft** eigneten sich nahezu alle Edellaubholzarten, zum Beispiel Esche, Hainbuche, Linden-, Ulmen- oder Ahorn-Arten. Beim Schneiteln wurden Einzelbäume etwa alle drei bis vier Jahre und in Höhen über 2 m beschnitten. Damit war sichergestellt, dass bei kombinierter Hude- und Schneitelwirtschaft neu austreibende Schösslinge vom Verbiss des Viehs verschont blieben. Der Nährwert des so gewonnenen Laubheus hing von der jeweils geschneitelten Baumart ab, war insgesamt aber doch recht gering. So wurden beispielsweise zur Versorgung eines einzelnen Rindes pro Halbjahr etwa 1 000 Bündel Laubheu benötigt (TROELS-SMITH 1955).

Einen ähnlichen Nutzen wie aus der Schneitelwirtschaft zog man aus der in manchen Gebieten betriebenen „Kopfholzwirtschaft", bei der Einzelbäume einmalig in Höhen von 2,5 bis 3 m gekappt wurden (POTT 1993). Wie die Schneitelung lieferte auch die Kopfholzwirtschaft Laubheu, erbrachte überdies aber Schwachholz für Heizzwecke oder für Gefachflechtwerke in Fachwerkbauten (ELLENBERG 1990).

Verständlicherweise eigneten sich für die Schneitelung und zur Kopfholzwirtschaft ausschließlich Baumarten, die ein hohes Stockausschlagvermögen besitzen. Die erwähnten Wirtschaftsformen begünstigen somit die gleichen Holzarten wie die Niederwaldwirtschaft (siehe Kap. 3.4.3). Da geschneitelte oder gekappte Baumindividuen bezeichnende Wuchsformen entwickeln, ist ihre Physiognomie noch nach vielen Jahren ein eindeutiges Indiz dieser vorwiegend bis zum Ende des letzten Jahrhunderts betriebenen Nutzungsform (Abb. 16, S. 54).

Weit schwerwiegender als die Laubheugewinnung wirkt sich das Streurechen, die regelmäßige Entnahme der organischen Waldbodenauflagen, auf den Nährstoffhaushalt von Waldböden aus. Sie wurde mit zunehmender Intensität seit Beginn des 19. Jahrhunderts betrieben, als sich die Stallhaltung des Viehs ausdehnte und diese mancherorts sogar auf das ganze Jahr erweitert wurde. Häufig wurde zum Streurechen der Baumjungwuchs entfernt, um so die vorhandenen Streulagen besser abtragen zu können. Wie MANTEL (1990) beschreibt, wurden dabei oftmals der Mineralkörper und die Baumwurzeln bloßgelegt.

Der Bedarf an Stallstreu war in Gebieten mit nährstoffarmen Böden, die eine große Anzahl an Kleinbetrieben oder einen hohen Viehbestand aufwiesen, sehr groß, so beispielsweise im Nordwestdeutschen Tiefland, in der Oberpfalz, in Mittelfranken und in der Lausitz. Das Streurechen erwies sich auf nährstoff- und kolloidarmen, steinigen oder sandigen Böden als besonders folgenschwer für den Nährstoffhaushalt der Wälder; denn in den organischen Auflagen dieser Böden ist der weitaus größte Teil pflanzlicher Nährstoffe gebunden beziehungsweise wird aus diesen Schichten nachgeliefert (LEUSCHNER 1993, LEUSCHNER et al. 1993, RODE 1993). Den Nährstoff-Entzug durch einmalige Laubstreu-Nutzung beziffert ONNO (1969) in Buchen-Fichten-Mischwäldern des Wienerwaldes für den Gesamtstickstoff auf 71, für P_2O_5 auf 15 und für K_2O auf 34 kg/ha. Für CaO stellte er sogar Verluste in Höhe von 174 kg/ha fest. Es verwundert daher nicht, dass der Massenzuwachs von Waldbeständen infolge einer Streunutzung abnimmt, wie dies MITSCHERLICH (1955) für Kiefernbestände der Oberrheinebene belegen konnte. In der Feldschicht betroffener Bestände wird eine Oberbodenverhagerung (die an windoffenen Standorten auch durch Laubverwehung entstehen kann, s. Kap. 5.3.4) oftmals durch Arten wie Besenheide (*Calluna vulgaris*), Weißmoos (*Leucobryum glaucum*) oder Flechten (Gattung *Cladonia*) angezeigt.

Eine kontinuierliche Streunutzung bewirkt nicht nur eine Nährstoffverarmung des Oberbodens, sondern begünstigt zugleich den Prozess der **Bodenversauerung**. Obwohl eine Versauerung in Waldböden auch natürlich abläuft, ist anzunehmen, dass viele Waldböden Mitteleuropas heutzutage nährstoffärmer sind als sie es von Natur aus wären.

3.4.3 Nieder- und Mittelwaldwirtschaft

Bezeichnend für **Niederwälder** ist, dass sich deren Bäume nicht über Sämlinge, sondern durch Stockausschlag verjüngen. Niederwälder, in Norddeutschland auch „Stühbüsche" und auf der Jütischen Halbinsel (unter Einfluss des Seewindes) „Kratts" genannt, dienten vorrangig der Brennholzgewinnung und wurden zu diesem Zweck in etwa 15- bis 25-jährigem Turnus abgeschlagen („auf den Stock gesetzt"). Der Aushieb des jungen Laubholzes bewirkte, dass die Wurzelstöcke durch vegetativen Ausschlag regelmäßig neue Loden hervorbrachten. Vollzog sich die flächenhafte Nutzung des jungen Laubholzes in bestimmten Zeitabständen und auf verschiedenen Schlagflächen, so war ein waldbautechnisch einfaches Verfahren gefunden, das man als „Niederwaldbetrieb" oder auch „Stockausschlagbetrieb" bezeichnet und das einer schlagweisen Kahlschlagwirtschaft mit kurzer Umtriebszeit gleichkommt.

Obgleich die Niederwaldwirtschaft seit Beginn des 20. Jahrhunderts zunehmend unrentabel wurde, blieben zumindest kleinflächig etliche Bestände bis heute erhalten und werden noch in tradierter Weise genutzt. Dies ist der Fall in manchen Gebieten der Jütischen Halbinsel (Dierssen & Höper 1984, Bruhnke 1994, Dierssen 1996), an Steilhängen des Mosel- und Rheintales (Manz 1990), im westfälischen Siegerland (Pott 1985) und dem Mittelschwarzwald (Schuhwerk 1988, Wilmanns 1995).

Es ist offensichtlich, dass Niederwaldwirtschaft Hölzer mit hohem Stockausschlagvermögen fördert, während solche mit geringem Regenerationsvermögen die oben geschilderten Nutzungsweisen nicht überleben. An ein regelmäßiges „auf den Stock setzen" sind beispielsweise Hainbuche, Esche, Ahorn, Eiche und Linde sowie unter den Sträuchern die Hasel gut angepasst. Auf Nassstandorten erweisen sich Erlen- und Weidenarten als besonders ausschlagfreudig.

Zu den Baumarten mit einem eher mäßigen Stockausschlagvermögen zählen die Ulmen- und Pappel-Arten sowie die Rot-Buche. Nach Manz (1993) ist die Rot-Buche in Niederwäldern nur bei Umtriebszeiten von über 30 Jahren überlebensfähig, zumal dann auch auskeimende Samen ihr Verbleiben im Bestand sichern. Neben dem Alter nehmen auch die Bodenverhältnisse auf das Stockausschlagvermögen der Rot-Buche Einfluss. Dieses verbessert sich besonders auf trockenen Böden (Clausen 1974), so dass man unter derart geeigneten Bedingungen auch Buchen-Niederwäldern begegnen kann (Hohes Venn, nördliches Jütland; Schwickerath 1944, Dierssen 1996).

Mit Ausnahme der Eibe (*Taxus baccata*) weisen Nadelhölzer kein oder nur ein sehr geringes Stockausschlagvermögen auf, da diese monopodial wachsen und in der Regel nach einmaligem Abschlagen ihres Stammes absterben (z. B. Kiefer und Tanne). Nur wenn bei Fichten, Tannen oder Arven ein Teil des Haupttriebes mit einigen Zweigen stehen bleibt, können sich diese aufrichten und kandelaberartige Wuchsformen bilden (Kratochwil & Schwabe 1993).

Da Bestände im Niederwaldbetrieb nur Schwachholz lieferten, ging man seit dem Mittelalter dazu über, einzelne Bäume als so genannte „Überhälter" aus dem kurzfristigen Umtrieb herausauszunehmen. Dadurch war gewährleistet, dass auch stärkere Stämme heranwuchsen, deren Holz anderweitig, beispielsweise im Häuser- oder Schiffsbau, verwendbar war. Bevorzugt wurden in der Regel Eichen, deren Holz hart und dauerhaft ist und die als Altbäume überdies der Schweinemast dienten (siehe Kap. 3.4.1).

Mit dem Verbleib von „Überhältern" im sonst niederwaldartig genutzten Bestand entwickelten sich **Mittelwälder**. Für sie war bezeichnend, dass ihr Oberholz aus Kernwüchsen bestand, während das Unterholz von Stockausschlägen gebildet wurde. Die Überhälter wurden meist über eine Zeitdauer von drei bis vier Umtrieben des Unterwuchses im Bestand belassen. Um eine Entwicklung der Kernwüchse sicherzustellen, mussten die entsprechenden Schläge zumindest für einige Jahre von Weidevieh freigehalten werden.

3.4.4 Hochwaldwirtschaft

Hochwälder bestehen ausschließlich aus Kernwüchsen, also aus Bäumen, die aus Samen heranwuchsen. Die im vorigen Abschnitt behandelten Mittelwälder nehmen somit eine Mittelstellung zwischen Niederwäldern einerseits und Hochwäldern andererseits ein.

Hochwald ist in der modernen Forstwirtschaft die mit Abstand häufigste Betriebsart, da sie rentabler ist und mehr Wertholz liefert als der Nieder- oder Mittelwaldbetrieb. Dem Hochwald zuzurechnen sind **Plenterwälder**, in denen das Holz durch Entnahme von Einzelstämmen genutzt wird. Dadurch entstehen „stufig" aufgebaute Wälder, in denen alle Altersklassen von Bäumen nebeneinander vertreten sind.

Beim **Femelschlag** werden nicht Einzelbäume, sondern kleinere Gruppen von Bäumen gleichzeitig entfernt. Die entstehenden Lücken im Kronenraum („Femellöcher") werden durch aufkommenden Jungwuchs allmählich geschlossen. Im Verlauf der folgenden Jahrzehnte vergrößern sich die Femellöcher durch weiteren Holzeinschlag, bis diese schließlich ineinander übergehen und somit der Gesamtbestand in die nächste Baumgeneration überführt wird. Dagegen wird beim **Schirmschlag** ein Teil des Altbestandes gleichmäßig über die gesamte Waldfläche verteilt entnommen: Die Endnutzung kann dann erfolgen, wenn sich ausreichend Naturverjüngung entwickelt hat.

Der Plenterwirtschaft und dem Femelschlag steht als Extrem der **Kahlhieb** gegenüber. Bei dieser Betriebsform werden hiebreife Schläge auf gesamter Fläche geerntet (Abb. 17).

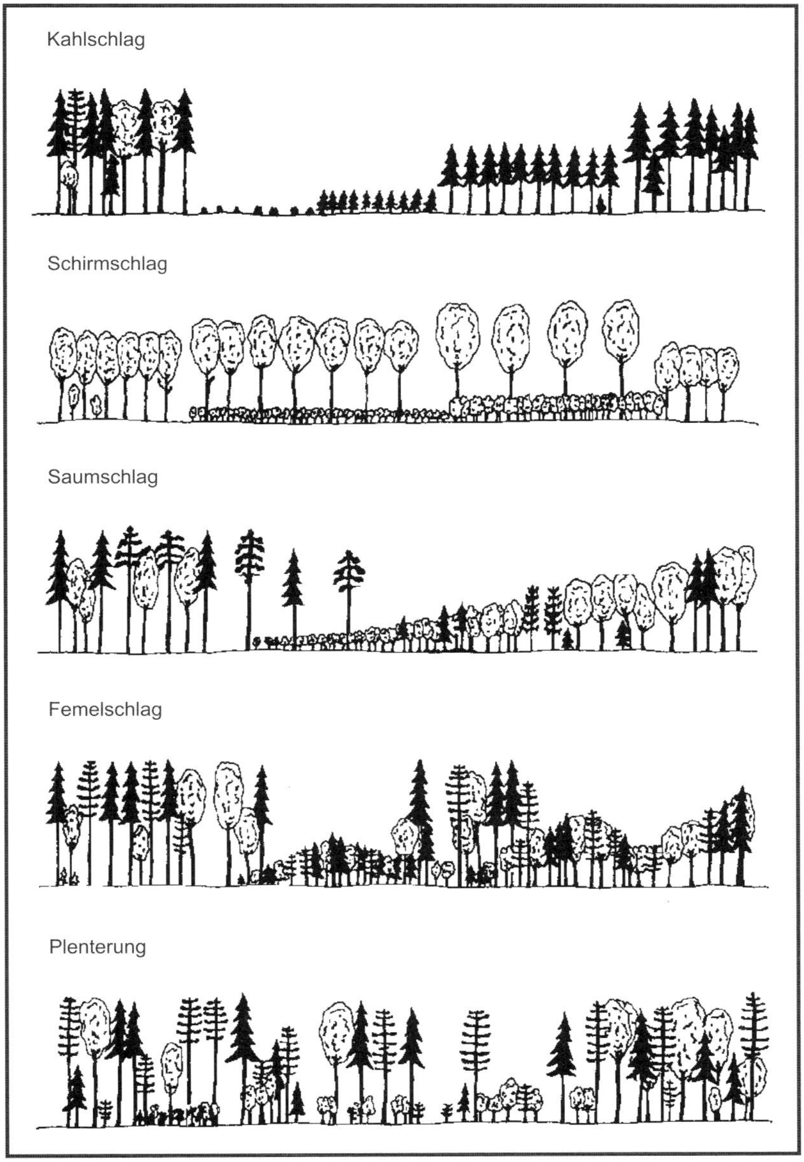

Abb. 17
Schematischer Überblick über die Grundformen der Verjüngungsverfahren im Waldbau und ihre jeweiligen Spezifika: Gezeigt sind die nach Fläche und Zeit differenzierte Hiebstechnik, der unterschiedliche Schutz des Jungwuchses und die nach Alter und Mischung veränderlichen Bestandesstrukturen (nach Mayer 1984).

Da ein großflächiger Kahlschlag unter ökologischen Aspekten in vielerlei Hinsicht problematisch ist, wurde dieser mittlerweile in vielen Ländern verboten (Johann 1992, Heiss 1994). Auch in Deutschland verzichten die meisten Landesforstverwaltungen in ihren Waldbaukonzepten im Sinne einer „naturnahen Waldwirtschaft“ auf Kahlschläge.

4 Allgemeines über außeralpische Wälder Mitteleuropas

Besonders außerhalb der Alpen nutzte und veränderte der Mensch die ursprüngliche, vom Wald geprägte Naturlandschaft. Das heutige Erscheinungsbild der Wälder ist entsprechend mehr oder weniger stark durch diese Nutzungsgeschichte beeinflusst. Im folgenden Kapitel geht es jedoch zunächst um die Beschreibung der Einflussfaktoren, die sich in der potentiellen natürlichen Vegetation sowie im realen Erscheinungsbild der Waldvegetation niederschlagen.

4.1 Räumliche Gliederung der Waldvegetation

Die ungestörte Entwicklung eines Waldökosystems erfolgt nach Gesetzmäßigkeiten, für deren Verständnis zunächst die Klärung einiger begrifflicher Grundlagen erforderlich ist.

4.1.1 Begriffliche Grundlagen

Zum Verständnis der räumlichen Gliederung und Beschreibung der Waldvegetation dienen als Grundlage verschiedene vegetationskundliche Konzepte:

- rekonstruierte und potentielle natürliche Vegetation,
- Klimaxvegetation sowie
- zonale, extrazonale und azonale Vegetation.

4.1.1.1 Rekonstruierte und potentielle natürliche Vegetation

Wie bereits erwähnt (Kap. 1), würden in der vom Menschen unbeeinflussten Naturlandschaft Wälder das Landschaftsbild prägen. Die räumliche Verteilung der verschiedenen Waldgesellschaften und die sie kennzeichnende Baumartenkombination, wie sie sich ohne Einflussnahme des Menschen darstellen würde, gibt Abbildung 1 (siehe S. 34/35) wieder. Der hypothetisch-konstruktive Charakter einer solchen Darstellung soll an dieser Stelle nicht unerwähnt bleiben, denn ihre Richtigkeit ist für den betrachteten Raum, der heute lediglich eine Bewaldung von 30 % aufweist, nicht empirisch-experimentell überprüfbar.

Daher werden die aufgeführten Vegetationseinheiten nach Neuhäusl (1980a, 1984) und Moravec & Neuhäusl (1991) als **rekonstruierte natürliche Vegetation** bezeichnet. Solche Karten helfen dabei, eine Vorstellung der natürlichen Waldlandschaften eines betrachteten Raumes zu gewinnen. Karten der rekonstruierten natürlichen Vegetation liegen mittlerweile für einzelne Gebiete Europas als Übersichts- oder Detailkarten vor (Tüxen 1963, Mikyska et al. 1968, Neuhäusl 1980, Burrichter et al. 1988, Bohn 1992, Bohn & Neuhäusl et al. 2000).

Der rekonstruierten natürlichen Vegetation steht die **potentielle natürliche Vegetation** (Tüxen 1956) gegenüber. Auch die potentielle natürliche Vegetation wird unter der Annahme konstruiert, dass direkte Eingriffe des Menschen auf die Vegetationsdecke (wie Mahd, Düngung, oder Beweidung) unterbleiben. Im Unterschied zur rekonstruierten natürlichen Vegetation fließen allerdings bei der potentiellen natürlichen Vegetation neben den natürlichen Gegebenheiten auch die Standortsbedingungen in die Betrachtung ein, die vom Menschen geschaffen wurden oder durch sein Wirken fortwährend bestehen.

Farbtafeln S. 33–35

Abb. 12 Die Entstehung von Parklandschaften durch Waldweide. Durch den Verbiss aufkommender Jungbäume kann Waldweide eine natürliche Waldverjüngung verhindern. Langfristig führt Waldweide daher zu einer Auflichtung des Waldes und zur Entstehung parkartiger Landschaften: a) Hudeweiden mit Rot-Buche (*Fagus sylvatica*) und Stiel-Eiche (*Quercus robur*) des Hartschimmelhofes (Lkr. Weilheim, Oberbayern); b) Mähweiden auf der Irndorfer Hardt (Schwäbische Alb). Infolge der Kaltluftlage des Gebietes herrscht dort nicht die Rot-Buche, sondern die Karpaten-Birke (*Betula carpatica*) vor (zu S. 27).

Abb. 1 Übersicht über die natürliche Waldvegetation Mitteleuropas (nach Bohn et al. 2000, 2003, Bohn & Neuhäusl et al. 2000) (zu S. 9 ff.).

12a

12b

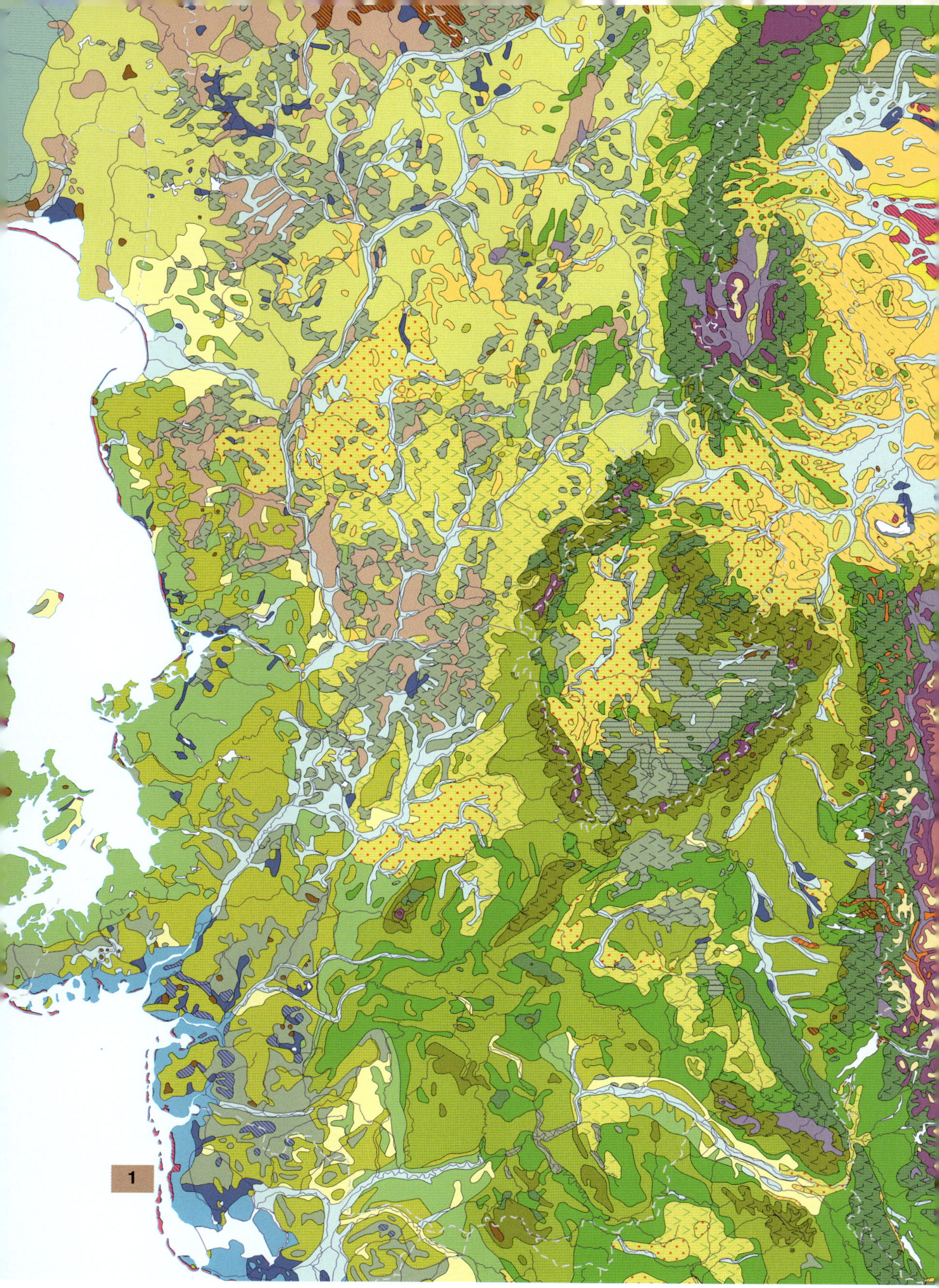
1

Nivale, alpine und subalpine Vegetation

- A Nival-subnivale Vegetation der Alpen
- B Alpine Vegetation: Rasen, Zwergstrauchvegetation, Fels- und Schuttfluren der Alpen und Hohen Tatra
- C Subalpine Vegetation: Lärchen-Zirbenwälder, Alpenrosen-Latschen-, Grünerlen- und Weidengebüsche, Hochstaudenfluren

Nadel(misch)wälder

- D1 Bodensaure, zwergstrauch- und flechtenreiche Kiefernwälder auf Sand und Silikatgestein (vorwiegend ostmitteleuropäisches Tiefland)
- D2 Montane bis hochmontane, meist bodensaure Fichten-Tannenmischwälder des Schwarzwaldes, der Alpen, des polnischen Mittelgebirges und der Karpaten
- D3 Hochmontane bis subalpine Fichtenwälder auf Silikat- und Karbonatgesteinen der hercynischen Mittelgebirge, Alpen und Karpaten
- D4 Baltische krautreiche Laub-Fichtenmischwälder mit Winterlinde und Stieleiche

Bodensaure Eichenmischwälder

- F1 Atlantisch-subatlantische bodensaure, vorwiegend hygrophile Birken-Stieleichenwälder des Tief- und Hügellandes
- F2 Bodensaurer Traubeneichen-Trockenwald im Komplex mit Felsgebüschen und Felsrasen sowie thermophilen Eichen-Hainbuchenwäldern auf Silikat-Steilhängen
- F3 Bodensaure, zwergstrauch- und moosreiche Eichen- und Kiefern-Eichenwälder im ostmitteleuropäischen Tief- und Hügelland auf Sand
- F4 Bodensaure Hainsimsen-Eichenmischwälder, teils mit Kiefer, teils mit Tanne, teils im Wechsel mit Hainsimsen-Buchenwäldern, im südostmitteleuropäischen Hügelland und unteren Bergland auf Silikatgestein

Eichen-Hainbuchenwälder und Winterlinden-Stieleichenwälder

- F5 Vorwiegend hygrophile Stieleichen-Hainbuchenwälder des Tieflandes und in Flußniederungen
- F6 Subkontinentale Winterlinden-Stieleichen-Hainbuchenwälder vorwiegend ohne Buche
- F7 Traubeneichen-Hainbuchenwälder ohne oder mit wenig Buche in trockenwarmen Gebieten
- F8 Traubeneichen- und Stieleichen-Hainbuchenwälder im Wechsel mit Buchenwäldern des Hügellandes

Buchen- und Buchenmischwälder

- F9 Bodensaure, artenarme Drahtschmielen-Buchenwälder und Eichen-Buchenwälder des Tieflandes
- F10 Hainsimsen-Buchenwälder des Hügel- und unteren Berglandes
- F11 Hainsimsen-Buchenwälder des höheren Berglandes, teils mit Tanne und/oder Fichte
- F12 Waldmeister- und Bingelkraut-Buchenwälder des Tieflandes
- F13 Waldmeister-, Waldgersten- und Orchideen-Buchenwälder des Hügel- und unteren Berglandes, teils mit Tanne
- F14 Waldmeister-, Zahnwurz-, Heckenkirschen- und Blaugras-Buchenwälder des höheren Berglandes und der Randalpen, meist mit Tanne, z.T. mit Fichte
- Buchenwälder mit natürlicher Beimischung von Nadelbäumen, namentlich Tanne, z.T. auch Fichte

Thermophile Eichenmischwälder

- G1 Subkontinentale thermophile Stieleichen- und Traubeneichen-Mischwälder
- G2 Submediterran-subkontinentale thermophile Zerreichen-Mischwälder
- G3 Submediterrane thermophile Flaumeichen-Mischwälder

Kiefern-Trockenwälder

- K1 Schneeheide-Kiefern-Trockenwälder der Alpen und des Alpenvorlandes
- K2 Kiefern-Trockenauen der Randalpen und des Alpenvorlandes

Waldsteppen

- L Pannonische Waldsteppen-Stieleichen(misch)-wälder

Azonale Vegetation

- P1 Strand- und Dünenvegetationskomplexe an der Nord- und Ostseeküste
- P2 Salzvegetationskomplexe an der Nord- und Ostseeküste sowie im Binnenland
- R Röhrichte und Riedsümpfe
- S1 Hoch- und Übergangsmoore
- S2 Niedermoore
- T1 Birkenbruchwaldkomplexe, vielfach auf degradierten Hochmoorstandorten
- T2 Erlenbruchwaldkomplexe
- U1 Auen- und feuchte Niederungswälder unterschiedlicher Zusammensetzung mit Stieleiche, Esche, Ulmen, Weiden, Schwarzpappel, Schwarz- und Grauerle
- U2 Vegetationskomplexe der eingedeichten Marschen mit Stieleichen-Eschen- und Eschen-Ulmen-Feuchtwäldern

Grundlage: Bohn, U., Neuhäusl, R. et al. (2000): Karte der natürlichen Vegetation Europas, M. 1:2,5 Mio. (verkleinerter und generalisierter Ausschnitt)

Bearbeiter: U. Bohn, H. Weber (GIS)

13a

13b

Damit beschäftigt sich die potentielle natürliche Vegetation im Gegensatz zur rekonstruierten natürlichen Vegetation auch mit dem biotischen Potential eines Raumes, der anthropogen nachhaltig verändert oder fortwährend beeinflusst ist (z. B. abgetorfte Hochmoorkörper, Gebiete mit starker Grundwasserspiegelsenkung oder Immissionsbelastung). Da Karten der potentiellen natürlichen Vegetation Auskunft über das Entwicklungspotential und die Entwicklungsfähigkeit einer Bezugsfläche geben, sind sie in der Planungspraxis und bei Fragen des angewandten Naturschutzes von großer Bedeutung (Matuszkiewicz 1982, Dierssen 1990, Dierschke 1994, Kaiser 1996). So diente im Rahmen einer Erfassung und Kartierung der Naturnähe von Waldökosystemen in Österreich die potentielle natürliche Vegetation als Bezugs- und Referenzsystem (Grabherr et al. 1995, 1998). Einen Überblick über die für das Bundesgebiet verfügbaren Karten zur potentiellen natürlichen Vegetation sowie zur realen Waldvegetation gibt unter anderem Schröder (1984).

Die rekonstruierte natürliche Vegetation und die potentielle natürliche Vegetation eines Gebietes würden sich dann entsprechen, wenn dieses bislang von nachhaltig oder überregional wirkenden Eingriffen des Menschen verschont geblieben wäre. Zu theoretischen Grundlagen der beiden Konzepte, zur Kartierpraxis und zum Anwendungsbereich der entsprechenden Karten informieren Arbeiten der nachfolgend genannten Autoren (Tüxen 1956, Trautmann 1966, 1972, Dierschke 1974b, 1982a, 1994, Neuhäusl 1975, 1980, 1984, Kowarik 1987, Kalkhoven & Van der Werf 1988, Härdtle 1989, 1995c, Janssen & Seibert 1991, Grabherr et al. 1995, 1998).

4.1.1.2 Klimaxvegetation

Im Vergleich zu den beiden oben vorgestellten vegetationskundlichen Konzepten ist die Frage nach dem biotischen Potential, also dem Wuchspotential einer Bezugsfläche ungleich älter. Sie wurde von Vegetationsgeographen und Biologen bereits im ausgehenden 19. Jahrhundert aufgeworfen, nachdem man erkannt hatte, dass die Vegetation vieler Standorte bei Betrachtung längerer Zeiträume nicht unverändert blieb, sondern einem stetigen Wandel unterlag (Kerner 1863, Hult 1881, Warming 1896, Moss 1910) – allerdings nur bis zu einem bestimmten Endpunkt.

Man postulierte, dass jede ungestörte Vegetationsentwicklung zu einer definierbaren Endgesellschaft führe, die im Vergleich zu den vorausgegangenen Vegetationsstadien stabil sei und selbst über längere Zeitabschnitte nur geringe Veränderungen im Artengefüge zeige (Trepl 1987). Für diese Endgesellschaften wurden später die Begriffe „chief assoziation“ oder „climatic formation“ (Moss 1910), „climax formation“ (Warming & Graebner 1918) sowie „Schlussgesellschaft“ bzw. „**Klimaxgesellschaft**“ geprägt (Schmithüsen 1968, Whittaker 1962, Braun-Blanquet 1964).

Der Klimaxbegriff erfuhr in der Folgezeit durch die von Cowles, Cooper und Clements (Clements 1916, 1936) erarbeitete „Monoklimax“-Hypothese eine heftig umstrittene Neuinterpretation. Ihre Verfechter waren der Ansicht, dass „in einem einheitlichen Klimagebiet… die natürliche Vegetationsentwicklung in Verbindung mit einer ebenfalls vom Klima abhängigen und durch die Vegetation mitbestimmten Bodenentwicklung zu einem Ausgleich der ursprünglichen Standortsunterschiede und damit schließlich im Gesamtbereich des Klimagebietes zu der gleichen Pflanzengesellschaft als dem klimatisch bedingten Schlussglied (Klimax) der Vegetationsentwicklung (führt)“ (Schmithüsen 1968).

Die Mehrzahl der in Europa arbeitenden Vegetationskundler stand Clements‘ Gedanken eher skeptisch gegenüber. Seine **Monoklimax-Theorie** wurde im Allgemeinen abgelehnt (Schmithüsen 1950, 1968). Ihre Kritiker waren der Ansicht, dass die „einzelnen Geländefaktoren stets im Funktionsgefüge des Standorts und damit in seiner von der Gesamtheit der übrigen Faktoren abhängigen Wandelbarkeit“ zu betrachten seien (Schmithüsen 1950). Die Bedeutung von einzelnen Faktoren wurde demzufolge eher als nachrangig beurteilt. Diese Einschätzung stand somit im Gegensatz zur Bewertung des Klimas bei der Monoklimax-Theorie.

Heute besteht in der Vegetationskunde Konsens darüber, dass die mit der Monokli-

---

Farbtafel S. 36

Abb. 13 Infolge einer Waldweide entwickeln Bäume durch den weiten Stammabstand oftmals ausladende Kronen und eine tief ansetzende Beastung, wie diese Stiel-Eichen (*Quercus robur*) a) im Borkener Paradies (südwestliches Niedersachsen) und b) auf der Insel Vilm im Greifswalder Bodden (Ostsee) zeigen (zu S. 27).

max-Theorie verbundenen Vorstellungen über den Verlauf von Sukzessionen unzutreffend sind. So lässt sich am Beispiel der Seen-Verlandung zeigen, dass diese nicht in einen Eichen- oder Buchenwald übergeht, der auf Mineralböden in der Umgebung des Sees entwickelt sein mag. Vielmehr findet die Entwicklung ihren Abschluss im Endstadium des Erlen-Bruchwaldes. Dieser ist nämlich nicht in der Lage, den Torfboden über das Grundwasserniveau hinaus aufzuhöhen und weicht nur dann der nässeempfindlichen zonalen Vegetation, wenn sich der Wasserspiegel senkt, also wenn eine nicht durch die Vegetationsentwicklung selbst bewirkte Standortsänderung eintritt (Ellenberg 1996).

In einem Gebiet mit unterschiedlichen Boden- und Expositionsverhältnissen wird sich daher kein einheitliches Endstadium eines bestimmten Vegetationstyps durchsetzen, sondern ein mit diesen Standortsbedingungen koinzidierendes Vegetationsmosaik. Tüxen & Diemont (1937) bezeichnen ein solches Mosaik als die „Klimaxgruppe“ oder den „Klimaxschwarm“. Hierbei umfasst die Klimaxgruppe bodenbedingt nebeneinander vorkommende Schlussgesellschaften eines Gebietes mit schwacher Reliefausprägung (z. B. Nordwestdeutsches Tiefland); der Klimaxschwarm beschreibt die gesteins- und reliefbedingten Abwandlungen mit entsprechender Expositions- und Höhendifferenzierung der Klimaxvegetation (Dierschke 1994). Diese **Polyklimaxtheorie** bildet ein – heute weithin akzeptiertes – Pendant zur Clements’schen Monoklimax-Vorstellung, da Unterschiede in den Boden- und Klimabedingungen immer unterschiedlichen Ausprägungen der Klimaxvegetation entsprechen. Diese setzen sich aus zunehmend mehr Wald- und übrigen Pflanzengesellschaften zusammen, je variabler die Reliefausprägungen oder die edaphischen Gegebenheiten sind.

4.1.1.3 Zonale, extrazonale und azonale Vegetation

Die Vegetation eines Gebietes ist immer auch ein Ausdruck des Groß- oder Makroklimas – unter der Voraussetzung, dass in Bezug auf die Bodennässe oder die Nährstoffversorgung keine Extremverhältnisse bestehen. So sind beispielsweise Nadelwälder für die boreale Zone und sommergrüne Laubwälder für die temperate Zone bezeichnend: Man spricht diesbezüglich von der **zonalen Vegetation** oder dem **klimatischen Klimax** eines Gebietes (Walter 1954, 1962).

In Abhängigkeit von der Exposition oder der Höhenlage verändert sich das für eine Zone charakteristische Makroklima. Beispielsweise können auf stark besonnten, südexponierten Hängen Klimabedingungen herrschen, die eher für eine südlicher gelegene Vegetationszone charakteristisch sind. Die Vegetation an solchen klimatischen Sonderstandorten bezeichnet man als **extrazonal** (z. B. Flaumeichen-Wälder in Südlagen der mitteleuropäischen Mittelgebirge). Sie ist in der Regel inselartig und als nördlicher Vorposten einer ansonsten südlicher verbreiteten Einheit in die zonale Vegetation eingebettet. Entsprechendes gilt für lokalklimatisch kühlere Standorte mit einer dann – in Bezug auf Mitteleuropa – nördlich (boreal) getönten Artenkombination. Gebirgslandschaften weisen auf engem Raum klimabedingte Höhenstufen mit charakteristischer, etagealer Vegetation auf („Orobiome“, Walter 1954, 1962).

An Standorten mit extremer Vernässung oder Trophiesituation verringert sich der Einfluss des Großklimas auf die Vegetation zunehmend. Dort etablieren sich Pflanzengesellschaften, die in Zonen mit einem anderen Makroklima in nur wenig veränderter Artenzusammensetzung vorkommen. Die Vegetation ist somit **azonal** (z. B. Bruchwälder, Hochmoore, Gewässervegetation). Allerdings verliert sich die Wirkung des Großklimas auf die Vegetation – selbst bei extremen Bodenverhältnissen – nie vollständig, so dass zwischen zonalen und azonalen Einheiten Übergänge bestehen. So zeigen auch Bruchwälder in vegetationsgeographischer Sicht Unterschiede. Diese sind aber im Vergleich zu den zonalen Waldgesellschaften gering.

4.1.2 Vegetationsgeographische Differenzierung

Selbst in einem verhältnismäßig kleinen Raum wie Mitteleuropa zeigt die zonale Waldvegetation eine deutliche, vom räumlichen Wandel des Großklimas abhängige Variabilität. Demgemäß lässt sich die Waldvegetation dieses Raumes vegetationsgeographisch oder – in Bezug auf einzelne Waldgesellschaften – synchorologisch differenzieren und charakterisieren. Vegetationsbestimmende Klimafaktoren (z. B. Länge der Vegetationsperiode, Anzahl der Frosttage pro

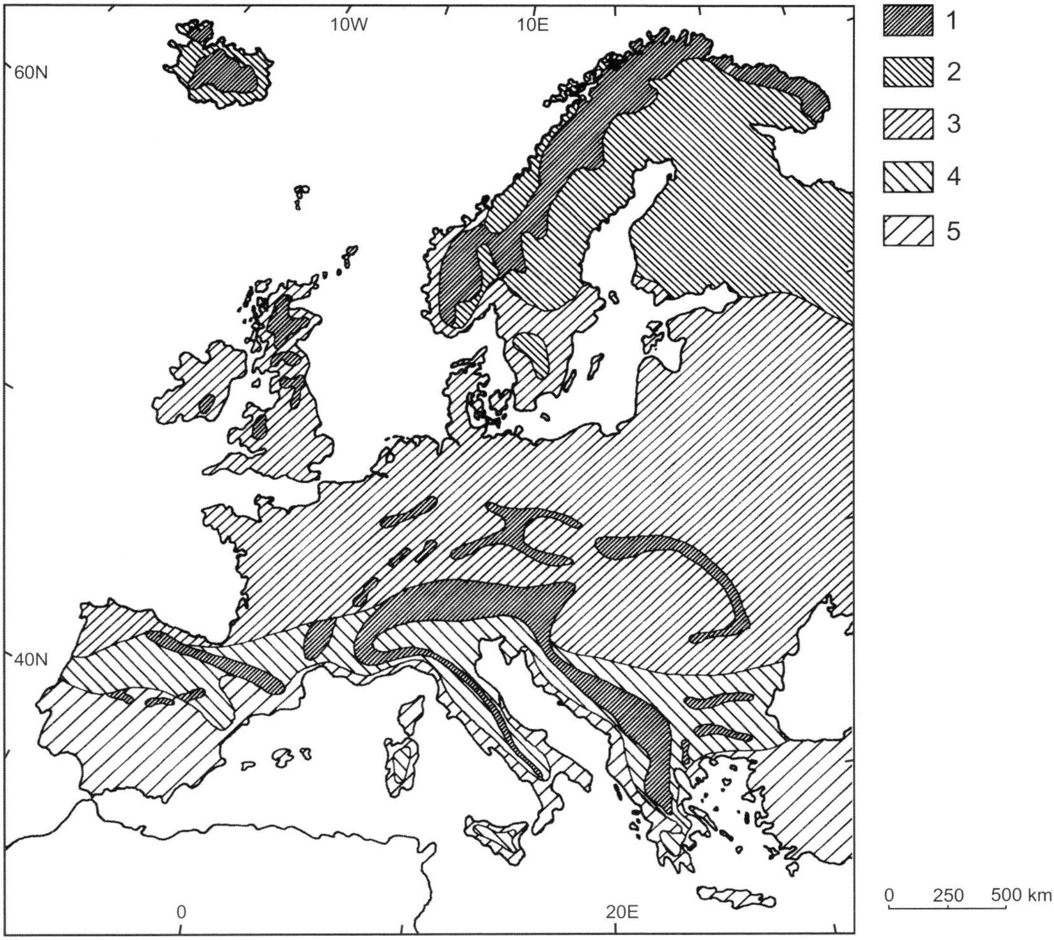

Abb. 18 Vegetationszonen in Europa: Gebiete mit auffälligen Höhengradienten wurden gesondert gekennzeichnet. 1: Vornehmlich alpine und oroarktische Stufe; 2: Boreale Regionen; 3: Temperate Regionen; 4: Submeridionale Regionen; 5: Mediterrane Regionen (aus Dierssen 1990).

Jahr, Sommertemperatur, Jahresniederschlag) ändern sich dabei mit

- der geographischen Breite (Zonalität),
- der geographischen Länge (Ozeanität) und
- mit der Höhe über dem Meeresspiegel (Höhenstufen).

Das Areal einer Pflanzenart, also ihr geographisches Verbreitungsgebiet, lässt sich demgemäß mit Hilfe der drei genannten „**florengeographischen Kriterien**" (Dierschke 1994) beschreiben. Dennoch bleibt zu berücksichtigen, dass Pflanzenareale zugleich auch einwanderungsgeschichtlich bedingt sind, diese also nur selten in idealer Weise klimatologische Grenzlinien nachzeichnen.

4.1.2.1 Zonalität

Pflanzenareale erstrecken sich über eine oder mehrere Florenzonen. Vegetationsbestimmende Klimafaktoren, die sich mit zunehmender geographischer Breite ändern, sind vor allem die kürzer werdende Vegetationsperiode und eine Zunahme der Frosttage pro Jahr. In Europa lassen sich nach Dierssen (1990, Abb. 18) die folgenden **fünf Florenzonen** unterscheiden:

arct Arktische (kalte) Zone: Tundrengebiete nördlich der polaren Waldgrenze. Viele der in der arktischen Zone verbreiteten Arten kommen auch in der alpinen Stufe höherer Gebirge vor und weisen demgemäß ein disjunktes Areal auf (so genannte arktisch-alpine Arten).

b Boreale (kühle) Zone: Nördliche Nadelwaldzone, die weite Teile Skandinaviens umfasst.

temp Temperate (kühl gemäßigte oder nemorale) Zone: Zone der sommergrünen Laubwälder, zum Teil mit Nadelwäldern gemischt; die temperate Zone lässt sich in eine nördliche (ntemp) und südliche (stemp) temperate Zone gliedern und umfasst weite Teile Mitteleuropas.

sm Submeridionale (warm gemäßigte) Zone: Sommergrüne Trockenwald- und Steppengebiete.

m Meridionale Zone: Bereiche immergrüner Laub- und Nadelwälder, Steppen und Halbwüsten.

Nur ein kleiner Teil der in Mitteleuropa vorkommenden Waldarten ist auch in den **südlich gelegenen Florenzonen** nachweisbar, so dass die Areale dieser Arten eine weite Nord-Süd-Ausdehnung haben. Die entsprechenden Florenzonen sind:

strop Subtropische (wintertrockene) Zone: Bereiche trocken kahler Wälder, Savannen und Steppen.

trop Tropische (immerfeuchte) Zone: Bereiche immergrüner Regenwälder.

austr Australe Zone: auf der Südhemisphäre gelegen, mit der meridionalen bis temperaten Zone der Nordhemisphäre vergleichbar.

antarct Antarktische Zone: diese auf der Südhemisphäre gelegene Zone entspricht weitgehend den borealen bis arktischen Breiten der Nordhemisphäre.

4.1.2.2 Ozeanität

Mit zunehmender Entfernung von der Küste ändern sich auch wichtige, die Entwicklung der Vegetation mitbestimmende Klimaparameter: Insbesondere wird der Temperaturunterschied zwischen Sommer und Winter größer, ebenso wie die Anzahl der jährlichen Frosttage und der Spätfrost-Ereignisse. Überdies sind die Niederschläge während der Sommermonate ungleich verteilt, da diese überwiegend oder zu einem erheblichen Anteil während Gewitterereignissen fallen. Entsprechend lassen sich die oben beschriebenen Florenzonen entlang eines Ozeanitäts- beziehungsweise Kontinentalitätsgradienten gliedern.

Nach Jäger (1968) können in Europa zehn **Ozeanitätssektoren** unterschieden werden (Abb. 19), so dass unterschiedliche Arealkennzeichnungen je nach Arealausdehnung der betrachteten Pflanzenart möglich sind (Beispiele: Abb. 20 a bis f):

euoz Euozeanische Areale: Areale erstrecken sich über Gebiete mit extrem ausgeglichenem Seeklima in unmittelbarer Küstennähe. Die Areale dieser Arten liegen ausschließlich im Ozeanitätsbereich 1.

oz Ozeanische Areale: meeresnahe, aber weiter ins Binnenland reichende Areale. Die Areale dieser Arten liegen in den Ozeanitätsbereichen 1 und 2.

suboz Subozeanische Areale: größere Areale mit ozeanischer Tendenz, nicht oder kaum in euozeanische oder kontinentale Gebiete reichend. Die Areale dieser Arten erstrecken sich überwiegend über die Ozeanitätsbereiche 1 bis 3.

subk Subkontinentale Areale: wie vorige, aber mit mehr kontinentaler Tendenz. Die Areale dieser Arten erstrecken sich überwiegend über die Ozeanitätsbereiche 3 bis 6.

k Kontinentale Areale: Areale erstrecken sich über meeresfern gelegene Gebiete mit starkem Sommer-Winter-Temperaturunterschied. Die Areale dieser Arten liegen überwiegend in den Ozeanitätsbereichen 7 bis 10. Unter den in Mitteleuropa vorkommenden Waldarten weist nur die Arve (*Pinus cembra*) ein solches Arealbild auf (Abb. 20 f).

euk Eukontinentale Areale: Die Areale erstrecken sich über extrem meeresfern gelegene Gebiete und liegen im Ozeanitätsbereich 10. Mitteleuropa liegt demgemäß außerhalb des Areals eukontinental verbreiteter Arten.

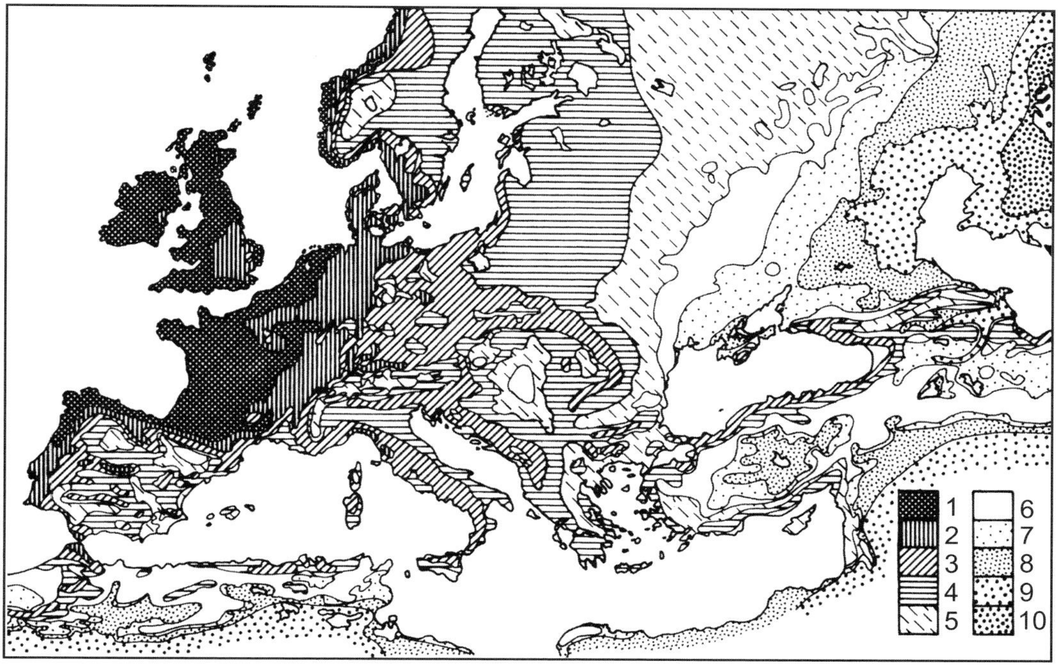

Abb. 19 Gliederung Europas nach dem Ozeanitätsgefälle in zehn Bereiche (weitere Erläuterungen in Kap. 4.1.2.2; nach JÄGER aus DIERSCHKE 1994).

4.1.2.3 Höhenstufen

Höhenstufen werden zur Charakterisierung von Pflanzenarealen mit herangezogen, da eine Art, deren Areal mehrere Vegetationszonen umfasst, innerhalb dieser meist auch an verschiedene Höhenstufen gebunden ist. So sind zum Beispiel viele Arten, die im nördlichen Mitteleuropa in der planaren Stufe auftreten, im südlichen Mitteleuropa häufig in der montanen Stufe nachweisbar. Denn ganz entsprechend zur geographischen Breite nimmt auch mit zunehmender Höhe über dem Meeresspiegel die Länge der Vegetationsperiode ab und die Anzahl der jährlichen Frosttage zu.

In Abhängigkeit von ihrer Höhenverbreitung wird eine Art als planar/kollin, montan (mo), subalpin (salp) oder alpin (alp) bezeichnet. Ein Areal, das sich von der alpinen Stufe bis in die darunter liegenden Stufen eines Gebirges erstreckt, wird als dealpin (dealp) bezeichnet; tritt eine Art in Höhenstufen unterhalb der montanen auf, wird sie als demontan (demo) bezeichnet.

Eine größere Gruppe von Waldarten ist nördlich des Alpenraumes nicht oder nur wenig vertreten, zeigt innerhalb der Alpen aber keine Bindung an die subalpine Stufe. Solche Arealbilder werden als „alpisch" oder „präalpisch" bezeichnet, um eine Verwechslung mit „alpinen" Arealen auszuschließen (EWALD 1997). Auf eine Beschreibung der Höhenstufen wird noch ausführlich in Kapitel 4.1.3 eingegangen.

4.1.2.4 Arealdiagnose und Arealtypen

Aus ihrer Zonalitäts-, Ozeanitäts- und Höhenstufenbindung lässt sich für eine Art eine **Arealdiagnose** erstellen, die eine Vorstellung über das räumliche Verbreitungsbild vermittelt und somit als biogeographisches Bezugssystem zur chorologischen Charakterisierung herangezogen werden kann. Arealdiagnosen für einige wichtige, in Mitteleuropa vorkommende Waldarten fasst Tab. 3 zusammen. Als grobe Orientierungshilfe dient dabei die Ozeanitätsbindung der angeführten Waldarten. Die Auflistung zeigt, dass in Mitteleuropa Waldarten mit gemäßigt ozeanischer und subozeanischer Verbreitung vorherrschen.

Vergleicht man die Areale verschiedener Pflanzenarten, so lassen sich häufig für mehrere Sippen übereinstimmende Verbreitungs-

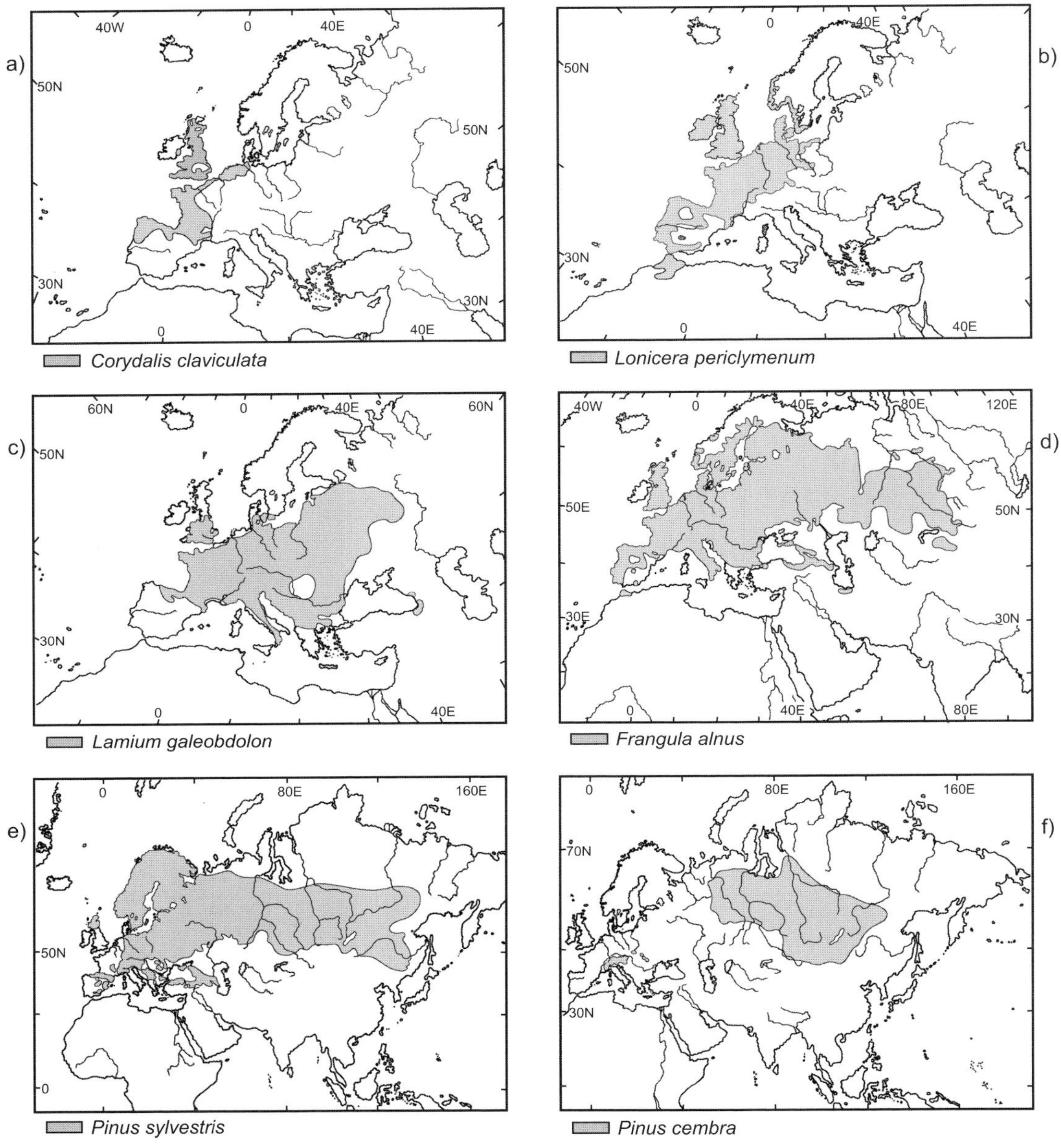

Abb. 20 Beispiele verschiedener Arealbilder typischer Waldarten in Europa. a) euozeanisch verbreitete Waldarten am Beispiel von *Corydalis claviculata;* b) ozeanisch verbreitete Waldarten am Beispiel von *Lonicera periclymenum;* c) subozeanisch verbreitete Waldarten am Beispiel von *Lamium galeobdolon;* d) gemäßigt subozeanisch verbreitete Waldarten am Beispiel von *Frangula alnus;* e) gemäßigt kontinental verbreitete Waldarten am Beispiel von *Pinus sylvestris;* f) kontinental verbreitete Waldarten am Beispiel von *Pinus cembra* (nach Meusel et al. 1965, 1978, Rothmaler et al. 1986).

Tab. 3 Arealdiagnosen von in Mitteleuropa verbreiteten Waldarten (nach MEUSEL et al. 1965, 1978 und ROTHMALER et al. 1986)
Aus der Zonalitäts-, Ozeanitäts- und Höhenstufenbindung einer Art ergibt sich für die Waldarten ihre Arealdiagnose als Formel. In dieser wird zuerst die Zonalitätsbindung der Art beschrieben. Erstreckt sich das Areal über mehrere Florenzonen, so werden – durch einen Bindestrich („-") verbunden – die südlichste und nördlichste Florenzone genannt, in der die betrachtete Art noch vorkommt (z. B. m-b: verbreitet von der meridionalen bis zur borealen Zone; durch einen Schrägstrich („/") getrennt kann die der Florenzone entsprechende Höhenbindung angegeben sein). Von der Florenzonenbindung durch einen mittigen Punkt („·") getrennt folgt die Angabe zur Ozeanitätsbindung. Neben den in Kap. 4.1.2.2 genannten Ozeanitätstypen treten weitere vermittelnde Typen auf: (oz) vermittelnd zwischen oz und suboz, (suboz) vermittelnd zwischen suboz und subkont, (k) vermittelnd zwischen subk und k. Die Bindung einer Pflanzenart an verschiedene Kontinente oder Teilkontinente wird durch folgende Abkürzungen beschrieben: Europa (EUR), Asien (AS), Sibirien (SIB), Afrika (AFR), Amerika (AM). Disjunkte Arealteile werden in den Arealdiagnosen durch ein Plus („+") dargestellt

Euozeanisch verbreitete Waldarten (Beispiel: siehe Abb. 20a)	
Art	**Arealdiagnose**
Carex laevigata	sm-temp · euoz EUR
Corydalis claviculata	temp · euoz EUR
Erica cinerea	sm-b · euoz EUR
Hypericum pulchrum	sm-temp · euoz EUR
Ozeanisch verbreitete Waldarten (Beispiel: siehe Abb. 20b)	
Art	**Arealdiagnose**
Allium ursinum	sm/mo-temp · oz EUR
Asplenium scolopendrium	m/mo-temp · oz EUR + OAS + (OAM)
Blechnum spicant	m/mo-b · oz EUR + OAS + WAM
Bromus ramosus	m/mo-temp · oz EUR-(WAS)
Cardamine flexuosa	m/mo-temp · oz EUR + OAS
Carex pendula	m/mo-temp · oz EUR
Carex pilulifera	sm/mo-b · oz EUR
Chrysosplenium oppositifolium	sm/mo-temp · oz EUR
Cicerbita alpina	sm/mo-b/demo · oz EUR
Deschampsia flexuosa	antarct-trop/salp-m/salp-arct · oz CIRCPOL
Equisetum telmateia	m-temp · oz EUR + WAM
Erica tetralix	sm-b · oz EUR
Fagus sylvatica	m/mo-temp · oz EUR
Galium harcynicum	sm/mo-temp · oz EUR
Galium palustre elongatum	m-b · oz EUR
Gymnadenia conopsea	m/alp-b · oz EURAS
Hedera helix	m-temp · oz EUR
Helleborus foetidus	m/mo-temp · oz EUR
Holcus mollis	sm/mo-temp · oz EUR
Ilex aquifolium	m/mo-temp · oz EUR
Laserpitium latifolium	m/mo-temp/demo · oz EUR
Lathyrus linifolius	sm/mo-temp · oz EUR
Lonicera periclymenum	m/mo-temp · oz EUR
Luzula forsteri	m/mo-stemp · oz EUR
Luzula sylvatica	sm/mo-temp/demo-b · oz EUR
Lysimachia nemorum	m/mo-temp · oz EUR
Melica uniflora	m/mo-temp · oz EUR
Osmunda regalis	austr-trop/mo-temp · oz CIRCPOL
Phyteuma spicatum	sm/mo-temp · oz EUR
Polystichum aculeatum	m/mo-temp · oz EUR-OAS-(WAM)
Polystichum setiferum	m/mo-temp · oz EUR
Potentilla sterilis	sm/mo-temp · oz EUR
Primula vulgaris	m/mo-temp · oz EUR
Quercus petraea	sm/mo-temp · oz EUR
Rumex sanguineus	sm/mo-temp · oz EUR
Sarothamnus scoparius	m/mo-temp · oz EUR
Sesleria albicans	sm/dealp-temp/dealp · oz EUR
Sorbus aria	m/mo-temp/demo · oz EUR

Tab. 3 Arealdiagnosen von in Mitteleuropa verbreiteten Waldarten (nach Meusel et al. 1965, 1978 und Rothmaler et al. 1986) (Fortsetzung)

Ozeanisch verbreitete Waldarten (Beispiel: siehe Abb. 20b)	
Art	**Arealdiagnose**
Taxus baccata	m/mo-temp · oz EUR
Tilia platyphyllos	sm/mo-temp/demo · oz EUR
Valeriana dioica	sm/mo-temp · oz EUR + WAS
Veronica montana	m/mo-temp/demo · oz EUR
Vinca minor	sm-temp · oz EUR
Viola reichenbachiana	m/mo-temp · oz EUR

Gemäßigt ozeanisch verbreitete Waldarten	
Art	**Arealdiagnose**
Aegopodium podagraria	m/mo-b · (oz) EUR-WAS
Agropyron caninus	m/mo-b · (oz) EUR-WAS
Ajuga reptans	m/mo-b · (oz) EUR; subatl-smed
Alliaria petiolata	m/mo-temp · (oz) EUR-WAS
Alnus glutinosa	m/mo-b · (oz) EUR-(WSIB)
Anemone nemorosa	sm/mo-b · (oz) EUR + OAS
Athyrium distentifolium	sm/mo-arct · (oz) CIRCPOL
Athyrium filix-femina	strop/mo-b · (oz) CIRCPOL
Brachypodium sylvaticum	trop/moAS-m/mo-temp · (oz) EUR-(WAS)
Campanula trachelium	m/mo-temp · (oz) EUR-WAS
Carex acutiformis	m/mo-temp · (oz) EUR-WAS
Carex elongata	sm/mo-b · (oz) EUR-(WSIB)
Carex remota	m/mo-temp · (oz) EUR-OAS
Carex sylvatica	m/mo-temp · (oz) EUR
Circaea lutetiana	m/mo-temp · (oz) EURAS + OAM
Cirsium oleraceum	sm-temp · (oz) EUR-WSIB
Cirsium palustre	m-b · (oz) EUR-WSIB
Convallaria majalis	sm/mo-b · (oz) EURAS
Cornus sanguinea	m/mo-temp · (oz) EUR
Dryopteris austriaca	antarctAM + sm/mo-arct · (oz) CIRCPOL
Dryopteris carthusiana	antarctAM + sm/mo-b · (oz) CIRCPOL
Drypoteris filix-mas	austr-trop/moAM-m/mo-b · (oz) CIRCPOL
Epilobium montanum	m/mo-b · (oz) EUR-WAS + (OAS)
Epipactis helleborine	m/mo-b · (oz) EUR-WAS
Festuca altissima	sm/demo-temp/demo · (oz) EUR + (WSIB)
Festuca gigantea	m/mo-temp · (oz) EUR-WAS
Festuca ovina	sm/mo-arct · (oz) EUR-SIB
Fraxinus excelsior	sm-temp · (oz) EUR
Galium odoratum	m/mo-b · (oz) EURAS
Geranium robertianum	m-b · (oz) EURAS
Glechoma hederacea	m/mo-b · (oz) EURAS
Hieracium sylvaticum	sm/mo-b · (oz) EUR
Huperzia selago	austr-arct-(oz) CIRCPOL
Iris pseudacorus	m-b · (oz) EUR-(WSIB)
Juncus effusus	austr-trop/mo-b · (oz) CIRCPOL
Listera cordata	sm/mo-arct · (oz) CIRCPOL
Listera ovata	m/mo-b · (oz) EUR-WAS
Luzula pilosa	sm/mo-b · (oz) EUR-WSIB
Lycopodium annotinum	sm/mo-arct · (oz) CIRCPOL
Malus sylvestris	m-temp · (oz) EUR
Melica nutans	sm/mo-b · (oz) EURAS
Mercurialis perennis	m/mo-temp · (oz) EUR
Milium effusum	m/mo-b · (oz) EURAS + OAM
Moehringia trinervia	m/mo-b · (oz) EUR-(WAS)
Molinia arundinacea	sm/mo-b · (oz) EUR
Molinia caerulea	sm/mo-b · (oz) EUR
Neottia nidus-avis	sm/mo-temp · (oz) EUR-(WSIB)
Orthilia secunda	strop/moAM-m/mo-arct · (oz) CIRCPOL

Tab. 3 Arealdiagnosen von in Mitteleuropa verbreiteten Waldarten (nach Meusel et al. 1965, 1978 und Rothmaler et al. 1986) (Fortsetzung)

Gemäßigt ozeanisch verbreitete Waldarten

Art	Arealdiagnose
Oxalis acetosella	m/mo-b · (oz) EURAS
Platanthera chlorantha	m/mo-temp · (oz) EUR
Polypodium vulgare	austr AFR + m/mo-b · (oz) CIRCPOL
Polystichum braunii	sm/mo-b · (oz) CIRCPOL
Primula veris	sm/mo-b · (oz) EUR-WAS
Quercus robur	sm/mo-temp · (oz) EUR
Ranunculus auricomus	sm/mo-arct · (oz) EUR-WSIB
Ranunculus ficaria	m/mo-temp · (oz) EUR
Salix caprea	sm-b · (oz) EURAS
Sambucus nigra	m/mo-temp · (oz) EUR
Scrophularia nodosa	m/mo-b · (oz) EURAS
Solidago virgaurea	m/mo-b · (oz) EUR-WSIB (ssp. virgaurea)
Stachys sylvatica	m/mo-b · (oz) EUR-WAS
Stellaria holostea	sm/mo-b · (oz) EUR-(WSIB)
Streptopus amplexifolius	m/mo-b · (oz)AM-OAS
Thelypteris limbosperma	austr-trop/mo-b · (oz) CIRCPOL
Thelypteris palustris	austr-trop/mo-b · (oz) CIRCPOL
Thelypteris phegopteris	austr-trop/mo-b · (oz) CIRCPOL
Ulmus glabra	m/mo-temp · (oz) EUR
Veronica hederifolia	m-b · (oz) EUR-WAS
Viola riviniana	m/mo-b · (oz) EUR

Subozeanisch verbreitete Waldarten (Beispiel: siehe Abb. 20c)

Art	Arealdiagnose
Abies alba	m/mo-temp/demo · suboz EUR
Acer campestre	m/mo-temp · suboz EUR
Acer platanoides	sm/mo-temp · suboz EUR
Acer pseudoplatanus	m/mo-temp/demo · suboz EUR
Actaea spicata	sm/mo-b · suboz EUR + WSIB
Alnus incana	sm/mo-b · suboz EUR-(WSIB)
Anemone ranunculoides	sm/mo-temp · suboz EUR
Aruncus dioicus	sm/mo-temp · suboz EUR
Asarum europaeum	sm/mo-temp · suboz EUR + (SIB)
Astrantia major	sm/mo-temp/demo · suboz EUR
Carpinus betulus	sm/mo-temp · suboz EUR
Campanula persicifolia	sm/mo-temp · suboz EUR
Carex brizoides	sm/mo-temp · suboz EUR
Carex digitata	sm/mo-b · suboz EUR + (OAS)
Carex montana	sm/mo-temp · suboz EUR +OAS
Carex pseudo-brizoides	temp · suboz EUR
Carex umbrosa	sm/mo-stemp · suboz EUR
Centaurea montana	sm/mo-stemp/demo · suboz EUR
Cephalanthera rubra	m/mo-temp · suboz EUR
Coronilla emerus	m/mo-temp · suboz EUR
Corydalis cava	sm/mo-temp · suboz EUR
Corydalis intermedia	sm/mo-b · suboz EUR
Corydalis solida	m/mo-b · suboz EUR
Crataegus oxyacantha	sm/mo-temp · suboz EUR
Cucubalus baccifer	m/mo-temp · suboz EURAS
Dactylis polygama	sm/mo-temp · suboz EUR
Dryopteris cristata	sm/mo-b · suboz EUR-WSIB + OAM
Gagea lutea	m/mo-b · suboz EURAS
Gagea spathacea	temp · suboz EUR
Galium sylvaticum	sm/mo-temp · suboz EUR
Hepatica nobilis	sm/mo-temp · suboz EUR + OAS
Hordelymus europaeus	sm/mo-temp/demo · suboz EUR
Lamium galeobdolon	sm-temp · suboz EUR

Tab. 3 Arealdiagnosen von in Mitteleuropa verbreiteten Waldarten (nach Meusel et al. 1965, 1978 und Rothmaler et al. 1986) (Fortsetzung)

Subozeanisch verbreitete Waldarten (Beispiel: siehe Abb. 20c)	
Art	**Arealdiagnose**
Lathyrus vernus	sm/mo-b · suboz EUR-WSIB
Leucojum vernum	sm/mo-stemp · suboz EUR
Lunaria rediviva	sm/mo-temp/demo · suboz EUR
Luzula luzuloides	sm/mo-temp/demo · suboz EUR
Luzula nivea	sm/salp-stemp/dealp · suboz EUR
Lysimachia nummularia	sm-temp · suboz EUR
Matteuccia struthiopteris	sm/mo-b · suboz CIRCPOL
Melampyrum nemorosum	sm-temp · suboz EUR
Omphalodes verna	sm/mo · suboz EUR
Quercus cerris	m/mo-sm · suboz EUR
Quercus pubescens	m/mo-(temp) · suboz EUR
Petasites albus	sm/mo-temp/demo · suboz EUR
Poa chaixii	sm/mo-temp/demo · suboz EUR
Potentilla alba	sm-temp · suboz EUR
Prenanthes purpurea	sm/mo-stemp/mo · suboz EUR
Primula elatior	sm/mo-temp/demo · suboz EUR-WAS
Pulmonaria obscura	sm-b · suboz EUR
Pulmonaria officinalis	sm-b · suboz EUR
Pyrola media	sm/mo-b · suboz EURAS
Ranunculus lanuginosus	sm/mo-temp/demo · suboz EUR
Rhododendron ferrugineum	sm/salp-temp/salp · suboz EUR
Salvia glutinosa	m/mo-stemp/demo · suboz EUR
Sambucus racemosa	sm/mo-temp · suboz EUR
Scirpus sylvaticus	sm/mo-b · suboz EURAS
Sorbus torminalis	m/mo-temp · suboz EUR
Stellaria nemorum	sm/mo-b · suboz EUR
Teucrium scorodonia	sm-stemp · suboz EUR
Thalictrum aquilegiifolium	sm/mo-temp · suboz EUR
Tilia cordata	sm/mo-temp · suboz EUR
Veronica urticifolia	sm/mo-stemp/demo · suboz EUR
Gemäßigt subozeanisch verbreitete Waldarten (Beispiel: siehe Abb. 20d)	
Art	**Arealdiagnose**
Adoxa moschatellina	m/mo-b · (suboz) CIRCPOL
Calamagrostis arundinacea	sm/mo-b · (suboz) EUR-SIB
Calamagrostis canescens	temp-b · (suboz) EUR-WSIB
Carex pilosa	sm/mo-temp · (suboz) EURAS
Circaea alpina	m/mo-b · (suboz) CIRCPOL
Equisetum hyemale	m/mo-b · (suboz) CIRCPOL
Fragaria vesca	m/mo-b · (suboz) CIRCPOL
Fragaria viridis	m/mo-temp · (suboz) EUR-WAS
Frangula alnus	m-b · (suboz) EUR-WAS
Geum rivale	m/mo-b · (suboz) EUR-WAS-AM
Geum urbanum	m/mo-temp · (suboz) EUR-WAS
Gymnocarpium dryopteris	m/mo-arct · (suboz) CIRCPOL
Impatiens noli-tangere	sm-b · (suboz) EURAS + WAM
Lamium maculatum	sm-temp · (suboz) EUR
Leucojum aestivum	sm-stemp · (suboz) EUR
Lilium martagon	sm/mo-temp · (suboz) EUR-SIB
Melampyrum sylvaticum	sm/mo-b · (suboz) EUR
Monotropa hypopitis	m/mo-b · (suboz) CIRCPOL
Paris quadrifolia	sm/mo-b · EUR-SIB
Poa nemoralis	m/mo-b · (suboz) CIRCPOL
Polygonatum multiflorum	m/mo-temp · (suboz) EUR-(AS)
Polygonatum odoratum	m/mo-temp · (suboz) EURAS
Prunus spinosa	m/mo-temp · (suboz) EUR
Pyrola chlorantha	m/mo-b · (suboz) CIRCPOL

Tab. 3 Arealdiagnosen von in Mitteleuropa verbreiteten Waldarten (nach Meusel et al. 1965, 1978 und Rothmaler et al. 1986) (Fortsetzung)

Gemäßigt subozeanisch verbreitete Waldarten (Beispiel: siehe Abb. 20d)	
Art	**Arealdiagnose**
Pyrus pyraster	sm-temp · (suboz) EUR
Scilla bifolia	m/mo-stemp · (suboz) EUR
Ulmus laevis	sm-b · (suboz) EUR
Ulmus minor	m-temp · (suboz) EUR
Vaccinium myrtillus	sm/mo-b · (suboz) EUR-SIB
Vicia sepium	m/mo-b · (suboz) EUR-WSIB
Viola hirta	sm/mo-temp · (suboz) EUR-WAS
Gemäßigt subkontinental verbreitete Waldarten	
Art	**Arealdiagnose**
Linnaea borealis	sm/mo-arct · (subk) CIRCPOL
Picea abies	sm/mo-b · (subk) EUR
Populus tremula	m/mo-b · (subk) EURAS
Pyrola uniflora	m/mo-b · (subk) CIRCPOL
Vaccinium uliginosum	sm/mo-arct · (subk) CIRCPOL
Vaccinium vitis-idaea	sm/mo-arct · (subk) CIRCPOL
Vincetoxicum hirundinaria	m/mo-temp · (subk) EUR-WAS
Subkontinental verbreitete Waldarten	
Art	**Arealdiagnose**
Bupleurum longifolium	m/mo-temp · subk EURAS
Calla palustris	temp-b · subk CIRCPOL
Chimaphila umbellata	sm/mo-b · subk CIRCPOL
Larix decidua	sm/mo-temp/mo · subk EUR
Lycopus exaltatus	sm-stemp · subk EUR-WAS
Gemäßigt kontinental verbreitete Waldarten (Beispiel: siehe Abb. 20e)	
Art	**Arealdiagnose**
Calamagrostis epigejos	m/mo-b · (k) EURAS
Carex alba	sm/mo-b · (k) EUR + SIB
Carex cespitosa	sm/mo-b · (k) EURAS
Equisetum pratense	sm/mo-b · (k) CIRCPOL
Lysimachia thyrsiflora	temp-b · (k)CIRCPOL
Maianthemum bifolium	sm/mo b · (k) EURAS
Pinus sylvestris	sm/mo-b · (k) EURAS
Rubus saxatilis	sm/mo-b · (k) EUR-SIB
Saxifraga hirculus	m/alp-arct · (k) CIRCPOL
Stellaria longifolia	sm/mo-b · (k) CIRCPOL
Stellaria palustris	m/mo-b · (k) CIRCPOL
Trientalis europaea	temp-b · (k) EURAS-WAM
Kontinental verbreitete Waldarten (Beispiel: siehe Abb. 20f)	
Art	**Arealdiagnose**
Pinus cembra	(sm/mo)-b · k EURAS
Weit bzw. zirkumpolar (CIRCPOL) verbreitete Arten ohne Ozeanitätsbindung	
Art	**Arealdiagnose**
Betula pendula	sm-b EUR-WSIB
Betula pubescens	sm-b EUR-SIB
Caltha palustris	m/mo-arct CIRCPOL
Chrysosplenium alternifolium	sm/mo-arct EURAS-WAM
Equisetum sylvaticum	sm/mo-b CIRCPOL
Rubus idaeus	sm/mo-b CIRCPOL
Solidago virgaurea	boreostrop/mo-arct EURAS

	Allgemein	Zonal			Extrazonal				Azonal					
Standortscharakteristika	Ausgangsgestein/ Bodenart	Sandstein u.ä., saale-zeitliche Moräne	Löss, weichsel-zeitl. Moräne, Silikatgestein	Kalkstein, Dolomit	Sand	Lehm Kalk	Sand	Lehm Kalk	Auelehm bis Feinsand	Auesand, Kies	Flugsand	Niedermoortorf		Hochmoor-torf
	Exposition				Schatthang		Sonnhang							
	häufige Bodentypen	starksaure Braunerde, Podsol	Braunerde, Parabraunerde	Rendzina	B	B, R	B, N	B, R	Vega	Paternia	Regosol, Podsol	Niedermoor		Hochmoor
	Humusform (unter Laubwald)	Moder, Rohhumus	Mull, Moder	Mull	Moder	Mull	Moder	Mull	Mull	(Mull)	(Roh-humus)	Trophiegrad: ol	me-eu	
+/- Subozeanisch	subalpin	**Fi**	Ah Fi **Bu**	**Ah** Bu	Fi		(Fi) Ah Bu		-	Grün-Erle	-	Fi	Ta Fi	-
	montan	Ta Fi Bu	**Ta Bu**	(Ta) **Bu**	Fi Ta	Bu (Fi) Ta	(Ki)	(Ta) Bu	Esche	Grau-Erle	-	(Bi) Fi	Ta Fi	(Fi) Berg-Ki
	submontan	(Ei) **Bu**	**Bu**	**Bu**	Bu Ta	Ta Bu	(Ki)	Ei Bu	(Esche) Ei	Wei	Ei	Fi (Ki) Bi	(Fi) Schwarz-Erle	Ki (Bi)
	planar-kollin	(Ei) **Bu**	(Ei) **Bu**	**Bu**	Bu	Li u.a. (Bu)	(Ki) submedit. Ei.-Mischw.		(Esche) Ulm Ei	Wei	(Ki) Ei	(Ki) Bi	(Bi) Schwarz-Erle	(Ki) (Bi)
+/- Kontinental	montan	(Bu) (Ta) **Fi**	(Bu) Ta **Fi**	(Fi) Ta Bu	Fi		(Ki) Ta Fi		Fi (Esche)	Grau-Erle	-	(Ki) fi	Fi	Fi Berg-Ki
	submontan	Ei Bu Ki	Ki Fi Ei Bu	Ei Bu	Fi Ki Bu	Fi Ta Bu	Ki Ei	Ki Ei	(Esche) Ei	Wei	(Ei) Ki	(Bi) Ki Fi	(Bi) Schwarz-Erle	Ki
	planar-kollin	Ei **Ki**	Li Ei **Hb**	Ei **Hb**	(Bu) Ei Ki	(Bu) Fi Hb	Ki	kont. Ei.-Mischw.	(Ulm) Ei	Wei	Ki	(Bi) Ki	(Bi) Schwarz-Erle	Ki

Abb. 21 Herrschende Baumarten in der zonalen, extrazonalen und azonalen Waldvegetation Mitteleuropas, differenziert für verschiedene Höhenstufen, Substrat- und Klimabedingungen im westlichen (mehr oder weniger subozeanischen) und östlichen (mehr oder weniger subkontinentalen) Mitteleuropa. Abkürzungen für die Namen der Baumarten: Ah = Berg-Ahorn, Bi = Moor-Birke, Bu = Rot-Buche, Ei = Eichen, Fi = Fichte, Ki = Wald-Kiefer, Hb = Hainbuche, Li = Linden, Ta = Weißtanne, Wei = Weiden; Abkürzungen für die Namen der Bodentypen: B = Braunerde, N = Ranker, R = Rendzina (nach Ellenberg 1996, etwas verändert).

muster erkennen, die dann als **Arealtypen** bezeichnet werden. Die Arealgrenzen einer Art und ihre Häufungszentren oder Vorkommensschwerpunkte (sofern vorhanden) dienen als Zuordnungskriterien zu einem Arealtyp (Meusel et al. 1965, 1978, Dierschke 1994). Ein bestimmter Arealtyp umfasst sämtliche Sippen mit ähnlicher Gebietsbindung.

4.1.3 Orographische Differenzierung

Vegetationsbestimmende Klimafaktoren ändern sich nicht nur zwischen einzelnen Vegetationszonen oder längs eines Ozeanitätsgradienten, sondern auch mit der Höhe über dem Meeresspiegel. Die dadurch entstehende vertikale Abfolge verschiedener Baumarten und Waldgesellschaften wird als Höhenstufung oder auch **orographische Differenzierung** der Waldvegetation bezeichnet.

Als ökologischer Primärgradient wirkt die Temperaturabnahme mit zunehmender Höhe über dem Meeresspiegel. Pro 100 Höhenmeter verkürzt sich die Dauer der Vegetationsperiode um sechs bis sieben Tage, denn das Frühjahr beginnt später und der Winter setzt früher ein. Ebenso nehmen die Anzahl jährlicher Frosttage und die Dauer der Schneebedeckung zu.

Darüber hinaus entstehen auf den Luv- und Leeseiten der Höhenzüge mehr oder weniger ausgeprägte Feuchtegradienten: Durch Wolkenstau erreichen Niederschlag und Luftfeuchte in einer bestimmten Höhenstufe auf der Luvseite ein Maximum. Die im Regenschatten liegenden Leeseiten weisen demgegenüber deutlich niedrigere Jahresniederschläge und ein insgesamt trockeneres Klima auf.

Welches Baumartengefüge man in Abhängigkeit von der Nährstoffversorgung in den einzelnen Höhenstufen erwarten kann, ist in Abbildung 21 dargestellt.

Zugleich zeigt sich, dass sich die Baumartenzusammensetzung nicht nur mit dem Großklima ändert, sondern dass sie sich auch für die zonale, extrazonale und azonale Waldvegetation spezifizieren lässt.

In Mitteleuropa lassen sich in der Regel **fünf Höhenstufen der Waldvegetation** unterscheiden:

- In der **planaren Stufe** (unter 100 m über NN) Westmitteleuropas begünstigen ein ausgeglichenes Klima mit relativ hohen Durchschnittstemperaturen und mittleren Jahresniederschlägen die Entwicklung von

Laubhölzern. Sie wird demgemäß auch als **Laubmischwald-Stufe** der Tieflagen bezeichnet. Vorherrschende Bäume sind hier Buche sowie Stiel- und Trauben-Eiche. Auf Sandböden unter mehr kontinental getöntem Klima gewinnt die Wald-Kiefer an Bedeutung. Im äußersten Nordosten Mitteleuropas ist auch die Fichte in der planaren Stufe vertreten. Minerogene Nassböden werden von der Esche (*Fraxinus excelsior*), der Berg-Ulme (*Ulmus glabra*), der Flatter-Ulme (*U. laevis*) oder der Stiel-Eiche (*Quercus robur*), organogene Böden vorwiegend von der Schwarz-Erle (*Alnus glutinosa*) besiedelt.

- Die **kolline Stufe** umfasst Laubmischwälder des Hügel- und unteren Berglandes und reicht im nördlichen Mitteleuropa bis 200 m, im südlichen Mitteleuropa bis 500 m über NN. Neben den bereits genannten Baumarten der planaren Stufe können – bei einem ausgeprägteren Relief – Arten der extrazonalen Vegetation das Vegetationsmosaik bereichern. Bezeichnend sind hier Wärme liebende Orchideen-Buchen-Wälder oder auch Trauben-Flaumeichen-Mischwälder. Nicht immer lassen sich die planare und kolline Stufe eindeutig gegeneinander abgrenzen, so dass diese oftmals zur planar-kollinen Stufe zusammengefasst werden. In der betrachteten Höhenstufe finden sich auch die Weinbaugebiete Mitteleuropas.
- Die **submontane Stufe** leitet zur montanen Stufe über und reicht im nördlichen Mitteleuropa bis in etwa 500 m Höhe, im südlichen Mitteleuropa bis 900 m über NN. Kennzeichnend sind im Wesentlichen Gehölzarten der planar-kollinen Stufe bei deutlicher Präsenz oder Dominanz der Buche. An mesotrophen Standorten kann unter stärker kontinentalem Klima bereits die Fichte vorkommen. Im Unterschied zur montanen Stufe können Eichen (*Quercus robur*, *Q. petraea*), Hainbuche (*Carpinus betulus*) und Linden (*Tilia cordata*, *T. platyphyllos*) am Bestandesaufbau beteiligt sein.
- In der **montanen Stufe** liegen die Jahres-Durchschnittstemperaturen etwa um 3 °C unter jenen der Tieflagen (Hartmann & Schnelle 1970). In der Regel herrscht in dieser Höhenstufe die Rot-Buche vor, wobei bei subozeanischem Klima regelmäßig die Tanne, bei gemäßigt kontinentalem Klima häufiger die Fichte beteiligt ist. Im Bereich der Flussauen werden die für das Tiefland bezeichnenden Eichen-Ulmen- von Ahorn-Eschen-Wäldern und Silberweiden- von Grauerlen-Wäldern (auf Kalkböden auch von Lavendel-Weidengebüschen) abgelöst. Auf organogenen Böden mit mittlerem bis günstigem Nährstoffangebot treten Nadelhölzer an die Stelle der Schwarz-Erle. Die höchsten Lagen der Montanstufe werden oftmals als eigener Bereich, die so genannte hochmontane oder oreale Stufe abgegrenzt. Sie leitet in einer Höhe von etwa 1500 m über NN in die subalpine Stufe über.
- Die **subalpine Stufe** (> 1 500 m über NN) wird häufig auch als die „Kampfzone“ des Waldes bezeichnet, da ungünstige Klimabedingungen und die Kürze der Vegetationsperiode den Waldwuchs behindern. Ihre Obergrenze, die mit der klimatischen Waldgrenze zusammenfällt, leitet in die alpine Stufe über, in der eine Baum- oder Waldentwicklung nicht mehr möglich ist. In der subalpinen Stufe kann sich die Rot-Buche nur noch auf basenreichen Böden (z. B. auf Karbonatböden) und unter subozeanischen bis ozeanischen Klimabedingungen behaupten. Auf nährstoffarmen Böden herrscht die Fichte vor.

Das Baumartengefüge einer Höhenstufe verändert sich mit dem Großklima (Beispiel verschiedender Wuchsräume – Tiefland, verschiedene Mittelgebirge, Nordalpen: Abb. 22).

Da auch das Regionalklima sowie edaphische und florengeschichtliche Bedingungen die orographische Differenzierung der Waldvegetation mitbestimmen, haben die in den Abbildungen 21 und 22 dargestellten Zusammenhänge nur für Standorte mittlerer Trophie und Wasserversorgung Gültigkeit. Nach Ozenda (1988) lassen sich Höhenstufen daher nicht allein durch einzelne Leitgesellschaften, sondern eher durch ein Mosaik verschiedener Pflanzengesellschaften (**Vegetationskomplexe**) mit ähnlichen ökologischen Ansprüchen charakterisieren.

Die Vertikalausdehnung einzelner Höhenstufen ändert sich bereits in Mitteleuropa deutlich mit der geographischen Breite. In der Regel sinken Höhenstufengrenzen mit zuneh-

Wuchsgebiet / Höhenstufe	Nordmittel-europäisches Tiefland	Vogesen	Rhön	Bayerischer Wald	Harz	NW-Alpen	O-Alpen
subalpin	-	-	-	-	**Fi**	**Fi**	**Fi** (Lä)
oreal	-	**Bu** (Ta)	**Bu**	**Fi**	**Fi**	**Fi** (Lä)	**Fi Ta Lä**
montan	-	**Bu** Ta	**Bu** (Ta)	**Bu Ta Fi**	**Bu** (Ta)	**Bu Ta** (Fi)	**Bu Ta** (Fi Lä)
submontan	-	**Bu** (Ei)	**Bu** (Ei)	**Bu** (Ei)	**Bu Ei**	**Bu**	**Bu** (Ei)
planar-kollin	**Bu** (Ei)	**Bu Ei**	**Bu Ei**	**Bu Ei**	**Ei** (Bu)	**Ei** Bu	**Ei** Bu

Abb. 22 Vorherrschende und begleitende Baumarten verschiedener Höhenstufen in der natürlichen Waldvegetation des Tieflandes und der mitteleuropäischen Mittelgebirge: Bu Buche, Ei Eiche, Ta Tanne, Fi Fichte, Lä Lärche (vorherrschende Baumarten in Fettdruck; verändert nach HAEUPLER 1970, HARTMANN & SCHNELLE 1970, HARTMANN 1974, JAHN 1977 und FISCHER 1995).

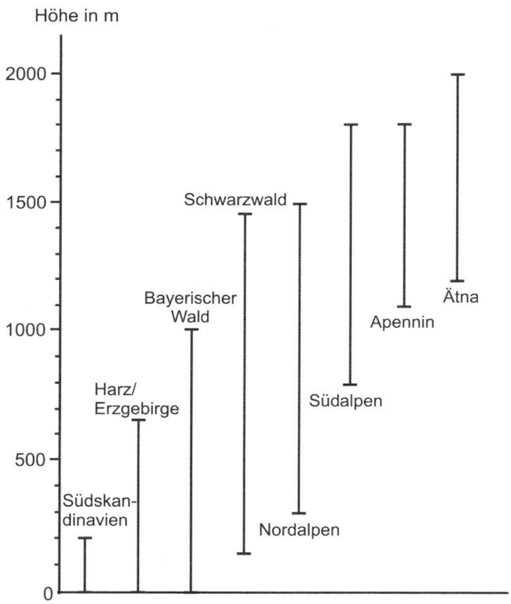

Abb. 23 Höhenverbreitung der Rot-Buche (*Fagus sylvatica*) in verschiedenen Gebieten Europas. Die Abbildung zeigt, wie mit zunehmender geographischer Breite die orographischen Vorkommensgrenzen der Rot-Buche sinken (nach Angaben von MAYER 1984).

mender geographischer Breite, da in gleichen Höhenlagen von Süden nach Norden auch die Durchschnittswerte der Temperatur abnehmen und sich damit die Vegetationsperiode verkürzt. In Abbildung 23 werden für die Buche die besiedelten Höhenstufen in verschiedenen Räumen Europas dargestellt.

Die Bindung der Buche an eine Höhenstufe wird nicht ausschließlich von abiotischen Parametern beeinflusst: Beispielsweise sind in der submeridionalen und meridionalen Zone auch biotische Faktoren wirksam, denn dort können wintergrüne Nadelbäume durch parasitische Schneepilze (Gattung *Herpotrichia* ssp.) so stark geschädigt werden, dass winterkahle Laubhölzer Konkurrenzvorteile erlangen. Demzufolge können diese die höchstgelegenen Bestände an der subalpin-alpinen Waldgrenze aufbauen (HOLTMEIER 1987).

4.1.4 Waldgrenzstandorte

In der Naturlandschaft Mitteleuropas wären lediglich etwa 10 % der Gesamtfläche waldfrei (HOFMANN et al. 2000). An diesen Standorten unterbinden verschiedene Faktoren die Waldentwicklung, die im Folgenden behandelt werden.

In Mitteleuropa sind großflächig natürlich auftretende waldfreie Flächen oberhalb der klimatischen **Höhengrenze** nur im Gebirge anzutreffen, beispielsweise in den Alpen. Die alpine Stufe beginnt dort in einer Höhe, in der das Jahresmittel der Lufttemperatur etwa 0 °C beträgt (Rehder 1965). In den Zentralalpen liegt diese bei etwa 2 200 m über NN (Mayer 1984). In den mitteleuropäischen Mittelgebirgen hingegen ist eine klimatische Waldgrenze nur selten entwickelt: Eine solche Ausnahme findet sich beispielsweise im Riesengebirge bei 1 300 m über NN. Dort bilden Fichten-Wälder die oberste Waldstufe.

Im Tiefland und in den Mittelgebirgen sind im Vergleich zur alpinen Stufe edaphische Ursachen für die Ausprägung von Waldgrenzstandorten weitaus bedeutsamer: Hier verhindern extreme Bodenverhältnisse eine Waldentwicklung. Die **Nässegrenze** des Waldes ist für die Unterbindung der Waldentwicklung ein solch bedeutender Faktor. Sie ist durch eine zeitweilig oder dauernd gegebene Wassersättigung des Wurzelraumes bedingt, die zu einer zumindest zeitweiligen Anoxizität des Bodens führt.

Verschiedene Baumarten sind morphologisch oder auch stoffwechselphysiologisch an die durch die Überstauung bedingte Sauerstoffarmut im Wurzelraum angepasst. So weist ein Teil der Arten gut entwickelte Lentizellen (z. B. bei *Alnus glutinosa*) oder Brettwurzeln (z. B. bei *Ulmus laevis*) auf, durch die der diffusionsbedingte Lufteintritt in den Holzkörper erleichtert und somit die Sauerstoffversorgung der Wurzel verbessert wird. Die Schwarz-Erle vermag überdies durch Gärprozesse im Wurzelkörper (d. h. auch unter absolut anaeroben Bedingungen) zumindest teilweise ihre Energieversorgung sicherzustellen. Auf organogenen Substraten, beispielsweise auf Übergangs- oder Hochmooren der höheren Mittelgebirgslagen, besiedeln die Berg-Kiefer, die Wald-Kiefer und die Fichte solch hydrologische Waldgrenzstandorte (siehe Kap. 9 und 10).

Die von Bruch- oder Feuchtwäldern tolerierbare Vernässung lässt sich mit Hilfe so genannter **Grundwasserdauerlinien** beschreiben, wie das Beispiel (Abb. 24) zeigt.

Es wird deutlich, dass im Verlandungsbereich von Seen ab einer gewissen Einstaurate Erlen-Bruchwälder von Weidengebüschen oder auch Röhrichtgesellschaften abgelöst werden, wenn der Grundwasserspiegel mindestens 5 cm über Flurniveau für einen Zeitraum von etwa 16 Wochen pro Jahr liegt.

Wie die Erlen-Bruchwälder tolerieren auch Hartholzauen mit Esche (*Fraxinus excelsior*), Flatter-Ulme (*Ulmus laevis*) und Stiel-Eiche (*Quercus robur*) eine gewisse Überstauung. Selten werden allerdings Überstauungs-Zeiträume von mehr als zwei Monaten überschritten. Demgegenüber kann die Überstauung in Bruchwäldern bis zu fünf Monate im Jahr andauern.

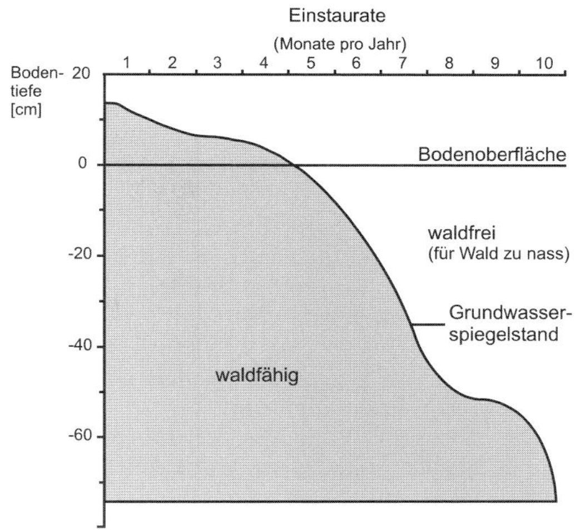

Abb. 24 Grundwasserdauerlinie eines Bruchwald-Standortes (Carici elongatae-Alnetum) im norddeutschen Tiefland (Summenkurve des Grundwasserstandes). Der Dauerlinienverlauf markiert in etwa die Nässegrenze für mitteleuropäische Wälder. Nassere Standorte mit höheren Einstauraten (Bereiche rechts der Kurve) sind in Mitteleuropa waldfrei und werden beispielsweise von Weidengebüschen oder Röhrichtgesellschaften besiedelt (nach Döring-Mederake 1991).

Auf der anderen Seite kann Waldwuchs auch durch Wassermangel unterbunden werden. Diese edaphische Grenzsituation führt zur **Trockengrenze** der Waldentwicklung (Knapp 1979, 1980). Besonders auf den Hartsubstraten der Mittelgebirge (z. B. Kalkgestein, Granit, Gneis) und pedogenetisch wenig entwickelten Böden (Rendzinen, Ranker) sind die für Baumwuchs verfügbaren Wassermengen extrem gering. Verantwortlich dafür sind geringmächtige Humushorizonte und das anstehende Festgestein, das nur wenig Wasser gegen die Schwerkraft zu halten vermag. Als Pionierbaumarten solcher Standorte kommen in Mitteleuropa unter anderem die Flaum-Eiche (*Quercus pubescens*), die Trauben-Eiche (*Q. petraea*) und die Wald-Kiefer (*Pinus sylvestris*) vor.

Auch die unmittelbar an die Meeresküsten angrenzenden Gebiete wären in Europa natürlicherweise waldfrei, da hier eine **Salzgrenze**

Waldwuchs verhindert. Durch eine zeitweilige Überflutung mit Meerwasser, durch den Einfluss brackigen Grundwassers oder durch salzhaltige Niederschläge reichert sich Kochsalz in der Bodenlösung solcher Küstenstandorte an, so dass für Waldbäume toxische Konzentrationen entstehen können. Gleichwohl kann der noch tolerierte Salzeintrag an solchen Extremstandorten beträchtlich sein. So wiesen White & Turner (1970) in einem Waldgebiet an der mittelenglischen Küste (Meathorp Wood) einen Natriumeintrag von 175 kg/ha und Jahr nach, wobei 125 kg in Aerosolen durch das Kronendach aufgefangen wurden.

Das mit dem Wind landeinwärts verfrachtete Kochsalz ist auch im Mittelgebirge noch nachweisbar. Im Rahmen des Solling-Projektes (Weserbergland) wurden im langjährigen Mittel des Freilandniederschlags pro Liter Regenwasser 0,87 mg Natrium und 1,89 mg Chlorid nachgewiesen, was ausschließlich auf vom Meer herantransportierte NaCl-Aerosole zurückzuführen ist (Ellenberg et al. 1986). Damit werden, je nach Windrichtung und -stärke, in den Buchen-Wäldern des Solling jährlich zwischen 10 und 25 kg Chlorid/ha sowie 4,6–11,8 kg Na/ha deponiert.

An Küsten können darüber hinaus Wind und instabile Substratverhältnisse Baumwuchs verhindern oder zumindest erschweren. Als Pionierarten treten unter anderem Birken, Zitter-Pappel, Wald-Kiefer (Pott 1995b, Dierssen 1996) oder – bei Grundwassereinfluss – die Schwarz-Erle auf. Letztere kann nach Beobachtungen von Raabe (1965) an der Ostseeküste auch noch schwachen Salzeinfluss in der Bodenlösung tolerieren.

4.2 Jahreszeitliche Entwicklung der Waldvegetation

Unter allen vegetationsdynamischen Prozessen sind besonders diejenigen auffällig, die durch den Jahreszeitenwechsel in den Wäldern der temperaten Zone bewirkt werden. Mit der Beschreibung und Analyse dieser Veränderung des Erscheinungsbildes bei Pflanzen befasst sich die **(Phyto-)Phänologie**.

In den Laubwäldern frisch-feuchter und nährstoffreicher Standorte Mitteleuropas ist die Jahresrhythmik der Phänologie (oder Periodizität) besonders markant. Die Standorte sind nicht nur reich an krautigen Waldarten, sondern zeichnen sich zudem durch mehrere phänologische Phasen aus, die ihrerseits wiederum verschiedene Gruppen von Waldpflanzen aufweisen. **Phänophasen** beschreiben somit jahreszeitliche, vorwiegend durch die Blühzeit (Blühbeginn bis Vollblüte) einer oder mehrerer Sippen definierte Abschnitte einer Vegetationsperiode (Dierschke 1989c/d). Dabei bilden Gruppen von Arten mit zeitlich gleichem Blühverhalten so genannte **symphänologische Gruppen**.

Der Charakterisierung und Analyse phänologischer Prozesse in Laubwäldern Mitteleuropas widmen sich unter anderem Studien von Hartmann (1972), Pignatti (1972), Neuhäusl (1982) und Dierschke (1982b, 1983, 1989d, 1991, 1994). Nach Dierschke lassen sich für mitteleuropäische Laubwälder insgesamt neun Phänophasen unterscheiden. Jede Phänophase ist dabei durch eine Gruppe von Arten mit zeitlich gleichem Blühverhalten gekennzeich-

---

Farbtafeln S. 53 u. 54

Abb. 14 Kallusbildungen und Verbissspuren an einer mehrhundertjährigen Mastbuche sind Indizien einer früheren Waldweide (Tinner Loh, südwestliches Niedersachsen) (zu S. 27).

Abb. 16 Geschneitelte Hainbuche (*Carpinus betulus*) im Bentheimer Wald (südwestliches Niedersachsen). Bei der Kopfholzwirtschaft, einer besonderen Form der Schneitelwirtschaft, wurden Bäume in Höhen von 2,5 bis 3 m über dem Erdboden gekappt. Damit war sichergestellt, dass aus dem Stamm austreibende Schösslinge vom Verbiss des Viehs verschont blieben. Das geschnittene Holz erbrachte Laubheu, aber auch Schwachholz für Heizzwecke oder Gefachflechtwerke in Fachwerkbauten (zu S. 29).

Abb. 39 Strukturverhältnisse in einem seit 1938 unter Schutz stehenden Buchenwald im nordostdeutschen Tiefland (NSG Heilige Hallen, Mecklenburg-Vorpommern): a) Naturverjüngung in einer durch Zusammenbruch des Altbestandes entstandenen Kronenlücke, b) Optimalphase, c) Terminalphase mit beginnendem Zerfall, d) und e) Zerfallsphase mit großen Totholzmengen; besonders in Buchennaturwäldern können neben „liegendem Totholz“ (e) große Mengen an „stehendem Totholz“ (d) vorkommen (zu S. 80).

14

16

39a

39b

39c

39d

39 e

50a

50c

50b

51a

51b

net. Zur Benennung einer Phänophase wird jeweils eine gruppenspezifische Gehölz- und eine Krautart herangezogen. Zwei weitere jahreszeitliche Entwicklungsetappen, die nicht durch eigene Blühaspekte charakterisiert sind, bilden Herbst- und winterliche Ruhephase.

Am Beispiel artenreicher Laubwälder der kollinen Stufe soll verdeutlicht werden, wie lange einzelne Phänophasen andauern können und in welcher Blühfolge die symphänologischen Gruppen auftreten (Abb. 25).

Eingeleitet wird der alljährliche Entwicklungszyklus durch die Geophyten (Phänophasen 1 und 2), die die für einen Blattaustrieb und die nur wenig später einsetzende Blütenbildung notwendigen Energiereserven aus unterirdischen Knollen oder Rhizomen mobilisieren (z. B. *Anemone nemorosa, A. ranunculoides*, *Corydalis cava*, *Gagea lutea*). In der Krautschicht vieler Laubwälder wird im Juli und August dieser Zyklus mit dem Aufblühen verschiedener Süßgras-Arten (*Brachypodium sylvaticum*, *Festuca gigantea*) sowie der Wald-Goldrute (*Solidago virgaurea*) abgeschlossen. Beginn und Ende der Phänophasen folgen keinem starren Schema, sondern variieren von Jahr zu Jahr vor allem in Abhängigkeit vom Witterungsverlauf. Konstant bleibt aber die relative Aufblühfolge der Sippen.

Nur wenige Untersuchungen widmeten sich bislang den verschiedenen Faktoren, die – einzeln oder synergistisch wirkend – phänologische Prozesse steuern. Neben dem Tagesgang der Lufttemperatur wirken als phänologische Impulsgeber die Summe der Lufttemperatur-Tagesmittel nach dem Winter bis zum Beginn der entsprechenden Phase und die Tageslänge (Pignatti 1972). Die Bodentemperatur nimmt indirekt auf den Zeitpunkt des Blattaustriebes bei Gehölzen Einfluss. Diese reguliert über das Wachstum der Feinwurzeln die Wasserbilanz des Baumes, den Zeitpunkt des Saftsteigens und damit auch den Blattaustrieb im Frühjahr (Hurst 1988). Beispielsweise ergrünen Rot-Buchen, wenn die Bodentemperatur einen Schwellenwert von 7 °C erreicht hat (Ellenberg 1996). In Abhängigkeit von den Witterungsverhältnissen oder der einsetzenden Erwärmung im Frühjahr kann demnach der Austriebszeitpunkt eines Buchenbestandes um bis zu drei Wochen variieren. Überdies kann sich eine Erwärmung des Bodens bei Wassersättigung oder Schneebedeckung infolge einer starken Reflexion des einfallenden Sonnenlichtes verzögern; auf dunklen Mullboden hingegen erfolgt die Erwärmung wesentlich rascher. Nach Hartmann (1972) haben neben den Witterungsbedingungen im Frühjahr auch das Baumalter und die Trophieverhältnisse Einfluss auf den Zeitpunkt der Blattentwicklung.

Ergebnisse symphänologischer Untersuchungen werden graphisch mittels so genannter **Phänospektren** dargestellt und ausgewertet. Sie verdeutlichen die phänologischen Charakteristika einzelner Waldgesellschaften und zeigen deren Wandel im Jahresverlauf auf. Einige Beispiele solcher Phänospektren sind in den Abbildungen 26 und 27 dargestellt.

Aufgrund ihres hohen Geophytenanteils zeichnen sich besonders eutraphente Waldgesellschaften durch eine frühzeitige phänologische Entwicklung aus. Bereits in den Monaten März und April kann auf solchen Waldstandorten sowohl die Deckung der Krautschicht als auch der Anteil der blühenden Arten hoch sein. Das Beispiel der Zusammensetzung der Krautschicht eines Kalkbuchenwaldes (Abb. 28, links) verdeutlicht, welche Lebensformtypen im Jahresverlauf innerhalb verschiedener symphänologischer Gruppen vertreten sind. Bei Analyse der verschiedenen ausbreitungsbiologischen Typen (Abb. 28, rechts) zeigt sich, dass auto- und myrmekochore Sippen besonders im zeitigen Frühjahr

---

Farbtafeln S. 55 u. 56

Abb. 50 Trockenhang-Kalkbuchenwälder (Carici-Fagetum) auf Karbonatgestein. Abhängig von der Trockenheit des Bodens zeigt die Buche nur noch mäßige bis schlechte Wuchsleistungen: a) lichter Steilhangbuchenwald auf gebanktem Jurakalk (Plettenberg, Lkr. Balingen, Schwäbische Alb, ca. 900 über NN); b) Trockenhang-Kalkbuchenwald mit Blaugras (*Sesleria varia*) im mittleren Wiesental (nördl. Frankenalb). Die Buchenbestände zeigen nur noch einen strauchförmigen Wuchs (rechte Bildhälfte) und verzahnen sich an solchen Trockengrenzstandorten des Waldes mit xerothermen Eichen-Mischwäldern der Quercetalia pubescenti-petraeae (linke Bildhälfte; Foto: W. Türk; c) bezeichnend für die Krautschicht sind verschiedene Orchideen-Arten, so z. B. der Frauenschuh (*Cypripedium calceolus*) (zu S. 116).

Abb. 51 Kalkbuchenwälder (Hordelymo-Fagetum) auf Kalkgesteinen. Als Bodentyp ist meistens eine Rendzina entwickelt. a) Teutoburger Wald, b) Schwäbische Alb (Donautal); hier ist an besonders flachgründigen und demzufolge trockenen Standorten die Wald-Kiefer (*Pinus sylvestris*) präsent (zu S. 121).

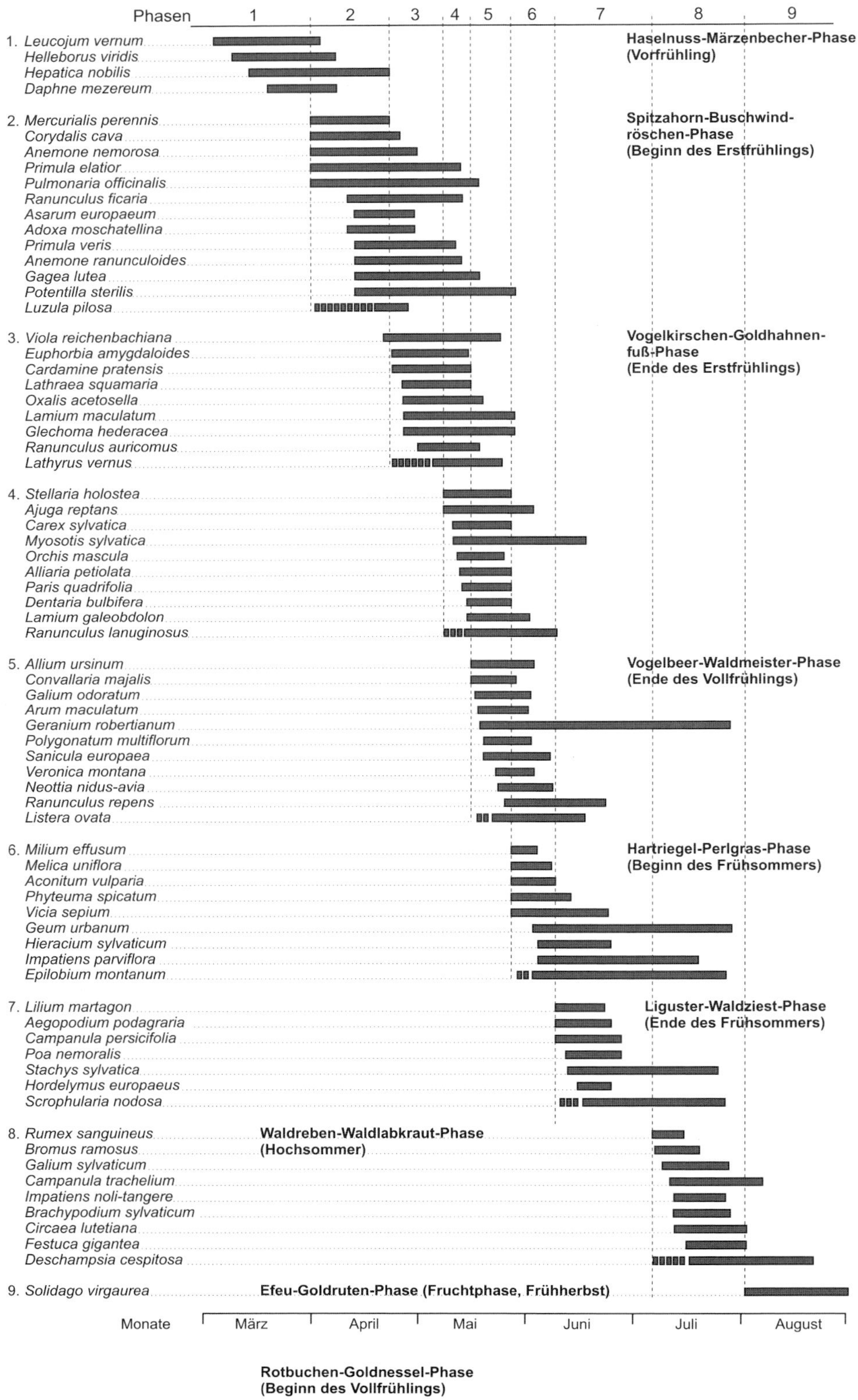
Phasen
1
2
3
4
5
6
7
8
9
1. Leucojum vernum
Helleborus viridis
Hepatica nobilis
Daphne mezereum
Haselnuss-Märzenbecher-Phase (Vorfrühling)
2. Mercurialis perennis
Corydalis cava
Anemone nemorosa
Primula elatior
Pulmonaria officinalis
Ranunculus ficaria
Asarum europaeum
Adoxa moschatellina
Primula veris
Anemone ranunculoides
Gagea lutea
Potentilla sterilis
Luzula pilosa
Spitzahorn-Buschwindröschen-Phase (Beginn des Erstfrühlings)
3. Viola reichenbachiana
Euphorbia amygdaloides
Cardamine pratensis
Lathraea squamaria
Oxalis acetosella
Lamium maculatum
Glechoma hederacea
Ranunculus auricomus
Lathyrus vernus
Vogelkirschen-Goldhahnenfuß-Phase (Ende des Erstfrühlings)
4. Stellaria holostea
Ajuga reptans
Carex sylvatica
Myosotis sylvatica
Orchis mascula
Alliaria petiolata
Paris quadrifolia
Dentaria bulbifera
Lamium galeobdolon
Ranunculus lanuginosus
5. Allium ursinum
Convallaria majalis
Galium odoratum
Arum maculatum
Geranium robertianum
Polygonatum multiflorum
Sanicula europaea
Veronica montana
Neottia nidus-avia
Ranunculus repens
Listera ovata
Vogelbeer-Waldmeister-Phase (Ende des Vollfrühlings)
6. Milium effusum
Melica uniflora
Aconitum vulparia
Phyteuma spicatum
Vicia sepium
Geum urbanum
Hieracium sylvaticum
Impatiens parviflora
Epilobium montanum
Hartriegel-Perlgras-Phase (Beginn des Frühsommers)
7. Lilium martagon
Aegopodium podagraria
Campanula persicifolia
Poa nemoralis
Stachys sylvatica
Hordelymus europaeus
Scrophularia nodosa
Liguster-Waldziest-Phase (Ende des Frühsommers)
8. Rumex sanguineus
Bromus ramosus
Galium sylvaticum
Campanula trachelium
Impatiens noli-tangere
Brachypodium sylvaticum
Circaea lutetiana
Festuca gigantea
Deschampsia cespitosa
Waldreben-Waldlabkraut-Phase (Hochsommer)
9. Solidago virgaurea
Efeu-Goldruten-Phase (Fruchtphase, Frühherbst)
Monate
März
April
Mai
Juni
Juli
August
Rotbuchen-Goldnessel-Phase (Beginn des Vollfrühlings)

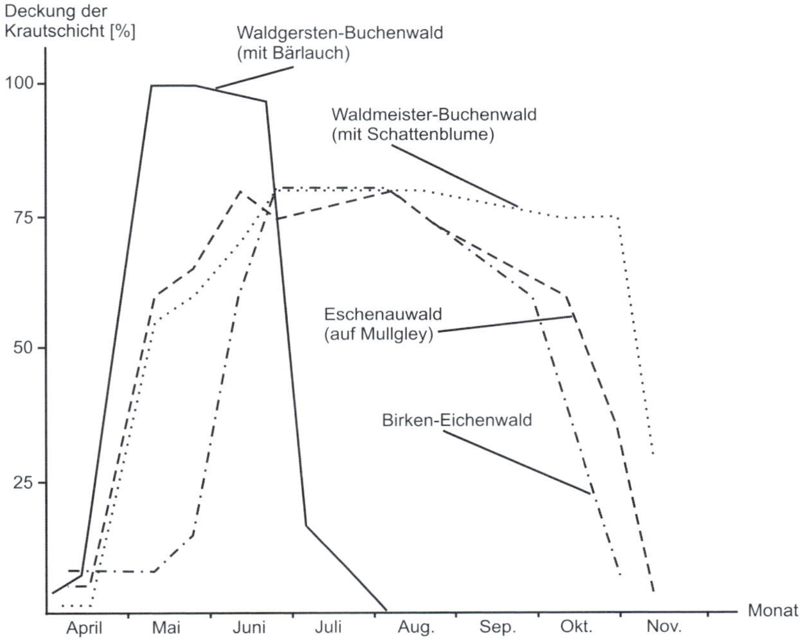

Abb. 26
Entwicklung der Krautschicht (Deckung) in verschiedenen Laubwaldgesellschaften Schleswig-Holsteins (Beobachtungsjahr 1986). Aufgrund eines hohen Geophytenanteils zeichnen sich besonders eutraphente Waldgesellschaften durch eine frühzeitige phänologische Entwicklung aus. Demgegenüber entwickeln sich Waldgesellschaften bodensaurer Standorte phänologisch eher spät.

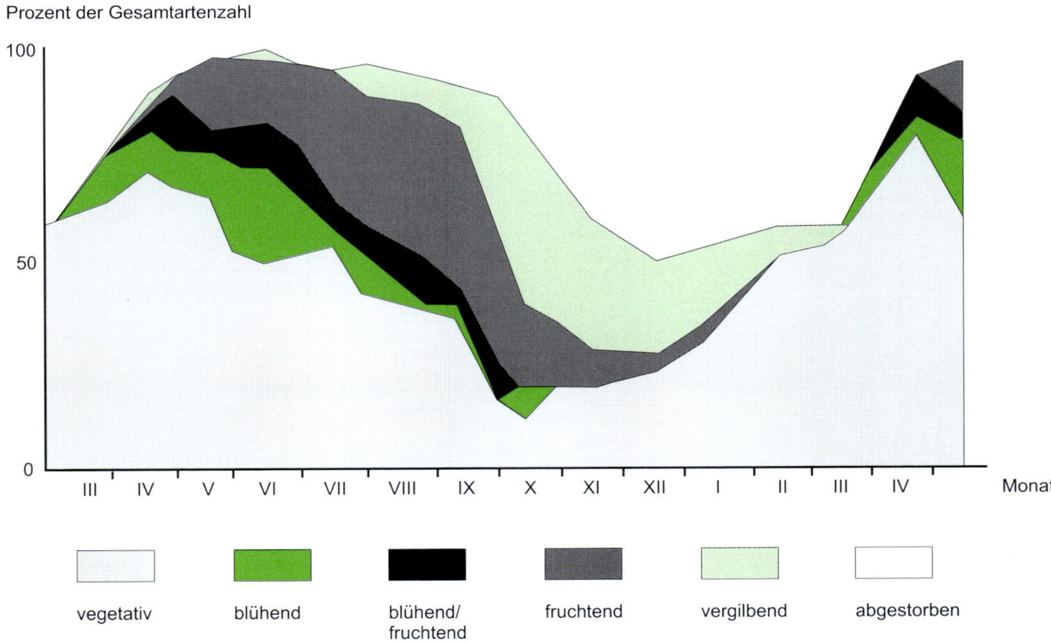

Abb. 27 Synthetische Spektren der Phänostufen aus der Krautschicht eines Galio-Carpinetum (aus NEUHÄUSL & NEUHÄUSLOVA-NOVOTNÀ 1977). Die Abbildung zeigt, wie sich verschiedene Phänostufen im jahreszeitlichen Verlauf ablösen (Beobachtungsjahre 1972–1973).

◁ Abb. 25 Blühfolge und phänologische Phasen der Krautschicht artenreicher Laubwälder der kollinen Stufe in der Umgebung von Göttingen im Jahre 1982 (weitere Erläuterungen im Text; nach DIERSCHKE 1982a aus ELLENBERG 1996).

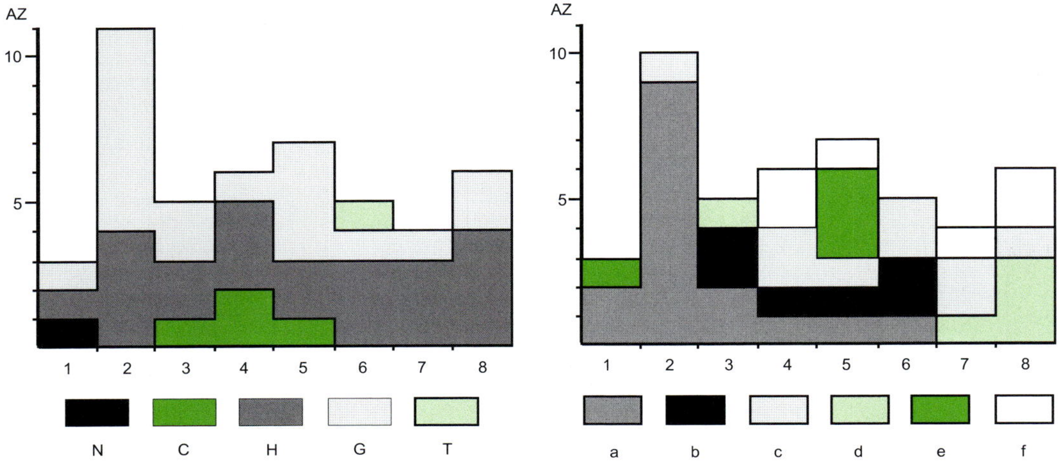

Abb. 28 Links: Synthetische qualitative Spektren aus der Krautschicht eines Kalkbuchenwaldes nach symphänologischen Gruppen 1–8. Lebensformen: N: Nanophanorophyten (unter 2 m Höhe), C: Chamaephyten, H: Hemikryptophyten, G: Geophyten, T: Therophyten. Rechts: Ausbreitungsbiologische qualitativ-synthetische Spektren nach symphänologischen Gruppen wie in a. Ausbreitungstypen: a: autochor/myrmecochor, b: autochor, c: anemochore Flieger, d: anemochore Streuer, e: zoo-endochor, f: zoo-epichor (aus Dierschke 1994).

Tab. 4 Übersicht über die in Mitteleuropa heimischen Baum-Gattungen und die dazugehörigen Arten einschließlich vorwiegend im Alpenraum vorkommende Sippen; nach Angaben von Schmucker (1942) und Hegi (1963 ff.)

Laubbäume		Nadelbäume	
Gattungen	**Anzahl der Arten**	**Gattungen**	**Anzahl der Arten**
Acer	5	*Abies*	1
Alnus	2	*Larix*	1
Betula	2	*Picea*	1
Carpinus	1	*Pinus*	4
Crataegus	2	*Taxus*	1
Fagus	1	**Insgesamt**	**8**
Fraxinus	2		
Ilex	1		
Malus	1		
Populus	3		
Prunus	3		
Pyrus	1		
Quercus	4		
Salix	8		
Sorbus	4		
Tilia	2		
Ulmus	3		
Insgesamt	**45**		

überwiegen, während im Sommer der Anteil anemophorer Flieger und Streuer zunimmt (Dierschke 1989c).

4.3 Die wichtigsten Baumarten außeralpischer Wälder

Mitteleuropa ist heute ein ausgesprochen artenarmer Standort, was die Ausstattung mit Baumarten angeht. Im Folgenden wird näher auf das ökologische Spektrum und auf die Bedeutung der wichtigsten Baumarten eingegangen.

4.3.1 Allgemeines

Im Vergleich mit der westlichen Holarktis (mit ca. 120 Baumarten) ist die natürliche Waldlandschaft Mitteleuropas ausgesprochen arm an Baumarten. Von den in Mitteleuropa vorkommenden 4 000 Gefäßpflanzen sind lediglich etwa 1,3 % Phanerophyten. Diese zeichnen sich dadurch aus, dass ihre Überdauerungsknospen mindestens 50 cm oberhalb des Erdbodens liegen. Unter den Laubbäumen sind in Mitteleuropa 17 Gattungen mit insgesamt 45 Arten heimisch (Tab. 4). Von diesen haben nur sieben Arten ihren Vorkommensschwerpunkt in Mitteleuropa. Unter den Nadelbäumen sind fünf Gattungen mit insgesamt acht Arten vertreten, davon kommen drei

Tab. 5 Anteile forstlich wichtiger Baumarten an der Waldfläche verschiedener Länder in Europa (in %; nach Beckel 1995 u. a. Quellen)

Länder	Niederlande	Belgien	Deutschland	Dänemark	Polen	Frankreich	Tschechien u. Slowakei	Österreich	Schweiz	Großbritannien
Waldfläche										
in Mio. ha	0,29	0,60	9,69	0,47	8,59	13,90	4,44	3,75	0,94	2,03
in % Landesfläche	8,7	19,2	27,7	11,0	27,6	25,4	34,0	45,4	23,5	8,4
in ha pro Einwohner	0,02	0,06	0,12	0,09	0,3	0,25	0,4	0,5	0,19	0,04
Nadelbäume	71	55	71	71	80	37	78	78[1]	70	70
Fichte *(Picea abies)*	+	43	37	30	7	3	55	60	45	34
Kiefern *(Pinus sylvestris* u.a.)	60 (Kiefern und Lärche)	11	34 (Kiefern und Lärche)	k.A.	70	24	18	6	5	22
Lärche *(Larix decidua)*		+		k.A.	+	+	+	+	+	8
Tanne *(Abies alba)*	+	+	+	k.A.	3	+	5	7	~20	+
übrige Koniferen	10[2]	1	+	k.A.	+	10	+	5	+	6
Laubbäume	29	45	29	29	20	63	22	22	30	30
Buche *(Fagus sylvatica)*	2	k.A.	22	16	4	9	6	10	17	4
Eichen *(Quercus robur* u. *petraea)*	9	k.A.	7	k.A.	4	31	6	2	+	10
übrige Laubhölzer (inkl. Weichhölzer)	18	k.A.	+	k.A.	12	23	10	10	13	16

[1] für bewirtschaftete Wälder
[2] besonders Japan-Lärche und Douglasie
\+ = nur mit geringen Flächenanteilen
k. A. = keine Angaben

überwiegend im Alpenraum vor (*Larix decidua*, *Pinus cembra* und *Pinus mugo*).

Für die Artenarmut der mitteleuropäischen Baumvegetation gibt es im Wesentlichen zwei Hauptgründe: Zum einen wurden während der Glazialzeiten alle Bäume in ihre südeuropäischen Refugialgebiete abgedrängt, so dass Mitteleuropa in der Nacheiszeit wieder neu besiedelt werden musste. Auch in großen Teilen der Balkan-Halbinsel, in Italien oder in Spanien war das Klima während der Kaltzeiten so ungünstig, dass keine der heute in Mitteleuropa vorkommenden Waldgesellschaften dort hätte überdauern können (Beug 1977, Frenzel 1964, 1968, 1991, 1992, Lang 1994).

Zum anderen zeichnet sich Mitteleuropa durch vergleichsweise kühle Sommer aus, was eine Ansiedlung von Gehölzen mit subtropischem Arealschwerpunkt verhindert. Diese meist immergrünen Arten könnten mit den heute in Mitteleuropa heimischen Baumarten nur dann konkurrieren, wenn ausreichende Sommertemperaturen die hierfür notwendige starke Wüchsigkeit gewährleisten würden. Viele subtropische Baumarten lassen sich aber in mitteleuropäischen Arboreten – also unter Ausschluss natürlicher Konkurrenten – ohne größere Probleme kultivieren.

Insbesondere während der vergangenen zwei Jahrhunderte hat die Forstwirtschaft den Anteil einzelner Hölzer am natürlichen Artengefüge erheblich verändert. Angepflanzt wurden besonders Nadelbäume, namentlich die Fichte (*Picea abies*), die Wald-Kiefer (*Pinus sylvestris*) und die Europäische Lärche (*Larix decidua*), in jüngerer Zeit auch die in Nordamerika heimische Douglasie (*Pseudotsuga menziesii*). Der hohe Nadelholz-Anteil an der Waldvegetation Mitteleuropas ist daher anthropogen. In Tabelle 5 sind die forstlich bedeutsamen Baumarten und ihre heutigen Anteile an der Gesamtwaldfläche in verschiedenen europäischen Ländern dargestellt.

4.3.2 Lebensbereiche, ökologisches und physiologisches Verhalten einzelner Baumarten

Trotz der geringen Anzahl der in Mitteleuropa heimischen Baumarten sind die Konkurrenzmechanismen zwischen diesen komplex und zum Teil wenig erforscht. Die Konkurrenzkraft einer Baumart wird in der Regel durch eine Vielzahl von Eigenschaften bestimmt, beispielsweise durch

- den Nährstoff- oder Wasserbedarf,
- die Beschattungs-Toleranz in der Jugend,
- den Schattenwurf im Alter,

Tab. 6 Eigenschaften und Standortsansprüche wichtiger mitteleuropäischer Baumarten (aus Otto 1994, etwas verändert und ergänzt)

	Kälte-Toleranz[1]	Spätfrost-Resistenz	Trockenheits-Toleranz	Grundwasser- u. Staunässe-Toleranz	Nährstoffmangel-Toleranz	Beschattungs-Toleranz	Höhenwuchs	Lebensdauer	
Buche	3	2	3	2	4	5	5	4	vorwiegend als Hauptbaumarten auftretend
Winter-Linde	4	4	3	3	3	5	4	5	
Weiß-Tanne	4	4	2	4	4	5	5	4	
Trauben-Eiche	3	3	4	2	4	1	4	5	
Stiel-Eiche	4	3	3	5	4	1	4	5	
Flaum-Eiche	3	3	5	1	2	1	4	5	
Europ. Lärche	5	4	4	2	4	1	5	4	
Wald-Kiefer	5	5	5	5	5	1	4	4	
Zirbel-Kiefer	5	5	4	3	4	3	3	5	
Fichte	5	3	3	4	4	3	5	4	
Esche	3	1	3	4	1	2	5	4	
Hainbuche	3	3	3	3	3	4	3	3	
Schwarz-Erle	3	4	1	5	3	2	3	2	
Silber-Weide	4	3	2	5	2	1	3	2	
Berg-Ahorn	4	4	2	3	2	3	4	4	vorwiegend als Mischbaumarten auftretend
Spitz-Ahorn	3	4	2	3	2	3	4	4	
Sommer-Linde	3	3	3	2	2	3	4	5	
Berg-Kiefer	5	5	4	4	5	1	2	3	
Eberesche	5	5	4	3	5	3	1	3	
Berg-Ulme	4	4	2	3	1	3	4	4	
Feld-Ulme	4	4	2	5	1	1	3	3	
Aspe	5	5	3	3	5	2	3	2	
Sand-Birke	5	5	4	3	5	1	2	1	
Elsbeere	1	5	4	1	3	3	3	4	
Speierling	1	5	4	1	1	2	2	4	
Mehlbeere	3	5	4	1	4	2	2	3	
Feld-Ahorn	2	3	4	2	2	3	2	4	
Grau-Erle	4	5	2	4	4	1	1	1	
Moor-Birke	5	5	2	5	5	1	2	1	
Wild-Kirsche	1	4	4	3	2	1	3	1	
Flatter-Ulme	4	4	2	5	1	2	3	3	
Eibe	2	4	2	3	3	4	2	5	
Wild-Apfel	3	3	3	4	2	1	2	3	
Wild-Birne	2	2	3	3	2	1	2	3	
Sal-Weide	4	3	2	4	3	1	2	2	

1 = sehr niedrig; 2 = niedrig; 3 = mittel; 4 = hoch; 5 = sehr hoch

[1] Starke Unterschiede innerhalb der geographischen Rassen

- die Spätfrostresistenz,
- die Lebensdauer,
- die Wuchshöhe und
- die Widerstandsfähigheit gegenüber biotischen Einflüssen.

Vorwiegend waldbaulich-forstwissenschaftliche Arbeiten haben sich mit der Konkurrenzkraft der Bäume beschäftigt und ermöglichen eine Einschätzung der Widerstandsfähigkeit einzelner Baumarten in Bezug auf die genannten Eigenschaften (Lamprecht 1983, Mayer 1984, Leibundgut 1991, Schütt et al. 1992, Otto 1994, Tab. 6).

Die Maximalwerte von verschiedenen Baumarten für Wuchshöhe, Stammdurchmesser und Lebensalter werden in Abbildung 29

Abb. 29
Wuchshöhen (oben), Brusthöhendurchmesser (Mitte) und Alter (unten) verschiedener, in Mitteleuropa heimischer Baumarten; neben den Maximalwerten (Säulen) sind die für einzelne Gebiete nachgewiesenen Extremwerte (ausgezogene Linien) dargestellt.

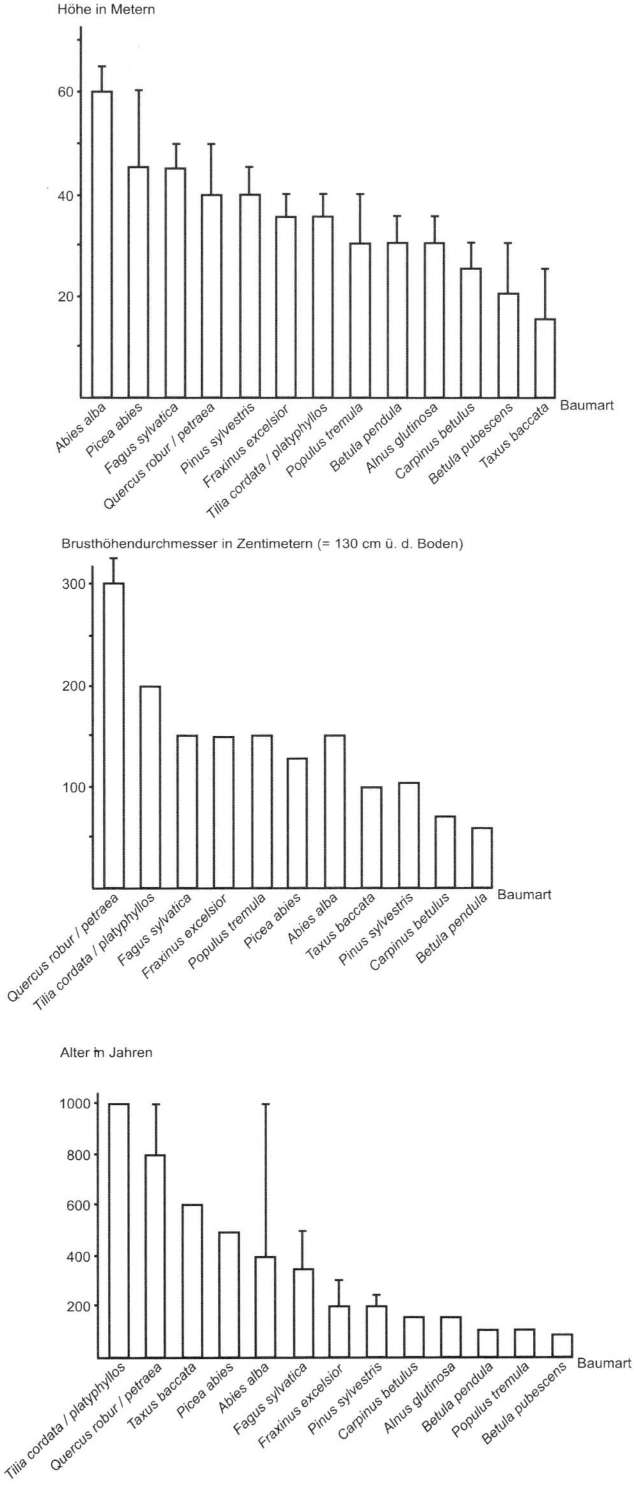

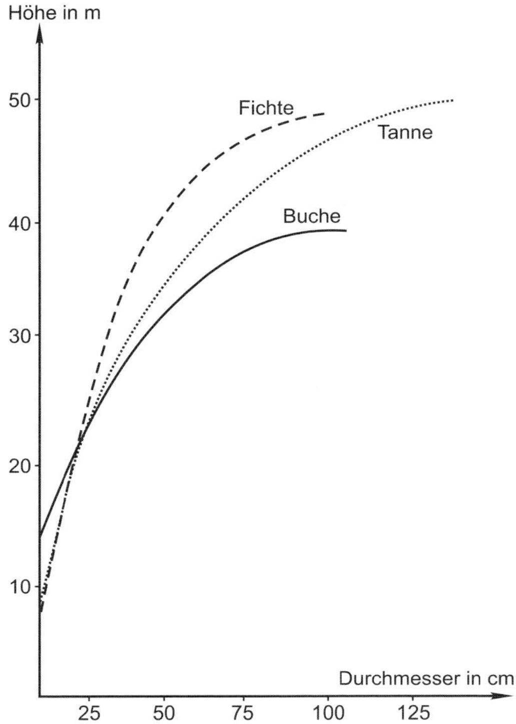

Abb. 30 Mittlere Baumhöhenkurven aller Bestandesschichten in einem Fichten-Tannen-Buchen-Urwald (Dobroc, slowakisches Erzgebirge). Es zeigt sich, dass die Wuchshöhe der Buche dort bei etwa 40 m Höhe kulminiert, die der Fichte und Tanne bei etwa 50 bzw. 51 m (nach Leibundgut 1993).

verglichen. Mit zunehmendem Lebensalter verlangsamt sich das Höhenwachstum aller Baumarten. Höhenwachstumskurven, wie sie Abbildung 30 beispielhaft für die Fichte, die Tanne und die Buche zeigt, nähern sich daher asymptotisch einem Maximalwert.

In einem räumlich begrenzten, klimatisch einheitlichen Wuchsgebiet hängen die Wuchsleistung und die Konkurrenzkraft einer Baumart ganz wesentlich von den gegebenen Bodenbedingungen ab, insbesondere vom Wasser- und Nährstoffhaushalt. Für Gebiete mit vergleichbarem Regionalklima lassen sich demgemäß die Lebensbereiche der Baumarten mittels so genannter **Ökogramme** veranschaulichen, in denen auf den Koordinatenachsen der Feuchte- (Ordinate) beziehungsweise der Basen(Säure)-Gradient (Abszisse) aufgetragen werden (Ellenberg 1996): Der Feuchtegradient geht von der nassen über die feuchte, frische bis zur trockenen Stufe über, der Basengradient beschreibt basenarme (bzw. stark saure) bis basenreiche (bzw. alkalische) Standorte.

Die von Ellenberg entwickelten Ökogramme (Abb. 31) gelten für ein gemäßigt subozeanisches Klima der submontanen Stufe und repräsentieren somit für weite Teile Mitteleuropas das Wuchsverhalten der hier vorkommenden Baumarten. Nur an Standorten, die fünf bis sechs Monate im Jahr überstaut sind sowie auf flachgründigen und zur Austrocknung neigenden Felsböden erreicht der Baumwuchs seine Nässe- beziehungsweise Trockengrenze (siehe Kap. 4.1.4).

In den Ökogrammen wird die physiologische Amplitude oder der **Potenzbereich** einer Baumart durch einen hellen Raster dargestellt. Dieser umfasst den Feuchte- und Säurebereich, innerhalb dessen die Art in Kultur oder unter Ausschluss von Konkurrenten zu gedeihen vermag. Im Vergleich hierzu ist der Standortsbereich stets kleiner, innerhalb dessen die Art ihr physiologisches Optimum findet (physiologischer Optimalbereich oder **Potenzoptimum**; in Abbildung 31 durch einen dunklen Raster dargestellt). In der Darstellung dick umrandet ist der **Existenzbereich** einer Baumart. Nur unter den hier herrschenden Standortsverhältnissen kann sie sich im natürlichen Wettbewerb gegenüber konkurrierenden Baumarten durchsetzen. Im Bestand ist sie dann entweder vorherrschend (durchgezogene Linien) oder zumindest kodominant (gestrichelte Linien).

Bei mittlerer Feuchtigkeit und Basenversorgung gedeihen nahezu alle in Mitteleuropa heimischen Baumarten; somit überlagern sich ihre Potenzbereiche weitestgehend. Unter natürlichen Konkurrenzbedingungen hingegen können sich nur wenige Arten an ihren physiologisch optimalen Standorten behaupten, denn der Existenzbereich und das Potenzoptimum vieler Sippen decken sich oftmals nur wenig oder gar nicht. Die Ursache hierfür liegt in der Konkurrenzkraft einzelner Arten.

Innerhalb ihres Potenzbereiches ist die **Rot-Buche** (*Fagus sylvatica*) allen übrigen in Mitteleuropa heimischen Baumarten überlegen. Sie kann dort Konkurrenten ganz oder nahezu ganz verdrängen. Sie ist zum einen in der Lage, ein stark schattendes Kronendach aufzubauen, unter dem sich zwar ihre beschattungstoleranten Sämlinge, nicht aber jene von „Licht-“

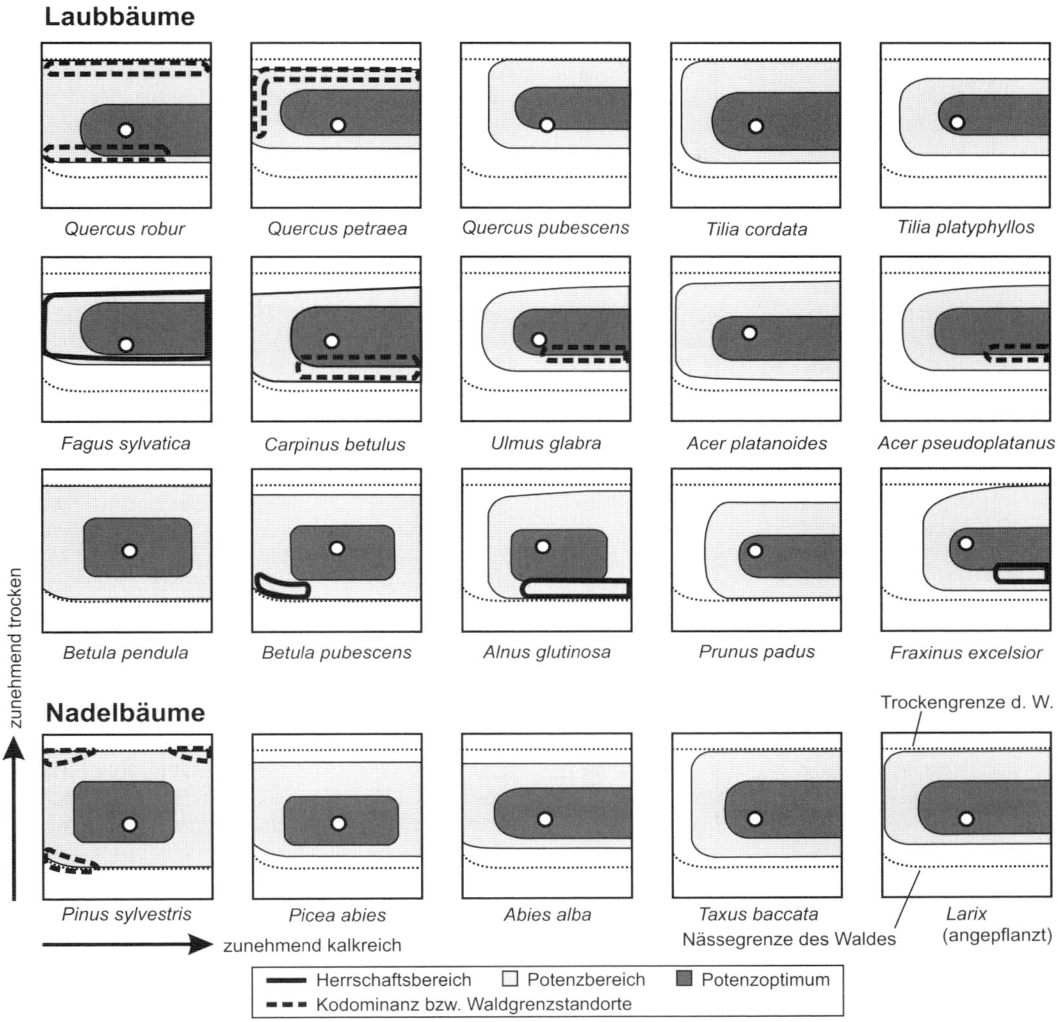

Abb. 31 Diese Ökogramme stellen die von wichtigen Baumarten Mitteleuropas unter natürlichen Konkurrenzbedingungen bevorzugten natürlichen Feuchtigkeits- und Säurebereiche dar; gültig für die submontane Stufe bei gemäßigt-subozeanischem Klima (aus Ellenberg 1996, etwas verändert). In jedem Ökogramm gibt die Abszisse einen Basen-, die Ordinate einen Feuchtigkeitsgradienten an (vom offenen Wasser über mittelfeuchte bis zu extrem trockenen Standorten). Oberhalb der oberen punktierten Linie ist es für Wald zu trocken, unterhalb der unteren punktierten Linie für Wald zu nass. Heller Raster = physiologische Amplitude (oder „Potenzbereich“), dunkler Raster = physiologischer Optimalbereich („Potenzoptimum“); dick umrandet = Bereich, in den die betreffende Baumart unter natürlichen Konkurrenzbedingungen mehr oder minder ausgeprägt zur Vorherrschaft gelangt („Existenzoptimum“); gestrichelt umrandet = Existenzoptimum wird mit anderen Baumarten geteilt (die betreffende Art kommt unter entsprechenden Wuchsbedingungen nur als Mischholzart vor). Die für *Pinus* gezeigten Verhältnisse gelten nur für das südliche und östliche Mitteleuropa (weitere Erläuterungen im Text).

oder „Halbschatt-Baumarten“ zu entwickeln vermögen. Zum anderen verschafft ihr ein überdurchschnittlicher Höhenwuchs Konkurrenzvorteile. Ihr Herzwurzelsystem weist überdies einen hohen Anteil an Feinwurzeln auf, der im Vergleich zur Wald-Kiefer drei- bis viermal höher ist. Nach Mayer (1984) ist die Buche die Baumart mit der größten Feinwurzel-Intensität. Besonders auf ärmeren Standorten führt die intensive Oberbodendurchwurzelung zu einer Wurzelkonkurrenz mit anderen Baumarten (Hertel & Leuschner 1998). Nach jüngeren Forschungsergebnissen (Gönnert 1989, Leuschner et al. 1993, Härdtle 1995a, Heinken 1995) besteht auch auf nährstoffärmsten Podsolen mit gut entwickelten Humushorizonten für die Rot-Buche keine Nährstoffmangelgrenze (siehe Kap. 5.3.4).

Ähnlich schattentolerant wie die Rot-Buche ist die **Tanne** (*Abies alba*); sie konkurriert besonders in der Montanstufe mit der Buche, wenn sich die Dauer der Vegetationsperiode auf weniger als fünf Monate verkürzt (Walentowski 1998). Zugleich tritt die Tanne auf basenärmeren und zu Wasserstau neigenden Böden stärker in den Vordergrund (siehe Kap. 8).

Im Potenzbereich der Rot-Buche können sich einige „Edellaubhölzer“ behaupten (Abb. 31: z. B. **Esche**, *Fraxinus excelsior*; **Berg-Ulme**, *Ulmus glabra*; **Berg-Ahorn**, *Acer pseudoplatanus*; siehe Kap. 7), so dass sie Buchenbeständen vereinzelt beigemischt sind. Voraussetzung für die Präsenz von Edellaubhölzern ist zum einen ein hohes Nährstoffangebot des Bodens, das ihre Raschwüchsigkeit und somit ihre Wettbewerbsfähigkeit gewährleistet. Zum anderen treten Edellaubhölzer unter für die Buche nicht mehr optimalen Bodenverhältnissen stärker hervor; Beispiele sind der Berg-Ahorn auf skelettreichen Hangstandorten mit instabilen Substraten sowie Esche und Berg-Ulme auf Böden mit Grundwassereinfluss häufig. Überdies ist die Berg-Ulme im Vergleich zur Buche wesentlich spätfrostresistenter. Ähnlich dem Berg-Ahorn sind auch beide **Linden**-Arten (*Tilia cordata, T. platyphyllos*) eher an Sonderstandorte gebunden (siehe Kap. 7), z. B. an sonnseitige, mäßig stabile (Kalk-) Feinschutthalden („Blockwälder“) im Mittelgebirge und am Alpenrand.

Bei der **Stiel-** und der **Trauben-Eiche** (*Quercus robur*, *Q. petraea*) decken sich das Potenz- und Existenzoptimum nur wenig beziehungsweise gar nicht. Beide Eichen-Arten treten bestandsbildend vorwiegend auf sehr trockenen, stark sauren, die Stiel-Eiche darüber hinaus auch auf Nass-Standorten (z. B. in Hartholzauen) auf. Wesentliche Ursache des vergleichsweise „engen“ Existenzoptimums der Eichen ist ihre extreme Lichtbedürftigkeit, durch die sie im Wettbewerb mit Halbschatt- und Schatthölzern, insbesondere der Buche, unterlegen sind. Erst wenn extreme Wuchsbedingungen (z. B. Trockenheit, Nässe oder Spätfrost) die Konkurrenzkraft anderer Baumarten schwächen, können sich die Eichen-Arten durchsetzen und so genannte Eichen-Mischwälder aufbauen (siehe Kap. 6). Die Wurzeln der Stiel-Eiche vermögen auch nasse, tonige oder durch Ortstein verfestigte Böden zu erschließen, ihre Pfahlwurzeln können dabei Bodentiefen von bis zu 9 m erreichen (Mayer 1984).

Wie bei den Eichen-Arten unterscheiden sich auch bei der **Wald-Kiefer** (*Pinus sylvestris*) Potenz- und Existenzoptimum deutlich. Auch diese ist lichtbedürftig und Schatthölzern auf gemäßigten Standorten unterlegen. Ihre Genügsamkeit verschafft ihr aber nahezu überall dort Konkurrenzvorteile, wo der Wald an Grenzstandorte stößt. So tritt die Wald-Kiefer auf sehr trockenen Standorten mit unterschiedlichem Basengehalt auf, ist aber auch auf nassen und stark sauren (Torf-)Böden im Kontakt zu Hochmooren anzutreffen (siehe Kap. 10). Ähnlich wie die Eichen zeichnet sich auch die Kiefer durch äußerste Langlebigkeit aus und kommt in vielen Buchen-Mischwäldern ärmerer Substrate in beeindruckenden Exemplaren vor (z. B. im Schwarzwald).

Den wohl größten Potenzbereich der in Mitteleuropa heimischen Baumarten zeigt neben der Wald-Kiefer die **Hänge-Birke** (*Betula pendula*). Diese weist wie die **Moor-Birke** (*B. pubescens*) alle spezifischen Merkmale eines Pionierbaumes auf. So besitzen die Birken aufgrund einer starken Produktion anemochorer (d. h. mit dem Wind verfrachtbarer) Samen ein hohes Ausbreitungspotential, sind zugleich aber extrem lichtbedürftig und erreichen ein nur geringes Lebensalter (Tab. 6). Ähnlich wie die Moor-Birke kann auch die **Schwarz-Erle** (*Alnus glutinosa*) an der Nässegrenze des Waldes Reinbestände bilden, wobei die Moor-Birke auf stark sauren bis sauren, die Schwarz-Erle auf mäßig sauren bis alkalischen Böden dominiert.

Aus den Ökogrammen lassen sich, wie Abbildung 31 zeigt, die sehr unterschiedlichen **Lebensbereiche** abgrenzen, die der ökologischen Potenz und Wettbewerbsfähigkeit der einzel-

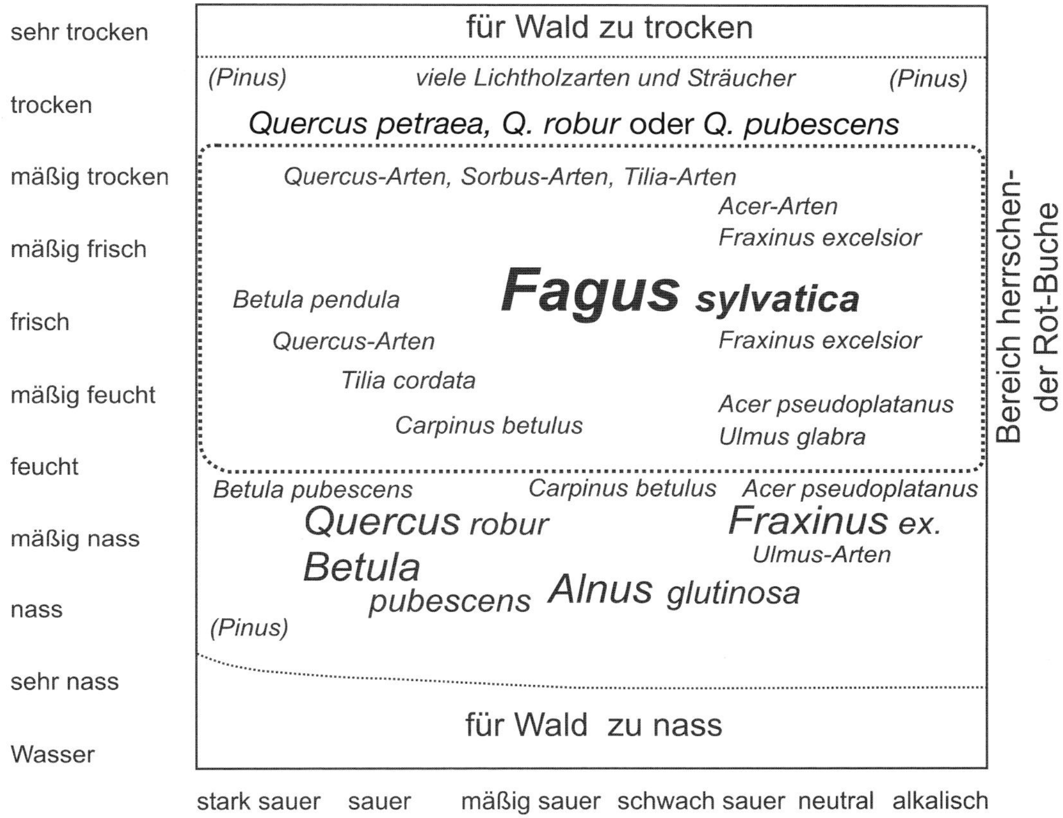

Abb. 32 Ökogramm der in der submontanen Stufe Mitteleuropas bei gemäßigt-subozeanischem Klima und bei unterschiedlicher Feuchtigkeits- und Basenstufe Wald bildenden Baumarten. Die Größe der Schrift steht in Relation zur Beteiligung der Arten an der Baumschicht unter natürlichen Konkurrenzbedingungen (nach Ellenberg 1996, etwas verändert).

nen Baumarten entsprechen. In Abbildung 32 sind die Lebensbereiche der wichtigsten Baumarten Mitteleuropas für die kollin-submontane Stufe und der Anteil der einzelnen Arten an der Gesamtartenkombination – unter natürlichen Bedingungen – dargestellt. Dieser ist Ausdruck der abiotischen Standortsfaktoren und zugleich das Ergebnis eines Wettbewerbs aller an einem Wuchsort klimatisch möglichen Baumarten.

4.4 Ansprüche und Wuchsbedingungen der Waldsträucher und Bodenvegetation

Wie die Waldbäume zeigen auch die Waldsträucher und die Bodenvegetation – zu der alle krautigen Arten und die auf dem Boden wachsenden Kryptogamen zählen – eine mehr oder minder enge Bindung an die Wasser- und Nährsalzversorgung des Waldbodens. Zudem werden die Wuchsbedingungen des Waldunterwuchses in hohem Maße von der Baumschicht beeinflusst, denn einerseits bestimmen ihre Struktur und der Kronenschlussgrad die Lichtverhältnisse im Bestandesinneren, andererseits durchwurzeln die Sträucher und krautigen Arten – im Gegensatz zu den Bäumen –

Feuchtigkeitsstufen (von oben nach unten): sehr trocken – trocken – mäßig trocken – mäßig frisch – frisch – mäßig feucht – feucht – mäßig nass – nass – Wasser

	stark sauer	sauer	mäßig sauer	schwach sauer bis neutral	alkalisch
für Waldwachstum zu trocken					
	Calluna vulgaris * *Vaccinium uliginosum* * *Vaccinium myrtillus* * *Genista germanica*			*Cotinus coggygria* *Cotoneaster integerrimus* *Berberis vulgaris* *Amelanchier ovalis* ** *Erica carnea* ** *Cytisus ratisbonensis* **	*Buxus sempervirens* *Coronilla emerus* *Cotoneaster tomentosus* *Rhamnus saxatilis* *Rosa villosa* *Clematis recta* *Polygala chamaebuxus* *Prunus mahaleb*
	Vaccinium vitis-idaea *Rubus lamprocaulus* *Rubus plicatus*	*Sarothamnus scoparius* *Rubus vigorosus* *Ilex aquifolium* *Rubus schleicheri* *Rubus silvaticus*	*Genista tinctoria* *Cytisus nigricans* *Rubus rudis* *Sambucus racemosa*	*Prunus spinosa* *Clematis vitalba* *Cornus sanguinea* *Crataegus laevigata* *Lonicera xylosteum* *Rosa arvensis* *Vinca minor* *Crataegus monogyna* *Euonymus europaea* *Viburnum opulus*	*Cornus mas* *Daphne laureola* *Daphne mezereum* *Ligustrum vulgare* *Rhamnus cathartica* *Euonymus latifolia* *Staphylea pinnata* *Viburnum lantana*
	Rubus gratus	*Rubus sulcatus*		*Rubus saxatilis* *Salix caprea*	
		Frangula alnus		*Prunus padus* *Ribes spicatum* *Ribes rubrum*	
	Pinus rotundata *Myrica gale*			*Ribes nigrum*	
für Waldwachstum zu nass					

Abb. 33 Das Ökogramm stellt die von wichtigen Zwergsträuchern, Sträuchern, niedrigwüchsigen Bäumen und Lianen in Wäldern und Gebüschen Mitteleuropas präferierten Feuchtigkeits- und Säurebereiche dar (kolline bis montane Stufe). Die tatsächlichen Toleranzbereiche sind mitunter breiter. Manche Arten, zum Beispiel *Corylus avellana*, *Hedera helix*, *Lonicera periclymenum*, *Ribes uva-crispa*, *Rubus idaeus* und *Sambucus nigra* tolerieren extrem weite Feuchtigkeits- und pH-Bereiche; sie werden demgemäß im Ökogramm nicht genannt (* = Arten mit breitem Feuchtigkeitsspektrum, ** = Arten mit breitem pH-Spektrum; in Anlehnung an die Zeigerwerte bei Ellenberg et al. 1991; weitere Erläuterungen im Text).

nur die oberflächennahen Bodenhorizonte. Dort treten ihre Wurzeln in Konkurrenz mit denen der Bäume, die aufgrund eines vielfach stärkeren Transpirationssoges die Wasser- und Nährstoffvorräte des Bodens besser erschließen können.

Die wichtigsten Faktoren, die die Wuchsbedingungen der Sträucher und der Bodenvegetation bestimmen, sind

- Beschaffenheit des Bodens,
- Lichtklima,
- Temperaturbedingungen,
- Luftfeuchte,
- Windgeschwindigkeit und Wasserversorgung.

Auf Wuchsbedingungen bestimmende Faktoren wird im Folgenden näher eingegangen. Wie bei den Bäumen lassen sich auch die Wuchsbereiche verschiedener Arten des Unterwuchses mit Hilfe von Ökogrammen darstellen, wie sie bereits in Kapitel 4.3.2 erläutert wurden. In Abbildung 33 sind die Lebensbereiche von etwa 50 in den Wäldern Mitteleuropas häufigen Strauch- und niedrigen Baumarten dargestellt. Einzelne Artnamen sind dabei im Ökogramm an der linken, oberen Kante der durch Rechtecke umrissenen Potenzbereiche platziert und zeigen so den von der betrachteten Sippe gerade noch tolerierten Austrocknungs- und Versauerungsgrad des Bodens an.

4.4.1 Bodenbeschaffenheit

Für das Artengefüge des Waldunterwuchses ist die **Beschaffenheit des Bodens** von entscheidender Bedeutung, dazu gehört das Nährstoff- und Wasserangebot, der Durchlüftungsgrad und damit die Sauerstoffversorgung der Wurzeln.

	1. sehr stark sauer	2. stark sauer	3. mäßig sauer	4. schwach sauer	5. kalkreich/betont basenreich
I. trocken	I.1 *Cladonia*-Gruppe	I.2 *Leucobryum glaucum*-Gruppe	I.3 *Carex montana*-Gruppe	I.4 *Silene nutans*-Gruppe	I.5 *Chrysanthemum corymbosum*-Gruppe
II. mäßig frisch	II.1 *Vaccinium myrtillus*-Gruppe	II.2a *Deschampsia flexuosa*-Gruppe II.2b *Luzula luzuloides*-Gruppe	II.3a *Anemone nemorosa*-Gruppe II.3b *Galium odoratum*-Gruppe	II.4 *Lamium galeobdolon*-Gruppe	II.5 *Cephalanthera damasonium*-Gruppe II.5b *Mercurialis perennis*-Gruppe
III. frisch	III.1 *Blechnum spicant*-Gruppe	III.2 *Oxalis acetosella*-Gruppe	III.3 *Gymnocarpium dryopteris*-Gruppe	III.4a *Circaea lutetiana*-Gruppe III.4b *Stachys sylvatica*-Gruppe	III.5 *Corydalis cava*-Gruppe
IV. feucht	IV.1a *Pteridium aquilinum*-Gruppe IV.1b *Molinia caerulea*-Gruppe	IV.2 *Deschampsia cespitosa*-Gruppe	IV.3a *Chaerophyllum hirsutum*-Gruppe IV.3b *Carex remota*-Gruppe	IV.4-5 *Carex pendula*-Gruppe	
V. mäßig nass	V.1-2 *Vaccinium uliginosum*-Gruppe		V.3 *Filipendula ulmaria*-Gruppe	V.4-5 *Carex acutiformis*-Gruppe	
VI. nass	VI.1 *Eriophorum vaginatum*-Gruppe	VI.2 *Potentilla palustris*-Gruppe	VI.3 *Thelypteris palustris*-Gruppe	VI.4-5 *Solanum dulcamara*-Gruppe	

Abb. 34 Ökogramm der Zeigerarten-Gruppen der Bodenvegetation in Wäldern Mitteleuropas außerhalb der Alpen. Angegeben sind die Vorkommensschwerpunkte der Artengruppen bezüglich der Faktoren Bodenreaktion und Feuchte (nach Ewald 2003). Die zu den ökologischen Gruppen zählenden Arten werden in Tabelle 7 genannt.

Besonders auf sauren Standorten kommen wenige Straucharten vor, während auf mäßig sauren bis basischen und frischen Böden viele Arten vertreten sind. In Bezug auf den Säurebereich weisen die Stechpalme (*Ilex aquifolium*), der Wacholder (*Juniperus communis*) und die Eberesche (*Sorbus aucuparia*) so weite Amplituden auf, dass diese im Ökogramm unberücksichtigt blieben.

Unter den Sträuchern erweisen sich Brombeeren (*Rubus fruticosus* agg.) als besonders gute Standortsindikatoren (Ellenberg et al. 1991, Weber in Oberdorfer 2001, Weber 2003), so dass sich für diese aufgrund ihrer Vielzahl auch in Wäldern vorkommender Sippen ein eigenes Ökogramm entwerfen ließe; in Abbildung 33 wurde entsprechend nur eine Auswahl berücksichtigt.

Im Vergleich zur Strauchschicht ist die Bodenvegetation ungleich artenreicher. Viele Arten der Bodenvegetation lassen sich zu **ökologischen Gruppen** zusammenfassen, präferieren also ähnliche Standortsbedingungen und kommen demgemäß oft gemeinsam vor. Solche Arten weisen ähnliche Zeigerwerte auf, vor allem in Bezug auf die Bodenfeuchte, den Boden-pH und die Lichtansprüche. Von Ellenberg et al. (1991) und Dierssen (2001) wurden solche Zeigerwerte für die meisten mitteleuropäischen Phanerogamen bzw. Kryptogamen zusammengestellt. Diese geben – z. B. ausgedrückt als Zahlenwert innerhalb einer Spanne von 1 bis 9 – Auskunft über das ökologische Optimum der Arten (siehe Kap. 4.3.2), zum Beispiel in Bezug auf die präferierte Temperatur, die Kontinentalität, die Bodenfeuchte, die Bodenreaktion und das Stickstoffangebot. Gemäß der hohen Anzahl der zur Waldbodenvegetation gehörenden Arten ist es zweckmäßig, in einem Ökogramm nicht nur die Lebensbereiche einzelner Arten, sondern vielmehr das von einer ökologischen Gruppe präferierte Standortsspektrum darzustellen. In dem in Abbildung 34 dargestellten Ökogramm werden insgesamt 32 solcher Gruppen hinsichtlich des von ihnen bevorzugten Feuchtigkeits- und Säurebereiches unterschieden.

Die Gruppenzugehörigkeit der einzelnen Arten geht aus der Tabelle 7 hervor. In dieser Zusammenstellung fehlen solche Arten, die in Bezug auf die Bodenfeuchte und die Bodenreaktion eine weite ökologische Amplitude aufweisen. Sie kommen in Wäldern somit innerhalb eines Standortsspektrums vor, das von mehreren ökologischen Gruppen repräsentiert wird. In Bezug auf die Bodentrophie sind dies zum Beispiel *Anemone nemorosa*, *Stellaria holostea*, *Polygonatum multiflorum*, *Hedera helix*, *Milium effusum* und *Athyrium filix-femina*. Diese Arten sind auf sauren, neutralen und

Tab. 7 Auswahl wichtiger Zeigerpflanzen der Bodenvegetation in Wäldern Mitteleuropas außerhalb der Alpen (Zeigerarten-Gruppen siehe Abb. 34); M: Moose, FL: Flechten

Zeigerarten sehr stark saurer Böden (1)
Gruppe I.1 (trocken): *Cladonia* sp. (FL), *Cetraria* sp. (FL), *Vaccinium vitis-idaea* Gruppe II.1 (mäßig trocken): *Vaccinium myrtillus*, *Melampyrum pratense*, *Dicranella heteromalla* (M), *Dicranum polysetum* (M), *Dicranum scoparium* (M), *Hypnum cupressiforme* (M), *Pleurozium schreberi* (M), *Huperzia selago*, *Pohlia nutans* (M) Gruppe III.1 (frisch): *Blechnum spicant*, *Calamagrostis villosa*, *Luzula sylvatica*, *Lycopodium annotinum*, *Bazzania trilobata* (M), *Plagiothecium undulatum* (M), *Ptilium crista-castrensis* (M), *Sphagnum girgensohnii* (M) Gruppe IV.1a (wechselfeucht): *Pteridium aquilinum* Gruppe IV.1b (feucht): *Molinia caerulea*, *Frangula alnus*, *Potentilla erecta*, *Erica tetralix* Gruppe V.1–2 (mäßig nass): *Vaccinium uliginosum*, *Polytrichum commune* (M), *Sphagnum capillifolium* (M), *Sphagnum palustre* (M), *Ledum palustre* Gruppe VI.1 (nass): *Eriophorum vaginatum*, *Andromeda polifolia*, *Vaccinium oxycoccus*, *Trichophorum cespitosum*, *Sphagnum cuspidatum* (M), *Sphagnum magellanicum* (M), *Polytrichum strictum* (M)

Zeigerarten stark saurer Böden (2)	
Gruppe I.2 (trocken): *Leucobryum glaucum* (M), *Calluna vulgaris*, *Festuca ovina agg.*, *Polytrichum juniperinum* (M), *Ptilidium ciliare* (M), *Anthericum liliago*, *Hieracium sabaudum*, *Hieracium umbellatum*, *Genista germanica* (Arten teils auch in I.1)	
Gruppe II.2a (mäßig frisch): *Deschampsia flexuosa*, *Carex pilulifera*, *Lathyrus linifolius*, *Veronica officinalis*, *Polytrichum formosum* (M), *Lonicera periclymenum*, *Holcus mollis*, *Teucrium scorodonia*, *Plagiothecium curvifolium* (M)	Gruppe II.2b (mäßig frisch): *Luzula luzuloides*, *Calamagrostis arundinacea*, *Agrostis capillaris*, *Hylocomium splendens* (M), *Mnium hornum* (M), *Luzula multiflora*, *Carex pallescens*, *Hypericum pulchrum*, *Poa chaixii*
Gruppe III.2 (frisch): *Oxalis acetosella*, *Dryopteris carthusiana*, *Thelypteris limbosperma*, *Trientalis europaea*, *Rhytidiadelphus loreus* (M), *Galium saxatile*, *Carex ovalis*	
Gruppe IV.2 (feucht): *Deschampsia cespitosa*, *Carex brizoides*, *Molinia arundinacea*, *Juncus effusus*, *Juncus conglomeratus*, *Pellia epiphylla* (M) (Arten teils auch in IV.3)	

Zeigerarten stark saurer Böden (2)
Gruppe V.1–2 (mäßig nass): *Vaccinium uliginosum*, *Polytrichum commune* (M), *Sphagnum capillifolium* (M), *Sphagnum palustre* (M), *Ledum palustre*
Gruppe VI.2 (mäßig nass): *Potentilla palustris*, *Carex nigra*, *Carex rostrata*, *Eriophorum angustifolium*, *Viola palustris*, *Aulacomnium palustre* (M), *Sphagnum fallax* (M),

Zeigerarten mäßig saurer Böden (3)	
Gruppe I.3 (trocken): *Carex montana*, *Carex digitata*, *Convallaria majalis*, *Melica nutans*, *Peucedanum oreoselinum*, *Fesuca heterophylla*, *Orthilia secunda*, *Potentilla alba*, *Rubus saxatilis*	
Gruppe II.3a (mäßig frisch): *Anemone nemorosa*, *Dryopteris filix-mas*, *Festuca altissima*, *Galium rotundifolium*, *Milium effusum*, *Poa nemoralis*, *Polygonatum verticillatum*, *Prenanthes purpurea*, *Plagiomnium affine* (M), *Maianthemum bifolium*	Gruppe II.3b (mäßig frisch): *Galium odoratum*, *Carex sylvatica*, *Melica uniflora*, *Phyteuma spicatum*, *Viola reichenbachiana*, *Atrichum undulatum* (M), *Eurhynchium striatum* (M), *Galium sylvaticum*, *Stellaria holostea*
Gruppe III.3 (frisch): *Gymnocarpium dryopteris*, *Athyrium filix-femina*, *Dryopteris dilatata*, *Thelypteris phegopteris*, *Sencio hercynicus*, *Rhizomnium punctatum* (M) (Arten teils auch in III.4)	
Gruppe IV.3a (feucht): *Chaerophyllum hirsutum*, *Adenostyles alliariae*, *Cicerbita alpina*, *Circaea apina*, *Petasites albus*, *Ranunculus aconitifolius*, *Stellaria nemorum* (Arten teils auch in IV.4)	
Gruppe IV.3b (feucht): *Carex remota*, *Equisteum sylvaticum*, *Equisetum arvense*, *Silene dioica*, *Cardamine flexuosa*, *Petasites hybridus* (Arten teils auch in IV.4)	
Gruppe V.3 (mäßig nass): *Filipendula ulmaria*, *Angelica sylvestris*, *Cirsium palustre*, *Lysimachia vulgaris*, *Scirpus sylvaticus*, *Valeriana dioica* (Arten teils auch in V.4)	
Gruppe VI.3 (nass): *Thelypteris palustris*, *Calamagrostis canescens*, *Calla palustris*, *Carex elongata*, *Scutellaria galericulata*	

Tab. 7 Auswahl wichtiger Zeigerpflanzen der Bodenvegetation in Wäldern Mitteleuropas außerhalb der Alpen (Zeigerarten-Gruppen siehe Abb. 34); M: Moose, FL: Flechten (Fortsetzung)

Zeigerarten schwach saurer Böden (4)
Gruppe I.4 (trocken): *Silene nutans*, *Carex flacca*, *Astragalus glycyphyllos*, *Brachypodium pinnatum*, *Campanula persicifolia*, *Lathyrus niger*, *Polygonatum odoratum*, *Polygala chamaebuxus*, *Origanum vulgare* (Arten teils auch in I.5)
Gruppe II.4 (mäßig frisch): *Lamium galeobdolon* agg., *Brachypodium sylvaticum*, *Epipactis helleborine*, *Geum urbanum*, *Neottia nidus-avis*, *Polygonatum multiflorum*, *Dentaria bulbifera*, *Hordelymus europaeus*, *Bromus benekenii*
Gruppe III.4a (frisch): *Circaea lutetiana*, *Ranunculus ficaria*, *Ajuga reptans*, *Festuca gigantea*, *Impatiens noli-tangere*, *Veronica montana*, *Cardamine pratensis*, *Cardamine impatiens*, *Geranium sylvaticum*
Gruppe III.4b (frisch): *Stachys sylvatica*, *Arum maculatum*, *Glechoma hederacea*, *Primula elatior*, *Ranunculus auricomus* agg., *Paris quadrifolia*, *Plagiomnium undulatum* (M), *Agropyron caninum*
Gruppe IV.4–5 (feucht): *Carex pendula*, *Chrysosplenium alternifolium*, *Chrysosplenium oppositifolium*, *Equisetum telmateia*, *Equisteum hyemale*, *Lysimachia nemorum*, *Pellia endivifolia* (M)
Gruppe V.4–5 (mäßig nass): *Carex acutiformis*, *Cirsium oleraceum*, *Crepis paludosa*, *Geum rivale*, *Calliergonella cuspidata* (M)
Gruppe VI.4–5 (nass): *Solanum dulcamara*, *Caltha palustris*, *Galium palustre ssp. elongatum*, *Iris pseudoacorus*, *Lycopus europaeus*, *Carex paniculata*

Zeigerarten kalkreicher/betont basenreicher Böden (5)
Gruppe I.5 (trocken): *Chrysanthemum corymbosum*, *Carex humilis*, *Geranium sanguineum*, *Lithospermum purpurocaeruleum*, *Sesleria albicans*, *Vincetoxicum hirundinaria*, *Buphthalmum salicifolium*, *Bupleurum longifolium*, *Carduus defloratus*
Gruppe II.5a (mäßig trocken): *Cephalanthera damasonium*, *Cephalanthera rubra*, *Calamagrostis varia*, *Epipactis atrorubens*, *Hepatica nobilis*, *Primula veris*, *Carex alba*, *Helleborus foetidus*, *Ctenidium molluscum* (M)
Gruppe II.5b (mäßig frisch): *Mercurialis perennis*, *Asarum europaeum*, *Campanula trachelium*, *Euphorbia amygdaloides*, *Lathyrus vernus*, *Lilium martagon*, *Pulmonaria officinalis agg.*, *Sanicula europaea*, *Daphne mezereum*
Gruppe III.5 (frisch): *Corydalis cava*, *Adoxa moschatellina*, *Allium ursinum*, *Anemone ranunculoides*, *Ranunculus lanuginosus*, *Gagea lutea*, *Leucojum vernum*, *Eurhynchium swartzii* (M), *Thamnium alopecurum* (M)
Gruppe IV.4–5 (feucht): *Carex pendula*, *Chrysosplenium alternifolium*, *Chrysosplenium oppositifolium*, *Equisetum telmateia*, *Equisteum hyemale*, *Lysimachia nemorum*, *Pellia endivifolia* (M)
Gruppe V.4–5 (mäßig nass): *Carex acutiformis*, *Cirsium oleraceum*, *Crepis paludosa*, *Geum rivale*, *Calliergonella cuspidata* (M)
Gruppe VI.4–5 (nass): *Solanum dulcamara*, *Caltha palustris*, *Galium palustre* ssp. *elongatum*, *Iris pseudoacorus*, *Lycopus europaeus*, *Carex paniculata*

schwach alkalischen Böden gleich häufig vertreten.

In diesem Zusammenhang sei angemerkt, dass sich das ökologische Optimum einer Art innerhalb ihres Areals ändern kann. Beispielsweise erweisen sich manche Sippen unter einem atlantisch-subatlantischen Klima als ausgesprochen kalkhold, gedeihen aber unter subkontinentalem Klima auch auf mäßig sauren bis basischen Böden (*Carex digitata*, *Lathyrus vernus*, *Hepatica nobilis*). Der Zeigerwert entsprechender Arten ändert sich damit innerhalb ihres Areals.

Für die Arten der Bodenvegetation gilt bezüglich ihrer ökologischen Optima grundsätzlich das Gleiche wie für Waldbäume (siehe Kap. 4.3.2): Viele der unter extremen Wuchsbedingungen vorkommenden Arten finden ihre physiologischen Optima eher bei gemäßigten Bedingungen und werden erst durch Konkurrenten in die extremeren Standortsbereiche abgedrängt. Auch das ökologische Optimum vieler Sippen ist enger als ihr potentieller Wuchsbereich. So zeigen Untersuchungen von Sebald (1956) an ausgewählten Waldarten, dass der in Reinkultur tolerierte Säurebereich wesentlich breiter sein kann als der am natürlichen Standort. Beispielsweise toleriert *Luzula luzuloides* in Reinkultur pH-Werte zwischen 3 und 8, ihre natürlichen Wuchsorte weisen demgegenüber ein pH-Spektrum von 3,5 bis 4,5 auf. Auch die erfolgreiche Kultur vieler Waldarten außerhalb des Waldes (z. B. in Botanischen Gärten) verdeutlicht, dass diese unter Ausschluss von Konkurrenten über ein wesentlich breiteres Standortsspektrum verfügen.

Obgleich sich viele Waldbodenpflanzen ökologischen Gruppen zuordnen lassen, zeigt doch keine Art eine strenge Bindung an eine der in Mitteleuropa heimischen Baumarten. Vielmehr treten die meisten Arten bei vergleichbaren edaphischen Bedingungen in unterschiedlichen Waldgesellschaften auf. So sind zum Beispiel die anspruchsvollen Sippen der *Circaea lutetiana*-Gruppe (Abb. 34, Tab. 7) in Buchen-, Eichen-Hainbuchen- oder auch Erlen-Eschen-Wäldern nachweisbar. Die meisten der an bodensaure Standorte gebundenen Arten innerhalb der *Vaccinium-myrtillus*-Gruppe kommen sowohl in Eichen-Mischwäldern (Quercion roboris) als auch in Kiefern-Wäldern (Dicrano-Pinion) vor.

4.4.2 Lichtklima

Neben den edaphischen Faktoren hat das **Lichtklima** im Waldinneren maßgeblich Einfluss auf das Artengefüge der Strauch- und Bodenvegetation. Allgemein bezeichnend für die Lichtverhältnisse am Waldboden ist, dass diese in Strahlungswetterperioden aufgrund der mit dem Sonnenstand die Bodenvegetation überwandernden Lichtflecken extrem veränderlich sind. Demgemäß schwanken die Lichtintensitäten dort auf kleinstem Raum oftmals um bis zu mehrere 100 %.

Extreme Verhältnisse sind in Buchen-Wäldern anzutreffen. Hier kann die Beleuchtungsstärke auf bis zu unter 1 % der Freilandintensität abgeschwächt sein (Ellenberg 1939), so dass selbst beschattungstolerante Kräuter, aber auch Jungwuchs von Schatthölzern Lichtmangel erleiden. Bei diffuser Beleuchtung (z. B. bei bedecktem Himmel) erreicht die relative Helligkeit am Waldboden etwa 2 bis 5 % des Freilandwertes (nach Messungen von Eber 1972 in Buchen- und Fichtenbeständen). Dabei nimmt der relative Lichtgenuss im Bestandesinneren in der Regel mit dem Alter der Bestände zu, zum Beispiel von etwa 2,7 auf 4,4 % beim Vergleich eines 57- und 120-jährigen Buchenbestandes (Eber 1972). Nach Untersuchungen von Ehrhardt (1988) kann in belaubten Buchenbeständen die Interzeption der photosynthetisch wirksamen Strahlung (PAR) 94 bis 96 % betragen. Somit wird im sichtbaren Wellenlängenbereich nahezu die gesamte Strahlungsenergie, die nach oben genannter Untersuchung etwa 40 % der Globalstrahlung beträgt, vom Kronenlaub absorbiert.

Viele der bereits genannten Sträucher bilden außerhalb der Wälder eigene Saum- oder Gebüschgesellschaften, weil sie dort aufgrund günstigerer **Lichtverhältnisse** besser gedeihen als im Waldinneren. Diese Arten sind demzufolge allenfalls beschattungstolerant, nicht aber Schatten liebend. Gerade Buchen-Wäl-

Farbtafeln S. 73 u. 74

Abb. 53 Frühjahrsaspekte mit verschiedenen Geophyten in Waldgersten-Buchenwäldern der baltischen Jungmoräne (Schleswig-Holstein; Hordelymo-Fagetum): a) mit *Anemone nemorosa*, *Ranunculus ficaria* und *Corydalis cava* vor dem Laubaustrieb der Bäume im April (Insel Fehmarn); b) mit *Allium ursinum* nach Belaubung der Buche im Mai (Angeln) (zu S. 124).

Abb. 54 Die Waldgerste (*Hordelymus europaeus*) ist bezeichnend und daher namensgebend für die Waldgersten-Buchen-Wälder (zu S. 124).

Abb. 55 Hallenwald-Charakter eines Waldmeister-Buchen-Waldes (Galio odorati-Fagetum) in der Optimalphase auf einer Parabraunerde aus Geschiebelehm in Mecklenburg-Vorpommern. Aufgrund der ungünstigen Lichtbedingungen im Bestandesinnern fehlt oftmals eine Strauchschicht (zu S. 125).

Abb. 58 Waldmeister-Buchen-Wald (Galio odorati-Fagetum) mit vorherrschendem Wald-Schwingel (*Festuca altissima*) in der Krautschicht (Jungmoräne, Mecklenburg-Vorpommern). Da die Horste des Wald-Schwingels wintergrün sind, können diese das Falllaub besonders gut und bis zu mehreren Zentimeter mächtigen Laubdecken akkumulieren. Die Vorherrschaft des Wald-Schwingels verleiht diesem Buchenwaldtyp eine ganz eigene Physiognomie (zu S. 133).

Abb. 63 Frühjahrsaspekt eines Waldlabkraut-Eichen-Hainbuchen-Waldes (Galio-Carpinetum) auf grundwassernahem Standort in Seeholz (Rieserau am Ammersee, Bayern) (zu S. 150).

54

53a

53b

55

63

58

59

60

62

68a

72

68b

der sind aufgrund der schlechten Lichtbedingungen im Bestandesinneren arm an Straucharten. Hinsichtlich des Lichtfaktors besonders genügsam sind *Daphne mezereum*, *Viburnum opulus*, *Lonicera xylosteum*, *Rubus caesius*, verschiedene *Rubus fruticosus*-Kleinarten und *Ribes alpinum*. Auch *Rubus idaeus* und *Sambucus nigra* können sich unter einem geschlossenen Buchenschirm entwickeln. Reich an Straucharten sind auch solche Waldgesellschaften, deren Bäume sich erst im späten Frühjahr belauben oder einen geringen Kronenschlussgrad aufweisen (z. B. Eschen-Wälder, Eichen-Wälder). Einige Straucharten können langfristig in Wäldern nur dann überdauern, wenn diese bestimmten **Nutzungsformen** unterliegen: Beispielsweise wird durch Nieder- oder Mittelwaldwirtschaft der Kronenraum geöffnet und damit der Lichtzutritt verbessert. Durch die Waldweide erfahren regenerationsfreudige (z. B. *Corylus avellana*), mit Dornen bewehrte (z. B. *Crataegus* spec.), stachelspitzige (z. B. *Juniperus communis*) oder für Weidetiere nicht schmackhafte beziehungsweise giftige Sträucher (z. B. *Daphne mezereum*) eine Förderung.

Obwohl viele Waldbodenpflanzen Schatten ertragend sind, unterscheiden sich diese deutlich hinsichtlich ihrer Lichtbedürfnisse. Nach Untersuchungen von DIERSCHKE & BRÜNN (1993) erreicht das Bingelkraut (*Mercurialis perennis*) in Kalkbuchenwäldern der Umgebung Göttingens höchste Deckungswerte bei etwa 6,5 bis 7 % relativer Beleuchtungsstärke (Lichtintensität im Bestandesinneren in Relation zum Freiland). Deutlich genügsamer sind der Bär-Lauch (*Allium ursinum*) und das Busch-Windröschen (*Anemone nemorosa*), die sich auch noch bei 4,5 bis 5 % beziehungsweise 3 % relativer Beleuchtungsstärke entwickeln. Besonders beschattungstolerant sind der Sauerklee (*Oxalis acetosella*) und der Waldmeister (*Galium odoratum*), die auch noch bei unter 2 % der Freilandlichtintensität gedeihen (ELLENBERG 1939). Dem Bingelkraut vergleichbar erweisen sich auch viele Waldgräser (z. B. *Brachypodium sylvaticum*, *Calamagrostis arundinacea*, *Melica uniflora*, *Milium effusum*) als Licht liebend. Sie sind daher auf lichte Waldstrukturen oder Waldgesellschaften mit einem lichten Laubdach angewiesen (DIERSCHKE & SONG 1982).

4.4.3 Temperaturbedingungen

Direkten Einfluss übt das Lichtklima auch auf die **Temperaturbedingungen** im Waldinneren aus. Besonders bei einer geringen Einstrahlung ist die Erwärmung der Luft des Waldbodens und des Bestandes deutlich gehemmt (EHRHARDT 1988). Während der Vegetationsperiode treten zum Beispiel in Buchen-Wäldern die höchsten Temperaturen im unteren Kronenbereich auf. Die tiefsten Temperaturen bestehen in der Regel in Bodennähe, da im Kronenraum vorhandene Kaltluft stets zum Boden absinkt (WILMERS & ELLENBERG 1986).

Dennoch sind die Temperaturgradienten innerhalb eines Laubwaldbestandes vom Kronenraum zum Waldboden meist relativ gering

---

Farbtafeln S. 75 u. 76

Abb. 59 Hainsimsen-Buchen-Wald (Luzulo-Fagetum) im Unterharz auf oberflächennah versauerter Braunerde etwa 350 m über NN (zu S. 134).

Abb. 60 *Luzula luzuloides* – bezeichnende Art in Hainsimsen-Buchen-Wäldern – auf saurer Braunerde mit der Humusform Moder (Unterharz, etwa 350 m über NN) (zu S. 134).

Abb. 62 Sternmieren-Eichen-Hainbuchen-Wald (Stellario-Carpinetum) während des Laubaustriebes der Hainbuche (*Carpinus betulus*) im April (Jakobsberg, Teutoburger Wald). Aufgrund der günstigen Lichtbedingungen im Bestandesinnern ist eine arten- und individuenreiche Strauchschicht entwickelt. Der Boden ist basenreich und in den oberen Schichten staufeucht, in etwa 80 cm Tiefe steht Kalkgestein an (zu S. 147 f.).

Abb. 68 Fingerkraut-Traubeneichen-Wälder (Potentillo-Quercetum): a) im Fränkischen Keuperbergland (NSG Ebelsberg am Haßbergtrauf) auf Pelosol-Braunerden, b) im unteren Unstruttal (NSG Neue Göhle) auf Muschelkalk, vorgelagert ein Saum mit Diptam (*Dictamnus albus*; Fotos: W. Türk) (zu S. 159).

Abb. 72 Hainsimsen-Traubeneichen-Wald (*Luzulo-Quercetum petraeae*) an einer südexponierten Steilflanke auf Ranker in der „Kahlen Hardt" (Nordufer des Ederstausees). Die meisten Bäume erreichen Wuchshöhen zwischen 5 und 10 m. In Trockenperioden sterben Astpartien regelmäßig ab, so dass ein krüppeliger Wuchs entsteht (zu S. 169).

(etwa 1 bis 2 °C). Dies gilt sogar für windschwache und strahlungsreiche Tage, an denen eigentlich Bedingungen herrschen, unter denen ein solcher Temperaturgradient am stärksten ausgeprägt sein müsste. Der Kronenraum eines Waldes bildet demgemäß zwar den strukturellen Abschluss des Bestandes, nicht aber den athmosphärischen; vielmehr ermöglicht er den Austausch von Luft- und damit auch den Wärmeaustausch (WILMERS & ELLENBERG 1986).

Die Temperaturen am Waldboden beeinflussen die Entwicklung der Bodenvegetation und damit auch deren phänologisches Verhalten. Nach DIERSCHKE & BRÜNN (1993) hängt der zeitliche Beginn einzelner Phänophasen eng mit der Entwicklung der Temperatur des Oberbodens zusammen. Erreicht das Tagesmittel der Temperatur in 5 cm Bodentiefe zum Beispiel einen Schwellenwert von 5 °C, so erblühen in Kalkbuchenwäldern (im Raum Göttingen) verschiedene Frühjahrsgeophyten (z. B. *Anemone nemorosa*, *A. ranunculoides*, *Corydalis cava*, *Ranunculus ficaria*, *Gagea lutea*). Diese so genannte Spitzahorn-Buschwindröschen-Phase entspricht der Phänophase 2 gemäß Abbildung 25 (siehe S. 58). Wird ein Temperaturmittel von 10 °C überschritten, beginnt der Frühsommer-Aspekt mit Arten der Hartriegel-Perlgras-Phase (*Milium effusum*, *Melica uniflora*, *Phyteuma spicatum*, *Vicia sepium* u. a.; Phänophase 6). Dabei scheint nicht ausschließlich ein bestimmter Temperatur-Schwellenwert Auslöser für den Beginn einer symphänologischen Phase zu sein, sondern auch die zeitliche Dauer desselben (Temperatursumme). Dies ist insofern plausibel, als sich für den Beginn einer Phänophase über mehrere Jahre hinweg gut übereinstimmende Temperatursummen errechnen lassen, auch wenn dieselbe Phänophase aufgrund von Witterungsbedingungen in den verschiedenen Jahren zu unterschiedlichen Zeitpunkten beginnt (HEINE-KOCH 1993).

4.4.4 Luftfeuchte

Im Vergleich zum Freiland weist die **Luftfeuchte** im Inneren von Wäldern stets höhere Werte bei zugleich geringeren tageszeitlichen Amplituden auf. Damit ergibt sich für das Waldinnenklima insgesamt ein „ozeanischeres" Bild, da es im Sommer kühler und feuchter ist und die im Freiland auftretenden Extrema im Waldinneren abgemildert sind.

Diese Eigenschaft des Waldklimas lässt sich mit Hilfe des soziologisch-ökologischen Verhaltens von Pflanzen verdeutlichen, die unter atlantisch-subatlatischem Klima außerhalb des Waldes gedeihen, unter zunehmend subkontinentalen Klimabedingungen aber vermehrt im Waldinneren auftreten. Ein solches Beispiel ist die Besenheide (*Calluna vulgaris*). Sie ist bezeichnender Chamaephyt der nach ihr benannten Zwergstrauchheiden im nordwestlichen Mitteleuropa (Genisto-Callunetum) und dort eine nur seltene Wald-Begleitart. Im östlichen Mitteleuropa ist sie aber in bodensauren Eichen-Mischwäldern bereits so häufig, dass sie zur namentlichen Kennzeichnung entsprechender Waldgesellschaften herangezogen wurde (z. B. Calluno-Quercetum bei SCHLÜTER 1959, KNAPP 1979, 1980, SCHUBERT 1960). Das Verhalten der Besenheide kann zugleich als Beispiel für das von WALTER & WALTER (1953) formulierte „Gesetz der relativen Standortskonstanz" („Durch Beschränkung auf kleinklimatisch begünstigte Standorte können sich Pflanzenarten auch über die Grenzen ihres Hauptareals hinaus behaupten") dienen.

4.4.5 Windgeschwindigkeit und Wasserversorgung

Im engen Zusammenhang mit den im Bestandesinneren wirksamen Faktoren stehen zwei weitere: **Windgeschwindigkeit** und **Wasserversorgung** haben ebenfalls erhebliche Auswirkungen auf die Bodenvegetation. Im Vergleich zum Freiland ist die Windgeschwindigkeit im Waldinneren insbesondere während der Vegetationsperiode um bis zu 80 % vermindert (WILMERS & ELLENBERG 1986); das Wasserangebot für die Bodenvegetation ist in dieser Zeit relativ ausgeglichen. Die meisten mitteleuropäischen Waldbodenpflanzen sind daher nicht oder nur schwach xeromorph gebaut, besitzen also kaum wasserspeicherndes Gewebe oder eine dicke beziehungsweise stark kutinisierte Blattepidermis. Bei einer hohen Transpirationsbeanspruchung – zum Beispiel während stärkerer Besonnung kleiner Bereiche des Waldbodens – welken viele Waldboden-Phanerogamen oft innerhalb einer halben Stunde.

4.4.6 Besonderheiten in laub- oder nadelholzdominierten Beständen

Von Laub- oder Nadelholz dominierte Bestände weisen sehr unterschiedliche Lebensbedingungen für die Bodenvegetation auf (RODE et al. 1996, EWALD 2000):

- **Licht:** Laubholzbestände sind im Frühjahr relativ hell und bieten besonders Frühjahrsgeophyten gute Entwicklungsmöglichkeiten. Demgegenüber verändert sich das Lichtklima in Nadelwäldern im Jahresverlauf wenig. Durch den jährlichen Laubwurf werden in den meisten Laubwäldern Bodenkryptogamen am Aufkommen gehindert, sofern nicht unter günstigen Mineralisationsbedingungen die Streu rasch abgebaut wird (z. B. Mull-Böden).
- **Wasserbilanz:** In Nadelwäldern ist die Interzeption (siehe Kap. 4.5.3) infolge einer relativ großen Oberfläche der Nadeln im Sommer wie im Winter größer als in Laubwäldern; im Winter wird der Schnee durch die immergrünen Nadeln festgehalten. Demgegenüber ist die Gesamtverdunstung während der Vegetationsperiode und die Bodenwasserversickerung im Nadelwald geringer als im Laubwald. Für Laubwälder ist ein höherer Bestandesniederschlag bezeichnend, da diese oftmals einen hohen Stammabfluss aufweisen. Bei Nadelbäumen ist der Stammabfluss meistens gering oder nahezu Null.
- **Nährstoffbedingungen:** Laub- und Nadelstreu unterscheiden sich deutlich hinsichtlich ihrer chemischen Zusammensetzung und nehmen somit auf das Nährstoffangebot für die Bodenvegetation Einfluss. Nadelstreu zeichnet sich durch einen hohen Harz- und Ligningehalt aus und ist im Vergleich mit der Laubstreu sehr stickstoffarm. Aber auch ein Vergleich der C/N-Quotienten der Streu verschiedener Laubbäume zeigt deutliche Unterschiede (Abb. 35).

Abbildung 36 zeigt, inwieweit sich die N-, P-, Ca-, Mg- und K-Gehalte in Blättern von Kiefer, Birke, Eiche und Buche unterscheiden. Neben der unterschiedlichen Streuzusammensetzung kann die Nährstoffnachlieferung der genannten Elemente über den Blattwurf und den Prozess des „Leaching" – der Auswaschung von Nährstoffen aus Blättern durch Wasser – für einzelne Baumarten sehr verschieden sein (Abb. 37). Schließlich ist in Nadelholzbeständen die Deposition atmogener Stickstoff- und Schwefelverbindungen und damit auch der Säureeintrag größer als im Laubwald (vgl. Abb. 98 in Kap. 11). Durch den hohen Stammablauf kann in Buchen-Wäldern besonders der Oberboden in Stammfußnähe stark versauert sein.

4.5 Wälder als Ökosysteme

Wälder sind komplexe Netzwerke, in denen Organismen, Stofftransporte und -umsetzungen vielfältig miteinander verzahnt sind. Der Beschreibung dieser ökosystemaren Zusammenhänge ist das Kapitel 4.5 gewidmet.

4.5.1 Struktur und Dynamik

Einen Einblick in die natürliche Struktur und die Dynamik von Wäldern erhält man am besten durch solche Bestände, die bislang von menschlicher Nutzung verschont oder über mehrere Baumgeneration ungenutzt blieben. Solche „Urwälder" (LEIBUNDGUT 1993) sind allerdings in Mitteleuropa selten und allenfalls kleinflächig erhalten. Urwälder in diesem Sinne finden sich noch in Österreich, Bosnien, Rumänien, Bulgarien, Polen, Tschechien und in der Slowakei (ZUKRIGL et al. 1966, PRUSA 1985, LEIBUNDGUT 1993, KORPEL 1995).

Die Naturwaldforschung in Mitteleuropa beruht auf Untersuchungen in so genannten „Naturwaldreservaten", „Bannwäldern" oder „Naturwaldzellen", die während der vergangenen Jahrzehnte in vormals forstlich genutzten Waldflächen eingerichtet wurden und nunmehr einer eigendynamischen Entwicklung überlassen sind (BFANL 1991). Die folgenden Ausführungen zur Struktur und Dynamik von Wäldern beziehen sich deshalb auf Forschungsergebnisse, die einerseits in mitteleuropäischen Naturwaldreservaten und andererseits in den oben genannten Urwaldgebieten Europas gewonnen wurden.

In gewissen Grenzen haben solche Erkenntnisse auch für die Entwicklung naturnah bewirtschafteter Waldbestände Gültigkeit. Mit zunehmender Nutzungsintensität oder bei standortsfremder Bestockung werden allerdings Struktur und Dynamik von Wirtschaftswäldern durch die forstlichen Eingriffe be-

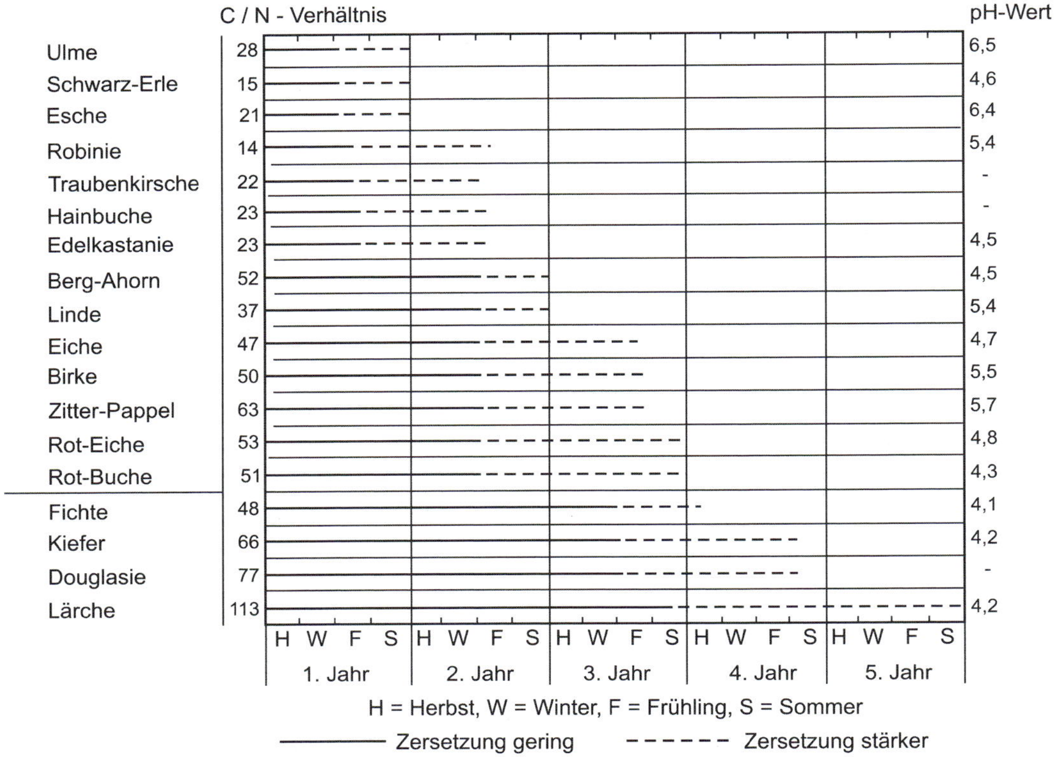

Abb. 35 Natürliche Abbaudauer der Blattstreu von Laub- und Nadelbäumen auf einer mittleren Braunerde unter vergleichbaren Bedingungen (nach Mayer 1984).

stimmt. Ihre Entwicklung kann somit nicht mehr Ausdruck naturgegebener Standorts- und Wettbewerbsbedingungen zwischen den Baumarten sein (Marincek et al. 1980, Bunce 1982, Jahn & Raben 1982, Thomasius 1990).

Trotz der mannigfachen Struktur- und Entwicklungsunterschiede aller im gemäßigten Europa vorkommenden Waldgesellschaften lassen sich auch einige Gemeinsamkeiten herausstellen: So durchläuft jeder Urwald einen Entwicklungszyklus, innerhalb dessen sich verschiedene Entwicklungsphasen mit jeweils spezifischen Strukturverhältnissen unterscheiden lassen (Leibundgut 1959, 1982, 1993, Zukrigl et al. 1963, Mayer 1971, Fischer et al. 1990, Fischer 1995; Abb. 38 und Abb. 39, S. 54). Die einzelnen Entwicklungsphasen stehen zueinander in enger zeitlicher und räumlicher Beziehung, gleichwohl hat eine solche Darstellung eher Modellcharakter im Vergleich mit der natürlichen Walddynamik.

In mancherlei Hinsicht geben die Entwicklungsphasen daher die Vielfalt möglicher Entwicklungsbilder idealisiert und die realen Verhältnisse vereinfacht wieder. Als wichtigste dieser (idealisierten) Entwicklungsphasen lassen sich unterscheiden:

- Optimalphase
- Terminalphase
- Zerfallsphase
- Verjüngungsphase

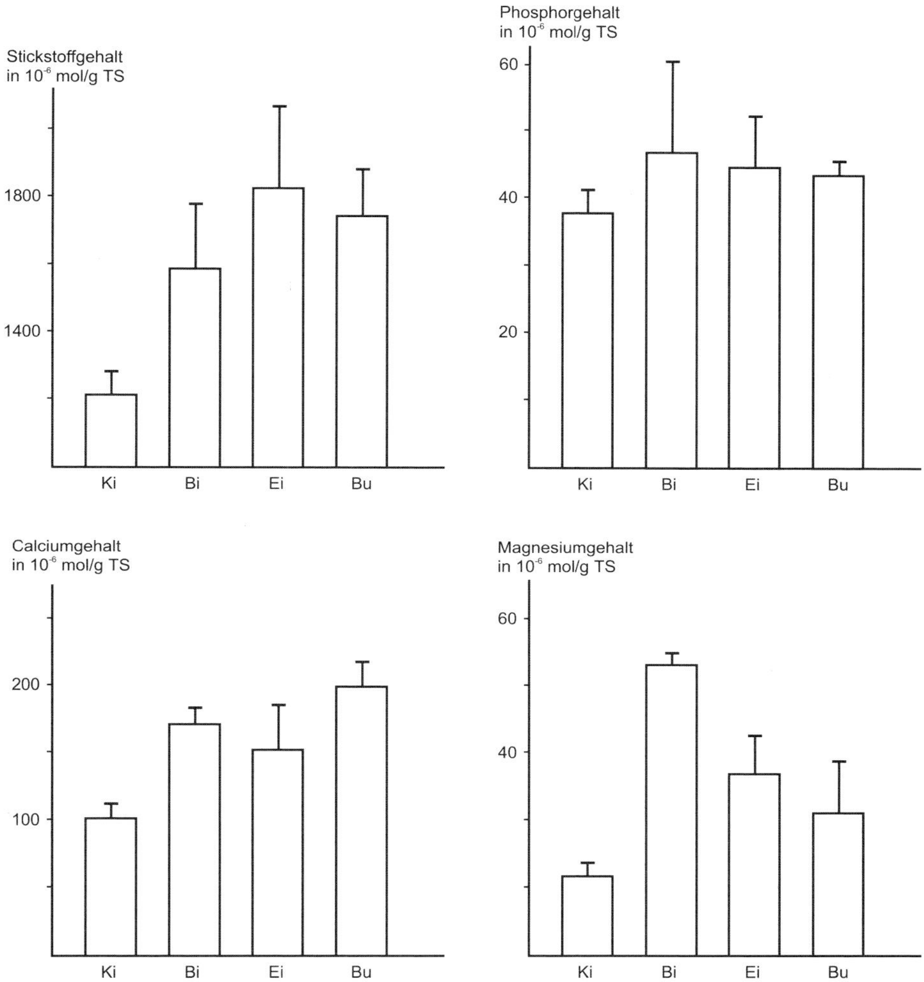

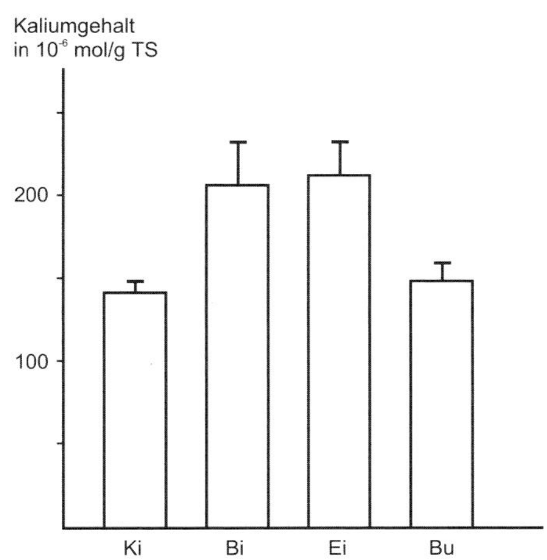

Abb. 36 Nährstoffgehalte (in µmol pro g Trockensubstanz) der einjährigen Nadeln von *Pinus sylvestris* (Ki) und der Blätter von *Betula pendula* (Bi), *Quercus robur/Q. petraea* (Ei) und *Fagus sylvatica* (Bu; nach Messungen von Rode 1996). In Bezug auf jeden Nährstoff weisen die Nadeln der Kiefer von den genannten Arten stets den geringsten Gehalt auf: Ihre Nadelstreu liefert im Vergleich zu Laubstreu einen besonders ungünstigen Humus.

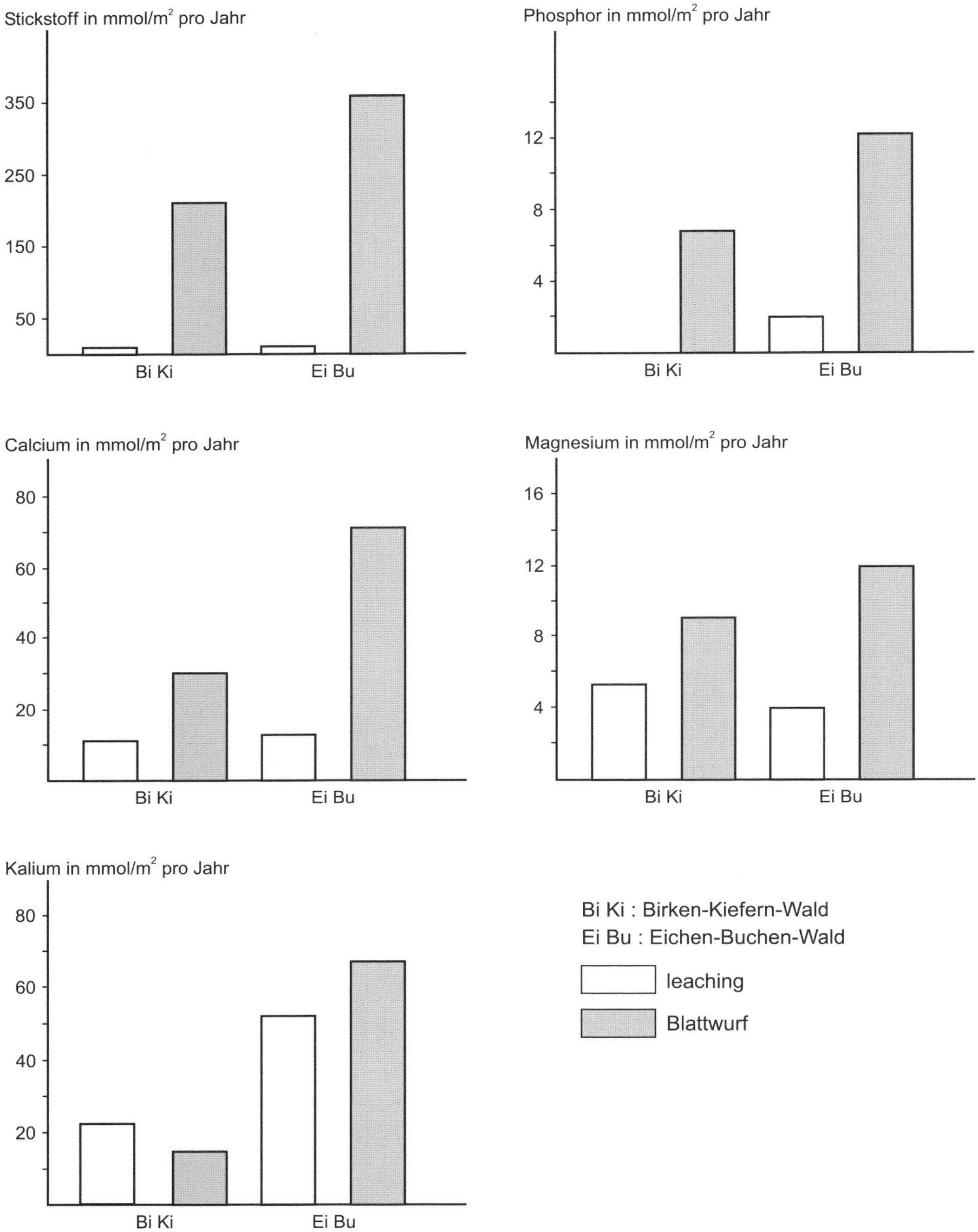

Abb. 37 Jährliche Nährstoffnachlieferung in Birken-Kiefern- und Eichen-Buchen-Wäldern durch Leaching und Blattwurf. Die Nährstoffnachlieferung und damit auch Umsätze in Pionierwäldern (Birken-Kiefern-Wald) sind deutlich geringer als in Folge- und Schlusswaldphasen (Eichen-Buchen-Wald); nach Messungen von RODE (1993) in der Lüneburger Heide.

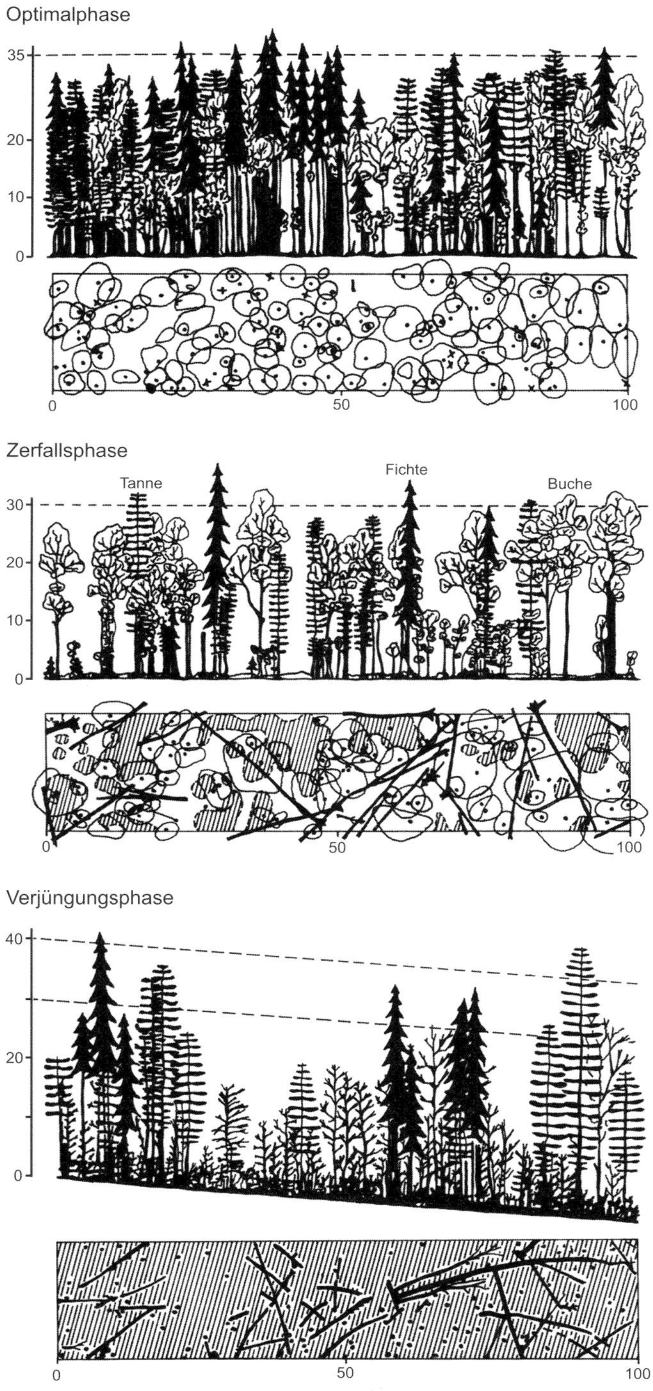

Abb. 38
Strukturverhältnisse verschiedener Entwicklungsphasen im Fichten-Tannen-Buchen-Urwaldreservat Rothwald: a) Optimalphase, b) Zerfallsphase, c) Verjüngungsphase (oberes Bild: Bestandesprofil, unteres Bild: Bestandesaufsicht; nach ZUKRIGL et al. 1963).

In der **Optimalphase** zeigen die Baumindividuen eine hohe Vitalität und eine große Zuwachsrate. Die Bestände sind mehr oder weniger stark geschlossen, so dass nur wenig Licht das Kronendach durchdringen und das Bestandesinnere erreichen kann. Lichtmangel verhindert in der späten Optimalphase, dass Baumindividuen im Unterstand in die obere Baumschicht einwachsen können. Die Absterberate unter den Bäumen ist gering. Holzvorräte können in der späten Optimalphase Maximalwerte erreichen, so zum Beispiel in Buchen-Urwäldern etwa 900 Volumenfestmeter (Vfm), in Tannen-Buchen-Urwäldern etwa 1200 Vfm/ha. Die genannten Holzvorräte beziehen sich allerdings auf Stammvolumina, also auf forstlich wichtige, einfach zu ermittelnde Produktionsparameter. Demgegenüber liegen Daten zur Biomasse und zur Gesamtproduktion aus europäischen Urwäldern nicht vor. Nach Neumann (1978) dauert die Optimalphase in einem Fichten-Tannen-Buchenurwald der Kalkalpen etwa 120 bis 170 Jahre an. Vergleichbare Zeiträume können auch für die Dauer der Optimalphase in Buchen-Naturwäldern des Tieflandes angenommen werden (Knapp & Jeschke 1991).

In der **Terminalphase** erreichen einzelne Baumindividuen ihre natürliche Altergrenze. Auch diese Entwicklungsetappe des Waldes zeichnet sich durch hohe Holzvorräte aus, die in der weiteren Entwicklung aber aufgrund des altersbedingten Absterbens einzelner Bäume kontinuierlich abnehmen. Bei Buchen-Wäldern entwickelt sich – beginnend in der Optimalphase – ein charakteristischer Hallenwald, da im Unterstand nur wenig Verjüngung vorhanden ist. Der Höhen- und Massenzuwachs der alten Baumindividuen kulminiert (Abb. 30, siehe S. 64). Da sich viele Studien zur Dynamik von Urwäldern in Europa auf Buchen- und Buchen-Mischwälder beziehen, liegen für diese relativ eindeutige Aussagen zur zeitlichen Dauer der Terminalphase vor. Neumann (1978) beziffert die Dauer der Terminalphase eines Fichten-Tannen-Buchen-Urwaldes in den Kalkalpen auf 170 bis 200 Jahre (vgl. auch Knapp & Jeschke 1991).

Durch das Absterben und Zusammenbrechen der ältesten Baumindividuen beginnt in der **Zerfallsphase** eine mehr oder minder starke Öffnung des Kronendaches. Der geöffnete Kronenraum bietet dem Wind eine größere Angriffsfläche, so dass sich bestehende Kronenraumlücken besonders nach Stürmen vergrößern können. Der Totholzanteil erreicht in der Zerfallsphase Maximalwerte. Beispielsweise erreichen die Totholzmengen in Urwäldern der Slowakei bis zu 38 % des lebenden Holzvorrates (Korpel 1997). Dies entspricht Totholzmengen von bis zu 280 fm/ha (Festmeter oder m^3 pro Hektar). Kleinräumig können in Zerfallsphasen bis zu 350 fm/ha auftreten. Das Totholz wird durch Vermoderungsprozesse abgebaut und zu einem großen Teil mineralisiert. Die Geschwindigkeit dieses Prozesses ist für jede Baumart spezifisch, seine Gesamtdauer zugleich von der Stammdicke abhängig. Sie beträgt im baltischen Jungmoränengebiet Mecklenburg-Vorpommerns bei 300-jährigen Buchenstämmen mit einem Durchmesser von einem Meter etwa 40 bis 80 Jahre, kann sich aber bei Eichen oder Nadelhölzern auch über einige Jahrhunderte erstrecken. Ein Teil des Totholzes geht in den Humusvorrat über.

Durch die Öffnung des Kronenraumes verbessert sich der Lichteinfall auf den Waldboden, so dass die Biomasse der Bodenvegetation zunimmt. Häufig breiten sich Stauden, so genannte Schlagflur-Arten, aus, zu denen zum Beispiel *Epilobium angustifolium*, *Senecio sylvaticus*, *Digitalis purpurea*, *Atropa belladonna* und *Arctium* div. spec gehören. Zeitgleich können sich Gruppen von Jungbäumen entwickeln. Schlagflur-Arten finden besonders dann verbesserte Wuchsbedingungen, wenn durch eine stärkere Erwärmung des Waldbodens erhöhte Mineralisationsraten und so auch ein höheres Stickstoffangebot bestehen. Die Dauer der Zerfallsphase wird von Knapp & Jeschke (1991) für Buchen-Wälder der baltischen Jungmoräne (NSG „Heilige Hallen" in Mecklenburg-Vorpommern) mit etwa 100 Jahren angegeben.

Räumlich eng verzahnt mit der Zerfallsphase ist die **Verjüngungsphase**, da sich der Baumjungwuchs besonders dort entwickelt, wo durch die entstandenen Kronenraumlücken den Waldboden mehr Licht erreicht. Die Baumverjüngung besteht zum einen aus jungen Baumindividuen, die bislang durch Altbäume beschattet waren und sich besonders nach Freistellung rasch weiterentwickeln. Dies lässt sich besonders gut bei Tannen- und Fichtenjungwuchs beobachten. Zum anderen besteht sie aus Sämlingen, die unmittelbar nach der Öffnung des Kronendaches keimen. Je nach Größe der Verjüngungslücke können sich diese in Gruppen oder auch auf großer Fläche entwickeln. Da die meisten Baumarten nicht in

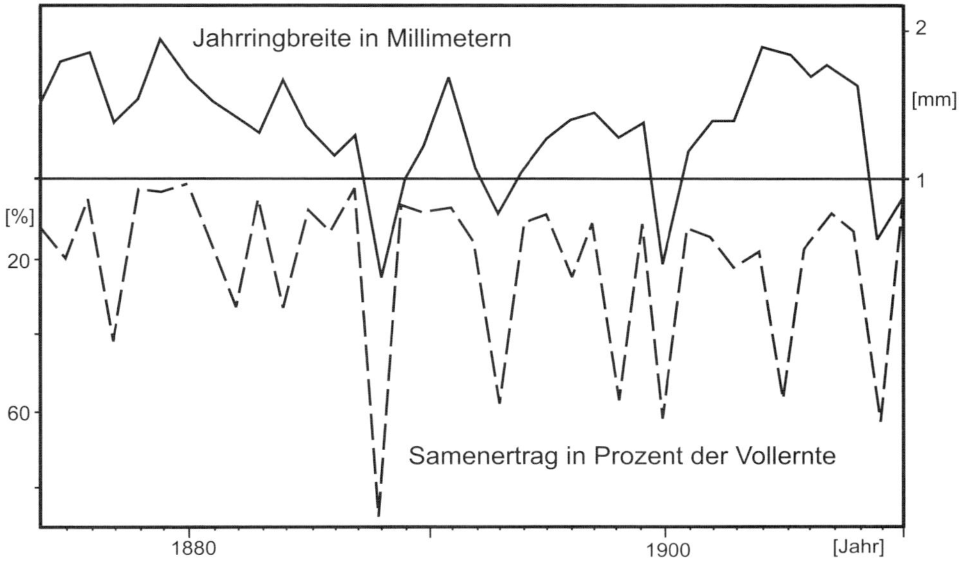

Abb. 40 Zusammenhang zwischen Samenertrag und Jahrringbreite bei der Rot-Buche (aus MAYER 1984). Der Nährstoffentzug in Mastjahren überdeckt die klimatischen Einflüsse auf die Jahrringbreite. Bei Vollmast werden besonders schmale Jahrringe ausgebildet (Vergleichsjahre 1888, 1900, 1909). Bei der Samenproduktion wird offenbar ein Großteil der verfügbaren Assimilate innerhalb eines Mastjahres verbraucht.

jedem Jahr fruchten, sondern nur in so genannten Mastjahren einen hohen Samenertrag erzielen, schwankt auch die Zahl junger Baumindividuen von Jahr zu Jahr beträchtlich. Nach BURSCHEL (1966) benötigt zum Beispiel die Buche zwei Drittel aller im Jahr mobilisierten Kohlenhydrate für einen vollen Samenansatz, so dass sich der Energieverbrauch für die Vermehrung in einer Abnahme der Jahresringbreite widerspiegelt (Abb. 40). Bei der Rot-Buche treten solche Mastjahre durchschnittlich etwa alle fünf Jahre auf.

Der Verjüngungserfolg einer Baumart wird zusätzlich durch Faktoren wie Keimlingskrankheiten, Wildverbiss, Mäuse- und Insektenfraß, Sommerdürre oder Hagelschlag beeinflusst. Hierdurch können über die Hälfte aller in einem Jahr gekeimten Jungpflanzen vernichtet werden (BURSCHEL et al. 1964). In Buchen-Wäldern lässt sich daher eine üppige Naturverjüngung vielfach nur alle zehn Jahre beobachten.

Nicht immer werden nach einer Zerfallsphase Baumarten des Terminalstadiums zur Entwicklung gelangen. Insbesondere nach einem großflächigen Zusammenbruch von Altbeständen, bei einsetzender Bodenerosion oder fehlendem Samendruck der Klimaxbaumarten können – für die Dauer einiger Jahrzehnte oder auch länger – so genannte Pionierbaum- oder Zwischenholzarten auftreten. Diese produzieren häufig eine größere Anzahl anemochorer Diasporen und können sich auf geeigneten Flächen rasch und in hoher Individuenzahl ansiedeln. In Mitteleuropa sind dies auf bodensauren Standorten die Birken (*Betula pendula*, *B. pubescens*) und die Zitter-Pappel (*Populus tremula*). Als Zwischenholzarten basenreicher Standorte können der Berg-Ahorn (*Acer pseudoplatanus*) oder die Esche (*Fraxinus excelsior*) auftreten.

Es hängt somit vom Baumartengefüge und den edaphischen Faktoren ab, welche Waldstrukturen sich in der Verjüngungsphase herausbilden und wie lange diese Phase andauert. Relativ einfach und daher gut darstellbar sind Entwicklungszyklen von Buchen-Wäldern mesotropher Standorte im Gebiet der baltischen Jungmoräne (KNAPP & JESCHKE 1991). In diesen Buchen-Wäldern fehlen Pionier- oder Zwischenholzarten, da sich der Buchen-Jungwuchs unmittelbar unter zusammenbrechenden Buchen-Altbeständen entwickelt.

Je komplexer das Artengefüge aus Klimax-, Pionier- und Zwischenholzarten und je größer die Wahrscheinlichkeit exogener Störungen

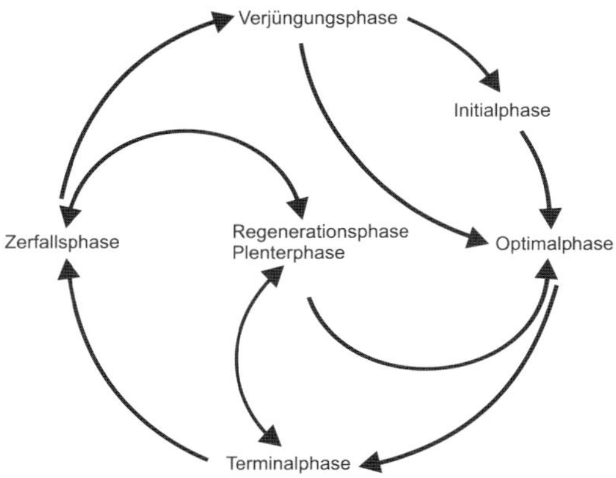

Abb. 41 Modell der möglichen Abfolge verschiedener Bestandesentwicklungsphasen in einem montanen Fichten-Tannen-Buchen-Urwald (nach MAYER et al. 1980 und FISCHER 1995).

(z. B. Windwurf, Blitzschlag, Brand, biotische Kalamitäten), desto variabler und weniger voraussagbar gestalten sich die Entwicklungszyklen der Waldgesellschaften.

Nach ZUKRIGL et al. (1963), MAYER et al. (1980) und LEIBUNDGUT (1993) können im Entwicklungszyklus von Urwäldern weitere Phasen auftreten, die aber nur unter bestimmten Standortsbedingungen und Baumartenkombinationen durchlaufen werden. Eine Waldentwicklung kann in eine **Initialphase** eintreten, wenn nach einem raschen Zerfall oder Zusammenbruch des Bestandes auf großer Fläche ein „Initialwald" aus Jungbäumen, Dickungen oder schwachen Stangenhölzern entsteht (KORPEL 1995).

Eine **Regenerations-** oder **Plenterphase** zeichnet sich strukturell durch das Nebeneinander aller Baum-Altersklassen auf vergleichsweise engem Raum aus. Der Jungwuchs entwickelt sich hier in kleinen Bestandeslücken, die beim Absterben einzelner Baumindividuen entstehen. Plenterphasen sind besonders für Bergmischwälder bezeichnend, treten aber bei einer ungestörten Bestandesdynamik auch im Tiefland auf (FALINSKI 1986, KNAPP & JESCHKE 1991). In Abbildung 41 sind die Abfolgen verschiedener Entwicklungsphasen am Beispiel eines montanen Fichten-Tannen-Buchen-Urwaldes dargestellt.

Einzelne Entwicklungsetappen werden nicht in starrer, voraussagbarer Reihenfolge durchlaufen, sondern es sind vielmehr – abhängig von den Bodenbedingungen und stochastischen Störgrößen (z. B. Windwurf, Brand, Blitzschlag) – Entwicklungszyklen mit unterschiedlichen Zwischenphasen möglich. Bei großflächiger Betrachtung fügen sich im Urwald somit einzelne Phasen mosaikartig zusammen. Das resultierende Bild bezeichnet man als **Textur** des betreffenden Urwaldes (KORPEL 1995). Diese lässt sich kartographisch darstellen, was einen Überblick über Flächenanteile von bestimmten Entwicklungsphasen in einem Urwaldgebiet ermöglicht. Wie Darstellungen bei MAYER (1987) und LEIBUNDGUT (1993) am Beispiel von Buchen-Urwäldern zeigen, nehmen Optimal-, Zerfalls- und Verjüngungsphasen in einem Bestand Flächen von weniger als einem bis zu mehreren Hektar Größe ein.

Da Urwälder einer zyklischen Entwicklung unterliegen und verschiedene Entwicklungsphasen in einem Urwaldkomplex wie Mosaiksteine räumlich verzahnt sind, spricht REMMERT (1990, 1991) vom **„Mosaik-Zyklus"** der Waldentwicklung. Er geht davon aus, dass Waldökosysteme bei großflächiger Betrachtungsweise – „... aus sich zyklisch ändernden Mosaiksteinen (bestehen), deren Zyklen desynchron zueinander ablaufen" (REMMERT 1991). Im Grundsatz mag diese Vorstellung zutreffen, darf aber nicht zu der Annahme verleiten, dass bei einer natürlichen Walddynamik einzelne Entwicklungsphasen obligatorisch und in strenger, immer wiederkehrender Reihenfolge durchlaufen werden. Eine deterministische, die Waldentwicklung als voraussagbar erachtende Vorstellung trägt der Wirkung zufälliger Störgrößen (Windwurf, Brand, Blitzschlag, biotische Einflüsse) auf die Dynamik von Waldökosystemen wenig Rechnung. Auch die zeitliche Dauer einzelner Entwicklungsphasen lässt sich nur unter definierten Standortsbedingungen und bei gegebener Baumartenkombination hinreichend genau abschätzen; sie ist also für verschiedene Waldtypen nicht generell vorhersagbar. Von einigen Vegetationsökologen wurden daher die Annahmen, die dem Mosaikzyklus-Konzept zugrunde liegen, wiederholt kritisiert oder als unzutreffend bezeichnet (FISCHER 1992a, DIERSCHKE & BRÜNN 1993, ELLENBERG 1996, SCHMIDT 1998). JAX (1994) schlägt vor, die mit dem Mosaikzyklus-Konzept verbundenen Vorstellungen zur Dynamik von Waldökosystemen als Spezialfall von allgemeiner formulierten „patch-dynamic-Konzepte" aufzufassen. Durch diese Konzepte wird versucht, Beschreibungen und Erklärungsansätze für die Raum-Zeit-Variabilität von Ökosystemen vorzunehmen; die Bewertung, ob bestimmte Entwicklungsetappen in voraussagbarer und sich wiederholender, zyklischer Reihenfolge auftreten, erfolgt aber a priori nicht. Offen bleibt bei diesem Konzept demzufolge auch, ob sich ein System im „Zustand des Gleichgewichts" befindet oder auf einen solchen zustrebt (JAX 1994).

4.5.2 Ernährungsbedingungen und Bioelement-Kreisläufe

In Waldökosystemen ist eine Vielzahl verschiedener Prozesse am Auf- und Umbau, an der Weitergabe oder dem Abbau chemischer Verbindungen beteiligt. Diese sind

- die Nährsalzaufnahme,
- die Produktion der grünen Pflanzen,
- die Konsumption der Tiere innerhalb der Nahrungsnetze,
- die Reduktion organischer Substanzen durch Reduzenten,
- die Mineralisation sowie
- die rein anorganischen Umsetzungen im Boden und im Sickerwasser.

An den damit verbundenen Stoff-Flüssen sind vor allem die für Organismen lebensnotwendigen Makro-Nährelemente (C, O, H, N, S, P, Mg, K und Ca) beteiligt, ebenso werden Spuren- oder Mikro-Nährelemente (z. B. Mn, Zn, Cu, Co, Mo, B) umgesetzt. Auch diese sind, wenngleich nur in geringsten Mengen, für eine Ernährung der Organismen unentbehrlich.

Grundlagenforschung zu Stoff-Flüssen und Element-Kreisläufen ist besonders in Waldökosystemen aufwendig. Umfassend ließen sie sich bislang nur im Rahmen von umfangreichen Ökosystem-Forschungsprojekten untersuchen, so dass auf diese im Folgenden Bezug genommen wird (EINSELE 1986: Keuper-Bergland Südwest-Deutschlands; ELLENBERG et al. 1986: Solling; KREUZTER & GÖTTLEIN 1991: Alpenvorland; RASPE et al. 1998: Schwarzwald). Im Rahmen dieser Projekte wurden Fichten-Wälder beziehungsweise Fichtenforste sowie Buchenwald-Ökosysteme untersucht, so dass die Ergebnisse vergleichbar sind und für große Teile Mitteleuropas als repräsentativ gelten können.

Die für Waldpflanzen maßgeblichen Ernährungsbedingungen lassen sich bereits anhand einer Auswahl weniger bodenchemischer Kenngrößen gut charakterisieren. Zu diesen gehören:

- der pH-Wert des Bodens; dieser wird gewöhnlich in wässriger Suspension ohne oder mit Salzzusatz (KCl, $CaCl_2$) gemessen,
- die Belegung der Bodenaustauscher mit den Metallkationen K^+, Na^+, Ca^{2+}, Mg^{2+}; diese werden meist als „Basen" (basisch wirkend) bezeichnet (Summe der Einzelkonzentrationen = „S-Wert" des Bodens),
- die Belegung der Bodenaustauscher mit den „sauren" (sauer wirkenden) Kationen H^+, Al^{3+}, $Fe^{2+/3+}$, $Mn^{2+/3+}$,
- die Kationenaustauschkapazität (KAK) als Summe der austauschbaren Kationen (in mmol/100 g Boden),
- die Basensättigung (V-Wert) als Maß für die im Boden bestehende prozentuale Belegung aller Kationen-Austauschplätze durch die oben genannten „Basen" (Quotient aus S-Wert und KAK multipliziert mit 100),
- die qualitative und quantitative Stickstoff-Nachlieferung (NH_4^+, NO_3^-),
- das Phosphor- (PO_4^{3-} -) Angebot im Boden,
- das C/N-Verhältnis (Quotient aus C_{org} und N_{ges}), das – in gewissen Grenzen – Auskunft über die N-Versorgung des Bodens gibt (je kleiner der Quotient, desto günstiger die N-Nachlieferung),
- das C/P Verhältnis (Quotient aus C_{org} und P_{ges} im Boden), das – in gewissen Grenzen – Auskunft über die P-Versorgung des Bodens gibt (je kleiner der Quotient, desto günstiger die P-Nachlieferung; EVERS 1967).

Unter natürlichen Verhältnissen bestimmen das Ausgangsgestein und das Stadium der Pedogenese maßgeblich die Ernährungsbedingungen der Waldpflanzen. Zudem beeinflussen Bodenfeuchte und -temperatur, wie rasch tote organische Substanzen mineralisiert und damit Nährsalze im Waldboden nachgeliefert werden. Die natürlichen Ernährungsbedingungen werden heute aber zunehmend durch allochthone und vom Menschen verursachte Einträge überformt (siehe Kap. 12).

Relativ gut lassen sich die Trophiebedingungen in Waldböden anhand ihrer Humusformen erkennen, die mit den oben genannten bodenchemischen Kenngrößen koinzidieren (Tab. 8):

Tab. 8 Wichtige Humusformen von Waldböden und ihre bodenchemischen Charakteristika (nach Rehfuess 1990, etwas verändert und ergänzt)

Humusform	Humusprofil (Abfolge der Humushorizonte)	Profilmorphologische Charakteristika	Bodenchemische Charakteristika
Humusformen von Böden hoher biologischer Aktivität			
Tyischer Mull (L-Mull)		A_h (stark) humos, krümelig, meist > 8 cm, stark durchwühlt und durchwurzelt, locker, unscharf begrenzt. Bei hoher biologischer Aktivität fehlt O_L ab Frühsommer	Allgemein für Mull: C/N im A_h 10–20 C/P < 300 pH-Wert schwach alkalisch bis schwach sauer
Sandmull	$O_L - A_h$	w.o., jedoch geringere Kopplung der Humusstoffe an Ton; = typ. Mull sandiger Böden	Basensättigung meist > 30 %
Kalkmull	$(O_L) - A_h$	Mull-, carbonat- u. humusreicher AC-Böden aus rückstandsarmen Carbonatgesteinen, reich an freien (nicht an Ton gekoppelten) Ca-Humaten	N-Nachlieferung vorwiegend in Form von NO_3^-
F-Mull	$O_L - O_f - A_h$	Infolge schwächerer Bioturbation dünner (0,5–2 cm) O_f über geringmächtigem, schärfer begrenztem A_h (< 8 cm)	
Mullartiger Moder	$O_L - O_f - O_h - A_h$	O_f u. O_h geringmächtig (vielfach < 2–3 cm), locker; O_h von mineralbodenreichen Klümpchen durchsetzt; A_h häufig 3–4 cm; alle Horizontübergänge allmählich	
Humusformen von Böden mäßiger biologischer Aktivität			
Typischer Moder	$O_L - O_f - O_h - A_{he}$	Mächtigkeit der Auflage häufig < 4 cm; Horizontübergänge noch unscharf, O_f z.T. schwach verfilzt bis schichtig; O_h noch locker; beginnende Bleichung des Mineralbodens; auf basenreichem Silikatgestein auch $O_L - O_f - O_h - A_h$	Allgemein für Moder: C/N des O_h 20–26 C/P 300–60 pH-Wert mäßig sauer bis sauer Basensättigung O_f–A_h meist 15–30%
Kalk- oder Rendzinamoder	$O_L - (O_f) - O_h - A_h$	Moder trockener, oft flachgründiger Standorte auf Carbonatgestein; O_f zurücktretend; O_h schwachsauer bis basisch, unten von Carbonatpartikeln durchsetzt; pH im A_h > 7	N-Nachlieferung vorwiegend in Form von NO_3^- und NH_4^+

- In der biologisch günstigsten Humusform, dem **Mull**, sind organische Auflagen (O-Lagen) geringmächtig und bestehen meist nur aus einer O_L-Lage, da die Streu durch Bodenorganismen rasch abgebaut und in den oberen Mineralboden (A_h-Horizont) eingearbeitet wird. Im Mull reicht der pH-Wert des Bodens typischerweise vom schwach sauren bis zum schwach alkalischen Bereich. Die Basensättigung und die S-Werte sind hoch und die C/N-Verhältnisse vergleichsweise eng.

Tab. 8 Wichtige Humusformen von Waldböden und ihre bodenchemischen Charakteristika (nach REHFUESS 1990, etwas verändert und ergänzt (Fortsetzung)

Humusform	Humusprofil (Abfolge der Humushorizonte)	Profilmorphologische Charakteristika	Bodenchemische Charakteristika
Humusformen von Böden geringer biologischer Aktivität			
Rohhumusartiger Moder	$O_L - O_f - O_h - A_{he}$	O_f und O_h zusammen vielfach 3–5 cm mächtig; deutliche Horizontgrenzen; O_f mächtig und z.T. verfilzt; O_h kohärent, unscharf brechbar, stark durchwurzelt; A_{he} 2–5 cm mächtig und durchgehend gebleicht	Allgemein für Rohhumus: C/N des O_h > 27 C/P > 600 pH sauer bis stark-sauer
Typischer Rohhumus	$O_L - O_f - O_h - A_{he} - A_e$	Auflagenmächtigkeit gewöhnlich > 4–5 cm; Horizontgrenzen scharf; O_f 2–4 cm, schichtigkohärent, verfilzt u. verpilzt, z.T. biegefähig; O_h 2–4, bei feinhumusreichen Ausbildungsformen > 4–10 cm, kompakt und kohärent, scharfkantig brechbar, durchwurzelt	Basensättigung meist <15% N-Nachlieferung vorwiegend in Form von NH_4^+
Biologisch inaktiver (feinhumusarmer) Rohhumus, häufig in streugenutzten Nadelwäldern	$O_L - O_f - O_h - A_{he}$	O_f lagig–verfilzt, torfbraun, besonders feinhumusarm; O_h höchstens 0,5–1 cm und sehr scharf (linienhaft) getrennt von A_{he}; C/N des O_f meist > 32, pH < 3,0 hoher Anteil von Wurzelüberresten	
Typischer Tangelhumus	$O_L - O_f - O_h - A_h$	Auflagehumus von Rendzinen in der montanen u. subalpinen Stufe der Kalkhochgebirge bei kurzer, kühler, niederschlagsreicher Vegetationszeit; Auflage rd. 5 bis etwa 30 cm mächtig. O_f zurücktretend, schwach sauer; O_h schwarz, locker, v.a. unten von Carbonatsplittern durchsetzt und pH rd. 6; pH im A_h > 7	
mächtiger (dystropher) Tangelhumus	$O_L - O_f - O_h - A_h$	w.o.; O_f und O_h > 30–120 cm, O_f > 5 cm, rostbraun, verfilzt, schichtig, stark sauer; O_h schwarz, kompakt, kantig brechbar, nur an der Basis schwach sauer und örtlich carbonhaltig	

- In der biologisch ungünstigsten Humusform, dem **Rohhumus**, akkumuliert die jährlich anfallende Streu in mächtigen, dem Mineralkörper aufliegenden Schichten (O_L-O_f-O_h-Horizonte), da die Mineralisationstätigkeit der Bodenorganismen durch ungünstige Lebensbedingungen gehemmt wird. Die pH-Werte des Bodens liegen im sauren bis stark sauren Bereich, die Basensättigung und die S-Werte sind gering und die C/N-Verhältnisse weit (Tab. 8).
- Zwischen diesen Extremen vermittelt der **Moder**.
- Zwischen den drei genannten Haupt-Humusformen existieren verschiedene Übergange (Tab. 8).

Am Abbau und an der Mineralisation der Streu sind in Waldböden neben Bodentieren maßgeblich Pilze, Bakterien und Actinomyceten beteiligt. Im Mull und Moder treten vor allem Pilze und Bakterien, im Rohhumus Actinomyceten stärker hervor (Meyer 1959).

Stickstoff

Die genannten Destruenten-Gruppen nehmen somit auch wesentlichen Einfluss auf die Nachlieferung des in Waldböden wohl wichtigsten, weil oftmals produktionslimitierenden Nährelementes, des Stickstoffs (Kriebitzsch 1978).

Für die Vegetation entscheidend ist die so genannte „**Stickstoff-Nettomineralisation**“, jene Stickstoffmenge, die Pflanzen nach Abzug des von den Destruenten für ihren eigenen Stoffwechsel benötigten Stickstoffs in anorganischer Form (NH_4^+ - oder NO_3^--N) zur Verfügung steht (Zöttl 1961, 1965). Zunächst werden die in der Blattstreu, in abgestorbenen Wurzeln oder der übrigen toten organischen Substanz enthaltenen Proteine durch die Destruenten aufgeschlossen und der darin gebundene Stickstoff in Form von NH_4^+ freigesetzt. Vom Boden-pH hängt ab, zu welchen Anteilen das freigesetzte Ammonium zu Nitrat oxidiert wird.

An diesem Vorgang, der als **Nitrifikation** bezeichnet wird, sind chemoautotrophe Bakterien (*Nitrosomonas, Nitrobacter*) und Pilze beteiligt. Bei schwach sauren oder neutralen pH-Werten wird Ammonium vollständig zu Nitrat umgewandelt, da die genannten Bakterien ein solches pH-Milieu präferieren. Der Nitrifikationsgrad, d. h. das Maß der Umwandlung von Ammonium zu Nitrat, beträgt dann 100 % (Bücking 1972). Bei pH-Werten unter 5 wird die Tätigkeit der chemoautotrophen Bakterien gehemmt. Pilze übernehmen dann den Hauptteil der Nitrifikationsleistung (Weber & Gainey 1962, Kriebitzsch 1978). In stark sauren Böden sind weder nitrifizierende Bakterien noch Pilze tätig, die Nitrifikationsraten erreichen in einem solchen Milieu Werte von nahezu 0 %. Daraus lässt sich folgern, dass Mull-Standorte vorwiegend mit Nitrat, Rohhumus-Böden eher mit Ammonium versorgt sind. An Moder-Standorten können sowohl Ammonium als auch Nitrat zu unterschiedlichen Anteilen angeboten werden (Abb. 42).

Es liegt nahe, dass Waldpflanzen an die oben geschilderten Bedingungen der Stickstoffversorgung in Waldböden angepasst sind. In Düngungsexperimenten an Topfkulturen untersuchte Bogner (1966, 1968), welche Ansprüche Waldbodenpflanzen an die Form der Stickstoffernährung stellen. Dabei zeigte sich, dass alle untersuchten Arten in Reinkultur bei gemischter N-Ernährung (NH_4^+ - und NO_3-Düngung) am besten gedeihen.

Einige Sippen können NH_4^+ nur bei neutraler bis alkalischer Bodenreaktion verwerten, entwickeln sich aber mit NO_3^- innerhalb des gesamten pH-Spektrums gut. Unter natürlichen Konkurrenzbedingungen fehlen diese auf stark sauren Standorten mit überwiegender NH_4^+-Versorgung. Zu diesen, auch als **Nitrat-Pflanzen** bezeichnete Arten gehören zum Beispiel das Bingelkraut (*Mercurialis perennis*), der Hohle Lerchensporn (*Corydalis cava*) oder das Gelbe Windröschen (*Anemone ranunculoides*). Waldarten wie der Waldmeister (*Galium odoratum*), der Riesen-Schwingel (*Festuca gigantea*) und das Flatter-Gras (*Milium effusum*) verhalten sich bei reinem NO_3^--Angebot sowie bei gemischter Ernährung ähnlich, können NH_4^+ aber auch bei saurer Bodenreaktion aufnehmen (Janiesch 1986). Sie haben ihren natürlichen Vorkommensschwerpunkt auf mäßig sauren Böden, zumal sie von Konkurrenten auf stark sauren wie basischen Standorten verdrängt werden.

Die Besenheide (*Calluna vulgaris*) und die Heidelbeere (*Vaccinium myrtillus*) erweisen sich als ausgesprochene **Ammonium-Pflanzen** (Evers 1961). Diese können NO_3^- kaum oder gar nicht verwerten, da sie nicht oder nur in geringen Mengen über das zum Nitrat-Ammonium-Umbau notwendige Enzym Nitratreduktase verfügen (Lee et al. 1975).

Mit der Form des an einem Waldstandort nachgelieferten Stickstoffs (NH_4^+ - oder NO_3^--N) ist nicht zwangsläufig ein bestimmtes quantitatives Angebot verbunden; das heißt, dass das absolute N_{min}-Angebot für Waldpflanzen auf Nitrat-Standorten nicht unbedingt höher ist als für Pflanzen auf überwiegend mit Ammonium versorgten Böden. Tabelle 9 zeigt anhand einiger Beispiele, in welcher Größenordnung Mineral-Stickstoff den Waldböden Mitteleuropas jährlich zur Verfügung steht.

Besonders in flachgründigen und im Sommer zur Austrocknung neigenden Böden ist die N-Nachlieferung gering, da Trockenheit die Tätigkeit der Mineralisierer hemmt. An solchen Standorten werden Werte von 10 bis 45 kg N/ha und Jahr erreicht. Deutlich höhere Werte erreicht die Stickstoff-Nachlieferung in Waldgersten- und Waldmeister-Buchen-Wäldern (siehe Kap. 5). In letzteren kann die N-

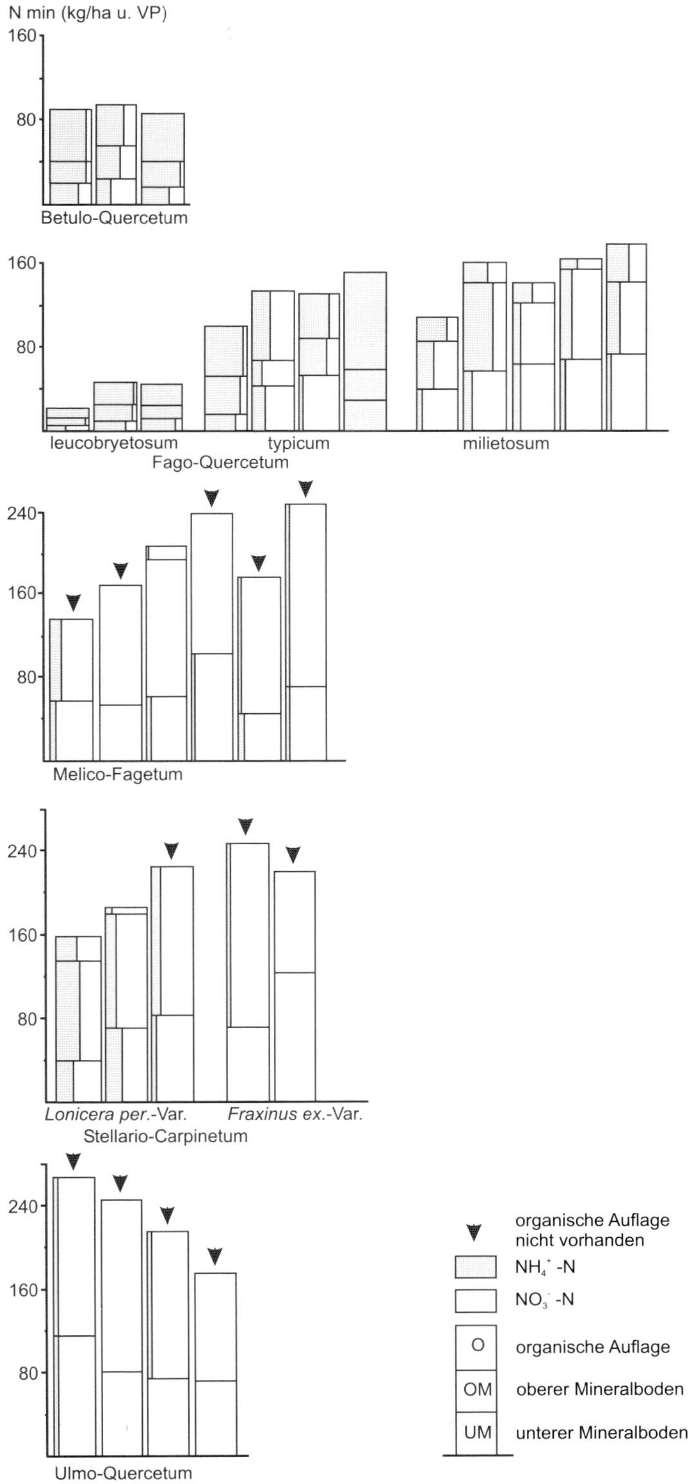

Abb. 42
Qualität und Quantität der Stickstoffnachlieferungen in verschiedenen Laubwaldgesellschaften Nordwestdeutschlands (Betulo-Quercetum = Birken-Eichen-Wald, Fago-Quercetum = Buchen-Eichen-Wald, Melico-Fagetum = Perlgras-Buchen-Wald, Stellario-Carpinetum = Sternmieren-Eichen-Hainbuchen-Wald, Ulmo-Quercetum = Ulmen-Eichen-Auenwald; nach Messungen von GÖNNERT 1989).

Tab. 9 Nachlieferung von mineralischem Stickstoff (N_{min}) pro Jahr bzw. innerhalb der Vegetationsperiode (Werte mit *) und Nitrifikationsgrad in verschiedenen Waldgesellschaften (nach Angaben von Antonietti 1968 Runge 1974, Van Praag et al. 1974, von Gadow 1975, Grimme 1975, Ellenberg 1977, Gönnert 1989)

Bodentyp	Waldgesellschaft (Lokalität)	N-Netto-Mineralisation (kg/ha · a)	Nitrifikationsgrad (%)
Rendzina (z. T. flachgründig)	Carici-Fagetum (Göttinger Raum)	28 (in Normaljahren) 10–45 (in trockenen Jahren)	> 90 > 90
Rendzina (mittelgründig)	Hordelymo-Fagetum (Göttinger Raum)	80–145 (in Normaljahren) 115–128 (in trockenen Jahren)	> 90 > 90
Rendzina (mittelgründig)	Helleboro-Fraxinetum orni (Tessin)	66–90 (in Normaljahren) 81–108 (in niederschlagsreichen Jahren)	> 90
Gley	Stellario-Carpinetum (nordwestdeutsches Tiefland)	142–247*	55 (Auflagen)* 81–94 (oberer Mineralboden)*
Braunerde (tiefgründig)	Galio-Fagetum (Meißner)	144–157 (in Normaljahren) 188–238 (in niederschlagsreichen Jahren)	> 90
Parabraunerde	Melico-Fagetum (nordwestdeutsches Tiefland)	137–250*	91 (Auflagen)* 75–100 (oberer Mineralboden)*
Braunerde (stark sauer)	Luzulo-Fagetum (Ardennen) Luzulo-Fagetum (Solling)	107 112	keine Angaben 0–19 (im O_f) bis 76 (im O_h)
Br.-/Parabraunerde, teils podsolig	Fago-Quercetum milietosum (nordwestdeutsches Tiefland)	108–179* 35–85	28–60 (Auflagen)* (oberer Mineralboden)*
podsolige Braunerde	Fago-Quercetum typicum (nordwestdeutsches Tiefland)	135–154*	22–27 (Auflagen)* 0–79 (oberer Mineralboden)*
podsolige Parabraunerde	Fago-Quercetum leucobryetosum (nordwestdeutsches Tiefland)	22–48	0–1 (Auflagen)* 0–4 (oberer Mineralboden)*
Braunerde (sauer)	Betulo-Quercetum typicum (Tessin)	81 (in Normaljahren) 64 (in niederschlagsreichen Jahren)	25–75
Braunerde (stark sauer)	Betulo-Quercetum vaccinietosum (Tessin)	40 (in normalen und niederschlagsreichen Jahren)	5–75
Podsole oder podsolige Böden	Betulo-Quercetum (nordwestdeutsches Tiefland)	42–96*	5–33 (Auflagen)* 8–38 (oberer Mineralboden)*

Farbtafeln S. 93 u. 94

Abb. 67 Geißklee-Stieleichen-Wald (Cytiso-Quercetum) auf Kalkgestein im mittleren Wiesental (nördl. Frankenalb). Die Stiel-Eichen (*Quercus robur*) sind krüppelwüchsig und erreichen Wuchshöhen von 3 bis 5 m. Bezeichnende Hölzer sind ferner Arten der Gattung *Sorbus* (Mehlbeere), im betrachteten Beispiel *S. aria* und *S. franconicum* (Foto: W. Türk) (zu S. 159).

Abb. 69 Birken-Stieleichen-Wälder (Betulo-Quercetum roboris): a) in der Lüneburger Heide auf einem Parabraunerde-Podsol aus saaleeiszeitlichem Geschiebelehm; b) an einem Prallhang der Treene (schleswig-holsteinische Altmoräne). Der oberste mineralische Bodenhorizont wird von einem etwa 20 cm mächtigen aschgrauen Elluvial-(A_e-)Horizont gebildet, darunter folgen ein rostbrauner Orterde-(B_{hs}-) und ein ockerfarbener C-Horizont (zu S. 166).

Abb. 74 Eschen-Bergahorn-Wald (*Fraxino-Aceretum*) mit viel Wald-Zwenke (*Brachypodium sylvaticum*) auf wärmegetöntem Schutthang am Plettenberg auf der südwestlichen Schwäbischen Alb (teilweise mit Übergängen zum *Sorbo-Aceretum*) (zu S. 175).

Abb. 75 Wärmebegünstigter Spitzahorn-Sommerlinden-Wald (*Aceri-Tilietum*), hier mit vorherrschender Sommer-Linde (*Tilia platyphyllos*) in der kollinen Stufe der Beskiden (südl. von Krakau, Polen) (zu S. 177).

69a

69b

67

74

75

76

78

77

80

81a

82

81b

Versorgung sogar einer Volldüngung intensiv genutzter Agrarflächen entsprechen.

Trotz niedriger pH-Werte liegt die Stickstoff-Versorgung von Buchen-Wäldern stark saurer Standorte (siehe Kap. 5.3.4) in etwa derselben Größenordnung wie jene von Buchenwald-Gesellschaften basenreicher Böden. So konnten VAN PRAAG et al. (1974) in einem Hainsimsen-Buchen-Wald der Ardennen ein jährliches Mineral-Stickstoffangebot von 107 kg/ha nachweisen (siehe auch RUNGE 1974, CLAUSNITZER 1983). Allerdings ist der Nitrifikationsgrad an Standorten von Buchen-Wäldern geringer als an Standorten von Waldgersten- oder Waldmeister-Buchen-Wäldern. Nach Untersuchungen von RUNGE (1974) erreicht er im Fermentations-(O_f-)Horizont Werte zwischen 0 und 19 % und kann im Humifizierungs-(O_h-)Horizont auf 76 % ansteigen (Jahresdurchschnittswerte).

Eine Analyse der auf verschiedene Bodentiefen bezogenen Stickstoff-Nachlieferung (Abb. 42) ergibt, dass diese bei der Humusform Mull im oberen Mineralboden (A_h-Horizont) Maximalwerte erreicht. Demgegenüber ist an Moder- und verstärkt an Rohhumus-Standorten die Mineralstickstoff-Nachlieferung vor allem in den Auflagehorizonten hoch (BENNERT 1973). Dieses Verteilungsmuster der Mineralisationstätigkeit entspricht dem der Verteilung der Feinwurzeln der Baum- und Feldschicht: In Mullböden treten die höchsten Feinwurzeldichten im A_h-Horiont auf, im Moder und Rohhumus hingegen sind die Auflagehorizonte am intensivsten durchwurzelt. Besonders die Stickstoffnachlieferung scheint also entscheidend die Verteilung der Feinwurzeln im Boden zu beeinflussen (BOGNER 1966, MEYER 1967, GÖTTSCHE 1972, HÄRDTLE 1995a).

Am Stickstoffkreislauf des Waldbodens sind saprophage Tiere in vielfältiger Weise beteiligt. Sie schließen organisches Material mechanisch auf, verändern es chemisch während der Darmpassage und reichern es dort mit Bakterien an. Demzufolge stellt der Kot der zum Edaphon gehörenden Tiere eine für Bakterien relativ leicht zugängliche Stickstoffquelle dar, die den Zersetzungsvorgang kleinräumig stimuliert und beschleunigt. In dieser Hinsicht wirken auch phyto- und zoophage Tiere günstig auf den Bodenzustand ein. Ihr Anteil am Energieumsatz ist allerdings wesentlich geringer als jener der Saprophagen, und auch der Saprophagen-Anteil ist im Vergleich zum Umsatz der Mikroorganismen verschwindend klein (ELLENBERG et al. 1986).

Phosphor

Unter den Hauptnährelementen steht Phosphor in den meisten mitteleuropäischen Waldökosystem in ausreichendem Maße zur Verfügung. So fand SCHMIDT (1970) in verschiedenen Waldgesellschaften keine Korrelation zwischen dem Artengefüge und der Phosphorversorgung entsprechender Bestände. Auch innerhalb der breiten Trophiespanne, die die von ihm untersuchten Buchen-Wälder aufwiesen, variierte das Angebot an Pflanzen verfügbarer Phosphorsäure von relativ niedrigen bis zu außergewöhnlich hohen Werten. Gleichwohl kann, wie noch bei der Betrachtung einzelner Elementkreisläufe ersichtlich wird, im Vergleich zu anderen Nährelementen der Phosphorumsatz in Waldökosystemen hoch sein

---

Farbtafeln S. 95 u. 96

Abb. 76 Hochmontaner Edellaubwald (*Ulmo-Aceretum*) nahe der Waldgrenze am Feldberg (Südschwarzwald). Gut erkennbar sind die Edellaubhölzer, Mondviole (*Lunaria rediviva*) und Moosbehang an den Bäumen (zu S. 178).

Abb. 77 Bergahorn-Eschen-Wald mit Mehlbeerbäumen (*Sorbo-Aceretum*) auf wärmegetöntem Kalkschutthang am Plettenberg auf der südwestlichen Schwäbischen Alb (zu S. 178).

Abb. 78 Frühjahrsaspekt eines eschenreichen Edellaubwaldes auf grundwasserbeeinflusstem Standort in der baltischen Jungmoräne bei Apenrade (südöstliches Dänemark). Im Vordergrund blüht, neben anderen Geophyten, die Hohe Schlüsselblume (*Primula elatior*) (zu S. 179).

Abb. 80 Fichten-Tannen-Mischwald (Vaccinio-Abietetum) mit Beteiligung der Kiefer (*Pinus sylvestris*) im Eyachtal (Nordschwarzwald) (zu S. 184).

Abb. 81 a) Fichten-Tannen-Mischwald (Vaccinio-Abietetum) im Bannwald Rohnbach im Nordschwarzwald auf blockreicher Karschwelle (mittlerer Buntsandstein, etwa 730 m über NN); b) eine bezeichnende Art in der Bodenvegetation der Fichten-Tannen-Mischwälder ist der Sprossende Bärlapp (*Lycopodium annotinum*; Foto J. Dengler) (zu S. 185).

Abb. 82 Hainsimsen-Tannen-Mischwald (Luzulo-Abietetum) mit *Abies alba* und *Fagus sylvatica* zwischen St. Märgen und Platte im Landkreis Breisgau-Hochschwarzwald (zu S. 186).

Tab. 10 Mittlere Jahresbilanzen der Elementflüsse und -umsätze in Moder-Buchenwäldern des Solling in kg/ha und Jahr. Der jährliche Zuwachs im Bestand wurde als Produkt einer einmaligen Bestimmung der Elementgehalte sowie des durchschnittlichen Biomasse-Zuwachses während der Jahre 1969 bis 1975 berechnet (aus Ulrich et al. 1986)

Flussrate/Umsatz	Messzeitraum, über den die Mittelwertbildung erfolgt	H	N	P	S	Cl	Na	K	Mg	Ca	Al	Mn	Fe
Input/Output													
(1) Gesamt-Deposition aus der Atmosphäre	1969–1983	1,9	20*	0,3*	50	33	14,2	6,7	3,0	17,5	2,0	0,7	1,5
(2) Boden-Austrag mit dem Sickerwasser	1969–1983	0,47	4,7	0,0	40	29	12,0	3,4	3,2	10,1	17,6	5,1	0,1
Interne Flüsse													
(3) Streufall F13	1969–1983	–	49	3,6	6,4	1*	0,7	17,8	1,6	18,3	0,7	5,9	1,2
(4) Bestandes-Niederschlag	1969–1983	1,34	32	0,5	50	33	14,2	28,0	4,0	24,1	1,6	3,9	1,2
(5) Boden-Eintrag = (3)+(4)		1,34	81	4,1	56,4	34	14,9	45,8	5,6	42,4	2,3	9,8	2,4
(6) Zuwachs in der Biomasse	1969–1975	–	14,3	2,3	1,4	0,2	0,8	7,5	1,9	7,7	2,4	3,3	0,5
(7) Pflanzen-Auswaschung (bei H^+: Pufferung im Kronenraum) = (4)–(1)		–0,56			0	0	0	21,3	1,0	6,6	–0,4	3,2	–0,3
(8) Wurzel-Aufnahme = (3)+(6)+(7)		–	63*	5,9*	7,8	1,2	1,5	47	4,5	33	2,7	12,4	1,4
(9) Ökosystem-Bilanz (bei H^+: Säure-Pufferung) (2) in % von (1)		25%	24%	0%	80%	88%	85%	51%	106%	58%	880%	730%	7%

* Schätzwerte

(Tab. 10). Bezeichnend ist ferner, dass der Kreislauf des Phosphors geschlossen ist und atmogene Einträge sowie Verluste über den Sickerwasserstrom oder auf anderem Wege nicht oder nur in geringsten Mengen stattfinden.

Faktorenkomplexe, Basenversorgung und biologische Aktivität

Setzt man vegetationsökologisch relevante bodenchemische Kenngrößen mitteleuropäischer Waldböden zueinander in Beziehung, so ergeben sich nach Gönnert (1989) **zwei Faktorenkomplexe**, hinsichtlich derer sich viele mitteleuropäische Waldgesellschaften standörtlich differenzieren lassen:

Eng positiv korreliert sind in Waldböden gewöhnlich die Parameter pH-Wert, S-Wert (Ca^{2+}-, Mg^{2+}-, K^+-Verfügbarkeit) und Basensättigung. Zusammengenommen gehen sie in den Faktorenkomplex „**Basenversorgung**" eines Waldstandortes ein. Die „**biologische Aktivität**" von Waldböden als zweiter bedeutsamer Faktorenkomplex lässt sich nach Gönnert durch Einzelparameter wie Menge und Form der Stickstoff-Nachlieferung (N_{min}-Raten, Nitrifikationsgrad), C/N-Verhältnis, C/P-Verhältnis und das Mangan-Angebot beschreiben. Auf nährstoffarmen Standorten ist der Faktorenkomplex „biologische Aktivität" der vorrangige Grund für die Vegetationsunterschiede, die sich zwischen den betreffenden Waldgesellschaften (z. B. Birken-Eichen-Wäldern, Moderbuchenwäldern, bodensauren Waldmeister-Buchen-Wäldern) beobachten lassen. Auf nährstoffreichen Standorten hingegen (z. B. Waldmeister-Buchen-Wälder, Waldgersten-Buchen-Wälder) führen eher die Bodenmerkmale der „Basenversorgung" zu einer Vegetationsdiffenzierung.

Nährelement-Flüsse

Über mittlere Jahresbilanzen der Nährelement-Flüsse und -umsätze in Waldökosystemen gaben erstmalig Untersuchungen von Ulrich et al. (1986) Aufschluss, die in Moderbuchenwäldern des Solling durchgeführt wurden (Tab. 10).

Demzufolge werden die Kreisläufe der meisten Nährelemente zumindest in Moderbuchenwäldern maßgeblich von atmosphärischen Eintragsraten bestimmt, die heute in zunehmendem Maße vom Menschen mit verursacht sind. Dies betrifft alle Elemente mit Ausnahme von P, Al und Mn. So kann der von der Vegetation für den jährlichen Biomassenzuwachs benötigte Bedarf an N, S, Mg, Ca, Fe, Na und Cl ausschließlich durch die mit atmogenen Depositionen herangeführten Mengen gedeckt werden. In Bezug auf die Elemente P, K, und Mn nahmen die Pflanzenwurzeln im Beobachtungszeitraum von 1969 bis 1975 größere Mengen auf als in den Boden eingetragen wurden (Tab. 10). Dies bedeutet, dass der Boden durch Mineralverwitterung entweder entsprechende Mengen nachliefert oder diese sich im Wurzelraum abreichern und irgendwann zu einem Nährstoff-Mangelfaktor werden können.

Im Vergleich zum Bodeneintrag besteht ein hoher Bedarf bei den Nährelementen N, Mg und Ca. Allerdings liegt bei diesen die Aufnahmerate etwas unterhalb der in den Boden eingetragenen Mengen. So werden zum Beispiel beim Stickstoff von den 81 kg, die pro Hektar und Jahr dem Boden zugeführt werden, 63 kg/ha/a wiederum von der Vegetation aufgenommen. Etwa 4,7 kg Stickstoff ha/a verliert das System mit dem Sickerwasser-Austrag im Waldboden.

Besonders hohe Austragsraten bestehen bei den Elementen Magnesium, Aluminium und Mangan. Dieser im Zuge der Pedogenese ablaufende Prozess ist bezeichnend für Böden, deren pH-Werte im so genannten **Aluminium-Pufferbereich** liegen. Nach Ulrich (1981) umfasst dieser Pufferbereich eine pH-Spanne von 3,0 bis 4,2. Der Austrag der genannten drei Nährelemente wird besonders durch die Deposition H^+-haltiger Luftverunreinigungen beschleunigt. Im Zuge der ablaufenden Bodenreaktionen, die auf Veränderungen des chemischen Bodenzustandes (im Sinne von Ulrich 1981) ausgerichtet sind und unter dem Begriff „Versauerung" zusammengefasst werden können, erhöht sich die Löslichkeit der Bindungsformen der betreffenden Elemente so weit, dass ihr Bodenvorrat mehr oder weniger rasch abgebaut wird. Dieser Elementverlust, der bodenkundlich auch als „Element-Ausschüttung" bezeichnet wird, ist erst dann beendet, wenn die Bindungsformen solcher Elemente vollständig im Bodenwasser gelöst sind (Ulrich et al. 1986).

4.5.3 Wasserhaushalt

Zur Kennzeichnung des Wasserhaushaltes von Waldökosystemen sind zwei Teilgrößen bedeutsam: der Wasserumsatz und die Wasserbilanz. Die erste Größe beschreibt, welche Wassermengen pro Zeiteinheit in Wäldern umgesetzt werden, die zweite Größe bilanziert die Wasserzufuhr und den Wasserverlust.

Von dem auf einen Bestand fallenden **Freiland-Niederschlag** erreicht nur ein Teil direkt den Waldboden. Die übrige Wassermenge wird von den Baumkronen aufgefangen und gelangt von dort aus durch Verdunstung direkt wieder in die Atmosphäre (Interzeption). Dieses Wasser kann daher nicht von den Waldpflanzen zur Deckung ihres Wasserbedarfes genutzt werden.

Die Wassermenge, die direkt den Waldboden erreicht, vom Kronenraum abtropft (Kronentraufe) oder am Stamm der Waldbäume abfließt (Stammabfluss), bezeichnet man als **Bestandes-Niederschlag**. Von diesem wird ein Teil von der Waldvegetation aufgenommen und transpiriert (Transpiration), ein anderer Teil versickert im Boden (Sickerwasser) und speist letztendlich den Grundwasservorrat. Nur verhältnismäßig wenig Wasser verdunstet von der Waldbodenoberfläche. Dieser als **Evaporation** bezeichnete Vorgang lässt sich quantitativ nur schlecht erfassen. Bei Wasserbilanz-Untersuchungen werden daher die über die Evaporation und die Transpiration abgegebenen Wassermengen in der so genannten **Evapotranspiration** zusammengefasst.

Wasserumsatz und Wasserbilanz von Waldökosystemen werden im Folgenden anhand der im Rahmen des Solling-Projektes untersuchten Buchen- und Fichtenbestände dargestellt (Abb. 43). Innerhalb des Untersuchungszeitraumes (1976 bis 1981) fielen dort im Jahresdurchschnitt 1025 mm Niederschlag. Von diesem wurden auf dem Wege der Evapotranspiration von den **Buchenbeständen** etwa 1/4 an die Atmosphäre zurückgegeben (Benecke 1984). Demnach betrug die durchschnittliche Evapotranspiration des Buchenwaldes etwa 280 mm. Dies entspricht einer abgegeben Wassermenge von 2,8 Mio. l/ha/a. Setzt man die Evapotranspiration in Beziehung zum Bestandes-Niederschlag, so erreicht diese einen Anteil von etwa 30 %. Somit wird etwa ein Drittel der den Waldboden erreichenden Wassermengen durch die Waldbäume transpiriert. Dieser Anteil kann in Trockenjahren auf bis zu 50 % ansteigen. Durch Interzeption gehen dem Bestand jährlich etwa 176 mm, durch Sickerwasser 572 mm verloren. Damit trägt über die Hälfte des auf diesen Buchenbestand fallenden Niederschlags zur Grundwasser-Neubildung bei.

Buchen- und Fichtenbestände unterscheiden sich besonders hinsichtlich ihrer **Interzeption**. Im **Nadelwald** ist die Interzeption um etwa 100 mm größer als im Laubwald. Ursache dafür ist die größere Oberfläche der Nadelblätter, mit denen nicht nur Niederschläge, sondern auch Immissionen wirkungsvoller aus der Atmosphäre „herausgefiltert" werden

Abb. 43
Wasserhaushalt und Wasserbilanz eines Buchenwaldes und Fichtenforstes im Solling im Vergleich. Dargestellt ist der Anteil der Größen Freilandniederschlag, Bestandesniederschlag, Evapotranspiration, Interzeption und Sickerwasser an der gesamten Wasserbilanz (nach BENECKE 1984; weitere Erläuterungen im Text).

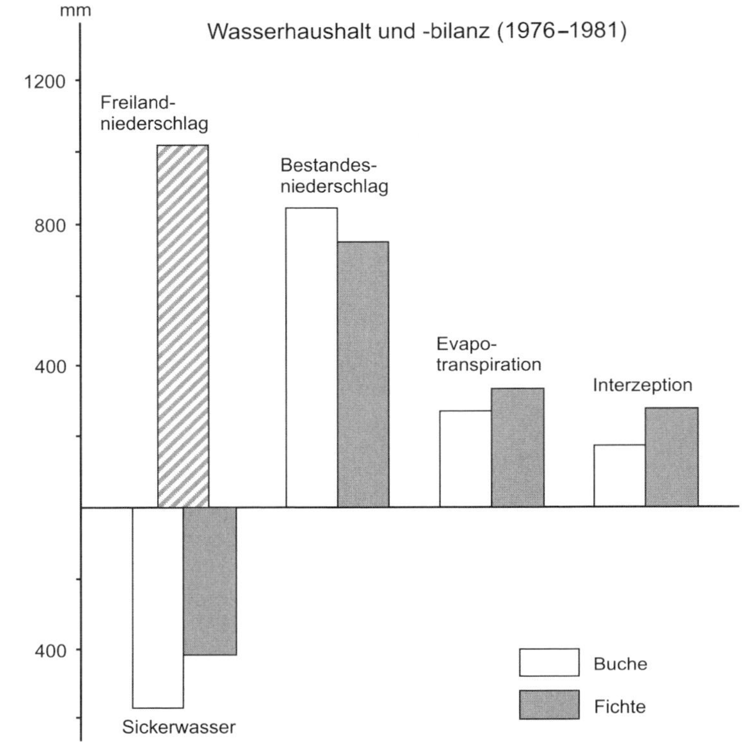

können. Nach ELLENBERG (1987) beträgt die Oberfläche der Fichtennadeln das 21fache, jene der Buchenblätter (beidseitig gemessen) nur etwa das 12- bis 14fache der vom Bestand überschirmten Bodenoberfläche.

Bei einem Vergleich der Evapotranspiration der Buchen- und Fichtenbestände ist zu berücksichtigen, dass letztere immergrün und somit auch während der kalten Jahreszeiten transpirationsfähig sind, während die Buche ihre Transpirationstätigkeit mit dem Laubwurf weitgehend einstellt. Dies ist der Grund für die höheren Transpirationswerte der Nadelholzbestände. Vergleicht man Laub- und Nadelhölzer nur für den Zeitraum der Vegetationsperiode, so zeigt sich, dass die Buche während der Sommermonate stärker transpiriert als die Fichte. Dies entspricht zugleich der höheren Photosyntheseleistung ihrer Blätter, die – auf ihr Gewicht bezogen – im Sommer etwa doppelt so groß ist wie die einjähriger Fichtennadeln (siehe Kap. 4.5.4).

Transpirationskoeffizient
Der Transpirationskoeffizient ist ein Maß dafür, wie viel Liter Wasser ein Pflanzenbestand transpiriert, um 1 kg Trockensubstanz zu erzeugen. Mit Hilfe dieses Wertes lassen sich Aussagen über die Effizienz des Wasserhaushalts einer Pflanzenart und der Regulationsfähigkeit ihrer Wasserdampfabgabe machen. Vergleicht man nun die Transpirationskoeffizienten von Buche und Fichte, so ergeben sich einige interessante Aspekte:

Im Solling ergab sich auf der Basis von vier Untersuchungsjahren (1969 bis 1972) für 125- bis 130-jährige Buchen ein Transpirationskoeffizient von 180 (BENECKE 1984). Somit werden von dieser Baumart etwa 180 l Wasser transpiriert, um 1 kg Trockenmasse zu erzeugen. Vergleicht man diesen Wert mit Koeffizienten, die für einige krautige Kulturpflanzen bekannt sind (z. B. für Weizen: 540, Mais: 370, Hirse: 300; LARCHER 1994), so erweist sich die Buche als außerordentlich effizient im Umgang mit der Ressource Wasser, zumal Mais als C_4-Pflanze wesentlich mehr CO_2 zu binden vermag. Der Grund hierfür ist die starke CO_2-Affinität des Enzyms (PEP-Carboxylase), mit dem C_4-Pflanzen CO_2 aus der Atmospäre aufnehmen. C_4-Pflanzen können daher auch bei fast geschlossenen Spaltöffnungen (und dann

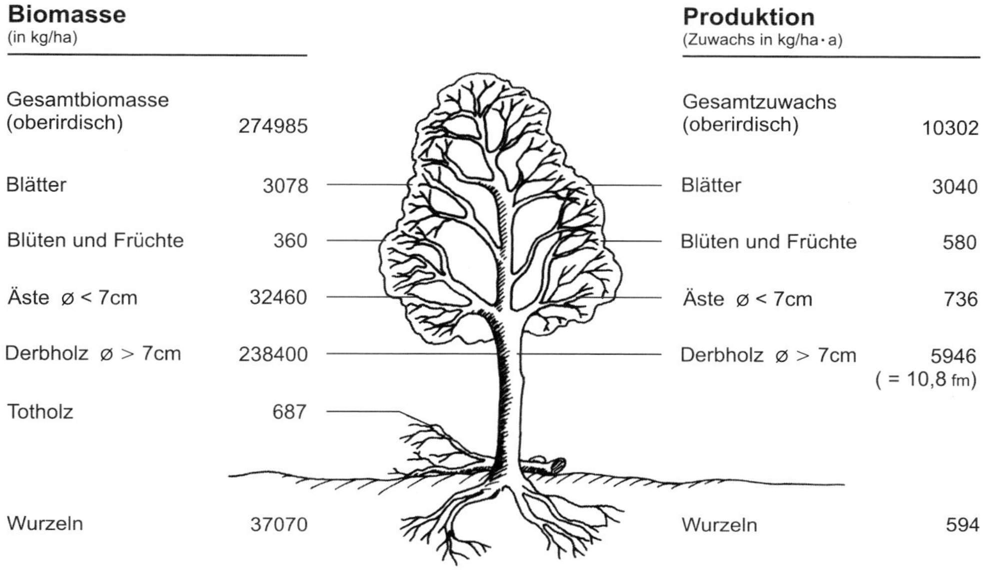

Abb. 44 Biomassen- und Produktionsverhältnisse in einem 121-jährigen Moderbuchenwald im Solling (nach SEIBT & ELLENBERG 1986 und HELLER & GÖTTSCHE 1986).

geringerer Wasserdampfabgabe) zur Photosynthese ausreichende Mengen CO_2 binden. Auch im Vergleich zu anderen Baumarten ist die Buche – mit Ausnahme der Douglasie – diesbezüglich überlegen (Eiche: 340, Birke und Kiefer: 300, Fichte: 220, Douglasie: 170) (LARCHER 1994).

Erklären lässt sich diese besondere Leistungsfähigkeit der Buche damit, dass sie die Weite der Spaltöffnungen äußerst rasch und fein abgestimmt zu regulieren vermag: Die Wasserdampf-Abgabe und die Kohlendioxid-Aufnahme kann dem momentanen Licht-, Wasser- und CO_2-Angebot entsprechend rasch angepasst werden. Außerdem ist die Photosynthese der dünnen, mit wenig Substanz gebauten Schattenblätter der Buche in Bezug auf das Trockengewicht ebenso effektiv wie die der Sonnenblätter. Infolgedessen kann die Buche das Sonnenlicht besser ausnutzen als zum Beispiel die Stiel-Eiche. Zudem bildet letztere meist nur drei Schichten mit Sonnenblättern aus, während die Buche neben drei Sonnenblatt-Schichten zusätzlich drei bis vier Schichten mit Schattenblättern entwickelt. Dies erklärt, warum das Lichtklima in Buchen-Wäldern für den Unterwuchs so viel ungünstiger ist als in Eichen-Wäldern.

Die aus einem günstigen Transpirationskoeffizienten ableitbaren Konkurrenzvorteile der Buche gegenüber der Fichte (180 gegenüber 220) im Solling relativieren sich aber dann, wenn die klimatischen Verhältnisse von den durchschnittlichen Gegebenheiten abweichen. Beispielsweise kann in besonders kühlen oder sommertrockenen Jahren der Transpirationskoeffizient der Buche jenen der Fichte übersteigen, so dass – unter derartigen Klimabedingungen – bereits die morphologisch-anatomischen Vorteile des Nadelblattes zum Tragen kommen.

4.5.4 Biomasse, Produktion und Energiehaushalt

Biomasse, Produktion und Energiehaushalt sind als zur Kennzeichnung von Waldökosystemen wichtige Größen maßgeblich von standörtlichen, insbesondere von edaphischen Faktoren abhängig. Letztere sind bereits innerhalb Mitteleuropas so variabel, dass die genannten Größen nachfolgend am Beispiel einiger für Mitteleuropa besonders charakteristischen Waldökosysteme dargestellt werden.

In Abbildung 44 sind die Biomasse- und Produktionsbedingungen in **Moderbuchenwäldern** des nördlichen Mittelgebirgsraumes

Tab. 11 Biomassenvergleich verschiedener (vorwiegend europäischer) Waldökosysteme (oberirdische Trockenmasse in t/ha; nach Angaben von Duvigneaud & Denaeyer-De Smet 1967, Nihlgård 1972, Ulrich & Heller 1974, Astrup & Bülow-Olsen 1979)

Lokalität	vorherrschende Baumart	Bestandes-alter (Jahre)	Böden	Biomasse (t/ha)
Solling	Buche	121	saure Braunerde	275
Solling	Buche	130	saure Braunerde	310
Kongalund/Schweden	Buche	45–130	saure Braunerde	324
Långaröd/Schweden	Buche	100	Podsol	225
Hesetehaven/Dänemark	Buche	90–95	saure Parabraunerde	216
Meathop/Großbritannien	Laubmischwald	?	Braunerde über Kalk	118
Virrelles/Belgien	Laubmischwald	50–80	Kalkverwitterungsboden	121
Solling	Fichte	95	Saure Braunerde	269
Kongalund/Schweden	Fichte	55	saure Braunerde	308
Oulu/Finnland	Kiefer	260	Podsol	95
Andrews/USA	Douglasie	450	Boden aus vulkan. Tuff	472

(Solling) dargestellt. Bei einem Bestandsalter von 121 Jahren weist dieser Bestand oberirdisch eine Gesamt-Biomasse von 275 t/ha auf, wobei auf das Derbholz, insbesondere die Baumstämme, mit 238 t der Hauptanteil entfällt. Die unterirdische Biomasse erreicht mit 37 t/ha etwa 1/7 der oberirdischen. Diese sich hier abzeichnenden Verhältnisse sind auch für andere Waldökosysteme Europas repräsentativ (Tab. 11). In borealen Breiten nimmt allerdings der Biomassenvorrat in der Vegetation deutlich ab, wie das Beispiel des 260-jährigen Kiefernbestandes in Finnland zeigt (Dierssen 1996). Dafür können in diesen Gebieten die in organischen Auflagen gebundenen Biomassevorräte in Wäldern beträchtlich sein.

Im Solling erreicht die jährliche Biomasseproduktion eines 130-jährigen Buchenwaldes etwa 10 t/ha; dieser Wert ist für andere Buchen-Wälder Mitteleuropas durchaus repräsentativ (Duvigneaud & Denaeyer-De Smet 1971). Etwa ein Drittel davon entfällt bei Buchen auf die Produktion der Blattmasse, während knapp zwei Drittel (5,9 t oder 10,8 fm/a) dem Derbholz-Zuwachs zukommen. Im Vergleich zu dem in Tab. 11 behandelten 95-jährigen Fichtenbestand (11,7 fm/ha · a) ist dieser Derbholz-Zuwachs gering. Demgegenüber weisen Buchen höhere Zuwachsraten im Reisholz und im Astwerk auf, so dass ein besonders dichtes Laubdach entwickelt werden kann. Es ist offensichtlich, dass die Fichte aufgrund relativ hoher Zuwachsraten im Derbholz unter forstökonomischen Aspekten an Attraktivität gewinnt. Gleiches gilt für die Tanne, die Lärche und die Douglasie.

Im Vergleich zur Baumschicht sind die Biomasse und die Produktion der **Kräuter, Gräser, Bodenmoose** und **Epiphyten** eines Buchenwaldes gering, so dass diese oftmals nur Werte erreichen, die innerhalb der Fehlergrenzen der Produktionsbestimmung bei Bäumen liegen. Für die Biomasse der Krautschicht konnte Eber (1986) belegen, dass diese auf kleinem Raum extrem variiert, so zum Beispiel auf einzelnen Probeflächen um bis zu mehrere 100 % vom errechneten Bestandes-Mittelwert abweicht. Im Solling konnte Eber einen Biomassen-Maximalwert der Buchenwald-Bodenvegetation von 45,7 kg/ha im Jahr feststellen. In der Bodenvegetation dominierten dabei *Luzula luzuloides*, *Oxalis acetosella*, *Avenella flexuosa* sowie das Bodenmoos *Polytrichum formosum*. Die jährliche Stoffproduktion erreichte Werte zwischen 14,2 und 23,7 kg/ha. Sie ist somit geringer als die Biomasse, da ein Teil der Bodenvegetation aus immergrünen Arten besteht. Aufgrund der in Buchen-Wäldern für den Unterwuchs bestehenden ungünstigen Lichtbedingungen liegt deren Stoffproduktion an der Untergrenze der für die Produktion der Krautschicht in anderen Waldgesellschaften Mitteleuropas ermittelten Werte (Eber 1972). In Laubmischwäldern Schwedens fanden Andersson (1970) und Persson (1975) eine durchschnittliche Produktion der Krautschicht zwischen 500 und 800 kg/ha · a, in lichtbegünstigten Kiefern-Eichen-Wäldern Polens liegt diese sogar zwischen 800 und 925 kg/ha · a (Plewczynska 1970). Besonders nach einer starken Durchforstung und der damit verbundenen Öffnung des Kronendaches kann die

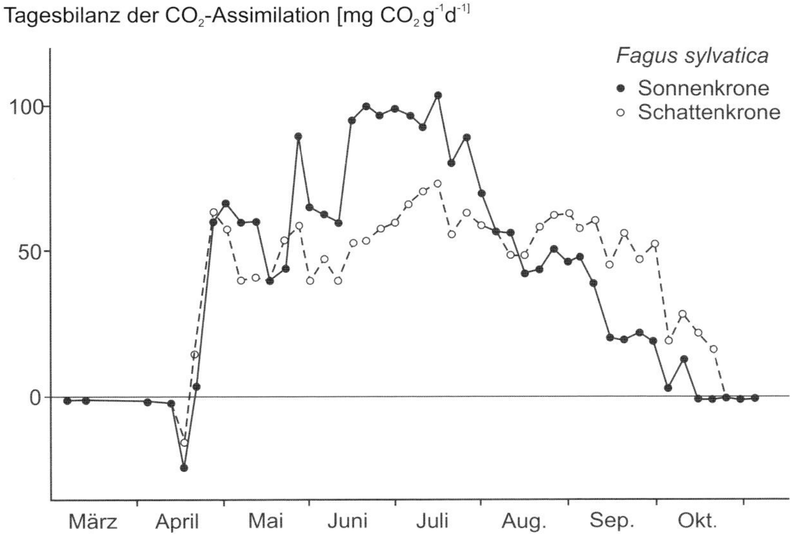

Abb. 45 Jahresverlauf der Tagesbilanzen des CO_2-Gaswechsels bei Sonnen- und Schattenblättern der Rot-Buche (dargestellt in Fünftagesmitteln; nach SCHULZE & LANGE 1986).

jährliche Biomassen-Produktion der Krautschicht sprunghaft ansteigen (MOSANDL 1991).

In enger Beziehung mit der Produktionsleistung und dem Energiehaushalt steht die bereits in Kapitel 4.5.3 dargelegte **Wasserbilanz** von Waldökosystemen. Denn der weitaus größte Teil der einfallenden Sonnenstrahlung wird in Wäldern nicht zur Photosynthese, sondern für den Wasserumsatz verbraucht. So verwertet ein Buchen-Altbestand während der Sommermonate am Tage über 50 % der mit der Sonnenstrahlung eingebrachten Energie zur Verdunstung von Wasser (Evapotranspiration). Sie ist der Motor zur Aufrechterhaltung des Transpirationsstromes, der die Nährsalz-Zufuhr aus dem Wurzelraum sicherstellt. Nachts bewirkt die Verdunstung der Pflanzen und der Bodenoberfläche einen gewissen Wärmeverbrauch, der aber nur 10 % der Tageswerte beträgt (KIESE 1972). Für einen Eichen-Hainbuchen-Wald in Belgien ermittelte GRULOIS (1968) den Tages-Energiebedarf für die von diesem im Sommer verdunstete Wassermenge. Er liegt mit einem Anteil von 67 % an der dem System zugeführten Strahlungsenergie deutlich über jenem des Buchen-Waldes.

Lediglich etwa 1 % der jährlichen **Globalstrahlung** wird nach Untersuchungen von RUNGE (1973) im Solling von Buchen-Wäldern für ihre Netto-Photosynthese verwertet. Dies entspricht – auf die Vegetationsperiode bezogen – etwa 1,4 %. Ganz entsprechende Werte fand NANSON (1962) für Buchen-Wälder der Ardennen, in denen im Mittel von der eingestrahlten Energie 1,23 % pro Jahr oder 1,95 % in der Vegetationsperiode photosynthetisch genutzt wurden. Bedenkt man, dass nur etwa die Hälfte der Gesamtstrahlung photosynthetisch wirksam ist, so ist die Effektivität der Lichtausnutzung für die Netto-Primärproduktion mit durchschnittlich etwa 3 % anzusetzen (ELLENBERG 1996).

In der Regel wird die maximal mögliche **Photosynthese-Leistung** eines Baumes im Tagesverlauf nur selten erreicht (SCHULZE & HALL 1982). Vor allem ungünstige Lichtbedingungen während der Dämmerung, dichte Bewölkung oder Beschattung schränken die CO_2-Aufnahme im Tagesverlauf ein. Für Sonnenblätter der Buche ermittelten SCHULZE & LANGE (1986), dass im Jahresdurchschnitt die Licht gesättigte Rate der CO_2-Aufnahme durch ungünstige Lichtbedingungen bis zu 38 % verringert wird. Suboptimale Temperatur- und Luftfeuchtebedingungen verringern die Photosynthese um weitere 5 % (SCHULZE 1970), so dass Sonnen- und Schattenblätter im Jahresdurchschnitt nur 57 % beziehungsweise 45 % ihrer maximalen Photosynthese-Leistung erreichen (SCHULZE & LANGE 1986). Somit erweist sich während der Vegetationsperiode das Licht als der primär produktionslimitierende Faktor.

Wie Abbildung 45 zeigt, unterscheiden sich die Sonnen- und Schattenkrone der Buche im Jahresverlauf deutlich hinsichtlich ihrer Photo-

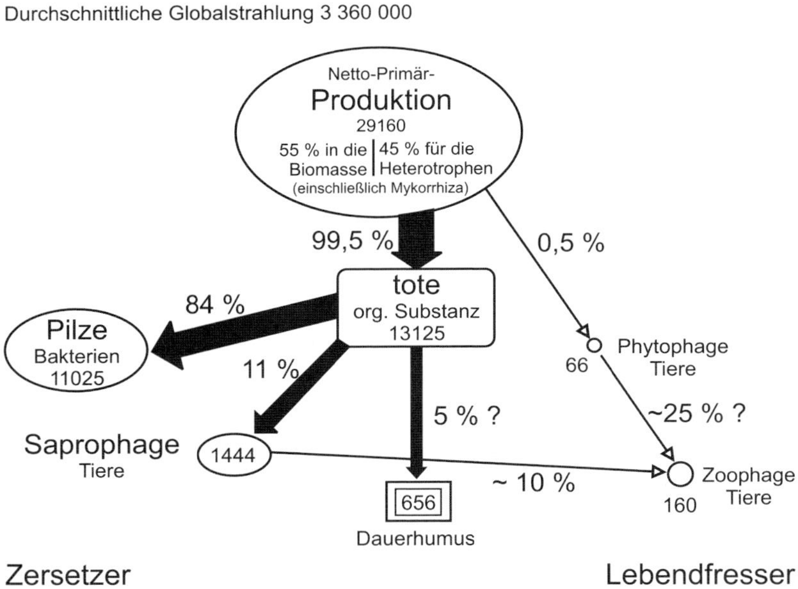

Abb. 46 Energiefluss in einem Hainsimsen-Buchenwald im Solling (ohne Berücksichtigung von Querbeziehungen und Rückflüssen, Zahlenwerte in Kilojoule pro Quadratmeter und Jahr; aus ELLENBERG 1987).

synthese-Leistung. Bei günstigeren Licht- und Temperaturverhältnissen weisen während der Sommermonate die Sonnenblätter um bis zu 50 % höhere CO_2-Assimilationsraten auf, im Herbst arbeiten hingegen die Schattenblätter mit höherer Effizienz. In der Gesamt-Jahresbilanz gleichen sich diese Unterschiede allerdings nahezu aus: Sonnen- und Schattenkrone sind dann zu ähnlichen Anteilen an der Gesamtassimilation beteiligt (LEUSCHNER 1994, 1998, POTT 2000a).

Für den **Gesamt-Energiefluss** in einem etwa 130-jährigen Buchenwald-Ökosystem erstellte ELLENBERG (1987) eine schematische Übersicht (Abb. 46). Von der gesamten Netto-Primärproduktion (d. h. nach Abzug der durch die Atmung der Pflanzen verbrauchten Energie) werden 55 % in der Biomasse festgelegt, während die verbleibenden 45 % durch Heterotrophe genutzt werden. Gering ist hierbei derjenige Anteil, der von phytophagen Tieren noch im Lebendzustand der Pflanze verwertet wird (etwa 0,5 %). 99,5 % der gebundenen Energie findet erst nach dem Absterben der Biomasse in Form von Blattstreu, Totholz oder abgestorbenen Wurzeln Verwendung. 84 % der toten organischen Substanz wird dabei von Pilzen und Bakterien aufgeschlossen; ein solch hoher prozentualer Anteil am Abbau von organischer Substanz unterstreicht die Bedeutung dieser Organismengruppen für den Energie- und Stoffkreislauf von Waldökosystemen. Im Vergleich hierzu haben saprophage Tiere mit 11 % einen deutlich geringen Anteil an der Aufarbeitung der toten Biomasse.

5 Buchen- und Buchen-Mischwälder

In großen Teilen Mitteleuropas bilden Rot-Buchen-Wälder die bezeichnende Waldvegetation. Wie Untersuchungen zu Konkurrenz und Verjüngung vieler mitteleuropäischer Wälder zeigen, ist die Buche unter ihr zusagenden edaphischen Bedingungen den meisten anderen Baumarten überlegen (LEUSCHNER 1998, Abb. 32, siehe S. 67 und Abb. 47). Bäume wie die Wald-Kiefer, die Eichen-Arten und die Fichte werden durch die Rot-Buche an extremere Standorte abgedrängt. Lediglich die schattentolerantere Tanne (*Abies alba*) kann in Schlusswaldgesellschaften der montanen Stufe mit der Buche konkurrieren.

In diesem Kapitel werden die Rot-Buchen-Wälder in erster Linie über die Dominanz von *Fagus sylvatica* (Rot-Buche) definiert, wobei die Struktur dieser Wälder in Abhängigkeit vom Großklima, vom Boden und der Bestandesgeschichte durch Mischung mit Eichen, Hainbuche, Edellaubbäumen, Tanne oder Fichte abgewandelt sein kann. Folgende biologische Eigenschaften der Buche prägen diese Lebensgemeinschaften und Ökosysteme:

- Die aus mehreren Blattstockwerken aufgebaute Buchenkrone ist sehr effizient in der Nutzung photosynthetisch aktiver Strahlung (siehe Kap. 4.5.4), so dass unter wüchsigen Buchen tiefer Grünschatten herrscht (HEINKEN 1995). Buchen-Jungpflanzen sind an diese Bedingungen angepasst, können selbst bei minimalen Beleuchtungsstärken einige Jahre bis Jahrzehnte überdauern und zeigen bereits bei 20 % der Freilandstrahlung eine rasche Höhenentwicklung (DENGLER 1980).
- Die Buche toleriert eine weite Spannbreite in Bezug auf den Wasser- (mäßig trocken bis mäßig feucht), Nährstoff- (sehr stark sauer bis kalkreich) und Wärmehaushalt (planare bis hochmontane Höhenstufe). Mit ihrem tief reichenden Herzwurzelsystem und einer enormen Feinwurzeldichte (vor allem in humosen Horizonten nährstoffarmer Böden; SCHMID & LEUSCHNER 1998) ist sie äußerst effizient in ihrer Nährstoff- und Wasseraufnahme. Im Gegensatz zu vielen Krautpflanzen nährstoffreicher Laubwälder kann sie den auf stark sauren Böden überwiegend angebotenen Ammonium-Stickstoff verwerten; sie nimmt diesen bei gemischter Ernährung sogar bevorzugt auf (PAAR 1994). Lediglich stark wechselfeuchte, feuchte und nasse Standorte verringern die Tiefendurchwurzelung und die Standfestigkeit der Buche (KÖSTLER et al. 1968).
- Selbst auf armen Böden weist das Buchenlaub verhältnismäßig hohe Gehalte an Kalium, Calcium und Magnesium (VAN DEN BURG 1985) auf. Buchenstreu wird daher unter günstigen Standortsbedingungen verhältnismäßig rasch abgebaut und bildet Mull oder Moderhumusformen. Allerdings wirken die jährlich produzierten Streulagen auf die meisten Bodenpflanzen verdämmend, so dass selbst typische Buchenwald-Pflanzen zu ihrer Keimung und Etablierung auf gelegentliche Störungen durch Ausblasung, Bodenwühler oder Windwurf angewiesen sind.

Weitere Eigenschaften der Rot-Buchen:

- Die Buche besitzt ein nur mäßiges Stockausschlagvermögen, so dass sie früher vielerorts bewusst oder unbewusst zugunsten von Eichen, Hainbuche und Winter-Linde aus Nieder- und Mittelwäldern verdrängt wurde. Auch wird ein Zurückfrieren bereits ausgetriebener Zweige nicht durch Johannistriebe wettgemacht, so dass die Buche besonders empfindlich gegenüber Spätfrösten ist (siehe Kap. 4.3).
- Die an Speicherstoff reichen Bucheckern werden nur alle vier bis sieben Jahre in nennenswerter Menge produziert (Mastjahre, Abb. 40, siehe S. 85) und sind für ihre weitere Ausbreitung auf Vögel und Kleinsäuger angewiesen (SCHÜTT et al. 1992).
- Obwohl Buchenholz vielseitig verwendbar ist, hat der Buchenanbau einige wirtschaftliche Nachteile, die vor allem seit dem Beginn der planmäßigen Forstwirtschaft im 19. Jahrhundert zu einer relativen Förderung

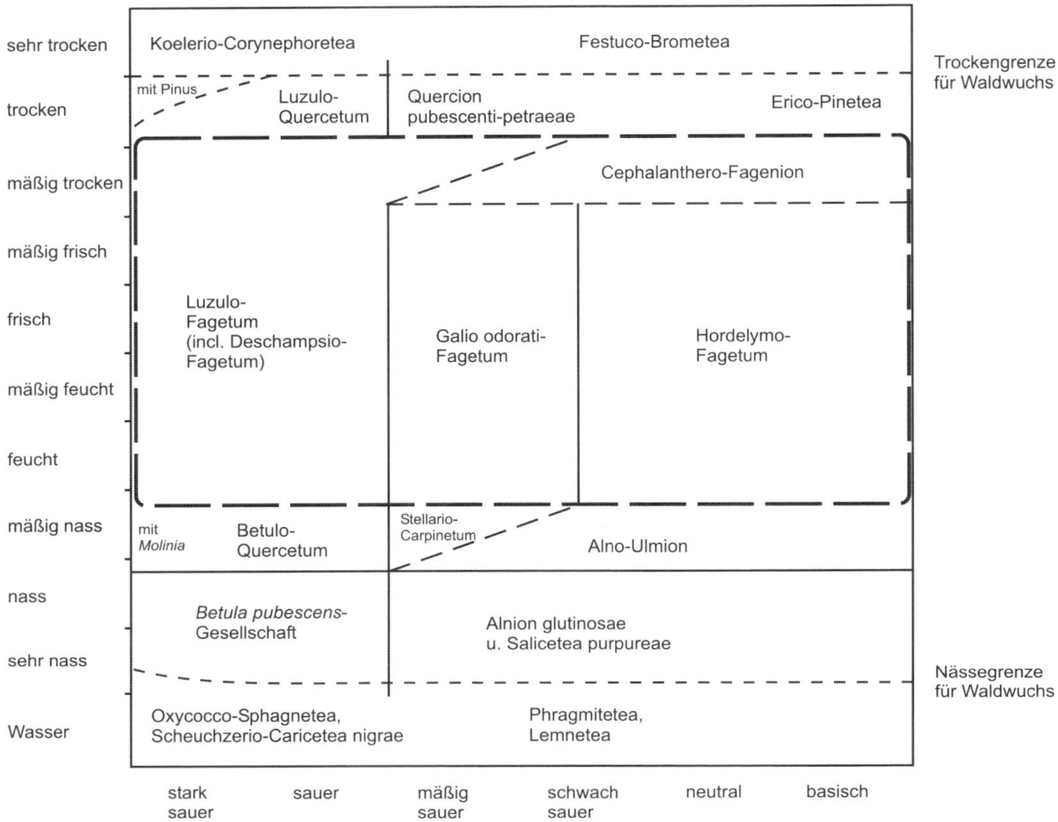

Abb. 47 Ökogramm der wichtigsten, in Mitteleuropa in der kollinen bis submontanen Stufe unter einem gemäßigt-subozeanischen Klima vorkommenden Laubwaldgesellschaften (verändert nach HEINKEN 1995 und ELLENBERG 1996). Neben den in diesem Band vorgestellten Waldgesellschaften werden in dem Ökogramm weitere, im Band „Moore" besprochene Vegetationstypen genannt (Bruchwälder mit Moor-Birke: *Betula pubescens*-Gesellschaft, Bruchwälder mit Schwarz-Erle: Alnion glutinosae, Auenwälder i.w.S.: Alnion incanae).

Rotbuchen-Wälder bilden in Mitteleuropa innerhalb des gesamten pH-Spektrums der Böden die vorherrschenden Waldgesellschaften. Entscheidend für Wuchs und Vorkommen der Buche sind pedogenetisch gut entwickelte Böden: Somit sind immer mehr oder minder mächtige Humushorizonte vorhanden (O- und A-Horizonte). Besonders bei Podsolen werden diese Horizonte (trotz niedriger pH(H_2O)-Werte von um oder unter 3) von den Feinwurzeln der Buche gut erschlossen, da in diesen die Nährsalze (Ca^{2+}, Mg^{2+}, K^+, NH_4^+, NO_3^-) nachgeliefert werden. Im Gegensatz zu schwach sauren oder basischen Böden ist bei stark sauren Böden der pH-Wert nur ein schlechtes Maß für die Basenversorgung einer Pflanze: So kann zum Beispiel das Basenangebot in den O-Horizonten eines Podsols trotz niedrigster pH-Werte für die Entwicklung der Rot-Buche vollkommen ausreichend sein. Aufgrund der geringen Kationenaustauschkapazität kann auf Sand-Rohböden hingegen trotz relativ hoher pH-Werte ($> 4,5$) für die Rot-Buche kein ausreichendes Basenangebot bestehen. In dieser Hinsicht wären Ökogramme aussageschärfer, in denen an Stelle einer „Säure-Achse" (x-Achse) eine Achse für das „Basenangebot" abgetragen ist. Aus dem Gesagten folgt, dass für das Vorkommen der Rot-Buche zwar eine „Nährstoffmangelgrenze", aber keine „Säuregrenze" besteht.

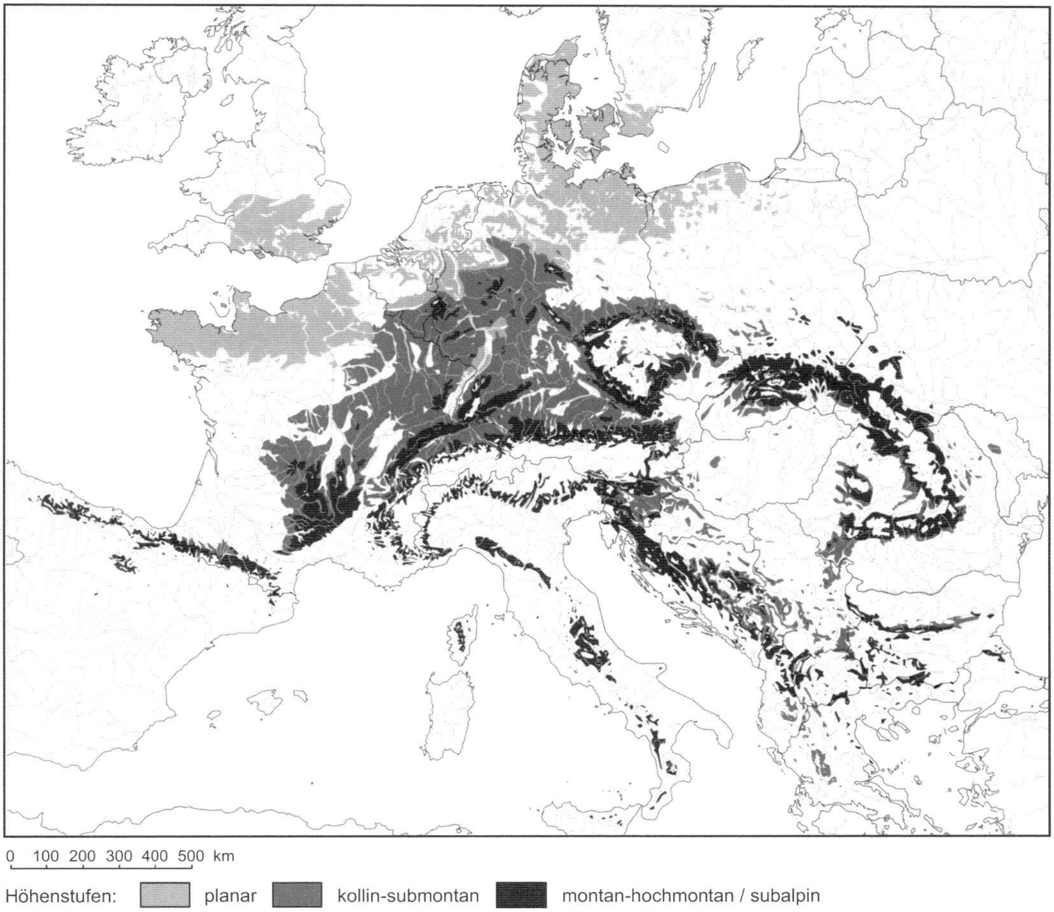

Abb. 48 Natürliche Verbreitung der Buchenwälder in Europa (aus Bohn et al. 2000).

anderer Baumarten führten. Als Schattbaumart ist sie für die Aufforstung von Freiflächen nicht geeignet. Vor allem Eichen-Furnierhölzer erzielten früher wesentlich höhere Preise. Die Buche benötigt pro Schaftholzvolumen eine größere Standfläche als Fichte und Tanne, da ihr Holz dicht ist und ein relativ großer Teil der Biomasse in der ausladenden Krone lokalisiert ist.

5.1 Areal

Aus Arten der Gattung *Fagus* aufgebaute Wälder treten in den gemäßigten Teilen Amerikas, Ostasiens und Europas auf. In Europa sind die *Fagus sylvatica*-Wälder in Nord-Süd-Richtung von den Gebirgen des Mittelmeerraumes bis in die hemiboreale Zone Südschwedens und in West-Ost-Richtung von der Atlantikküste bis nach Ostpolen und in die Ukraine verbreitet (Dierschke 1990, Bohn et al. 2000, Pott 2000a; Abb. 48).

Mitteleuropa liegt somit im **Kernbereich des Buchen-Areals**. Die ausgedehntesten Buchen-Wälder Deutschlands liegen im südniedersächsischen und nordhessischen Bergland (Hesmer 1936, Bundesministerium für Ernährung, Landwirtschaft u. Forsten 1990). Auch in der Eifel, im Pfälzer Wald und im Saarland sind Buchen häufig; im Südwesten bilden die Schwäbische Alb, das westliche Bodenseegebiet und der Südwestschwarzwald wichtige Verbreitungsschwerpunkte der Buche. Höhere

Buchenanteile an der Waldfläche finden sich außerdem im Bereich der küstennahen baltischen Jungmoräne. Im übrigen Deutschland ist die Buche heute zwar verbreitet, ihr Waldflächenanteil bleibt jedoch unter 15 %.

Weitgehend buchenfrei sind die subkontinentalen Kiefern-Eichengebiete von Brandenburg bis in das schlesische und polnische Tiefland. Im Nordwesten begleitet ein buchenfreier Streifen die Nordseeküste, der in den Moorgebieten Frieslands weiter in das Landesinnere reicht. Kleinere, heute praktisch buchenfreie Bereiche befinden sich im Vogtland, in den oberfränkischen und oberpfälzischen Mittelgebirgen Nordostbayerns, in den Ackerbaulandschaften Niederbayerns sowie an der Ostabdachung des Schwarzwaldes.

5.2 Struktur und Dynamik

Das derzeitige Wissen über die Konkurrenzkraft und die Struktur bildenden Eigenschaften der Buche (siehe Kap. 4.5.1) beruht weitgehend auf waldbaulichen Erfahrungen aus Wirtschaftswäldern, da Buchen-Urwälder in Mitteleuropa praktisch nicht mehr existieren.

Wesentlich für die Bestandesstruktur und die Verjüngung sind die hohen Investitionen dieser Baumart in den Kronenaufbau und die Schattenfestigkeit. Buchen-Altbestände auf gut Wasser versorgten Standorten zeichnen sich durch ihre **Hallenwald-Struktur** aus, bei der die großen Kronen der bestandesbildenden Bäume zu einem gleichmäßigen, dicht schattenden Dach zusammenschließen. Im Bestandesinneren halten sich weder unterdrückte Baumindividuen noch Grünäste an den säulenartigen Stämmen der Oberschicht, so dass diese Wälder im Inneren hallenartig wirken.

Die nach Mastjahren reichlich auflaufende Buchenverjüngung vermag erst dann aufzuwachsen, wenn durch natürliches Absterben, Windwurf oder Holzeinschlag mehr Licht an den Boden gelangt. In solchen Lichtschächten bilden sich dichte Jungwuchsgruppen. Pioniergehölze kommen in verjüngungsfreudigen Buchenbeständen nur dort zur Entwicklung, wo an Wurftellern oder durch Holzrücken Bodenverletzungen vorhanden sind. Auf nährstoffreichen Böden können die Esche und der Berg-Ahorn die Buche in ihrem Jugendwachstum übertreffen. Später holt die Buche die Edellaubbäume ein, und es können Mischbestände entstehen.

Das Aufwachsen eines jungen Buchenbestandes ist von starker innerartlicher Konkurrenz geprägt und geht mit dem Absterben der Mehrzahl der Individuen einher. Etablierte Buchen vermögen die neben ihnen entstehenden Lücken durch Ausbau ihrer Krone zu schließen, im Alter entwickelt sich dadurch erneut die typische Hallenwaldstruktur.

Eine Ausnahme vom Typ des Hallenwaldes bilden plenterartig aufgebaute Mischbestände mit Weiß-Tanne oder Eibe, in denen durch eine regelmäßige Entnahme der größten Baumindividuen ein gestuftes Kronendach erzeugt wird. Viele der heute anzutreffenden **Buchen-Mischbestände** zeugen außerdem von gewollten oder spontanen Wald-Umbauprozessen: Eichen- und Kiefern-, seltener auch Fichten-Altbestände besitzen eine zweite Baumschicht aus jüngeren Buchen. Die Buche spielt hier nicht selten die Rolle einer „Schaftpflegerin“, indem sie durch ihren Schatten die Entwicklung von forstwirtschaftlich qualitätsmindernden Ästen an den Stämmen der anderen Baumarten verhindert.

5.3 Floristische und ökologische Gliederung

Gemäß ihrer weiten Verbreitung kommen Buchen-Wälder in Mitteleuropa unter vielfältigen klimatischen und edaphischen Bedingungen vor. Abgesehen von der Vorherrschaft der Buche ist ihre Artenzusammensetzung daher ziemlich variabel. Unumstritten ist allerdings die Zugehörigkeit aller Erscheinungsformen zur Klasse der sommergrünen Buchen- und Eichen-Wälder Europas (Querco-Fagetea).

Viele ältere Pflanzensoziologen fassten alle Buchen-Wälder in einem Verband, dem Fagion zusammen, der mit den Edellaub- und Auenwäldern die Ordnung der mesophytischen Falllaubwälder (Fagetalia) bildet (Oberdorfer et al. 1992). Demgegenüber setzt sich aufgrund stärkerer Gewichtung der Gesamtartenkombination in jüngerer Zeit eine systematische Unterteilung durch: Die Moderbuchenwälder des Luzulo-Fagion werden heute mit den bodensauren Eichen-Mischwäldern (Quercion roboris) in der Ordnung Quercetalia roboris zusammengefasst, während die Buchen-Wälder nährstoffreicher Böden im Fagion verbleiben.

Die Abgrenzung der Unterverbände und Assoziationen voneinander erfolgt unter ande-

Tab. 12 Gliederung der mitteleuropäischen Buchenwälder in einer edaphischen Reihe mit abnehmendem Kalk- und Basengehalt des Bodens

<table>
<tr><td colspan="2">Trockenhang-Kalkbuchen-Wälder
Licht- und Trockenheitszeiger:
Weißes Waldvögelein (Cephalanthera damasonium), Wolliger Schneeball (Viburnum lantana), Finger-Segge (Carex digitata), Berg-Segge (Carex montana), Weiße Segge (Carex alba), Blaugras (Sesleria varia)</td><td colspan="2">Mesophile (Mull-)Buchen-Wälder
Mull- und Frischezeiger:
Waldmeister (Galium odoratum), Wald-Segge (Carex sylvatica), Zwiebel-Zahnwurz (Dentaria bulbifera)</td><td>Moderbuchenwälder
Moder- und Säurezeiger:
Schmalblättrige Hainsimse (Luzula luzuloides), Draht-Schmiele (Deschampsia flexuosa), Polytrichum formosum,
Dicranum scoparium</td></tr>
<tr><td colspan="3">Kalkzeiger/Basenzeiger:
Bingelkraut (Mercurialis perennis)
Leberblümchen (Hepatica nobilis)
Frühlings-Platterbse (Lathyrus vernus)
Nickendes Perlgras (Melica nutans)</td><td colspan="2" rowspan="2"></td></tr>
<tr><td>Präalpisch:
Berg-Distel (Carduus defloratus), Zwergbuchs (Polygala chamaebuxus), Berg-Reitgras (Calamagrostis varia)</td><td>Wärmezeiger:
Weißes Waldvögelein (Cephalanthera damasonium), Schwalbenwurz (Vincetoxicum hirundinaria), Pfirsichblättrige Glockenblume (Campanula persicifolia)</td><td>Basen- und Frischezeiger:
Waldgerste (Hordelymus europaeus), Aronstab (Arum maculatum)</td></tr>
<tr><td>Seslerio-Fagetum</td><td>Carici-Fagetum</td><td>Hordelymo-Fagetum</td><td>Galio-Fagetum</td><td>Luzulo-Fagetum</td></tr>
<tr><td colspan="2">Cephalanthero-Fagenion</td><td>Galio-Fagenion</td><td></td><td>Luzulo-Fagion</td></tr>
</table>

rem aufgrund der standortsbedingten Gradienten im Wasser- und Nährstoffhaushalt der Buchen-Wälder. So ergeben sich Haupttypen des Buchenwaldes, die von Ellenberg (1996) in einer von den kalkreichen bis zu den stark sauren Standorten reichenden ökologischen Reihe angeordnet und mit griffigen deutschen Bezeichnungen belegt wurden (Tab. 12).

Sie beginnt mit den **Trockenhang-Kalkbuchenwäldern** (Orchideen-Buchen-Wälder, Cephalanthero-Fagenion): Sehr flachgründige Böden (Rendzinen) in steiler Hanglage erweisen sich aufgrund ihrer Trockenheit und ihres geringen Nährstoffangebotes für die Rot-Buche als Grenzstandorte. Dort gelingt es ihr nicht, das sonst für Buchen-Wälder typische dicht geschlossene Kronendach auszubilden, so dass genug Licht für eine artenreiche Bodenvegetation in die Bestände gelangt. Je nach geographischer Lage und Exposition werden eine Wärme begünstigte (Seggen-Buchen-Wald, Carici-Fagetum) und eine montan verbreitete Buchenwaldgesellschaft (Blaugras-Buchen-Wald, Seslerio-Fagetum) unterschieden.

Die Gruppe der **Mull-Buchen-Wälder** (Waldgersten- und Waldmeister-Buchen-Wälder, Eu-Fagenion oder Galio odorati-Fagenion) umfasst Wälder, deren Böden sich durch die Humusform Mull und durch eine sehr aktive Bodenfauna auszeichnen. Die Intensität der biologischen Umsetzung wird durch einen günstigen Nährstoff- und Wasserhaushalt gefördert und ist Voraussetzung für das Gedeihen von Mullbodenpflanzen, die neben einem frischen Boden relativ viel Stickstoff (vorzugsweise in der Form des Nitrats), Phosphor und Basenkationen benötigen.

Ist der Boden kalk- oder basenreich, spricht man von nährstoffreichen Buchen-Wäldern (Waldgersten-Buchenwald, Hordelymo-Fagetum; siehe Kap. 5.3.2), die sich weiter in Gesellschaften flachgründiger Karbonatböden und in solche frischer Lehmböden untergliedern. Auf mäßig nährstoffreichen Lehmböden, in denen die Versauerung und die Nährstoffauswaschung bereits fortgeschritten sind, entwickeln sich Braunerde-Mull-Buchen-Wälder

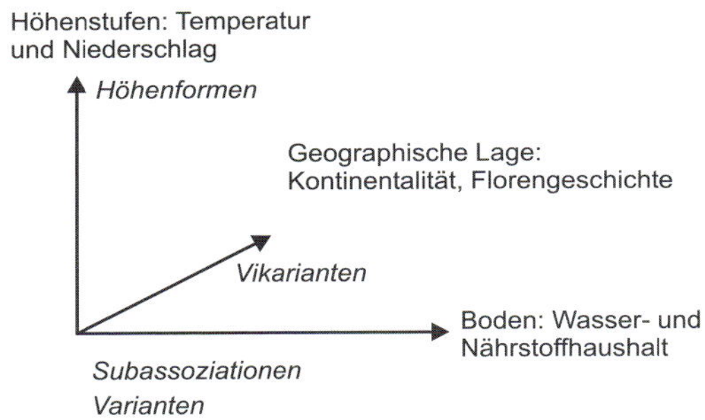

Abb. 49 Dreidimensionales Schema zur Veranschaulichung der Untergliederung von Buchenwaldgesellschaften (Assoziationen) in Mitteleuropa. Durch Subassoziationen und Varianten lassen sich edaphische, durch Höhenstufen orographische und durch Vikarianten geographische Standortsunterschiede darstellen.

(Waldmeister-Buchen-Wald, Galio odorati-Fagetum; siehe Kap. 5.3.3).

Die Vegetation der **Moderbuchenwälder** (Hainsimsen-Buchen-Wälder, Luzulo-Fagion) setzt sich aus säuretoleranten Arten mit mäßigen bis geringen Nährstoffansprüchen zusammen. Über stark versauertem Mineralboden ist der Umsatz der Streu verlangsamt. Es bilden sich Moderauflagen, in denen infolge einer gehemmten Nitrifikation der Stickstoff überwiegend als Ammonium angeboten wird. Aufgrund einer Vielzahl vorkommender Azidophyten sind die Hainsimsen- oder Drahtschmielen-Buchen-Wälder (siehe Kap. 5.3.4) floristisch den bodensauren Eichen-Mischwäldern (siehe Kap. 6.4) ähnlicher als den Waldgersten- und Waldmeister-Buchen-Wäldern.

Die genannten Assoziationen sind weit gefasste Grundtypen, deren Bestände in weiten Teilen Mitteleuropas verbreitet sind. Ihre Artenzusammensetzung wird über den Kalk- und Säuregradient hinaus vor allem durch drei Faktorenkomplexe bestimmt, die in der Abbildung 49 als Achsen eines Koordinatensystems dargestellt sind. Diese sind

- Temperatur und Niederschlag (bedingt durch die Höhenstufe),
- Kontinentatität und Florengeschichte (bedingt durch die geographische Lage),
- Nährstoff- und Wasserhaushalt (bedingt durch die Bodenverhältnisse des Standorts).

Entlang dieser Achsen (Standortsgradienten) lassen sich innerhalb einer Assoziation spezifische Untereinheiten definieren. So wird z. B. ein bodensaurer Hainsimsen-Buchen-Wald des westlichen Schwarzwaldes auf gut wasserversorgtem Boden bezeichnet als:

Luzulo-Fagetum	**oxalidetosum**	***Teucrium scorodonia*-Vikariante**	***Abies*-Höhenform**
(Assoziation Hainsimsen-Buchenwald)	(Subassoziation frischer Standorte mit Sauerklee)	(westliche/subozeanische Ausbildung mit Salbei-Gamander)	(montane Ausbildung mit Tanne)

Die Assoziationen mitteleuropäischer Buchen-Wälder lassen sich also nach unterschiedlichen Gesichtspunkten untergliedern. Einen Überblick über die wichtigsten Untereinheiten und die sie kennzeichnenden Arten geben die Tabellen 13a und 13b. Sie verdeutlichen zugleich, dass zwischen den verschiedenen Ausprägungen vielfältige Ähnlichkeitsbeziehungen bestehen.

Die wesentlichen Aspekte der Untergliederung der mitteleuropäischen Buchen-Wälder sollen in den folgenden Abschnitten näher erläutert werden.

Die Unterschiede, die innerhalb einer Assoziation im Artengefüge auftreten, sind meist auf die örtlich wirkenden **edaphischen** und **klimatischen Standortsbedingungen** zurückzuführen. Besonders der Wasserhaushalt des Bodens (Speicherfähigkeit, Durchlässigkeit) und das Mesoklima (Strahlungsgenuss, Luftfeuchtigkeit) sind wichtige Einflussgrößen, die die Aktivität der Bodenlebewesen, die Verfügbarkeit von Nährstoffen und Wasser oft in der gleichen Art und Weise beeinflussen; so ist im gemäßigten Standortsbereich bei ausreichender Wasserversorgung auch meist von einem ausgeglichenen Nährstoffhaushalt auszugehen: Trockene Standorte bieten in der Regel weniger Pflanzen verfügbaren Stickstoff, während die mäßig feuchten Buchen-Wälder überdurchschnittlich versorgt sind (Runge 1965, Grimme 1977). Auch das Wachstum der Buche selbst hängt in erster Linie vom Wasserangebot ab.

Buchenwaldgesellschaften kommen in Mitteleuropa von der Ostseeküste bis in die Hoch-

Tab. 13a Übersicht über die zur ökologisch-floristischen Gliederung mitteleuropäischer Buchen-Waldgesellschaften heute gebräuchlichen Untereinheiten. „Subassoziationen" und „Varianten" kennzeichnen edaphische Unterschiede, zum Beispiel verschiedene Nährstoff- oder Feuchtigkeitsverhältnisse. „Höhenformen" stellen orographische, „Vikarianten" geographische Unterschiede dar. Eine „Fazies" ist durch die Dominanz einer Art in der Bodenvegetation gekennzeichnet

	Subassoziationen/Varianten								Höhenformen				Geographisch				Fazies				
	Farne	Hexenkraut	Lerchensporn	Maiglöckchen	Pfeifengras	Weiße Hainsimse	Weißmoos	Blaugras	planar	submontan	montan	hochmontan	Subatlantisch	Subkontinental	Norddeutsch	Süddeutsch	Seegras-Segge	Wald-Schwingel	Wald-Hainsimse	Bärlauch	Wimper-Segge
Luzulo-Fagetum	x			x	x	x	x		x	x	x	x	x	x	x	x	x	x	x		x
Galio-Fagetum	x	x		x	x	x			x	x	x	x	x	x	x	x	x	x	x		
Hordelymo-Fagetum	x	x	x	x		x			x	x	x	x	x	x	x	x		x		x	
Carici-Fagetum				x		x		x		x	x		x	x	x	x					
Seslerio-Fagetum				x		x		x		x	x	x	x			x					
	luftfeucht	mäßig feucht	nährstoffreich	mäßig trocken	wechseltrocken	versauert	verhagert	flachgründig													

Tab. 13b Überblick über die für verschiedene Höhenformen und Vikarianten charakteristischen Artengruppen

<table>
<tr><td>planar-kollin(-submontan)
Große Sternmiere (Stellaria holostea),
Stiel- und Trauben-Eiche (Quercus robur/petraea),
Hainbuche (Carpinus betulus),
*Gesägtes Sternmoos (Mnium hornum)</td><td>(submontan-)montan
Quirl-Weißwurz (Polygonatum verticillatum),
Tanne (Abies alba),
Hasenlattich (Prenanthes purpurea),
Zwiebel-Zahnwurz (Dentaria bulbifera)</td><td>hochmontan
Alpen-Milchlattich (Cicerbita alpina),
Grauer Alpendost (Adenostyles alliariae),
Gebirgs-Hahnenfuß (Ranunculus platanifolius),
Hain-Sternmiere (Stellaria nemorum),
Alpen-Sauerampfer (Rumex alpestris),
Fichte (Picea abies)</td></tr>
<tr><td colspan="2">westlich (subatlantisch)
Efeu (Hedera helix),
*Stechpalme (Ilex aquifolium),
*Deutsches Geißblatt (Lonicera periclymenum),
*Salbei-Gamander (Teucrium scorodonia),
**Schwarze Teufelskralle (Phyteuma nigrum),
Roter Fingerhut (Digitalis purpurea),
*Berg-Rispengras (Poa chaixii),
**Mandel-Wolfsmilch (Euphorbia amygdaloides),
**Stinkende Nieswurz (Helleborus foetidus)</td><td>östlich (schwach subkontinental)
*Wald-Reitgras (Calamagrostis arundinacea),
**Frühlings-Platterbse (Lathyrus vernus),
**Leberblümchen (Hepatica nobilis),
**Haselwurz (Asarum europaeum),
Knoten-Beinwell (Symphytum tuberosum),
Wimpern-Segge (Carex pilosa)</td></tr>
<tr><td>nördlich
Einblütiges Perlgras (Melica uniflora)</td><td>südlich
Hasenlattich (Prenanthes purpurea),
*Weiße Hainsimse (Luzula luzuloides),
Seegras-Segge (Carex brizoides),
Wimpern-Segge (Carex pilosa)</td><td>präalpisch
**Finger-Zahnwurz (Dentaria heptaphyllos),
**Alpen-Heckenkirsche (Lonicera alpigena),
**Neunblatt-Zahnwurz (Dentaria enneaphyllos),
**Stinkender Hainlattich (Aposeris foetida),
**Weiße Segge (Carex alba)</td></tr>
</table>

* bevorzugt auf stark sauren Standorten, ** bevorzugt auf Kalk

lagen westlicher Mittelgebirge vor und lassen eine entsprechende **Höhengliederung** erkennen (siehe Kap. 4.1.3). Auch in den nördlichen Randalpen und den östlichen Mittelgebirgen dominiert in der montanen Höhenstufe die Buche gemeinsam mit der Weiß-Tanne und der Fichte; in der sich anschließenden subalpinen Stufe herrschen jedoch Fichten-Wälder vor.

Wie die Buche selbst weisen viele ihrer Begleitarten eine ähnlich weite Klimatoleranz auf, so dass die durch Trophieunterschiede differenzierbaren Buchenwaldgesellschaften über den gesamten Höhenbereich ihrer Verbreitung erkennbar bleiben – sofern eine entsprechende Gesteinsvielfalt vorliegt (Zukrigl 1973, Ewald 1997). Es sind vor allem Mischbaumarten, welche die Unterschiede in den Höhenformen der Buchen-Wälder anzeigen. Die Erscheinungsformen der Assoziationen reichen von (Eichen-)Buchen-Wäldern des Tieflandes bis hin zu Bergmischwäldern aus Buche, Tanne, Fichte und Berg-Ahorn. Auch unter den krautigen Pflanzen gibt es einige Arten, die diesen höhenbedingten Wandel der Artenzusammensetzung offensichtlich machen (Glavac & Bohn 1970).

Tieflagen-Buchen-Wälder weisen Arten auf, die vielfach auch als Kennarten der in dieser Höhenstufe verbreiteten Eichen-Hainbuchen-Wälder (siehe Kap. 6.2) beschrieben werden (*Stellaria holostea*-Gruppe), in montanen Berglagen tritt die *Polygonatum verticillatum*-Gruppe an diese Stelle. Vor allem in den südmitteleuropäischen Gebirgen ist die Tanne eine wichtige Trennart dieser Gruppe, und die entsprechenden Waldtypen wurden daher früher als „Abieti-Fagetum“ bezeichnet (z. B. Moor 1952, Oberdorfer 1957). In den Mittelgebirgen nördlich des Tannenareals wurde die montane Höhenform als **Zahnwurz-Buchen-Wald** (Dentario bulbiferae-Fagetum) beschrieben (Lohmeyer 1962, Hartmann & Jahn 1967, Schubert 1972). Planar-kolline und montane Arten begegnen sich bisweilen in der submontanen Stufe. In den Kammlagen der Mittelgebirge, die sich durch eine hohe Luftfeuchte und eine lange Schneebedeckung auszeichnen, bilden Hochstauden der *Cicerbita alpina*-Gruppe den Unterwuchs Buchen-reicher Bestände. Diese wurden häufig als Bergahorn-Buchen-Wälder (Aceri-Fagetum, Bartsch & Bartsch 1940) in eine eigene Assoziation gestellt (Müller 1992c, Pott 1992a, 1995). Müller (1994) und Ewald (1997) schlagen vor, auch diese hochmontanen Buchen-Wälder den trophisch definierten Assoziationen als Höhenformen zuzuordnen.

Schließlich besitzen die Pflanzen der Buchen-Wälder individuelle **horizontal-geographische Verbreitungsmuster**, die das großräumige Klimagefälle vom subozeanischen Westen zum subkontinentalen Osten, von hemiborealen Einflüssen im äußersten Norden zu submediterranen im Süden widerspiegeln (siehe Kap. 4.1.2). Obwohl einige Waldpflanzen in Mitteleuropa ihre westliche oder östliche Verbreitungsgrenze erreichen, sind diese geographischen Unterschiede in den Buchen-Wäldern schwach ausgeprägt (Dierschke 1989b, 1990). Dies ist unter anderem durch die ausgleichende Wirkung der Baumschicht auf das Waldinnenklima zu erklären.

Manche Arten besitzen außerdem regionale und lokale Verbreitungsmuster, die sich einer kausalen Deutung weitgehend entziehen. In der Vergangenheit wurde daher eine verwirrende Vielzahl von lokalen oder regionalen Buchenwald-Assoziationen beschrieben, um das Hinzukommen oder Ausfallen einzelner auffallender Arten hervorzuheben. Erst in den letzten Jahrzehnten wurden die Buchen-Wälder Mitteleuropas, wie oben beschrieben, zu wenigen, ökologisch möglichst einheitlichen Assoziationen und Unterverbänden zusammengefasst (Dierschke 1989a, Müller 1989, 1992c). Regionale Unterschiede werden heute,

---

Farbtafeln S. 113 u. 114

Abb. 86 Mosaik verschiedener Entwicklungsstadien eines Silikat-Blockhalden-Fichtenwaldes vom Typ des Calamagrostio-Piceetum am Südhang des Plöckenstein (Lkr. Freyung-Grafenau) im Bayerischen Wald etwa 1200 m über NN (zu S. 194 ff.).

Abb. 88 Hochlagenfichtenwald (Calamagrostio-Piceetum) an der klimatischen Waldgrenze im Riesengebirge (Schneekoppe-Gebiet, Tschechien) bei etwa 1300 m über NN. Oberhalb des Fichten-Waldes folgen ein Latschengürtel (*Pinus mugo*) und darüber alpine Rasen. Während die Grenze des Fichten-Hochwaldes auffallend scharf entwickelt ist, sind in der Krummholzzone Wetterfichten-Inseln in den Latschen-Gürtel eingebettet (zu S. 200).

Abb. 89 Weißmoos-Kiefern-Wald (Leucobryo-Pinetum) des Verbandes Dicrano-Pinion auf einem podsoligen Sandboden an der Ostseeküste bei Danzig (zu S. 208).

86

88

89

solange sie nicht einen tiefgreifenden Wechsel der Artenverbindung mit sich bringen, auf der Ebene geographischer Vikarianten abgehandelt (OBERDORFER 1968, SCHUBERT 1972).

Westliche Moderbuchenwälder besitzen oft Arten der atlantischen Stechpalmen-(*Ilex aquifolium*-)Gruppe (MÜLLER 1992c, POTT 1992b, 1995), deren Verbreitung im Süden bis ins Rheingebiet, im Norden mit Vorposten bis ins nordostdeutsche Tiefland reicht. In Süddeutschland schließt sich östlich eine subozeanische Zone mit Bergrispen-(*Poa chaixii*-)Moderbuchenwäldern an, kalkreiche Standorte sind hier durch die Stinkende Nieswurz (*Helleborus foetidus*) und die Mandel-Wolfsmilch (*Euphorbia amygdaloides*) gekennzeichnet. Im Osten nehmen besonders Kalkbuchenwälder Arten der subkontinentalen Frühlings-Platterbsen-Gruppe (*Lathyrus vernus*) auf (MÜLLER 1992c, SCHUBERT 1972). Eine östliche Verbreitungstendenz hat auch das Säure ertragende Wald-Reitgras (*Calamagrostis arundinacea*), das viele Moderbuchenwälder Nordostdeutschlands kennzeichnet (PASSARGE & HOFMANN 1968a). Eine Laubwaldart mit Verbreitungsschwerpunkt in Südost-Mitteleuropa (westliche Vorposten im Alpenvorland) ist die Wimpern-Segge (*Carex pilosa*). Diese Rhizompflanze prägt das Erscheinungsbild mesophiler Buchen- und Eichen-Hainbuchen-Wälder der Flyschzone zwischen Wienerwald und Karpaten (MORAVEC et al. 1982, WALLNÖFER et al. 1993).

Vom südlichen zum nördlichen Mitteleuropa vollzieht sich der allmähliche Artenwandel vor allem durch eine Verarmung an typischen Buchenwaldpflanzen. Man kann dies als Zeugnis der Wanderungsgeschichte der Buche auffassen, die den Süden etliche tausend Jahre früher erreichte als den Norden: Offenbar bleibt die Ausbreitungsgeschwindigkeit mancher Waldkräuter hinter der der Bäume zurück (CAIN et al. 1998). Am Alpenrand und, in geringerem Ausmaß, im herzynischen Gebirgsbogen bereichern einige anspruchsvolle präalpische Waldpflanzen wie die Alpen-Heckenkirsche (*Lonicera alpigena*) und diverse Zahnwurz-Arten (*Dentaria enneaphyllos*, *D. heptaphyllos*, *D. polyphylla*) die Buchen-Wälder nährstoffreicher Böden. Der Anklang an die Bergwälder der Alpen und Karpaten haben dazu geführt, dass diese Wälder des Alpenrandes und des herzynischen Gebirgsbogens eigenen Assoziationen, ja sogar eigenen, geographisch definierten Unterverbänden zugeordnet wurden (OBERDORFER & MÜLLER 1984, DIERSCHKE 1990). Für die hier vorliegende Übersicht der außeralpischen Wälder Mitteleuropas ist es jedoch sinnvoller, sie als Vikarianten weit gefasster Assoziationen artenreicher Buchen-Wälder aufzufassen (MÜLLER 1966a, EWALD 1997).

Sehr artenarm sind die **Buchen-Wälder im norddeutschen Tiefland** (HÄRDTLE 1995a, HEINKEN 1995). Verständlicherweise fehlen hier montane Arten wie der Hasenlattich (*Prenanthes purpurea*), aber auch sonst so allgemein verbreitete Arten wie die Schmalblättrige Hainsimse (*Luzula luzuloides*), so dass der planare Moderbuchenwald meist als Drahtschmielen-Buchenwald (*Deschampsio-Fagetum*, vgl. Kap. 5.3.4) bezeichnet wird. Einzig das mäßig anspruchsvolle Einblütige Perlgras (*Melica uniflora*) ist im Norden häufiger als im Süden, weshalb in Norddeutschland Braunerde-Mull-Buchen-Wälder früher als Perlgras-Buchenwald (*Melico-Fagetum*) bezeichnet wurden (DIERSCHKE 1989a).

Die Änderung des ökologischen Verhaltens und damit des Zeigerwertes bestimmter Arten über größere räumliche Distanzen ist eine der Vikarianz verwandte Erscheinung; sie wird meist als „**relative Standortskonstanz**“ bezeichnet. Arten wie das Leberblümchen (*Hepatica nobilis*), die Finger-Segge (*Carex digitata*) und die Frühlings-Platterbse (*Lathyrus vernus*), die in Westmitteleuropa kalkreiche Böden anzeigen, kommen im niederschlagsarmen und sommertrockenen, subkontinentalen Klima vermehrt auf kalkfreien Böden vor (PASSARGE & HOFMANN 1968a, MATUSZKIEWICZ & MATUSZKIEWICZ 1973, HÄRDTLE 1995a).

Neben den vom Standort, der Höhenstufe und der geographischen Lage bestimmten Modifikationen verdienen **physiognomisch auffällige Fazies** der Buchen-Wälder eine eigene Erwähnung. Das Aussehen ihrer Bodenvegetation wird von einzelnen, auffälligen Arten geprägt. Diesen Arten gelingt es – meist durch Rhizome oder Ausläufer – so hohe Deckungsgrade zu erreichen, dass neben ihnen andere Arten kaum mehr zur Entwicklung kommen. Beispiele sind die Seegras-Segge (*Carex brizoides*), der Wald-Schwingel (*Festuca altissima*), die Wald-Hainsimse (*Luzula sylvatica*), der Bär-Lauch (*Allium ursinum*) und die bereits als geographische Trennart genannte Wimpern-Segge (*Carex pilosa*).

Es ist allerdings nicht unproblematisch, wenn – wie dies vielfach geschehen ist – die von diesen Pflanzen geprägten Waldtypen als eigenständige Gesellschaften (Assoziationen oder Subassoziationen) bezeichnet werden. Gegen eine solche Betrachtungsweise spricht, dass diese Erscheinungen durch populations- oder ausbreitungsbiologische Besonderheiten der betreffenden Arten erklärbar sind:

Wie viele andere Waldpflanzen besitzen diese Arten lokale Verbreitungsschwerpunkte und -lücken. Bei der Seegras-Segge liegt die Vermutung nahe, dass sie durch das früher übliche Ausmähen des Waldbodens gefördert wurde (Hauff 1937). Der Bär-Lauch zeigt selbst innerhalb kleiner Waldgebiete häufig eine fleckenhafte Verbreitung (Schmucker & Drude 1934), die vermutlich durch eine zufällige, anthropozoochore Verschleppung entsteht (Ellenberg 1996). Unter gleichen Standortsbedingungen können deshalb Buchen-Wälder mit und ohne solche Arten, die in der Krautschicht Massenbestände bilden, angetroffen werden.

Manche Buchen-Wälder sind so unterwuchsarm, dass selbst bei intensivem Suchen kaum ein Pflanzenindividuum am Boden zu finden ist („Fagetum nudum“, Meusel 1939). Nach Schmid & Leuschner (1998), die solche Bestände auf Gipsrendzinen untersuchten, kommen für für die Erklärung dieses Phänomens zwei Gründe in Betracht: Einerseits kann die Streuschicht aus Buchenlaub mehrere Zentimeter, ja Dezimeter mächtig sein, insbesondere dort wo Nährstoffarmut oder Trockenheit die Tätigkeit der Bodenlebewesen hemmen. Dadurch wird ein erfolgreiches Anwachsen von Keimlingen weitgehend verhindert (Abs 1994).
Andererseits findet man im Oberboden krautschichtarmer Buchen-Wälder ungewöhnlich hohe Dichten von Buchen-Feinwurzeln, welche für Bodenpflanzen eine Wasser- und Nährstoffaneignung erschweren (Slavíková 1958). Ein Zusammenwirken beider Effekte ist besonders auf nährstoffarmen oder schwer durchwurzelbaren Substraten (z. B. Quarzsand oder Gips) zu erwarten, wo der austrocknungsempfindliche Auflagehumus den Hauptwurzelraum der Baumschicht bildet.

5.3.1 Trockenhang-Kalkbuchenwälder (Seggen- und Blaugras-Buchen-Wälder)

Seggen- und Blaugras-Buchen-Wälder (Unterverband: Cephalanthero-Fagenion, Orchideen-Buchen-Wälder, Tab. 14) sind eng an die Kalkgebiete in Zentral- und Süd-Mitteleuropa gebunden und haben Vorkommensschwerpunkte auf den Gesteinen des Muschelkalk und des Jura (Moor 1972, Schubert 1972, Dierschke 1989a, Müller 1992c).

Daneben sind xerophytische Kalkbuchenwälder von paläozoischen Kalken etwa aus dem böhmischen und mährischen Karst bekannt (Mikyska 1968, Neuhäuslová et al. 1998). Zur meist bestandesbildenden, jedoch mäßig bis gering wüchsigen Buche gesellen sich trockentolerante Halbschatt- und Lichtbaumarten wie Eichen (v.a. *Quercus petraea*), Mehlbeere (*Sorbus aria*), Wald-Kiefer (*Pinus sylvestris*), Feld-Ahorn (*Acer campestre*) und Elsbeere (*Sorbus torminalis*), in niederschlagsreichen und kühlen Lagen auch Berg-Ahorn (*Acer pseudoplatanus*), Tanne (*Abies alba*) und Fichte (*Picea abies*). Bezeichnend für den hohen Lichtgenuss ist das Vorkommen von Sträuchern. In der artenreichen Bodenvegetation mischen sich Kalk liebende Laubwaldarten mit Arten trockener Waldsäume (siehe Tab. 12, S. 109). Vor allem die Süßgräser und Seggen dieser Gruppe sind durch tief reichende Wurzelsysteme an Trockenheit angepasst. So reichen die Wurzeln der Finger-Segge (*Carex digitata*) 50 cm, der Blaugrüne Segge (*C. flacca*) 80 cm und der Weißen Segge (*Carex alba*) bis zu 100 cm in das Erdreich (Polomski & Kuhn 1998).

Für die Trockenhang-Kalkbuchenwälder bezeichnend ist ferner ein Reichtum an Orchideenarten, beispielsweise gelten das Weiße Waldvögelein *(Cephalanthera damasonium)* sowie der Frauenschuh (*Cypripedium calceolus*) als Charakterarten.

Die Struktur und der Artenreichtum dieser Waldgesellschaften sind von Natur aus durch suboptimale Lebensbedingungen für die Hauptbaumart Buche geprägt, die hier schwach bis mäßig wüchsig ist (Abb. 50 a, b, c S. 55).

Grund für die suboptimale Wüchsigkeit sind die eingeschränkte Wasser- und Stickstoffversorgung des Standorts (Grimme 1977). Manche Orchideen-Buchen-Wälder sind durch anthropogenen Einfluss (Stockausschlagwälder) ent-

Tab. 14 Ökologisch-floristische Gliederung der Trockenhang-Kalkbuchenwälder des außeralpischen Mitteleuropa (nach Schubert 1972, Müller 1992c)

Name der		ökologische Charakteristik der		bezeichnende Arten der	
Assoziation	**Subassoziation**	**Assoziation**	**Subassoziation**	**Assoziation**	**Subassoziation**
Carici-Fagetum	primuletosum veris	kollin/submontan, wärmebegünstigt	trocken, warm	Weißes Waldvögelein *(Cephalanthera damasonium)*	Echte Schlüsselblume *(Primula veris)*, Blauer Steinsame *(Lithospermum purpurocaeruleum)*, Pfirsichblättrige Glockenblume *(Campanula persicifolia)*, Schwalbenwurz *(Vincetoxicum hirundinaria)*, Zypressen-Wolfsmilch *(Euphorbia cyparissias)*
	typicum				keine eigenen Trennarten
	luzuletosum luzuloidis		verhagert		Schmalblättrige Hainsimse *(Luzula luzuloides)*, *Poytrichum formosum*, *Hypnum cupressiforme*, Hain-Rispengras *(Poa nemoralis)*, Birngrün *(Orthilia secunda)*
Seslerio-Fagetum		montan, niederschlagsreich/absonnig		Blaugras *(Sesleria varia)*, Breitblättriges Laserkraut *(Laserpitium latifolium)*, Braunrote Sitter *(Epipactis atrorubens)*, Berg-Reitgras *(Calamagrostis varia)*	

standen oder natürlicherweise aus Waldgersten-Buchen-Wäldern hervorgegangen (Ahrns & Hofmann 1998, siehe Kap. 5.3.2).

Für den **Seggen-Buchen-Wald** (Carici-Fagetum) Namen gebend ist die praktisch nur südlich der Donau vorkommende Weiße Segge (*Carex alba*, Moor 1952). Weiter nördlich spielt die weiter verbreitete Berg-Segge (*Carex montana*) eine vergleichbare Rolle. Eine weitere bezeichnende Seggenart ist die Blaugrüne Segge (*Carex flacca*). In Norddeutschland – jenseits der Verbreitungsgrenzen vieler Wärme liebender Arten – verlieren Seggen-Buchen-Wälder ihre floristische Eigenart, so dass dort zum Teil nur noch die Finger-Segge (*Carex digitata*) den Namen der Assoziation rechtfertigt (Dierschke 1989a).

Die an Wärme liebenden Pflanzen reichsten Bestände des Seggen-Buchen-Waldes werden als **Carici-Fagetum primuletosum veris** bezeichnet und kommen vorzugsweise an steilen, voll besonnten Hangkanten vor. Der in der Schwäbischen Alb vorkommende Typ wird in Anlehnung an Gradmann (1950) als „Steppenheide-Buchenwald“ bezeichnet. Hier besteht oft räumlicher Kontakt zu thermophilen Gebüschen, Säumen und Felsbandrasen.

Im südlichen Mitteleuropa kommt die Echte Schlüsselblume (*Primula veris*) in der besonders trockenheitsertragenden Unterart *canescens* vor (Schubert 1972, Müller 1992c, Oberdorfer 1994). In den Muschelkalkgebieten Thüringens (Hofmann 1958) und Unterfrankens (Suck 1991) kennzeichnet der Blaue Steinsame (*Lithospermum purpurocaeruleum*) die trockensten Buchenwaldstandorte. Grimme (1977) ermittelte in zu diesem Vegetationstyp gehörenden Beständen des Leineberglandes eine Mineralstickstoffnachlieferung von 10 bis 45 kg/ha und Jahr. Die Stickstoffversorgung der Seggen-Buchen-Wälder ist somit deutlich schlechter als die der Waldgersten-Buchen-Wälder (siehe Tab. 9, S. 92).

Eine weniger extreme Physiognomie weisen die Bestände des **Carici-Fagetum typicum** auf; sie umfassen Buchen-Wälder flachgründiger, mäßig trockener Kalkhänge und vermitteln zu den frischen Kalkbuchenwäldern (Hordelymo-Fagetum lathyretosum mit Maiglöckchen, *Convallaria magalis*, Kap. 5.3.2.1). Diese mäßig wüchsigen Buchenbestände werden meist durch Vorkommen der Waldvögelein-Arten und sporadisch auftretende Lichtzeiger (Trennarten des Unterverbandes Cephalanthero-Fagenion) gekennzeichnet. Da weitere Trennarten fehlen, spricht man vom Carici-Fagetum typicum. Nach MEUSEL (1939) und SCHUBERT (1972) stocken am Rande des mitteldeutschen Trockengebietes auf trockenen Gipsrendzinen des Kyffhäusers praktisch unterwuchsfreie Buchen-Wälder („Fagetum nudum“, SCHMID & LEUSCHNER 1998, siehe Kap. 5.3). Bei absonniger Exposition und erhöhter Luftfeuchte kommen – oft in Kontakt zu thermophilen Steinschutt-Linden-Wäldern (Aceri-Tilietum, siehe Kap. 7.3.2) – Seggen-Buchen-Wälder mit Christophskraut (*Actaea spicata*) und Sommer-Linde (*Tilia platyphyllos*) vor; auf stärker verlehmten Böden treten solche mit Wald-Segge (*Carex sylvatica*) auf, die dem Hordelymo-Fagetum nahe stehen (SUCK 1991).

An exponierten, trockenen Standorten der Kalkgebirge sind Bestände mit Säurezeigern der Hainsimsen-Gruppe häufig (**Carici-Fagetum luzuletosum**, SCHUBERT 1972, MÜLLER 1992c, DIERSCHKE 1989a). Über den kalkhaltigen Gesteinen liegen entkalkte Lösslehmschleier, deren Versauerung und Verarmung an Stickstoff durch Laubausblasung (Verhagerung) vorangetrieben wird. Im Schweizer Jura wurde diese Subassoziation nach der Berg-Segge (*Carex montana*) benannt; sie besiedelt oberflächlich entkalkte Pararendzinen aus Moränen (RICHARD 1961, ELLENBERG & KLÖTZLI 1972). Aus dem Alpenvorland (WALENTOWSKI 1998) und der Fränkischen Alb (KÜNNE 1969) wurden vergleichbare Seggen-Buchen-Wälder mit Birngrün (*Orthilia secunda*) beschrieben. Auf sandig verwitternden Dolomitkuppen tritt sogar die Heidelbeere (*Vaccinium myrtillus*) auf (SUCK 1991, WALENTOWSKI 1998), so dass Übergänge zu trockenen Moderbuchenwäldern (*Luzulo-Fagetum leucobryetosum*) bestehen.

In Durchbruchstälern des Alpenvorlandes und in den höheren Lagen des Jurazuges weisen Blaugras-Buchen-Wälder präalpische Reliktpflanzen auf. Diese Bestände bilden Vorposten der in den Kalkalpen (MÜLLER 1992c, WALLNÖFER et al. 1993, EWALD 1997) und im Schweizer Jura (MOOR 1952) verbreiteten **Felshang-Bergmischwälder**. Das Verbreitungszentrum der Blaugras-Buchen-Wälder (Seslerio-Fagetum) liegt somit innerhalb des natürlichen Fichten-Areals. Die Vorkommen der westlichen Schwäbischen Alb gehören zu dem von GRADMANN (1950) als „Bergwald“ bezeichneten Komplex kühler Steilhänge des Albtraufs (HAUFF 1977). Nicht selten besteht Kontakt zu substratbedingten Hochgrasfluren und Rutschhang-Kiefern-Wäldern. Unter einem wärmeren Regionalklima wird die Bindung an Schatthänge enger (ELLENBERG 1996), die Vertreter des alpischen Florenelements vereinzeln sich, und eine Unterscheidung vom Wärme liebenden Seggen-Buchen-Wald wird immer schwieriger (HOFMANN 1959, KÜNNE 1969, DIERSCHKE 1989a). An Extremstandorten der Blaugras-Buchen-Wälder ist die Wüchsigkeit der Rot-Buche (*Fagus sylvatica*) so weit eingeschränkt, dass nur noch von „Strauchbuchenwäldern“ gesprochen werden kann (SCHUBERT 1972, MÜLLER 1992c).

In Mitteleuropa finden sich viele Vorkommen der Eibe (*Taxus baccata*) in Gesellschaften, die ihrer übrigen Artenkombination nach zum Seslerio- oder Carici-Fagetum gehören, obwohl diese selten gewordene Baumart weder Kalk liebend noch besonders lichtbedürftig ist. Nur an unzugänglichen Steilhängen war die Eibe, deren Holz aufgrund seiner mechanischen Eigenschaften (dauerhaft und elastisch, also ideal für Bogen und Pfeile, Schüsseln, Messer u. Ä.) begehrt war, einer intensiven Nutzung entzogen. Eibenreiche Buchen-Wälder werden in der vegetationskundlichen Literatur bis heute nach dem von ETTER (1947) für Bestände in der Schweiz gewählten Namen Taxo-Fagetum bezeichnet (HOFMANN 1958, 1994, WALLNÖFER et al. 1993).

5.3.2 Buchen-Wälder nährstoffreicher Böden (Waldgersten-Buchen-Wälder)

Als Waldgersten-Buchen-Wälder (Hordelymo-Fagetum) werden mitteleuropäische Buchen-Wälder auf Standorten mit günstiger Wasser- und Nährstoffversorgung bezeichnet (DIERSCHKE 1989a, MÜLLER 1989, 1992c). Viele Mullbodenpflanzen finden in Beständen dieser Gesellschaft optimale Lebensbedingungen (Tab. 15). Mit den Trockenhang-Kalkbuchenwäldern (Carici-Fagetum, siehe Kap. 5.3.1) verbinden die Waldgersten-Buchen-Wälder so genannte Kalkzeiger (Tab. 12, siehe S. 109). Die Namen gebende Waldgerste (*Hordelymus europaeus*) hat ihren Schwerpunkt auf frischen, basenreichen Lehmen, deren Oberboden oft entkalkt ist.

Florengeographische Unterschiede zeigen sich bei den artenreichen Buchen-Wäldern nährstoffreicher Böden deutlicher als bei nährstoffärmeren Standorten, so dass eine Fülle von Regional-Assoziationen beschrieben wurde (OBERDORFER & MÜLLER 1984, OBERDORFER 1992, POTT 1992b, 1995). Standörtlich entspricht dem Hordelymo-Fagetum in den herzynischen Gebirgen der eutraphente Flügel des Dentario enneaphylli-Fagetum (MORAVEC et al. 1982, MATUSZKIEWICZ & MATUSZKIEWICZ 1973).

Im Alpenvorland und im Jura bereichern gebietsweise der Stinkende Hainsalat (*Aposeris foetida*), die Alpen-Heckenkirsche (*Lonicera alpigena*), das Klee-Schaumkraut (*Cardamine trifolia*) und die Fieder-Zahnwurz (*Dentaria heptaphyllos*) die Buchen-Wälder kalk- und basenreicher Böden. Diese Arten kennzeichnen jeweils das Aposerido-Fagetum, das Lonicero-Fagetum, das Cardamino-Fagetum und das Dentario heptaphylli-Fagetum, deren Bestände sich außerhalb der Alpen nur wenig von solchen des Hordelymo-Fagetum unterscheiden.

Von tschechischen Autoren wurden die karpatischen Buchen-Wälder, deren Artenbestand dem des Hordelymo-Fagetum weitgehend entspricht, als Carici pilosae-Fagetum und Dentario glandulosae-Fagetum bezeichnet (NEUHÄUSLOVÁ et al. 1998). Die geschilderte Aufsplitterung nach florengeographischen Gesichtspunkten erschwert eine übersichtliche Darstellung der Ökologie artenreicher Buchen-Wälder, so dass hier von einer eingehenden Beschreibung der vielen Gebiets-Assoziationen abgesehen wird. Die im Folgenden am Beispiel des *Hordelymo-Fagetum* dargestellte standörtliche Gliederung hat für weite Teile Mitteleuropas Gültigkeit.

In ökologischer und bodenkundlicher Hinsicht lassen sich zwei Haupttypen des **Hordelymo-Fagetum** unterscheiden, denen in der Vergangenheit vielfach der Rang eigener Assoziationen eingeräumt wurde. Die standörtlichen Schlüsselmerkmale bilden hierbei die Tiefe und der Zustand der Bodenentwicklung.

Die eigentlichen Kalkbuchenwälder kommen auf flach- bis mittelgründigen, steinreichen und Karbonat haltigen Böden (Rendzinen, Pararendzinen) vor und vermitteln zu den Trockenhang-Kalkbuchenwäldern (Cephalanthero-Fagenion, siehe Kap. 5.3.1). Diesen stehen Waldgersten-Buchen-Wälder betont basenreicher, frischer Lehmböden mit einer unterhalb des Hauptwurzelraumes liegenden Entkalkungsgrenze gegenüber, die sowohl auf stärker verwitterten kalkhaltigen Ausgangsgesteinen als auch auf besonders basenreichen Silikatgesteinen (Basalt, Amphibolit) vorkommen. Diese Lehmbuchenwälder, auf die sich die ursprüngliche Beschreibung des Hordelymo-Fagetum bezog (KUHN 1937), sind den mäßig Basen versorgten Waldmeister-Buchen-Wäldern (Galio-Fagetum, siehe Kap. 5.6) ähnlich.

Die bodenchemische Differenzierung wurde von HAKES (1991) am Beispiel des nordhessischen Habichtswaldes untersucht. Dort sind Waldgersten-Buchen-Wälder mit Frühlings-Platterbse (*Lathyrus vernus*) ausschließlich auf Böden aus dem Unteren Muschelkalk zu finden, die gegenüber anderen bodenfrischen Buchen-Wäldern deutlich höhere pH-Werte (fast immer pH > 5) und Basensättigungen (60 bis 100 %) des Oberbodens aufweisen. Die übrigen zum Hordelymo-Fagetum zählenden Bestände kommen auf im Oberboden mäßig versauerten (pH(H_2O) zwischen 4 und 5), jedoch basenreichen Böden (30 bis 70 % Sättigung) aus Basalt und mächtigeren Lössüberdeckungen vor.

5.3.2.1 Buchen-Wälder nährstoffreicher Rendzinen und Pararendzinen

In den bodenfrischen Kalkbuchenwäldern im Sinne von ELLENBERG (1996) gelangen zahlreiche anspruchsvolle Laubwaldpflanzen zu optimaler Entfaltung. Leider lassen sich – bei überregionaler Betrachtung – keine für den Bodentyp Rendzina spezifische Zeigerarten

Tab. 15 Ökologisch-floristische Gliederung der Waldgersten-Buchen-Wälder (Hordelymo-Fagetum) nach Dierschke 1989 und Müller 1992 (mit * bezeichnet sind Arten, die im westlichen Mitteleuropa als „Kalkzeiger" gelten können, mit zunehmender Kontinentalität des Klimas auch auf kalkfreie Böden übergreifen)

Name der		ökologische Charakteristik d.		bezeichnende Arten der	
Subassoziation	**Variante**	**Subassoziation**	**Variante**	**Subassoziation**	**Variante**
luzuletosum	Typische Variante	Oberboden versauert		Schmalblättrige Hainsimse (*Luzula luzuloides*), *Polytrichum formosum*, Wimpern-Hainsimse (*Luzula pilosa*), Berg-Rispengras (*Poa chaixii*)	keine eigenen Trennarten
	Farn-Variante		luftfeucht		Frauenfarn (*Athyrium filix-femina*, Rasen-Schmiele (*Deschampsia cespitosa*)
typicum	Typische Variante	frisch, nährstoffreich		keine eigenen Trennarten	keine eigenen Trennarten
circaeetosum	*Allium ursinum*-Variante	feucht, nährstoffreich	frühjahrsfeucht	Großes Hexenkraut (*Circaea lutetiana*), Wald-Ziest (*Stachys silvatica*), Großes Springkraut (*Impatiens noli-tangere*)	Bär-Lauch (*Allium ursinum*), Hohler Lerchensporn (*Corydalis cava*)
	Typische Variante		sickerfeucht		keine eigenen Trennarten
	Farn-Variante		luftfeucht		Eichenfarn (*Gymnocarpium dryopteris*)
lathyretosum	*Circaea*-Variante	kalkreich	sickerfeucht	Frühlings-Platterbse (*Lathyrus vernus*), Haselwurz (*Asarum europaeum*), Seidelbast (*Daphne mezereum*), Nesselblättrige Glockenblume (*Campanula trachelium*), Türkenbund-Lilie (*Lilium martagon*)	Hexenkraut (*Circaea lutetiana*)
	Allium ursinum-Variante		frühjahrsfeucht		s. o.
	Typische Variante		s. o.		s.o.
	Convallaria-Variante		mäßig trocken		Maiglöckchen (*Convallaria majalis*), Blaugrüne Segge (*Carex flacca*), Mehlbeere (*Sorbus aria*), Wald-Habichtskraut (*Hieracium sylvaticum*)

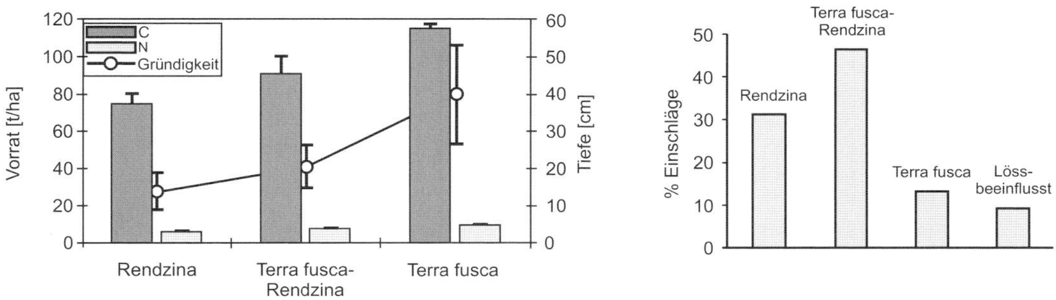

Abb. 52 Entwicklungsreihe von Böden in einem Platterbsen-Waldgersten-Buchen-Wald (Hordelymo-Fagetum lathyretosum) auf Muschelkalk im Göttinger Wald (nach Rasterbeprobung von MEIWES & BEESE 1988). Häufigster Bodentyp ist die mittelgründige Terra fusca-Rendzina.

benennen, die eine floristische Abgrenzung von den in Kapitel 5.3.2.2 behandelten Buchenwald-Ökosystemen basenreicher Lehmböden erlauben würden. So greifen beispielsweise „Kalkzeiger" unter einem sommertrockenen Klima Ost-Mitteleuropas auf kalkfreie Böden über (s. Kap. 4.4). Wie die Übersichten von DIERSCHKE (1989a) und MÜLLER (1992c) zeigen, hat sich dennoch die Zusammenfassung bodenfrischer Kalkbuchenwälder in einer nach der Frühlings-Platterbse (*Lathyrus vernus*) benannten Subassoziationsgruppe durchgesetzt. Die Namen gebende Art fehlt aus klimatischen und einwanderungsgeschichtlichen Gründen lediglich auf den paläozoischen Kalken der Eifel (JAHN 1972a) und den kalkreichen Jungmoränen des bayerischen Alpenvorlandes (PETERMANN 1970, geographischer Überblick bei MÜLLER 1992c).

Die Bodentypen **Rendzina** und **Pararendzina** findet man über kalkreichen Ausgangsgesteinen (Kalke, Mergel) dort, wo – meist infolge steiler Hanglagen – eine Bodenentwicklung gehemmt ist (Abb. 51, S. 56). Der Hauptwurzelraum wird im typischen Fall von einem 10 bis 30 cm mächtigen, stark Humus haltigen Mineralbodenhorizont (A_h) gebildet, der nach unten in das weitgehend unveränderte Ausgangsgestein (C-Horizont) übergeht. Daneben können Kalk-Verwitterungslehme (Terrae fuscae) und Lösslehm-Deckschichten (Parabraunerden) vorhanden sein. MEIWES & BEESE (1988) untersuchten im Göttinger Wald das ausgeprägte Bodenmosaik innerhalb eines Bestandes des Hordelymo-Fagetum lathyretosum (Abb. 52). Sehr markant war in dieser Untersuchung die Zunahme der Gründigkeit und der Feinerdeanteil von der Rendzina zur Terra fusca hin. Bemerkenswert ist, dass bereits die flachgründige Rendzina verhältnismäßig hohe Kohlenstoff- und Stickstoffvorräte aufweist, was durch Humusgehalte von über 10 % im A_h-Horizont hervorgerufen wird.

Die **Wasserspeicherkapazität** von flachgründigen Böden hängt in erster Linie vom Humusgehalt ab und wird in schwer quantifizierbarer Weise von tief reichenden, durchwurzelbaren Klüften im Gestein beeinflusst. Die Stabilisierung der hohen Humusvorräte gegen Abbau erfolgt durch die Bindung von Huminstoffen an Tonminerale und die Bildung tiefschwarz gefärbter Calcium-Humate. Die Belegung von Austauscherplätzen und die Ionengehalte der Bodenlösung sind geprägt von der Anwesenheit von Calcium- und Magnesiumkarbonaten.

Aus der Atmosphäre eingetragene Säuren und systemintern produzierte Protonen werden durch eine Reaktion mit dem freien Karbonat abgepuffert, so dass die pH-Werte kaum unter 6,2 absinken können (Karbonat-Pufferbereich nach ULRICH 1981). Die Auswaschung von Basenkationen wird durch die Lösung von Kalk ausgeglichen, so dass die Basensättigung stets nahe 100 % bleibt. Auch die Stickstoffnachlieferung im Kalkmull ist nach Untersuchungen von GRIMME (1977; 100 bis 150 kg/ha · a) relativ hoch. Nährelemente wie Phosphor, Mangan und Eisen bilden bei einem hohen pH-Wert unlösliche Ausfällungen, so dass es besonders bei nicht standortsangepassten Koniferen (z. B. Fichte) hinsichtlich dieser Elemente zu Mangelerscheinungen kommen kann (ZECH 1969, KREUTZER 1970). Bei der von Natur aus vorherrschenden Buche sind dagegen auf frischen Kalkstandorten bislang keine vergleichbaren Ernährungsstörungen bekannt.

Für die gegenüber tiefgründigen, nährstoffreichen Lehmböden etwas geringere **Biomas-**

seproduktion (ca. 10 t oberirdische Trockenmasse/ha · a, HOFMANN 1994) dürfte in erster Linie die geringere Wasserspeicherkapazität der Böden verantwortlich sein. Der Wasserhaushalt kann als mäßig frisch bezeichnet werden, da in längeren, Klima bedingten Trockenperioden ein kurzfristiger Wassermangel möglich ist. Auf sonnseitig exponierten Hängen und in steilen Oberhanglagen der Kalkgebirge hemmt ein regelmäßiger und anhaltender Wassermangel die N-Mineralisation und das Buchenwachstum. Die Waldgersten-Buchen-Wälder werden dann durch Trockenhang-Kalkbuchenwälder des Cephalanthero-Fagenion ersetzt (siehe Kap. 5.3.1).

Die **ökologisch-floristische Gliederung** der Platterbsen-Kalkbuchenwälder ergibt (in erster Linie am Wasserhaushalt orientiert) eine Reihe mit fließenden Übergängen von sickerfeuchten Standorten einerseits hin zu mäßig trockenen Böden andererseits. Bestände des Hordelymo-Fagetum lathyretosum, ***Circaea lutetiana***-Variante auf sickerfrischen bis -feuchten Kalkschutthalden und Mergelhängen stehen den in Kapitel 5.3.2.2 dargestellten Lehmbuchenwäldern nahe. Zu den Kalkzeigern treten hier hygrophile Arten der Hexenkraut- und oftmals der Lerchensporn-Gruppe, die auf eine kontinuierliche Durchfeuchtung und eine intensive Nitrifikation schließen lassen. Typische Standorte sind die kalkschuttüberdeckten Quellhorizonte am Trauf der Schwäbischen und Fränkischen Alb (KÜNNE 1969, MÜLLER 1992c). Die stark humosen Rendzinen liegen hier einem wasserzügigen, tonigen Untergrund auf. Nicht selten bestehen räumliche Kontakte und syndynamische Beziehungen zu geophytenreichen Edellaubwäldern (siehe Kap. 7.3.1). Besonders auffallend sind Frühjahrsaspekte mit Bär-Lauch (*Allium ursinum*) oder Hohlem Lerchensporn (*Corydalis cava*), die zum „Kleebwald" im Sinne von GRADMANN (1950) gehören. Auch im Sommeraspekt sind diese Wälder reich an Feuchtezeigern wie Wald-Ziest (*Stachys sylvatica*) und Echtem Springkraut (*Impatiens noli-tangere*).

Nach DIERSCHKE (1989a) kommt die Gesellschaft auch in Südniedersachsen auf Muschelkalk vor. Nicht selten ist sie an hangwasserzügigen Mergelhängen der schwäbisch-bayerischen (PETERMANN 1970) und der baltischen Jungmoräne (HÄRDTLE 1990a, DIERSSEN 1996). In der *Stellaria holostea*-Höhenform tieferer Lagen werden Beziehungen zu Eichen-Hainbuchen-Wäldern (Carpinion) deutlich, während sickerfeuchte Kalkbuchenwälder in den höheren Lagen des Schweizer Jura (MOOR 1952, ELLENBERG & KLÖTZLI 1972), der Schwäbischen Alb (MÜLLER 1992c), des Oberen Neckargebietes (SEBALD 1966) und in der schwäbisch-bayerischen Hochebene (PETERMANN 1970) als montan getönte Tannen-Buchen-Wälder mit Arten der *Polygonatum verticillatum*-Gruppe ausgebildet sind. Hochmontane Kalkbuchenwälder sickerfeuchter Standorte wurden aus dem Schweizer Hochjura von MOOR (1952) als Aceri-Fagetum beschrieben. Sie zeichnen sich durch eine üppige Entwicklung von Hochstauden der *Cicerbita alpina*-Gruppe aus (PFADENHAUER 1973, ELLENBERG 1996).

Physiognomisch prägende Frühjahrsaspekte mit Geophyten der *Corydalis*-Gruppe kommen nicht nur an grundfeuchten Standorten vor, sondern auch auf Rendzinen, deren ausgeglichener Wasserhaushalt (Lage in Hangmulden und an Unterhängen) zumindest im Frühjahr eine hohe Nitrifikationsrate gewährleistet (Hordelymo-Fagetum lathyretosum, ***Allium ursinum***-Variante). Die Feuchtezeiger der Hexenkraut-Gruppe fehlen hier, und die Bestände erscheinen nach dem Vergehen der Geophyten im Sommer oft ausgesprochen unterwuchswarm (DIERSCHKE 1985, 1989a). In kollinen bis submontanen Lagen bestehen floristische und syndynamische Beziehungen zu den entsprechenden Eichen-Hainbuchen-Wäldern, in der Montanstufe zu Eschen-Ulmen-Ahorn-Wäldern (SCHUBERT 1972, siehe Kap. 7.3.1).

Für die innerhalb der Kalkbuchenwälder trennartenlose **typische Variante** des Hordelymo-Fagetum lathyretosum trifft im Wesentlichen die zu Beginn aufgeführte Beschreibung des Artengefüges und der Standortsbedingungen zu. Sie ist in der baltischen Jungmoräne auf steilen Hängen mit Pararendzinen (HÄRDTLE 1990a, DIERSSEN 1996), auf Kreidesedimenten der Ostseeküste (JESCHKE 1964), in den Kalk-Hügel- und Bergländern (SCHUBERT 1972, DIERSCHKE 1989a, MÜLLER 1992c) und in der schwäbisch-oberbayerischen Jungmoräne (PETERMANN 1970) verbreitet. Entsprechend vielfältig sind die höhenbedingten Ausbildungen, die planare bis zu montanen, gebietsweise tannenreichen Formen mit einbeziehen.

Eigene Erwähnung verdienen an dieser Stelle die zu den Edellaubwäldern des Tilio-Acerion (siehe Kap. 7) vermittelnden Ausbildungen der Kalkbuchenwälder, die für die

Fränkische (KÜNNE 1969) und die Schwäbische Alb (MÜLLER 1992c) zwar als eigene Subassoziationen beschrieben wurden (MOOR 1952, SCHUBERT 1972), der typischen Variante des Hordelymo-Fagetum lathyretosum jedoch recht nahe stehen. Waldschwingel-(*Festuca altissima*-)Fazies sind bezeichnend für schattseitige, luftfeuchte Steilhänge des südmitteleuropäischen Jurazuges mit treppig herauswitternden Kalken. Die an Sommerlinden reichen Kalkbuchenwälder („Hordelymo-Fagetum tilietosum") findet man im Jura auf feinskelettreichen, oft noch schwach bewegten Schutthängen (MOOR 1952, 1970, KÜNNE 1969, MÜLLER 1992c), also im standörtlichen Übergangsbereich zu Beständen des Fraxino-Aceretum (siehe Kap. 7.3). Aus den mitteldeutschen Muschelkalkgebieten beschrieben HOFMANN (1965a) und SCHUBERT (1972) vergleichbare an Edellaubbäumen reiche Bingelkraut-Buchen-Wälder. Floristisch vergleichbare, artenreiche Sommerlinden-Buchen-Wälder auf Basalten des Böhmischen Mittelgebirges (Ceské stredohorí) werden von NEUHÄUSLOVÁ et al. (1998) als Tilio-Fagetum bezeichnet.

Regelmäßig eintretende Phasen des Wassermangels kennzeichnen standörtlich die Bestände der **Convallaria majalis-Variante** des Hordelymo-Fagetum lathyretosum. Im Vergleich zu den übrigen Untereinheiten des Hordelymo-Fagetum sind diese Kalkbuchenwälder weniger wüchsig, weisen Vorkommen von trockenheitsertragenden Arten auf und vermitteln zum Cephalanthero-Fagenion. Flachgründige Böden, eine die Austrocknung begünstigende Hangauslage und -position sowie ein sommertrockenes Regionalklima sind die standörtlichen Voraussetzungen für das Vorkommen dieser Bestände (HAKES 1991).

In den sommerwarmen, kollinen Gäulandschaften Süddeutschlands (Muschelkalk mit wechselnd mächtigen Lössüberdeckungen) sind Kalk-Waldgersten-Buchen-Wälder mit *Convallaria majalis* besonders bezeichnend (MÜLLER 1992c). Sie bilden dort vielfältige Übergangsformen zu den durch Nieder- und Mittelwaldwirtschaft entstandenen Waldlabkraut-Eichen-Hainbuchen-Wäldern (HOFMANN 1965a, SUCK 1991, siehe Kap. 6.2). In den höher gelegenen Gebieten wie der westlichen Schwäbischen Alb, dem Oberen Neckargebiet und dem Alpenvorland kommen diese Bestände in einer montanen Form mit Weiß-Tanne vor (SEBALD 1966, MÜLLER 1992c, PETERMANN 1970).

5.3.2.2 Buchen-Wälder nährstoffreicher Lehmböden

Floristisch vermitteln die Buchen-Wälder auf optimal wasser- und nährstoffversorgten, jedoch kalkfreien Lehmböden zwischen dem artenärmeren Galio odorati-Fagetum und den eigentlichen Kalkbuchenwäldern (Hordelymo-Fagetum lathyretosum). Bezeichnend für Buchen-Wälder betont basenreicher, aber karbonatfreier Lehmböden ist das Zurücktreten von „Kalkzeigern" der Frühlings-Platterbsen-Gruppe. Deutlich häufiger als auf den Rendzinen sind andererseits hygrophile Arten der Hexenkraut-Gruppe und Säurezeiger der Hainsimsen-Gruppe anzutreffen.

Die Böden, auf denen die nährstoffreichen Lehmbuchenwälder stocken, vereinen eine hohe Wasserspeicherkapazität und ein hohes Angebot an Basenkationen, Stickstoff und Phosphor. Die pH-Werte bewegen sich zwischen 4 und 6 und liegen somit nach ULRICH (1981) im Austauscher- und Silikatpufferbereich. Bezeichnend sind günstige Humusformen (L-Mull), enge C/N-Verhältnisse und ein intensiver biologischer Umsatz. Die tiefgründigen Lehme sind aufgrund der stark nachschaffenden Unterböden oder durch den seitlichen Zufluss von basenreichem Wasser allenfalls schwach versauert. In den Kalkgebieten sind solche Standorte kennzeichnend für das weniger steile Gelände, wo die Rückstandslehmbildung über lange Zeiträume ohne Störung durch Erosion ablaufen konnte („Plateau-Buchenwald", MÜLLER 1992c).

In den Muschelkalkgebieten begünstigte eine eiszeitliche Lössaufwehung die Bildung entsprechender kalkgründiger Lehmböden. Wo infolge großer Decklehmmächtigkeit für die Baumwurzeln kein Kalkanschluss mehr besteht, treten an Stelle der Waldgersten-Buchen-Wälder Waldmeister- oder – bei fortgeschrittener Versauerung – Hainsimsen-Buchen-Wälder auf, beispielsweise auf der östlichen Schwäbischen Alb (HAUFF 1937).

Ein weiterer Vorkommensschwerpunkt gründiger, basenreicher Lehmböden sind die baltischen und die dem Alpenrand vorgelagerten Jungmoränengebiete mit aus Geschiebemergeln entstandenen Parabraunerden und Pseudogleyen. Nährstoffreiche, biologisch aktive Braunerden sind in der Eifel, dem Westerwald, dem Vogelsberg, der Rhön und in Nordhessen aus calcium- und kaliumreichen Basalten entwickelt. Auch die artenreichen Buchen-Wälder Ost-Mitteleuropas gedeihen größtenteils auf basenreichen, frischen bis mäßig feuchten Lehmböden (HUSOVÁ 1968, KORPEL 1995, NEUHÄUSLOVÁ et al. 1998).

Aufgrund ihrer weiten Verbreitung lassen sich die reich mit Basen versorgten Lehmbuchenwälder in geographische Ausbildungen (oder Regionalassoziationen) und Höhenformen gliedern. Höhenbedingte Abwandlungen reichen von Formen des tieferen Hügellandes mit Großer Sternmiere (*Stellaria holostea*) über montane Formen mit Quirl-Weißwurz (*Polygonatum vertillatum*), Zwiebel-Zahnwurz (*Dentaria bulbifera*) und Weiß-Tanne bis zu hochmontanen mit Alpen-Milchlattich (*Cicerbita alpina*) und Gebirgs-Hahnenfuß (*Ranunculus platanifolius*). Ihre standörtliche Feingliederung richtet sich nach dem Wasserhaushalt, dem Ausmaß der Oberbodenversauerung und der Höhenlage.

Die geophytenreichen Buchen-Wälder vom Typ des **Hordelymo-Fagetum typicum**, *Allium ursinum*-Variante (DIERSCHKE 1989a) finden sich auf betont nährstoffreichen Lehmböden aus Lockersedimenten, Basalt, Lösungsrückständen der Kalkverwitterung, Löss-Deckschichten und kalkreichem Tonmergel bei ausgeglichenem, frischem Wasserhaushalt. Der hohe Geophytenanteil bedingt einen ausgeprägten jahreszeitlichen Aspektwechsel (Abb. 26, siehe S. 59, Abb. 53a/b, S. 73 und Abb. 54, S. 73, DIERSCHKE 1982b). Berg-Ahorn, Esche und Berg-Ulme besitzen in diesen Wäldern eine große Wuchskraft. In der Verjüngungsphase oft massenhaft vorhanden, halten sich einzelne Exemplare dieser Baumarten bis in die hallenwaldartige Optimalphase.

Im **Hordelymo-Fagetum circaeetosum** wird der Artengrundstock durch hygrophile Arten der Hexenkraut-Gruppe bereichert (Tab. 15). In Kalk- und Basaltgebirgen nimmt das Hordelymo-Fagetum circaeetosum kleinflächig wasserzügige, feinerdereiche Kolluvien und Fließerden der Hangmulden und Unterhänge ein (DIERSCHKE 1989a). Besonders häufig ist die Gesellschaft auf Geschiebelehmen der Jungmoränengebiete, beispielsweise in Nordpolen (MATUSZKIEWICZ & MATUSZKIEWICZ 1973), Mecklenburg-Vorpommern (PASSARGE 1959), Schleswig-Holstein (HÄRDTLE 1995a), Süd-Skandinavien (DIERSSEN 1996) und in Südbayern (PETERMANN 1970). Häufig befinden sich die Bestände im Kontakt zu eschenreichen Edellaub- (siehe Kap. 7) oder Eichen-Hainbuchen-Wäldern (siehe Kap. 6.2). Im Tiefland sind die Bezeichnungen „Eschen-Buchenwald“ (Fraxino-Fagetum, PASSARGE & HOFMANN 1968a) oder die Zusammenfassung in einer Subassoziationsgruppe nach der Gewöhnlichen Nelkenwurz (*Geum urbanum*, HÄRDTLE 1995a, DIERSSEN 1996) geläufig.

Merkmale der Grund- oder Staunässe (Hydromorphien) bleiben meist auf die Unterböden beschränkt, so dass frische bis mäßig feuchte Bedingungen herrschen, welche die Wurzelentwicklung und die Standfestigkeit der Buche noch nicht wesentlich einschränken. An Hängen wird die Wirkung des Wasserüberschusses durch den Sauerstoffreichtum des bewegten Sickerwassers abgemildert. Hoch anstehendes Wasser verhindert eine vertikale Durchspülung des Bodens und die damit einhergehende Versauerung. Grund- und Hangzugwasser wird durch den Kontakt mit den kalk- und basenreichen Ausgangsgesteinen mit Nährionen aufgesättigt. Infolgedessen zeichnen sich die Standorte durch intensiven biologischen Umsatz, günstige Mull-Humusformen und optimale Nährstoffverfügbarkeit aus (HAKES 1991). Nach Angaben von HOFMANN (1994) gehört die Tieflandsform dieser Gesellschaft mit einer Nettoprimärproduktion von 11,5 t oberirdischer Biomasse pro Hektar und Jahr zu den produktivsten Waldökosystemen Mitteleuropas.

Im **Hordelymo-Fagetum luzuletosum** treten die assoziationstypischen, anspruchsvollen Arten zusammen mit Zeigern einer Oberbodenversauerung wie den Hainsimsen (*Luzula luzuloides*, *L. pilosa*, Tab. 15) auf, also mit Arten der Moderbuchenwälder (Luzulo-Fagetum, Kap. 5.3.4).

Dies überrascht zunächst, da die Standorte der beiden Waldgesellschaften wenig Ähnlichkeit bezüglich ihres Nährstoffhaushaltes aufweisen (Tab. 12, siehe S. 109). Voraussetzung für die Entstehung der geschilderten Artenkombination sind Böden mit einem ausgeprägten vertikalen Gefälle des Basengehaltes, wie sie auf den Plateaus des südmitteleuropäischen Jurazuges vorkommen (Schwäbische und Fränkische Alb). Verkarstete Malmkalke und -dolomite bilden in diesen Landschaften eine flachwellige bis kuppige Hochfläche. Die anstehenden Kalke tragen eine lehmig-tonige Überdeckung von wechselnder Mächtigkeit, die durch eine lang anhaltende (bis in das Tertiär zurückreichende) Kalklösung entstand (reliktische Terra fusca) und zum Teil zusätzlich durch eiszeitliche Lösseinwehung beeinflusst wurde. Wo diese Lehmüberdeckung nicht mehr als etwa 50 cm beträgt, erhalten Buchen und tief wurzelnde Bodenpflanzen Anschluss an unverwitterten Kalk. Zwar versauert der mineralische Oberboden bereits deutlich, doch wird ihm stets calciumreiche Buchenstreu zugeführt (Basenpumpe).

5.3.3 Buchen-Wälder mäßig nährstoffreicher Böden (Waldmeister-Buchen-Wälder)

Buchen-Wälder mäßig nährstoffreicher Böden haben – neben den eutraphenten Waldgersten- und den oligotraphenten Hainsimsen-Buchen-Wäldern – in weiten Teilen Mitteleuropas einen großen Flächenanteil an der aktuellen und der potentiellen natürlichen Waldvegetation. Systematisch werden die mesotraphenten Buchen-Wälder in einer Assoziation (Waldmeister-Buchenwald oder Galio odorati-Fagetum) zusammengefasst. Waldmeister-Buchen-Wälder treten im Tiefland und in den Mittelgebirgen auf verschiedenen Ausgangsgesteinen und Bodentypen auf, wobei Braun- und Parabraunerden mittlerer Basen- und Nährstoffversorgung vorherrschen.

Der gemäßigten Standortssituation entsprechend werden Waldmeister-Buchen-Wälder auch „mittlere Buchen-Wälder" (ELLENBERG 1996) oder – in Bezug auf die vorherrschende Humusform und den Bodentyp – als „Braunerde-Mullbuchenwälder" (in Kurzform „Braunmull-Buchenwälder") genannt. Letztere Bezeichnung trifft besonders auf Bestände der Mittelgebirge oder des Alpenvorlandes zu. Demgegenüber sind Waldmeister-Buchen-Wälder im Tiefland meist an Parabraunerden mit der Humusform Moder gebunden.

In Waldmeister-Buchen-Wäldern ist die Rot-Buche vorherrschend. Die Bestände weisen in der Optimalphase häufig eine für Buchen-Wälder charakteristische Physiognomie auf. Sie bilden so genannte „Hallenwälder" (DIERSCHKE 1989a, ELLENBERG 1996), in denen Buchenstämme säulenähnlich emporragen und ein hohes, meist dicht geschlossenes Laubdach tragen (Abb. 55, S. 74). In dieser Entwicklungsphase gelangt nur wenig Licht in das Innere der Bestände, so dass sich auf Optimalstandorten neben der Buche nur schattenfeste Baumarten entwickeln können, beispielsweise die Tanne.

Ursache des starken Schattenwurfs ist der im Vergleich zu stark sauren Standorten hohe Blattflächenindex (**L**eaf **A**rea **I**ndex, LAI) der Rot-Buche. Dieser liegt in Waldmeister-Buchen-Wäldern zwischen 6 und 8 und fällt in Hainsimsen-Buchen-Wäldern stark saurer und trockener Böden auf 3 bis 4 ab. Dies bedeutet, dass jeder Quadratmeter Waldboden von Buchenblättern überschirmt wird, deren (einseitig gemessene) Fläche insgesamt 6 bis 8 m^2 beträgt (ELLENBERG 1939, 1963).

Maximale **Wuchshöhen** (bis zu 50 m) und ein hohes Alter (bis zu 350 Jahren) erreichen Rot-Buchen in Waldmeister-Buchen-Wäldern der nordostdeutschen Jungmoräne (Mecklenburg; KNAPP & JESCHKE 1991). Neben der Buche können im Oberstand – je nach Höhenlage und Bodensituation – Esche (*Fraxinus excelsior*), Eichen (*Quercus robur*, *Q. petraea*), Berg-Ahorn (*Acer pseudoplatanus*), Hainbuche (*Carpinus* betulus) oder Weiß-Tanne (*Abies alba*) auftreten. Lichtmangel hindert auch Sträucher am Aufkommen. Falls vorhanden, bleibt die Strauchschicht individuen- und artenarm. Meist wird sie von Baumjungwuchs gebildet.

Die jährlich anfallende und häufig nicht innerhalb einer Vegetationsperiode abgebaute Falllaubmenge unterbindet weitgehend eine Entwicklung von **Moosen**. Im Waldmeister-Buchen-Wald sind diese daher auf Sonder- oder Störstandorte angewiesen, an denen der Mineralkörper von Auflagen befreit wurde, beispielsweise durch Boden wühlende Tiere, Wildwechsel oder Holzrücken. Gute Wuchsbedingungen finden sie zudem am Stammfuß der Buchen, weil dieser von Laubdepositionen ausgespart bleibt. Von hier aus können einige Arten in die Umgebung vordringen, wenn die Mächtigkeit der Streulagen dies zulässt. Zu den häufigsten Moosen in Waldmeister-Buchen-Wäldern gehören *Mnium hornum*, *Hypnum cupressiforme*, *Atrichum undulatum* und *Dicranella heteromalla*.

Den **Artengrundstock der Krautschicht** bilden meso- bis eutraphente Laubwaldarten (Fagetalia-Arten, siehe Tab. 12, S. 109). Da basen- oder kalkholde Arten nicht vorkommen, bleibt die mittlere Artenzahl in Waldmeister-Buchen-Wäldern – je nach Standort und Wuchsgebiet um 25 (pro 100 m^2) – deutlich unter jener der Waldgersten-Buchen-Wälder. Neben Fagetalia-Arten sind in der Krautschicht Arten der sommergrünen Laubwälder (Querco-Fagetea-Arten) stet. Phänologisch auffällige Arten fehlen, so dass einzelne Phänophasen im Vergleich zu Auen- oder Wald-

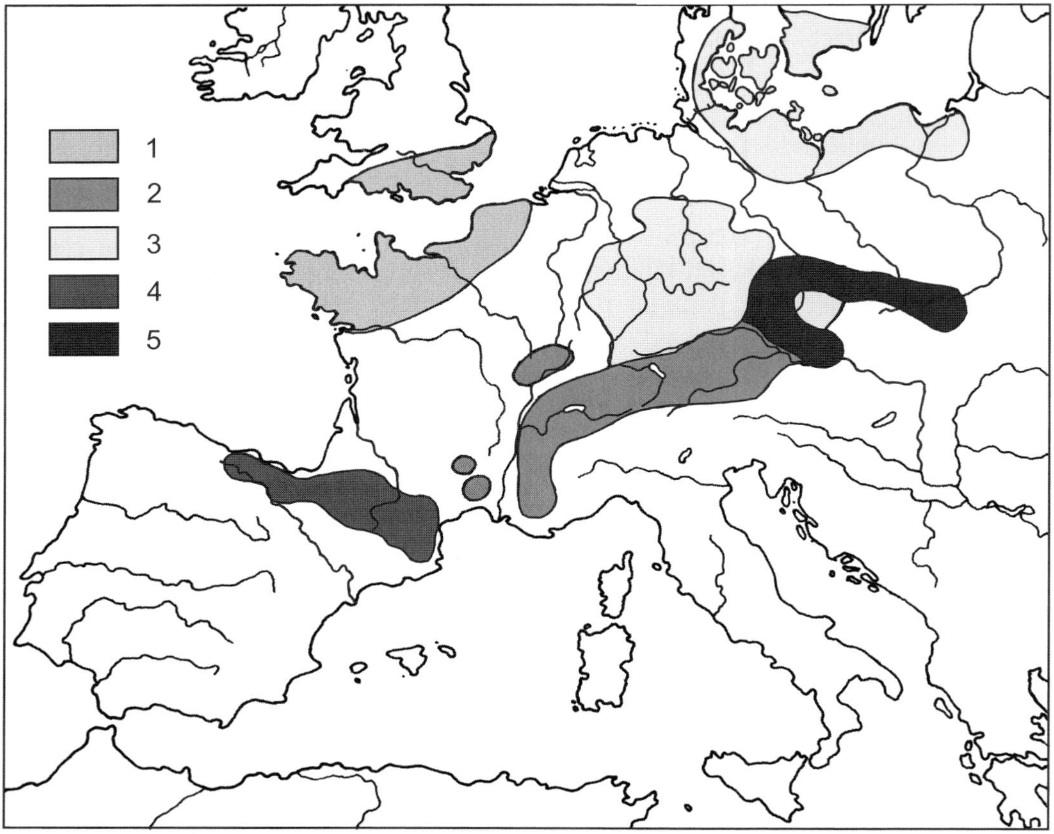

Abb. 56 Verbreitung der zu verschiedenen Unterverbänden des Fagion gehörenden Buchen-Wälder in Mittel- und Westeuropa (1: Endymio-Fagenion, 2: Lonicero alpigenae-Fagenion, 3: Galio odorati-Fagenion, 4: Scillo-Fagenion, 5: Übergangstypen der Westkarpaten, Sudeten und des Böhmerwaldes; nach DIERSCHKE 1990, etwas verändert).

gersten-Buchen-Wäldern wenig ausgeprägt sind. Da viele Fagion-Arten (z. B. *Galium odoratum*, *Festuca altissima*, *Melica uniflora*) in Waldmeister-Buchen-Wäldern zwar Vorkommensschwerpunkte haben, Waldmeister-Buchen-Wälder aber keine eigenen Kennarten aufweisen, wird das Galio odorati-Fagetum auch als die „Zentralassoziation" des Verbandes der Rot-Buchen-Wälder (Fagion) bezeichnet (DIERSCHKE 1974a, 1981, 1994, MÜLLER 1992c, ELLENBERG 1996).

Das **Areal** der Waldmeister-Buchen-Wälder erstreckt sich über den gesamten mitteleuropäischen Raum, innerhalb dessen sie dem Unterverband Galio odorati-Fagenion angehören (Abb. 56). Ihre Vorkommensschwerpunkte liegen im Mittelgebirge in der submontanen und montanen Stufe und im baltischen Jungmoränengebiet. Besiedelt werden ferner saaleeiszeitliche Moränenlandschaften im nordwestdeutschen Tiefland. Tabelle 16 zeigt am Beispiel des Tieflandes, wie sich das Artengefüge der Waldmeister-Buchen-Wälder innerhalb eines Ozeanitätsgefälles von Westen nach Osten verändert.

Innerhalb der Trophiespanne der von Waldmeister-Buchen-Wäldern besiedelten Standorte ist bei weitgehend gleichbleibender Bonität der Buche ein deutlicher Wandel der Bodenvegetation zu verzeichnen. Dieser ist abhängig vom Säuregrad des Bodens. Aus dem resultierenden **Trophiegradienten** ergeben sich mehrere Untereinheiten (Ausbildungen oder Subassoziationen) mit jeweils spezifischer Artenkombination, die in ganz Mitteleuropa verbreitet sind.

Tab. 16 Vegetationsgeographische Differenzierung von Waldmeister-Buchen-Wäldern (Galio odorati-Fagetum) im nördlichen Mitteleuropa (nach HÄRDTLE 1995a)

	Spalte Nr.		1	2	3	4	5	6	7	8	9	10	11	12	13	14	15	16
	Zahl der Aufnahmen		23	147	21	10	46	7	35	7	7	10	7	18	5	14	20	6
	Mittlere Artenzahl		22	24	25	21	20	19	12	11	17	19	22	26	17	17	28	24
	Fagus sylvatica	B	V	V	V	V	V	V	V	V	V	V	V	V	V	V	V	V
		St	II	III	V	V	V	V	IV	III	V	V	V	V	V	V	V	V
		K		V														
	Carpinus betulus	B–K	IV	II	•	I	II	I	•	•	I	II	I	II	I	+	III	•
	Quercus robur	B–K	II	IV	II	II	II	IV	+	II	I	V	IV	•	II	•	•	•
Δ3	*Quercus petraea*	B–K	II	r	•	•	•	•	+	•	•	II	IV	III	II	•	III	V
	Tilia cordata	B–K	•	•	•	•	•	•	•	•	•	•	•	I	•	II	III	•
Δ1	*Euphorbia amygdaloides*		III	•	•	•	•	•	•	•	•	•	•	•	•	•	•	•
	Scilla non-scripta		III	•	•	•	•	•	•	•	•	•	•	•	•	•	•	•
	Ruscus aculeatus		II	•	•	•	•	•	•	•	•	•	•	•	•	•	•	•
Δ2	*Ilex aquifolium*		IV	I	•	•	•	•	•	•	•	•	•	•	•	•	•	•
	Rubus fruticosus agg.		V	IV	I	•	•	•	•	•	•	•	•	+	•	•	•	•
	Lonicera periclymenum		IV	III	I	II	I	IV	I	•	•	•	•	•	•	•	•	•
	Hedera helix (St, K)		V	II	II	I	II	I	+	•	•	•	•	•	•	•	•	•
	Mnium hornum		•	IV	II	IV	II	•	I	I	•	•	•	•	•	•	•	•
Δ3	*Hepatica nobilis*		•	•	•	•	•	•	•	•	•	I	II	II	III	IV	III	II
	Vicia sylvatica		•	•	•	•	•	•	•	•	•	+	•	II	•	+	II	•
	Lathyrus vernus		•	•	•	•	•	•	•	•	•	•	•	•	I	II	I	•
	Carex digitata		•	•	•	•	•	•	•	•	•	•	•	+	IV	III	+	II
	Melica nutans		•	•	•	•	•	•	•	•	•	•	•	+	II	II	•	V
	Calamagrostis arundinacea		•	•	•	•	•	•	•	I	•	•	•	•	•	•	III	V
	Festuca heterophylla		•	•	•	•	•	•	•	•	•	•	•	•	•	•	III	V
VC+OC	*Melica uniflora*		IV	V	IV	III	IV	II	V	II	I	V	V	V	•	•	V	II
	Galium odoratum		III	IV	V	V	V	V	IV	IV	V	V	V	V	V	V	V	V
	Viola reichenb. (*et riv.)		*IV	II	V	IV	V	V	V	V	V	V	V	V	V	•	III	V
	Atrichum undulatum		II	III	IV	V	V	I	+	II	I	V	V	III	IV	I	IV	•
	Lamium galeobdolon		III	V	II	II	IV	III	•	•	•	V	III	V	•	•	V	II
	Dryopteris filix-mas		III	II	+	III	+	I	•	•	•	II	I	III	I	V	II	II
	Carex sylvatica		IV	II	II	I	III	•	I	•	•	II	II	III	•	•	II	•
	Scrophularia nodosa		+	I	II	•	+	III	+	•	•	II	•	V	II	•	III	•
	Circaea lutetiana		I	II	II	•	II	•	•	•	•	III	•	V	•	•	I	•
	Festuca altissima		•	II	+	•	•	•	+	•	•	•	•	•	•	V	•	•
	Ranunculus ficaria		I	II	•	•	•	•	•	•	•	•	•	I	•	•	•	•
KC	*Anemone nemorosa*		IV	V	II	V	V	V	V	V	V	IV	V	IV	•	V	V	V
	Milium effusum		IV	V	V	V	V	V	IV	V	V	V	V	V	V	•	V	IV
	Stellaria holostea		II	V	V	III	IV	IV	IV	III	V	IV	III	•	IV	•	•	•
	Polygonatum multiflorum		II	IV	II	II	III	II	II	II	III	II	I	I	•	+	+	•
	Athyrium filix-femina		+	IV	II	•	II	•	I	I	III	V	III	V	II	II	III	•
Sonstige	*Oxalis acetosella*		III	V	V	V	V	V	V	V	V	V	V	V	IV	IV	V	II
	Rubus idaeus		•	IV	V	•	•	•	•	•	•	I	I	V	•	II	IV	•
	Urtica dioica		r	II	+	•	II	•	+	•	•	II	•	V	•	•	II	V
	Deschampsia cespitosa		I	V	IV	IV	V	III	II	III	IV	II	II	III	•	•	I	•

Herkunft der Aufnahmen:

1) DURIN et al. 1967, Endymio-Fagetum typicum, West- und Nordwestfrankreich
2) HÄRDTLE 1995a, Galio odorati-Fagetum, nördliches Schleswig-Holstein
3) SISSINGH 1970, Galio-Fagetum, Dänemark
4) PASSARGE 1960, Galio-Fagetum polytrichetosum, Nordwestmecklenburg
5) PASSARGE 1960, Galio-Fagetum typicum, Nordwestmecklenburg
6) PASSARGE 1966a, Galio-Fagetum, Prignitz (nordwestliche Mark Brandenburg)
7) PASSARGE 1966b, Galio-Fagetum, mittleres Jütland
8) PASSARGE 1966b, Galio-Fagetum, nördliches Jütland
9) PASSARGE 1966a, Galio-Fagetum, Prignitz (nordwestliche Mark Brandenburg)
10) PASSARGE 1959, Galio-Fagetum typicum, Dargun (Ostmecklenburg)
11) PASSARGE 1959, Galio-Fagetum polytrichetosum, Dargun (Ostmecklenburg)
12) HOFMANN 1965, Galio-Fagetum (Typische Untergesellschaft), östliche Uckermark
13) PASSARGE 1966a, Galio-Fagetum, Prignitz (nordwestliche Mark Brandenburg)
14) KIELLAND-LUND 1981, Dentario bulbiferae-Fagetum, Südostnorwegen
15) HOFMANN 1965, Galio-Fagetum (Polytrichum-Untergesellschaft), östliche Uckermark
16) PASSARGE und HOFMANN 1968, Lathyro-Asperulo-Fagetum (Melica nutans-Regionale), Südostmecklenburg

Tab. 17 Ökologisch-floristische Gliederung des Galio odorati-Fagetum

Name der Untereinheit	ökologische Charakteristik	bezeichnende Arten
circaeetosum	basenreich, frisch (zum Hordelymo-Fagetum vermittelnd)	Hexenkraut *(Circaea lutetiana)*, Großblütiges Springkraut *(Impatiens noli-tangere)*, Riesen-Schwingel *(Festuca gigantea)*, Brennnessel *(Urtica dioica)*, Scharbockskraut *(Ranunculus ficaria)*
typicum	mäßig basenreich, frisch bis mäßig trocken	keine eigenen Differentialarten
polytrichetosum	basenarm, frisch bis mäßig trocken (zum Deschampsio- bzw. Luzulo-Fagetum vermittelnd)	Hain-Simse *(Luzula luzuloides)*, Pillen-Segge *(Carex pilulifera)*, Draht-Schmiele *(Deschampsia flexuosa)*
besondere Ausbildungen (Subassoziationen oder Varianten) im Galio-Fagetum von lokaler oder regionaler Bedeutung		
Ausbildung mit *Carex brizoides*	staufeuchte Böden, insbesondere im Alpenvorland und in den süddeutschen Mittelgebirgen	Zittergras-Segge *(Carex brizoides)*
Ausbildung mit *Festuca altissima*	Moderstandorte mit besonders mächtigen Humusauflagen	Wald-Schwingel *(Carex altissima)*
Ausbildung mit *Gymnocarpium dryopteris*	Schatthänge mit hoher Luftfeuchtigkeit	Eichenfarn *(Gymnocarpium dryopteris)*, Buchenfarn *(Thelypteris phegopteris)*, Bergfarn *(Thelypteris limbosperma)*, Spreuschuppiger Wurmfarn *(Dryopteris affinis)*, seltener auch Schildfarne *(Polystichum setiferum* und *P. aculeatum)*

Galio-Fagetum circaeetosum

Unter günstigsten Trophiebedingungen treten Bestände der Subassoziation mit *Circaea lutetiana* auf (Galio-Fagetum circaeetosum; Oberdorfer 1957, Dierschke 1989a, Müller 1992c, Heinken 1995, Ellenberg 1996). Diese stocken auf mehr oder minder von Stauwasser beeinflussten, lehmigen oder zumindest anlehmigen Braun- oder Parabraunerden mit der Humusform Mull. Für die Subassoziation sind Differentialarten der *Circaea lutetiana*-Gruppe bezeichnend (Tab. 7, siehe S. 70 und Tab. 17).

Diese Arten fehlen auf stärker sauren Böden, etwa bei pH(H_2O)-Werten unter 4,0. Da günstigere Trophiebedingungen in Waldmeister-Buchen-Wäldern an bodenfrische Standorte geknüpft sind, zum Beispiel infolge einer geringen Nährstoffauswaschung und besseren -bindung in lehmigen und staufeuchten Böden, sind die oben genannten Sippen zugleich Bodenfrischezeiger. Auch in Kalkgebieten, in denen man gewöhnlich Kalkbuchenwälder erwartet (Kap. 5.3.1, 5.3.2), wird man dann Waldmeister-Buchen-Wälder antreffen, wenn der Untergrund von einer mächtigen, verbraunten Lösslehmdecke oder anderem, karbonatfreiem Material überlagert ist.

Der oberflächennahe Wurzelraum solcher Braunerden oder Braunerde-Rendzinen über Kalkgestein ist sauer und besitzt zugleich eine größere Wasserkapazität als der geringmächtige und skelettreiche Oberboden typischer Mullrendzinen. Infolgedessen verschwinden die für Kalkbuchenwälder typischen Kalk- und Trockenheitszeiger, während mäßig azidotolerante Arten mit höheren Wasseransprüchen an ihre Stelle treten. Ausgeglichene Feuchtigkeitsverhältnisse werden zudem durch Sippen mit etwas weiterem pH-Spektrum angezeigt, zum Beispiel durch Rasen-Schmiele (*Deschampsia cespitosa*) oder Frauenfarn (*Athyrium filix-femina*).

Der humose Oberboden (A_h-Horizont) im Galio-Fagetum circaeetosum weist bereits deutlich geringere **Entwicklungstiefen** auf als dies unter den meisten Waldgersten-Buchen-Wäldern der Fall ist. Gewöhnlich ist er unter zwei Dezimeter mächtig, krümelig und von Feinwurzeln stark durchsetzt. Besonders auf Parabraunerden ist das Solum bis zu Tiefen um 4 dm an Ton verarmt. In den dafür charakteristischen Tonverarmungshorizonten (A_l-Horizonte) treten schluffige bis lehmige Sande auf, die zu einem Feinpolyedergefüge aggregiert und von Feinwurzeln noch schwach durchsetzt

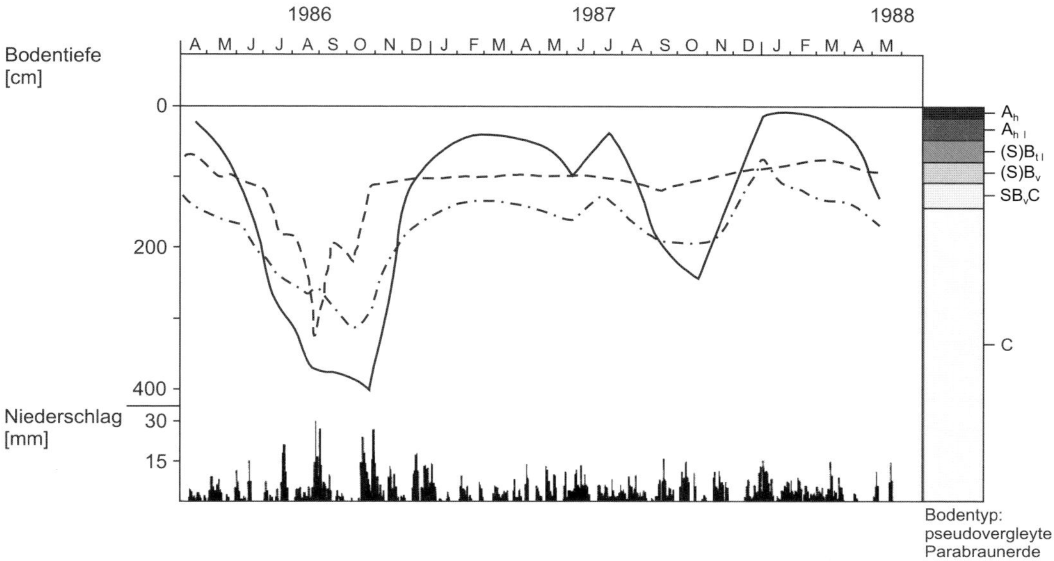

Abb. 57 Grundwasserverhältnisse (Jahresverlauf des Grundwasserspiegels) in Hexenkraut-Waldmeister-Buchen-Wäldern (Galio odorati-Fagetum circaeetosum) im norddeutschen Tiefland (Jungmoräne in Schleswig-Holstein; die drei Linien indizieren unterschiedliche Messstellen).

sind. Der darunter befindliche Tonanreicherungshorizont (B_t-Horizont) nimmt großen Einfluss auf die Wuchsbedingungen der Vegetation, da im B_t mit dem eingewaschenen Ton hauptsächlich solche Poren verfüllt werden, die in hohem Maße einer vertikalen Sickerwasserbewegung dienen.

Im Gegensatz zum A_l wird damit die Wasserleitfähigkeit des B_t herabgesetzt. Er fungiert als Staukörper, über dem sich Niederschlagswasser zeitweilig bis in den Wurzelraum der Feldschicht rückstauen kann. Dies erklärt, warum die oben genannten frischeholden Sippen mit hoher Präsenz besonders in Waldmeister-Buchen-Wäldern auf Parabraunerden auftreten (z. B. im pleistozänen Tiefland Nordmitteleuropas), obwohl sie sich andernorts zum Teil als Kenn- oder Trennarten von Auenwälder (Verband *Alnion incanae*) erweisen (Oberdorfer 1957, Dierschke 1985).

Tonanreicherungshorizonte können über eine Verminderung der Sickerwasserbewegung Prozesse der Nährstoffauswaschung verzögern und somit indirekt die Nährstoffsituation vor Ort beeinflussen. So sind trockenere Böden meist stärker ausgewaschen und zugleich basen- und nährstoffärmer. Häufig weist der B_t-Horizont – als Indiz einer Stauwasserbildung – eine schwache Marmorierung auf (SB_t-Horizonte).

Wie Grundwasser-Untersuchungen in Hexenkraut-Waldmeister-Buchen-Wäldern auf Parabraunerden zeigen, liegen die A_h- und teilweise auch A_l-Horizonte ganzjährig oberhalb des Grundwasserspiegels (Abb. 57). Im Niveau des B_t kann der Einstau während niederschlagsreicher Perioden einige Monate pro Jahr andauern. Abhängig von der Lagerungsdichte des Unterbodens und von lokal-topographischen Verhältnissen reagiert dabei die Grundwasseroberfläche unterschiedlich sensibel auf Niederschlagsereignisse. Ein vergleichsweise variables Bild zeigen dementsprechend die in Abbildung 57 dargestellten und für Standorte des Galio-Fagetum circaeetosum charakteristischen Grundwasser-Ganglinien: Der Grundwasserspiegel sinkt i. d. R. mit Laubaustrieb der Buche (Anfang Mai) ab, wobei hohe Niederschläge während dieser Jahreszeit den Wasserverbrauch der Vegetation teilweise oder auch vollständig kompensieren können. In Jahren mit durchschnittlicher Niederschlagsmenge erreicht die sommerliche Maximaldepression Werte zwischen 3 und 4 m unter Flur, so dass eine Wasserversorgung innerhalb der Vegetationsperiode vorwiegend durch Kapillarwasser erfolgt. Dieses wird nach Niederschlägen in Mittel- und engen Grobporen gegen die Schwerkraft gehalten. In Nassjahren verringert sich der Tiefststand der Grundwasseroberfläche auf etwa 15 bis 25 dm unter Flur.

G.-F., Ausbildung mit *Carex brizoides*
Besonders im Alpenvorland und den süddeutschen Mittelgebirgen treten in Waldmeister-Buchen-Wäldern auf staufeuchten (pseudovergleyten) Böden Massenbestände der Zittergras-Segge (*Carex brizoides*) auf (G.-F., **Ausbildung mit *Carex brizoides***; auch G.-F. caricetosum brizoidis genannt). Ihre Individuen schließen oftmals so dicht, dass – trotz guter Wuchsleistung der Bäume – eine Naturverjüngung der Buche behindert werden kann. Solche Massenbestände finden sich teilweise in seichten Geländemulden, wo sich nach Niederschlägen größere Wassermengen sammeln. Zugleich können lehmige oder tonig-lehmige Substrate als Staukörper wirken, da das Wasser infolge der höheren Lagerungsdichte solcher Böden deutlich langsamer versickert und somit zur zeitweiligen Anoxizität des Solums führt. Wie Hauff (1937) für die Schwäbische Alb nachwies, haben sich Massenbestände der Zittergras-Segge auch unter menschlichem Einfluss entwickelt: Die Bestände wurden bis zur Mitte des 20. Jahrhunderts zeitweilig gemäht, um das Material als Ersatz für echtes Seegras (*Zostera marina*) für Matratzenfüllungen oder Polsterarbeiten zu verwenden (Rothmaler et al. 1986).

Galio-Fagetum typicum
Zwischen den für die Subassoziation mit *Circaea lutetiana* und den für die **typische Subassoziation** bezeichnenden Standorten besteht ein deutlicher Trophiegradient, der sich in floristischen und profilmorphologischen Merkmalen äußert: Ein Beispiel ist die Geringmächtigkeit des A_h-Horizontes infolge einer geringeren Bioturbation, ein weiteres sind die mächtigeren Auflagenhorizonte als Folge einer zurückgehenden Mineralisationstätigkeit der Bodenmikroorganismen. Da den Beständen sowohl Nährstoff- als auch Säurezeiger fehlen, weist das **Galio-Fagetum typicum** keine eigenen Differentialarten auf. Bezeichnende Standorte sind Braun- oder Parabraunerden, die meist Moder als Humusform aufweisen.

Galio-Fagetum polytrichetosum
Die Subassoziation mit *Polytrichum formosum* (Galio-Fagetum polytrichetosum oder auch G.-F. luzuletosum bzw. G.-F. maianthemetosum genannt; Tüxen 1954, Rödel 1970, Sissingh 1970, Dierschke 1985, Müller 1992c) vermittelt standörtlich und floristisch zu den Buchen-Wäldern stark saurer Böden. Die Oberböden der von Beständen dieser Gesellschaft besiedelten Braun- oder Parabraunerden sind mit pH(H_2O)-Werten unter 4 (oftmals auch unter 3,5) bereits stärker versauert und weisen Moder-Humusformen auf. Dies bedeutet, dass die jährlich anfallende Laubstreu nicht binnen eines Jahres mineralisiert wird, sondern im Verlauf mehrerer Jahre zu einem mehrere Zentimeter mächtigen Humuspacket akkumulieren kann. In der Feldschicht treten Säurezeiger mit einer mehr oder minder hohen Deckung hervor (Tab. 17).

Neben den genannten Untereinheiten, die in Waldmeister-Buchen-Wäldern eine trophische Reihe bilden, können auch besondere Relief- oder Expositionsbedingungen spezifische Standortsqualitäten bedingen. Auch diese äußern sich in der Präsenz charakteristischer Arten oder Artengruppen, die somit als Indikatoren entsprechender Relief- oder Expositionsbedingungen und damit auch als Differentialarten eigener Untereinheiten von Waldmeister-Buchen-Wäldern dienen können. Mitunter wird ihr synsystematischer Rang (als Subassoziation oder Variante) unterschiedlich beurteilt, so dass im Folgenden diese Einheiten rangneutral als Ausbildungen von Waldmeister-Buchen-Wäldern vorgestellt werden.

Farbtafeln S. 131 u. 132

Abb. 84 Hochlagenfichtenwald (Calamagrostio-Piceetum) der hochmontanen Stufe in den Beskiden (südl. von Krakau). In der Bodenvegetation dominieren Farne und Zwergsträucher (zu S. 195).

Abb. 92 Kalk-Trockenkiefernwälder (Calamagrostio-Pinetum) des Verbandes Erico-Pinion: a) auf einem Rutschhang aus Molasse in der Ammerschlucht bei Böbing (Lkr. Weilheim-Schongau); b) auf einer Kalk-Paternia im Alpenvorland aus der Pupplinger Au; im Vordergrund Bestände mit *Calamagrostis varia* (zu S. 211).

Abb. 94 Kiefernforst mit aufkommendem Buchenjungwuchs im Müritz-Nationalpark. In der weiteren Entwicklung wird die Wald-Kiefer (*Pinus sylvestris*) vollständig von der Buche (*Fagus sylvatica*) verdrängt werden (zu S. 214).

84

92a

92b

G.-F., Ausbildung mit *Festuca altissima*

Zu den physiognomisch besonders auffälligen *Fagion*-Gesellschaften zählen Waldmeister-Buchen-Wälder auf Moderstandorten, in deren Feldschicht der Wald-Schwingel (*Festuca altissima*) vorherrscht oder zumindest höhere Deckungsanteile erlangt (Festuca altissima-Ausbildung des Galio-Fagetum, Abb. 58, S. 74). Ihre floristische wie standörtliche Eigenart führte mehrfach zur Beschreibung als eigene Fazies (z. B. *Festuca altissima*-Fazies der bereits genannten Subassoziationen), als Subassoziation (Tüxen 1937, Sougnez & Thill 1959, Müller 1989, 1992c) oder gar Assoziation („Festuco-Fagetum", Samek & Javúrek 1964, Passarge & Hofmann 1968a).

Trophisch ähneln sie den Beständen des G.-F. typicum und G.-F. polytrichetosum. Standörtlich kennzeichnend sind dicke Moderauflagen von bis zu über 5 cm Mächtigkeit, die dem Wald-Schwingel als Substrat dienen und von diesem intensiv durchwurzelt werden. Solche Standortsbedingungen sind für manche Gebiete der Mittelgebirge, insbesondere aber für die baltische Jungmoräne charakteristisch (Lötschert 1963, Hartmann & Jahn 1967, 1993, von Glahn 1969) und entstehen besonders an geneigten, schattig-luftfeuchten Hängen (in NW-, N- bis E-Exposition), in Mulden oder hinter Geländekanten. Bei der Akkumulation der Streu sind meist mehrere Faktoren beteiligt: Einmal kann das von windexponierten Hangpartien fortgewirbelte Falllaub in Lee-Lagen deponiert und dort von *Festuca altissima* besiedelt werden. Desweiteren tragen die bis zu einem Meter hohen und überwiegend wintergrünen Horste aktiv zu einer Laubansammlung bei, so dass sich das Gras schließlich selbst einen günstigen Wuchsraum schafft (Dierschke 1989a). Darüber hinaus vermögen dicht geschlossene *Festuca*-Herden selbst windexponierte Standorte zu besiedeln (Rühl 1957, Lötschert 1963), indem sie aus den Lee- in die Luv-Bereiche vordringen. Durch die bis zu einem Meter hohen Horste werden auch im Winterhalbjahr Laubauswehungen weitgehend unterbunden; das Laub akkumuliert so langfristig. Wie Untersuchungen zur Feinwurzelverteilung des Wald-Schwingels zeigen, konzentrieren sich diese besonders in den Fermentationshorizonten der Auflagen (O_f-Horizonte; Härdtle 1995a); hier befindet sich zugleich der Lebensraum einer die Entwicklung des Wald-Schwingels fördernden Bodenflora. Es verwundert daher nicht, dass Lötschert (1963) bei vergleichenden Untersuchungen in baltischen Waldmeister-Buchen-Wäldern als Ausdruck einer hohen Bodenatmung in der Rhizosphäre des Wald-Schwingels maximale CO_2-Abgaberaten feststellte.

Im **Mittelgebirgsraum** besiedelt der Wald-Schwingel auch steile, schattig-luftfeuchte und mitunter steinig-felsige (skelettreiche) Hangbereiche, denen nicht selten die Streuauflage fehlt (Oberdorfer 1957, Lohmeyer 1962, Hartmann & Jahn 1967, Dierschke 1989a). Solche Standorte lassen sich daher nur in lokalklimatischer, nicht aber in edaphisch-profilmorphologischer Sicht mit den Verhältnissen in Moränenlandschaften Norddeutschlands vergleichen. Auch die *Abies alba*-reichen Waldschwingel-Tannen-Kalkbuchenwälder Süddeutschlands haben – bis auf die Präsenz des Wald-Schwingels in der Feld- und der Buche in der Baumschicht – mit den oben beschriebenen Waldschwingel-Waldmeister-Buchen-Wäldern weder floristische noch standörtliche Gemeinsamkeiten.

G.-F., Ausbildung mit *Gymnocarpium dryopteris*

In Waldmeister-Buchen-Wäldern können an steilen Schatthängen mit luftfeuchtem Klima dichte Herden verschiedener Waldfarne auftreten (Tab. 17), die häufig als Eichenfarn-Waldmeister-Buchen-Wälder bezeichnet werden (Galio-Fagetum, **Ausbildung mit *Gymnocarpium dryopteris*** oder G.-F. dryopteridetosum; Müller 1992c). Für diese Ausbildungen sind folgende Standortsfaktoren bezeichnend:

Zunächst benötigen die hygro- bis mesomorphen Farne ein **luftfeuchtes Bestandesklima**, das vorwiegend an absonnigen, also NE-, N- oder NW-exponierten Hängen anzutreffen ist. In dieser Hinsicht ähneln die Wuchsbedingungen jenen der Waldschwingel-Buchen-Wälder, so dass Farn- und Waldschwingelherden nicht selten in engem Kontakt vorkommen oder gar miteinander verzahnt sind. Grundsätzlich sind die Farnarten aber austrocknungsempfindlicher als die gegen Wasserverlust gut geschützten, weil oft windexponiert stehenden derben Blätter des Wald-Schwingels.

Nach Untersuchungen von Hartmann et al. (1959) in montanen Farn-Buchen-Wäldern des Harzes wird dort der Boden selten oder gar nicht von direkter Sonnenstrahlung getroffen.

Dadurch bleibt die Bestandestemperatur im Tagesgang etwa um 1 bis 2 °C unter jener von Südosthängen. Zugleich sinkt die relative Luftfeuchte im Farn-Buchen-Wald im Tagesverlauf meist nicht unter 60 %, während sie am Südosthang Werte um 40 % erreichen kann (Tagesgang-Messungen von HARTMANN et al. (1959) in 40 cm Höhe über dem Waldboden während Schönwetterlagen). Daraus ist zu schließen, dass die Transpirationsbeanspruchung der Kräuter im Farn-Buchen-Wald gering ist.

In Farn-Buchen-Wäldern bestehen trotz ausbleibender direkter Besonnung nicht ganz ungünstige **Lichtbedingungen**. Nach LUNDEGÅRDH (1954) entwickeln sich Farnherden besonders in lichteren Altholzbeständen, in denen das Lichtangebot im Bestandesinneren immerhin 5 bis 25 % der Freilandhelligkeit erreicht. Zudem zeigen Farnherden eine gewisse **Oberbodenfrische** an, so dass diese oft auch an Bestände des Galio-Fagetum circaeetosum gebunden sind. Nach Messungen von HEINKEN (1995) treten in bodensauren Buchen-Wäldern *Dryopteris*-Varianten unter bodenfrischen Bedingungen und bei einem Lichtangebot auf, das zwischen 2,0 und 2,9 % der Freilandhelligkeit beträgt (Mittelwerte bei Extremwerten zwischen 0,9 und 6,4 %). Kennzeichnend ist, dass in Farn-Buchen-Wäldern die Boden-Feuchtigkeitsverhältnisse über das ganze Jahr besonders ausgeglichen sind. So wies ELLENBERG (1939) nach, dass die Oberböden dieses Waldtyps im Jahresverlauf nie übermäßig nass waren, zugleich aber auch ihre Saugspannung einen Wert von 2 atm nie überschritt. Im Vergleich dazu kann die Saugspannung auf Gleyen nasser Eichen-Hainbuchen-Wälder im Wurzelhorizont der Feldschicht über 6 atm betragen, wenn im Sommer der Grundwasserspiegel infolge einer hohen Evapotranspiration stärker absinkt.

Für eine Entwicklung der Farnprothallien ist zudem eine gewisse **Basenarmut** des Oberbodens und die damit verbundene Bildung von Moderauflagen förderlich (ELLENBERG 1996). Untersuchungen von LINDQUIST (1931, Südschweden) und DIEMONT (1938, Teutoburger Wald, Leine-Weserbergland) in Farn-Buchen-Wäldern belegen, dass der pH(H_2O)-Wert im Oberboden (A_h-Horizont) einen Betrag von 5,6 kaum übersteigt und im Mittel zwischen 4,4 und 4,8 liegt. ELLENBERG (1939) stellte fest, dass der pH des Oberbodens (in wässriger Lösung) unter einem Farn-Buchenmischwald im südlichen Niedersachsen monatelang unter 4 blieb, im Jahresverlauf aber stets über den in Rohhumusböden feststellbaren Werten lag.

5.3.4 Buchen-Wälder stark saurer Böden (Drahtschmielen- und Hainsimsen-Buchen-Wälder)

Alle auf stark sauren Böden vorkommenden Buchen-Wälder Mitteleuropas werden im Verband **Luzulo-Fagion** zusammengefasst. Zu ihnen gehören die Drahtschmielen-Buchen-Wälder des nordmitteleuropäischen Tieflandes, die nach der in der in der Feldschicht vorherrschenden Draht-Schmiele (*Deschampsia flexuosa = Avenella flexuosa*) häufig als Deschampsio- oder Avenello-Fagetum bezeichnet werden (MARKGRAF 1927, PASSARGE 1956, 1958, SCHRETZENMAYR 1967, MATUSZKIEWICZ & MATUSZKIEWICZ 1973, OBERDORFER 1984, MÜLLER 1991, POTT 1992b, 1995, PALLAS 2000). Für die entsprechenden Wälder der Mittelgebirge ist – in Anbetracht der in der Feldschicht vorkommenden Schmalblättrige Hainsimse (*Luzula luzuloides*) – der Name Hainsimsen-Buchenwald (Luzulo-Fagetum) gebräuchlich (Abb. 59 u. 60, S. 75). Die Buchen-Wälder stark saurer Böden haben mit den meso- bis eutraphenten Buchenwald-Gesellschaften (Kap. 5.3.1 bis 5.3.3) nur wenige floristische und bodenökologische Gemeinsamkeiten.

Das wohl einzige Merkmal, das diese Wälder miteinander verbindet, ist eine durch die Vorherrschaft der Buche bedingte Physiognomie. Denn auch auf stark sauren Böden vermag die Rot-Buche ein mehr oder minder geschlossenes Kronendach zu bilden, unter dem sich Licht bedürftigere Hölzer nur mäßig oder gar nicht entwickeln. Nur wenige Baumarten beteiligen sich am Aufbau der Baumschicht. Als Mischhölzer kommen im Tiefland die Stiel-Eiche, seltener auch die Trauben-Eiche vor, im Mittelgebirge die Trauben-Eiche, die Tanne und die Fichte. Wie später noch gezeigt wird, beeinflussen vor allem lokalklimatische Parameter die Anteile der genannten Mischbaumarten.

Darüber hinaus ist das Baumartengefüge in bodensauren Buchen-Wäldern vielfach stark nutzungsgeprägt: Einerseits degradieren stark saure Böden unter einer Streuentnahme wesentlich rascher als Mull-Böden, da die für Pflanzen verfügbaren Nährstoffe auf bodensauren Standorten nahezu ausschließlich in den organischen Auflagen gespeichert sind.

Andererseits hatten der Bedeutungsverlust des Buchenholzes als Brennstoff mit fortschreitender Industrialisierung und die Umstellung bäuerlicher Viehwirtschaft von Waldweide auf Stallhaltung im 19. Jahrhundert zur Folge, dass vor allem bodensaure Buchenstandorte großflächig mit Nadelhölzern aufgeforstet wurden (HARTMANN & JAHN 1967; siehe Kap. 9.3.3, S. 201). Von dieser Nutzungsänderung waren bodensaure Standorte insofern stärker betroffen, als sich Kalkböden für einen Anbau der Nadelhölzer weniger eigneten (MAYER 1984). Unter den eingebrachten Nadelhölzern dominierte vor allem die Fichte (*Picea abies*), die auf entsprechenden Böden höhere Zuwachsleistungen als die Buche bei gleichem oder sogar höherem Festmeterpreis erbrachte. Von einer „Verfichtung" (ELLENBERG 1996) waren besonders die östlichen Mittelgebirge betroffen, namentlich das Erz- und das Fichtelgebirge und die Sudeten. Aber auch in den übrigen Mittelgebirgen und im Tiefland haben Fichten-Monokulturen die Buchen-Wälder mitunter vollständig ersetzt. Da sich viele dieser Wirtschaftswälder – selbst in Anwesenheit der Buche – natürlich verjüngen, dürfte sich die Fichte auch ohne forstliches Zutun künftig behaupten und somit zu einem Bestandteil der potentiellen natürlichen Vegetation geworden sein (DIERSCHKE 1982a).

Wie es für Hallenwälder charakteristisch ist, bleibt die **Strauchschicht** der bodensauren Buchen-Wälder artenarm. Sie besteht überwiegend aus Buchen- und, je nach Wuchsgebiet, auch Tannen- und Fichtenjungwuchs. In lichteren Bereichen, zum Beispiel unter Kronenlücken, können überdies die Vogelbeere (*Sorbus aucuparia*) oder die Hänge-Birke (*Betula pendula*) auftreten.

Im Gegensatz zu den meso- und eutraphenten Buchen-Wäldern dominieren in der Feldschicht der Drahtschmielen- und Hainsimsen-Buchen-Wälder azidotolerante Sippen, während die anspruchsvollen Fagetalia-Arten fehlen. Der wichtigste Faktor, der diese Artenverschiebung bewirkt, ist die mit der Bodenazidität eng verbundene Qualität der **Stickstoffversorgung**, die in alkalischen und schwach sauren Böden aus Nitrat-, in stark sauren Böden allerdings vorwiegend aus Ammoniumstickstoff besteht.

Die für Waldgersten- und Waldmeister-Buchen-Wälder typischen anspruchsvollen Fagetalia-Arten präferieren eine reine Nitratversorgung, während die in bodensauren Buchen-Wäldern vorkommenden krautigen Pflanzen eine Ammonium-Nitrat- oder sogar eine reine Ammoniumversorgung tolerieren. Insgesamt erweisen sich die Buchen-Wälder stark saurer Böden als artenarm. Ihre Artenzahlen liegen nach verschiedenen Quellen meist zwischen 10 und 25 (pro 100 m^2).

In Mitteleuropa treten Rot-Buchen-Wälder des Verbandes Luzulo-Fagion auf unterschiedlichen Böden auf. Besonders häufig sind sie auf basenarmen Braun- und Parabraunerden anzutreffen, die auf nährstoffärmsten Substraten zu Podsol-Braun- beziehungsweise Podsol-Parabraunerden weiterentwickelt sind. Besonders in frischen Lagen, zum Beispiel in Geländemulden oder an Unterhängen, können diese durch Stauwassereinfluss pseudovergleyt sein. Typische Ausgangsgesteine im Mittelgebirge sind vor allem basenarme Silikatgesteine wie Gneise, Granite, Grauwacken, Schiefer und Sandsteine. In den Moränenlandschaften Norddeutschlands treten sie auf Geschiebelehmen und -sanden auf, in der Jungmoräne vorwiegend im Stauch- und Endmoränenbereich.

Bezeichnend sind Moder-Humusformen, auf nährstoffärmsten Böden auch Rohhumus. Azidophile Buchen-Wälder des Luzulo-Fagion werden daher oft auch als „Sauerhumus-" oder „Moderbuchenwälder" bezeichnet (DIERSCHKE 1985, ELLENBERG 1996).

Im Profil der unter Moderbuchenwäldern entwickelten Böden besteht tiefenabhängig ein ausgeprägter **pH-Gradient**, der mit Werten um 3,5 bis 4,0 (in wässriger Lösung) in den Auflagen ($O_{f/h}$) oder den obersten Schichten des Mineralbodens (A_h) ein Minimum erreicht und profilabwärts auf Werte zwischen 4 und 5 ansteigt (HÄRDTLE 1995a, HEINKEN 1995). Dieses pH-Minimum geht in der Regel mit einem Maximum der Feinwurzeldichte einher, da Pflanzenwurzeln zur Aufnahme von Alkali- und Erdalkali-Ionen (K^+, Mg^{2+}, Ca^{2+}) im Austausch Protonen (H^+-Ionen) an ihre Umgebung abgeben. Betrachtet man Bodenprofile unter Moderbuchenwäldern, so zeigt sich, dass die Hauptmasse der Feinwurzeln – insbesondere die der Bäume – sich in den organischen Auflagehorizonten und dort überwiegend im O_h-Horizont konzentrieren. Im Moder ist die Mineralstickstoff-Nachlieferung gerade im O_f (Fermentationshorizont) und O_h (Humifizierungshorizont) besonders hoch und sinkt im Mineralboden mit zunehmender Tiefe ab (BENNERT 1973). Dies lässt sich einerseits durch direkte Messungen der N_{min}-Nachlieferung, andererseits anhand der C/N-Quotienten nachweisen; die C/N-Quotienten sind im Moder in den Fermentations- und Humifizierungshorizonten besonders eng. Sie erreichen in O_h-Horizonten Werte um 20 gegenüber 21 und 25 in O_f- bzw. A_{eh}-Horizonten (Härdtle 1995a). Somit nimmt offensichtlich besonders die Stickstoffnachlieferung Einfluss auf die Verteilung der Feinwurzeln im Boden (vgl. Bogner 1966, Göttsche 1972).

Trotz niedriger pH-Werte liegt die Stickstoffversorgung von Moderbuchenwäldern etwa in derselben Größenordnung wie die von Buchenwaldgesellschaften basenreicher Standorte (Tab. 9). Allerdings ist der Nitrifikationsgrad (Maß der Umwandlung von Ammonium zu Nitrat; Bücking 1972), an Standorten der bodensauren Buchen-Wälder gering. Nach Runge (1974) erreicht er im O_f-Horizont von Moderbuchenwäldern Werte zwischen 0 und 19 % und kann im O_h-Horizont auf 76 % im Jahresdurchschnitt ansteigen (Tab. 9). In Mull-Buchen-Wäldern betragen sie dagegen nahezu immer 100 %. Ursache der geringen Nitrifikationsrate sind niedrige Boden-pH-Werte, bei denen die Tätigkeit chemoautotropher Bakterien als Hauptnitrifikanten gehemmt wird (Weber & Gainey 1962). Die Überlegenheit überwiegend Ammoniumstickstoff verwertender Pflanzen auf stark sauren Böden wird damit verständlich. Selbst wenn das Ammonium-Angebot im Boden den pflanzlichen Bedarf übersteigt, können im stark sauren Milieu nur solche Arten zur Entwicklung kommen, die für ihr Wachstum Nitrat-Stickstoff nicht unbedingt benötigen (Bennert 1973). Zu ihnen gehören nach Bogner (1966) unter anderem die Draht-Schmiele (*Deschampsia flexuosa*), die Heidelbeere (*Vaccinium myrtillus*) und die Besenheide (*Calluna vulgaris*). Das Sproßwachstum der beiden zuletzt genannten Arten wird bei einer reinen Nitratversorgung sogar gehemmt, da ihnen das zur Nitrat-Verwertung notwendige Enzym Nitratreduktase fehlt (Lee et al. 1975). Bei der Draht-Schmiele kann zumindest das Wurzelwachstum durch ein zusätzliches Nitrat-Angebot günstig beeinflusst werden (Bogner 1966).

Da die Rot-Buche in der Lage ist, Nitrat- und Ammoniumstickstoff gleichermaßen zu verwerten, ist für ihre Wüchsigkeit nicht die Qualität, sondern lediglich die Gesamtmenge des für ihr Wachstum zur Verfügung stehenden N_{min} entscheidend. Dadurch erklärt sich, dass *Fagus sylvatica* in Waldgersten-, Waldmeister- und bodensauren Buchen-Wäldern ähnliche Wuchsleistungen erbringt, die Feldschicht dieser Waldgesellschaften aber ein deutliches Artengefälle aufweist. Ein solcher Vergleich ist allerdings nur dann zulässig, wenn in der Wasserversorgung der betrachteten Standortsreihe keine Unterschiede bestehen.

Da Moderbuchenwälder im Mittelpunkt des bisher umfassendsten Projektes zur Erforschung von Land-Ökosystemen standen („Sollingprojekt" der Deutschen Forschungsgemeinschaft; Ellenberg 1971, Ellenberg et al. 1986), liegen für diese besonders detaillierte Erkenntnisse über Nährstoffkreisläufe und Energiehaushalt vor.

Bodensaure Buchen-Wälder des Verbandes Luzulo-Fagion sind im gesamten Areal der Rot-Buche verbreitet und in Gebieten mit basenarmen Silikatgesteinen die vorherrschende Waldgesellschaft. In Mitteleuropa lassen sich außerhalb des Alpenraumes **drei wichtige Gruppen azidophiler Rot-Buchen-Wälder** (Moderbuchenwälder) unterscheiden:

1. **Nordmitteleuropäisch-planare Moderbuchenwälder** des Tieflandes sind für Altmoränenlandschaften Nordwestmitteleuropas und das baltische Jungmoränengebiet charakteristisch. Für diese Wälder existieren neben der Bezeichnung „Drahtschmielen-Buchenwald" (Deschampsio-Fagetum) weitere Namen, die zum Teil gleichbedeutend sind (z. B. Luzulo pilosae-Fagetum, Matuszkiewicz & Matuszkiewicz 1973). Zum Teil beziehen anderweitige Bezeichnungen aber auch bodensaure Buchen-Eichen-Mischwälder mit ein und beschreiben somit zum Quercion roboris vermittelnde Einheiten (z. B. Periclymeno-Fagetum, Passarge 1957; Carici piluliferae-Fagetum, Scamoni 1960, Passarge & Hofmann 1968a, Jahn 1979c).
2. Die **kollin-submontanen Moderbuchenwälder** der Mittelgebirge entsprechen floristisch und bodenökologisch denen des Tieflandes (Heinken 1994, 1995), sie werden aber nach der in ihnen vorkommenden und im Tiefland fehlenden Hainsimse (*Luzula luzuloides*) als Hainsimsen-Buchen-Wälder (Luzulo-Fagetum) bezeichnet. In dieser Höhenstufe kann bei Vorherrschaft der Rot-Buche auch die Trauben-Eiche (*Quercus petraea*) beigemischt sein. Solche Eichen-Buchen-Mischwälder wurden früher als „Luzulo-Querco-Fagetum" oder auch als „Melampyro-Fagetum" bezeichnet

(Hartmann & Jahn 1967, Oberdorfer 1957). Der Name „Wachtelweizen-Buchenwald“ lässt erkennen, dass bereits ein geringer Eichenanteil das Lichtklima im Inneren der sonst dunklen Hallenbuchenwälder verbessert und infolge dessen Lichtzeiger wie Wiesen-Wachtelweizen (*Melampyrum pratense*) oder andere „Eichen-Begleiter“ auftreten können (Tab. 25).

3. **Montan-hochmontane Moderbuchenwälder** weisen infolge ihrer Höhenlage einen mehr oder minder großen natürlichen Nadelholzanteil auf (Tannen-Fichten-Buchen-Wälder). Sie werden teils dem Luzulo-Fagetum (Müller 1992c), teils aber auch anderen Gesellschaften zugeordnet. Die Waldgesellschaften der montan-hochmontanen Moderbuchenwälder wurden von Ellenberg & Klötzli (1972) in der Schweiz untersucht und als Luzulo sylvaticae-Fagetum bezeichnet (Zimmerli & Schütz 1995).

In den Silikatgebirgen des herzynischen Bogens findet man in den höheren Lagen der Montanstufe (vielfach in einer Übergangszone zu den borealen Fichten-Wäldern der Kammlagen, siehe Kap. 9.3.2), Mischbestände aus Rot-Buche und Fichte; diese weisen einen sehr artenarmen, vom Wolligen Reitgras (*Calamagrostis villosa*) dominierten Unterwuchs auf. Sie wurden aus dem böhmischen Adlergebirge als Calamagrostio villosae-Fagetum beschrieben und sind auch im Böhmerwald häufig (Seibert 1992b). Dieser Vegetationstyp zeichnet sich durch einen hohen Fichtenanteil und durch das Fehlen der Moosarten aus, die für das Calamagrostio-Piceetum bezeichnend sind (siehe Kap. 9). Floristisch und ökologisch vermittelt diese Gesellschaft zwischen Waldgesellschaften des Luzulo-Fagion einerseits und des Piceion andererseits.

Die **Dynamik der Moderbuchenwälder** entspricht im Grundsatz der in Kapitel 5.2 gegebenen Beschreibung. Im Vergleich zu den meso- und eutraphenten Buchenwaldgesellschaften treten im natürlichen Entwicklungszyklus der Moderbuchenwälder andere Zwischenholzarten auf. Einen Einblick in deren Entwicklungsdynamik geben beispielsweise Flächen, die durch Windwurf freigestellt wurden. In der Regel bilden die Vogelbeere (*Sorbus aucuparia*) oder die Hänge-Birke (*Betula pendula*) bereits nach wenigen Jahren ein Vorwaldstadium, in dem auch Brombeeren (*Rubus fruticosus* agg.), die Himbeere (*Rubus idaeus*) und der Faulbaum (*Frangula alnus*) beteiligt sein können. Sofern der Samendruck der Buche ausreicht und Keimungsbedingungen günstig sind, kann die Rot-Buche bereits wenige Jahrzehnte alte Vorwaldstadien wieder besiedeln.

Moderbuchenwälder lassen sich in verschiedene **Untereinheiten** gliedern, die trophische, hydrologische, expositionsbedingte oder arealgeographische Standortsunterschiede zum Ausdruck bringen. Etliche der bislang beschriebenen Subassoziationen, Ausbildungen und Varianten weisen eine begrenzte Verbreitung auf und sind demzufolge nur von regionaler Bedeutung. Im Folgenden werden nur solche Untereinheiten der Moderbuchenwälder betrachtet, die im Gesamtverbreitungsgebiet (Tiefland und Mittelgebirge) vorkommen und häufig sind.

Eine ökologische Reihe, die Trophieunterschiede an Standorten der Moderbuchenwälder beschreibt, bilden drei Subassoziationen:

Subassoziation mit *Milium effusum*

Die Subassoziation mit *Milium effusum* (Flattergras-Hainsimsen-Buchen-Wälder, Luzulo-Fagetum milietosum, teils auch als Luzulo-Fagetum galietosum odorati bezeichnet; Tab. 18) vermittelt floristisch und standörtlich zu Waldmeister-Buchen-Wäldern und zeigt innerhalb der Moderbuchenwälder die am besten Basen versorgten Standorte an (Rödel 1970, Bohn 1981, Müller 1992c, Heinken 1995). Ihre Böden sind weniger stark versauert und weisen als Humusform mullartigen Moder oder feinhumusreiche, biologisch aktive Moderformen auf. Gleichzeitig tritt ein vergleichsweise mächtiger A_h-Horizont (um 10 cm) auf, der meistens keine oder allenfalls schwache Podsolierungsmerkmale zeigt (Härdtle 1995a, Heinken 1995). Solche Böden finden sich im Tiefland auf Geschiebelehmen oder buntmineralreicheren Geschiebesanden, im Hügel- und Bergland auf Kolluvien, auf mäßig basenreichen Gesteinen (z. B. Sandsteine, Gneise) oder entkalkten Lössdecken (Krause & Trautmann 1970, Dierschke 1985, Burrichter et al. 1988).

Oftmals mit Beständen des Luzulo-Fagetum milietosum verzahnt sind Moderbuchenwälder, in deren Bodenvegetation ausschließlich mesotraphente Arten dominieren, so zum Beispiel das Wald-Flattergras (*Milium effusum*) oder der Wald-Sauerklee (*Oxalis acetosella*). Solche Wälder sind im Tiefland vorwiegend

Tab. 18 Ökologisch-floristische Gliederung der Moderbuchenwälder *(Deschampsio-* bzw. *Luzulo-Fagetum)*

Name der		ökologische Charakteristik der		bezeichnende Arten der	
Subassoziation	**Variante**	**Subassoziation**	**Variante**	**Subassoziation**	**Variante**
milietosum	Typische Variante	mäßig basenarm, mäßig sauer (zum *Galio-Fagetum* vermittelnd)	mäßig trocken	vorwiegend Trennart in den süddeutschen Mittelgebirgen Gewöhnlicher Wurmfarn *(Dryopterix-filismas)*, Wald-Veilchen *(Viola reichenbachiana)*, Wald-Segge *(Carex sylvatica)*	keine eigenen Trennarten
	Athyrium-Variante		mäßig frisch bis frisch		Gewöhnlicher Frauenfarn *(Athyrium filix-femina*, Rasen-Schmiele *(Deschampsia cespitosa)*, Flatter-Binse *(Juncus effusus)*
typicum	Typische Variante	basenarm, sauer	mäßig trocken	keine eigenen Trennarten	keine eigenen Trennarten
	Athyrium-Variante		mäßig frisch bis frisch		s.o.
leucobryetosum	Typische Variante	sehr basenarm, stark sauer	mäßig trocken	Weißmoos *(Leucobryum glaucum)*, Besen-Gabelzahnmoos *(Dicranum scoparium)*, Besen-Heide *(Calluna vulgaris)*, Heidelbeere *(Vaccinium myrtillus)*, Gewöhnliche Säulenflechte *(Cladonia coniocraea)*, Echte Becherflechte *(C. chlorophaea* agg.), Finger-Becherflechte *(C. digitata)*	keine eigenen Trennarten
	Athyrium-Variante		mäßig frisch bis frisch		s.o.

auf saaleeiszeichtlichen Geschiebelehmen, aber auch im Berg- und Hügelland auf Kolluvien oder lössreichen Böden verbreitet. Ihrer Artenausstattung gemäß wurden sie als Flattergras- oder Sauerklee-Buchen-Wälder beschrieben (*Oxalis-Milium*-Buchenwald, Milio-Fagetum, Oxalido-Fagetum; Hesmer & Schröder 1963, Trautmann 1972, Trautmann et al. 1973, Burrichter & Wittig 1977, Jahn 1979b, Krause & Schröder 1979, Bohn 1981, von Glahn 1981, Rückert & Wittig 1984). Ökologisch kennzeichnend ist, dass sie in trophischer Hinsicht eine Mittelstellung zwischen Waldmeister-Buchen-Wäldern (Galio odorati-Fagetum) einerseits und Moderbuchenwäldern (Luzulo-Fagetum) andererseits einnehmen. In der von *Milium effusum* oder *Oxalis acetosella* dominierten Feldschicht können sich demgemäß mit geringen Deckungsanteilen Sippen mischen, die entweder in Fagetalia- oder in Quercetalia-Gesellschaften Vorkommensschwerpunkte haben. Die soziologische „Zwischenstellung" der Flattergras-Buchen-Wälder spiegelt sich auch in profilmorphologischen und bodenchemischen Merkmalen wider: Als Humusformen überwiegen mullartiger und typischer Moder, und die pH- und C/N-Werte liegen zwischen den für Waldmeister- beziehungsweise Moderbuchenwäldern charakteristischen Bandbreiten (Härdtle 1995b, Heinken 1995).

Typische Subassoziation

Eine weite Verbreitung zeigen Moderbuchenwälder, deren Krautschicht auffallend artenarm (ca. 10 Arten pro 100 m^2) ist und teilweise von nur wenigen Pflanzenindividuen aufgebaut wird. Besonders bei dichtem Kronenschluss und zur Austrocknung neigenden Oberböden kann eine Krautschicht völlig fehlen. Solche Bestände, die keine eigenen Trennarten aufweisen werden der Typischen Subassoziation (*Luzulo-Fagetum typicum*) zugeordnet. Sie sind im Tiefland und im Mittelgebirge weit verbreitet und treten vorwiegend auf oligotrophen, mittel- bis tiefgründigen, sandigen bis lehmigen Braun- und Parabraunerden auf (TÜXEN 1954, JAHN et al. 1967, DIERSCHKE 1985, HOFMEISTER 1990, MÜLLER 1992c).

Subassoziation mit *Leucobryum glaucum*
Meist nur kleinräumig entwickelt, aber weit verbreitet sind extreme Aushagerungsformen der Moderbuchenwälder. Sie entstehen unter besonderen Relief- oder Geländebedingungen, zum Beispiel auf exponierten Kuppen, Kanten, Hangrippen oder an Waldrändern, wo herbstliches Falllaub vom Wind weggetragen wird. Da sich in Moderbuchenwäldern die Pflanzen verfügbaren Nährstoffe überwiegend in den Auflagen konzentrieren, kommt es durch Laubauswehung zu einer raschen Oberbodenversauerung und Nährstoffverarmung. In der Regel ist die Aushagerung des Oberbodens so weit fortgeschritten, dass selbst mäßig anspruchsvolle Sippen fehlen (Tab. 18).

Da eine Förna (Streu, weitgehend unzersetzt) nicht vorhanden ist und durch den Einfluss des Windes wechseltrockene Verhältnisse bestehen, werden vor allem Kryptogamen gefördert. In Tabelle 18 sind die bezeichnenden Moosarten aufgeführt, die am Waldboden solcher Bestände größere Polster bilden und die als Säure- und teilweise auch Wechseltrockniszeiger gelten (PHILIPPI 1966, CHALON et al. 1977, ELLENBERG et al. 1991).

Die betrachteten Bestände lassen sich der Subassoziation mit *Leucobryum glaucum* zuordnen (Luzulo-Fagetum leucobryetosum; JAHN 1979a/b, DIERSCHKE 1985, GÖNNERT 1989, HEINKEN 1995). Die von Moosen geprägte Physiognomie der Bodenvegetation führte öfters zu einer Beschreibung der „Moos-Moderbuchenwälder" als eigenständiger Gesellschaft (JESCHKE 1964, HOFMANN 1965, SCAMONI 1975, PASSARGE 1966a/b, PASSARGE & HOFMANN 1968a, PASSARGE 1984). Da neben poikilohydren Arten auch Ericaceen an Wind bedingte Wasserverluste gut angepasst sind (WILMANNS 1993), kann die Bodenvegetation überdies mehr oder minder große Vorkommen der Besenheide (*Calluna vulgaris*) oder der Heidelbeere (*Vaccinium myrtillus*) aufweisen (DIERSCHKE 1985, MÜLLER 1992c). Mit wachsender Bodentrocknis gewinnen Flechten in der Bodenvegetation an Bedeutung (z. B. *Cladonia coniocraea*, *C. chlorophaea* agg., *C. digitata*; HEINKEN 1995). So sind an Stelle der „Moos-Moderbuchenwälder" im ostmitteleuropäischen Raum häufig „Flechten-Moderbuchenwälder" entwickelt, da ein subkontinentales Klima während der Vegetationsperiode zu einer verstärkten Bodentrockenheit führen kann (TÜXEN 1954, GERLACH 1970, W. &. A. MATUSZKIEWICZ 1973, HOFMEISTER 1990).

Wie Untersuchungen von CELINSKI & WIKA (1977) zeigen, wirkt Laubverlagerung durch Wind bodenversauernd und wird zusätzlich von einigen weiteren, die Bodenentwicklung ebenfalls ungünstig beeinflussenden Faktoren begleitet. Meist trocknen die Oberböden solcher Standorte mehr oder minder häufig und intensiv aus; die bakterielle Mineralisationstätigkeit wird so gehemmt (ALEXANDER 1961). Darüber hinaus werden austrocknungsgefährdete Böden von vielen Anneliden und Arthropoden, die maßgeblich am Ab- und Umbau der organischen Substanz beteiligt sind, nicht besiedelt (ZUCK 1952). Infolgedessen sind viele Waldböden an windoffenen Standorten verdichtet; die Bodenverdichtung wiederum beeinflusst den Wasserhaushalt ungünstig. Besonders der Versickerungsvorgang verzögert sich auf Böden mit geringer biologischer Aktivität, da Grobporen wie Regenwurmgänge zur Aufnahme des Niederschlagswassers fehlen. Messungen von GONSCHORREK (1977) zeigen, dass Niederschlagswasser im Vergleich zu Böden mit gut entwickelter Bodenfauna hier etwa um das 25fache langsamer versickert.

Als Folge der mit einem kontinuierlichen Laubaustrag herbeigeführten Versauerung weisen die meisten Böden unter Moos-Moderbuchenwäldern **Podsolierungsmerkmale** auf. Als Bodentypen sind vorwiegend podsolige oder Podsol-Braun- und Parabraunerden, selten auch Podsole entwickelt. Wie vergleichende Bodenuntersuchungen von GÖNNERT (1989), HEINKEN (1995) und HÄRDTLE (1995a) in Norddeutschland zeigen, stocken die Bestände des Luzulo-Fagetum leucobryetosum auf besonders stark versauerten Standorten. Die pH-Werte des Oberbodens liegen dort durchweg im so genannten Eisen-Pufferbereich, so dass die in wässriger Lösung ermittelten pH-Werte um 3,5, in schleswig-holsteinischen Beständen sogar unter 3 betragen. Demzufolge stimmen viele Moderbuchenwälder in bodenchemischen und profilmorphologischen Merkmalen mit den bodensauren Eichen-Mischwäldern überein (Abb. 70, siehe S. 167). Die Rot-Buche ist somit nicht – wie früher oftmals angenommen – Zeiger für nur mäßig versauerte Böden (Härdtle et al. 1996).

In Norddeutschland ist die häufige Präsenz der Moderbuchenwälder auf anlehmigen Böden nicht durch ihre edaphischen Ansprüche bedingt, sondern vielmehr auf ihre Nutzungsgeschichte zurückzuführen. Wie Heinken (1995) zeigt, wird man Sandböden und die aus ihnen entstehenden Regosole unter Moderbuchenwäldern kaum antreffen, da Dünen- und Flugsand-Standorte früher nahezu waldfrei waren, Moderbuchenwälder aber überwiegend „alte Waldstandorte" mit über 200-jähriger Bestockungskontinuität kennzeichnen. Auch die von Gönnert (1989) und Heinken (1995) nachgewiesenen, eher günstigen Standortsbedingungen vieler Birken-Eichen-Wälder dieses Raumes lassen sich durch ihre Entstehungsgeschichte erklären: Diese Wälder haben sich nach Nutzungsaufgabe durch Anpflanzung und Anflug auf Sand-Ackerflächen oder Eschböden entwickelt. Auch die besseren Trophiebedingungen dieser Waldböden sind somit nutzungshistorisch bedingt.

Das bislang geschilderte, verschiedene Nährstoffstufen umfassende Standortsspektrum wird durch unterschiedliche Ausprägungen des Wasserhaushalts erweitert. Besonders in lehmigen Böden können bestimmte Bodenhorizonte als Staukörper wirken, so dass Frischezeiger in der Feldschicht auftreten (Müller 1992c; Tab. 18). In Süddeutschland kennzeichnet die Zittergras-Segge (*Carex brizoides*), die mitunter Massenbestände entwickelt, wechselfeuchte und schluffig-tonige Böden (siehe Kap. 5.3.3). Hygrophile Farnarten (z. B. *Gymnocarpium dryopteris*, *Oreopteris limbosperma*, *Phegopteris connectilis*; Kap. 5.3.3). treten besonders in bodenfrischen, absonnigen Hanglagen auf und differenzieren für diese Standortsbedingungen charakteristische Untereinheiten der Moderbuchenwälder (Tüxen 1954, Jahn 1952, Winterhoff 1963, Hartmann & Jahn 1967, Dierschke 1985).

6 Eichen- und Eichen-Mischwälder

Neben der Rot-Buche zählen die Eichen-Arten in den Natur- und Wirtschaftswäldern Mitteleuropas zu den wichtigsten Wald bildenden Laubhölzern. Sie werden im Folgenden nun näher behandelt.

6.1 Allgemeines über Eichen- und Eichen-Mischwälder

Von den in Europa heimischen 24 Eichen-Arten (TUTIN & HEYWOOD 1964) kommen in Mitteleuropa nur vier Arten vor: die Stiel-Eiche, die Trauben-Eiche, die Flaum-Eiche und die Zerr-Eiche (*Quercus robur*, *Q. petraea*, *Q. pubescens*, *Q. cerris*). Die mediterran-submediterran – vorwiegend in Italien und in den Balkanländern – verbreitete Zerr-Eiche erreicht nur die südöstlichen Randgebiete Mitteleuropas. Ihr natürliches Vorkommen im Kaiserstuhl gilt als höchst unsicher. Da die meisten Arten der Gattung *Quercus* extrem Licht bedürftig, trockenheitstolerant und teilweise wintergrün sind, können sich diese unter mitteleuropäischen Klimabedingungen gegenüber anderen Baumarten nicht behaupten oder aufgrund ihrer Frostempfindlichkeit erst gar nicht entwickeln. Dies ist der Grund für ihre geringe Artenzahl in Mitteleuropa.

Die mit Abstand häufigsten und ökologisch ähnlichen Eichen-Arten sind die Stiel- und Trauben-Eiche. Ein Vergleich ihrer Arealbilder zeigt, dass die Stiel-Eiche wesentlich weiter nach Osteuropa vordringt, also kälteren Wintern und Spätfrösten besser widersteht als die Trauben-Eiche. Ebenfalls zeigt die Stiel-Eiche höhere Toleranz gegenüber nährstoffarmen und nassen Standorten. Trophische und hydrologische Extremstandorte wie Quarzsand-Rohböden, Podsole oder Auenböden bleiben daher der Stiel-Eiche vorbehalten. Demgegenüber ist die Trauben-Eiche beschattungstoleranter. Die Trauben-Eiche verhält sich insgesamt also „buchenähnlicher“ (ELLENBERG 1996). Allerdings wird man an weniger extremen Standorten, wie sie gerade in Mitteleuropa anzutreffen sind, beide Eichen-Arten ebenso häufig nebeneinander wie in Reinbeständen vorfinden. In Mischbeständen bilden sie häufig **Introgressionen**, so dass eine eindeutige Artansprache im Gelände nicht immer möglich ist.

Intermediäre Formen sind in Mitteleuropa auch zwischen der Trauben- und der Flaum-Eiche (*Quercus pubescens*) bekannt. Allerdings hebt sich letztere von den beiden übrigen Eichen-Arten arealgeographisch und ökologisch deutlich ab. Ihre Vorkommensschwerpunkte liegen als zonale submediterrane Eichen-Mischwälder in Süd- und Südosteuropa. Ihre mitteleuropäischen Populationen sind daher extrazonal und an Standorte gebunden, an denen lokalklimatische und edaphische Verhältnisse ein Aufkommen der zonalen Waldvegetation unterbinden.

Allen Eichen-Arten ist gemeinsam, dass sie ein hohes **Alter** erreichen (je nach Standort 400 bis 800 Jahre), für ihren Wuchs in der Jugend und im Alter viel **Licht** benötigen (Tab. 6) und ein gutes Stockausschlag- beziehungsweise **Regenerationsvermögen** besitzen. Diese Eigenschaften sind der Grund dafür, dass Eichen von der über Jahrhunderte praktizierten Nieder- und Mittelwaldwirtschaft profitieren konnten und sie bis heute in manchen Waldlandschaften Mitteleuropas viel häufiger vertreten sind als dies von Natur aus der Fall wäre.

Ohne eine forstliche Förderung werden Eichen nur an solchen Standorten höhere Anteile am Bestandesaufbau erlangen, an denen die Wuchskraft der mit ihnen konkurrierenden Baumarten geschwächt ist. Dies können sein:

- warme und **edaphisch trockene Standorte** (z. B. Hanglagen, flachgründige, skelettreiche Böden, Tonböden), an denen alle drei Eichen-Arten (*Quercus robur*, *Q. petraea*, *Q. pubescens*) vorkommen können. Am Bestandesaufbau können sich ferner die Wald-Kiefer (*Pinus sylvestris*), die Winter-Linde (*Tilia cordata*), die Hainbuche (*Carpinus betulus*) und Mehlbeeren (Gattung *Sorbus*) beteiligen. Solche Bestände gehören überwiegend zur Gruppe der xerothermen Eichen-Mischwälder (Ordnung Quercetalia pubescenti-petraeae; Kap. 6.3), teils auch zu den Eichen-Hainbuchen-Wäldern (Verband Carpinion; Kap. 6.2).

- **nährstoff- und kolloidarme, stark saure Standorte mit Rohboden-Charakter** (z. B. Locker-Syroseme, Regosole in Geestlandschaften Nordwestdeutschlands). Bezeichnend sind die Stiel- und die Trauben-Eiche (*Quercus robur*, *Q. petraea*). Bei fortgeschrittener Pedogenese oder in syndynamisch älteren Stadien ist die Rot-Buche (*Fagus sylvatica*) beteiligt. Entsprechende Bestände gehören zur Gruppe der bodensauren Eichen-Mischwälder (Ordnung Quercetalia roboris; Kap. 6.4).
- nasse, mäßig nährstoffreiche bis nährstoffreiche und bis zu mehrere Wochen im Jahr **überstaute, minerogene Böden** (Auenstandorte). Bezeichnend für solche Standorte ist die Stiel-Eiche (*Quercus robur*). Am Bestandesaufbau beteiligen sich meist die Esche (*Fraxinus excelsior*) und Ulmen (*Ulmus laevis*, *U. minor*); entsprechende Bestände gehören zur Gruppe der Auenwälder (Verband Alnion incanae).
- nasse bis wechselnasse, im Wurzelhorizont oftmals **schlecht belüftete Böden** (Gleye, Pseudogleye). Neben der Stiel-Eiche kommen häufig die Hainbuche (*Carpinus betulus*), die Esche (*Fraxinus excelsior*) oder auch die Rot-Buche (*Fagus sylvatica*) vor. Solche Bestände gehören zur Gruppe der Eichen-Hainbuchen-Wälder (Verband Carpinion; Kap. 6.2). Bestände auf stark sauren, podsolierten Grundwasserböden (Gley-Podsole) vermitteln zum Quercion roboris.
- klimatisch ungünstige, zum Beispiel winterkalte oder sommertrockene, **sehr niederschlagsarme Standorte**. Innerhalb des Buchenareals sind diese an bestimmte Reliefverhältnisse gebunden, z. B. an Tallagen oder Regenschattengebiete. Außerhalb des Buchenareals sind sie bezeichnend für das subkontinentale Ostmitteleuropa; Eichen-Mischwälder kommen dort auch auf „mittleren“ Standorten vor, die unter edaphischen Gesichtspunkten buchenfähig wären. In der Regel sind entsprechende Waldgesellschaften an Hainbuchen reich und gehören zum Verband *Carpinion*.

6.2 Eichen-Hainbuchen-Wälder

Gemeinsames Merkmal aller Eichen-Hainbuchen-Wälder (Verband Carpinion betuli) ist eine Baumschicht, an deren Aufbau die Eichen (*Quercus robur, Q. petraea*) und die Hainbuche (*Carpinus betulus*) beteiligt sind. Neben diesen Baumarten können die Winter-Linde (*Tilia cordata*), die Vogel-Kirsche (*Prunus avium*), der Feld-Ahorn (*Acer campestre*), die Esche (*Fraxinus excelsior*) und die Rot-Buche (*Fagus sylvatica*) vertreten sein.

Die hohe Beteiligung der Lichtholzarten und der Hainbuche deutet darauf hin, dass sich Eichen-Hainbuchen-Wälder unter Standortsbedingungen entwickeln, die für die Rot-Buche nicht mehr optimal sind. Dies kann einerseits auf eine relative Trockenheit der Böden zurückzuführen sein, die den Übergang zwischen den Buchen-Wäldern und den xerothermen Eichen-Mischwäldern bedingt. Andererseits leiten Eichen-Hainbuchen-Wälder auf feuchten bis nassen Böden zu den Auenwaldgesellschaften (Alnion incanae) über. Auf relativ sauren Böden vermitteln die Eichen-Hainbuchen-Wälder hingegen zu den bodensauren Eichen-Mischwäldern der Ordnung Quercetalia roboris.

Außerhalb des Buchenareals (Ost- und Südosteuropa) stocken Eichen-Hainbuchen-Wälder auf Standorten, die unter edaphischen Gesichtspunkten buchenfähig wären, also weder extrem trocken noch extrem nass sind. Somit bilden Eichen-Hainbuchen-Wälder dieses Raumes unter arealgeographischen Aspekten **Übergangsgesellschaften** zwischen den Buchen-Wäldern Zentraleuropas und den vorwiegend von Eichen aufgebauten Steppenwäldern Osteuropas.

Somit sind Eichen-Hainbuchen-Wälder innerhalb des Fagion-Areals unter edaphischen, außerhalb des Buchen-Waldgebietes unter arealgeographischen Gesichtspunkten Bindeglieder zwischen Buchen- und anderen Waldgesellschaften (Weinert 1968).

Zumindest innerhalb des Fagion-Gebietes lassen sich Eichen-Hainbuchen-Wälder floristisch nicht immer ohne Schwierigkeiten von Waldgesellschaften abgrenzen, zu denen sie vermitteln. So greifen in Eichen-Hainbuchen-Wälder nicht nur Arten des Fagion, sondern – unter entsprechenden Standortsbedingungen – auch solche des Alnion incanae, des Tilio-Acerion, der Quercetalia pubescenti-petraeae

Tab. 19 Ökologisch-floristische und synsystematische Gliederung (von oben bzw. von unten gelesen) der Eichen-Hainbuchen-Wälder (Capinion betuli) in Mitteleuropa (nach Übersichten von Neuhäusl & Neuhäuslová-Novotná 1968, Passarge & Hofmann 1968b, Neuhäusl 1980b, 1981, Matuszkiewicz & Matuszkiewicz 1985, Dierschke 1986, Müller 1992d)

<table>
<tr><td colspan="3">Eichen-Hainbuchen-Wälder
Hainbuche (Carpinus betulus), Vogelkirsche (Prunus avium ssp. avium), Große Sternmiere (Stellaria holostea), Wald-Knäuelgras (Dactylis polygama), Erdbeer-Fingerkraut (Potentilla sterilis), Schatten-Segge (Carex umbrosa), Gold-Hahnenfuß (Ranunculus auricomus), Hain-Wachtelweizen (Melampyrum nemorosum)</td></tr>
<tr><td>Subatlantische Sternmieren-Eichen-Hainbuchen-Wälder
(Zentralassoziation des Verbandes, d. h., Kenn- und Trennarten der Assoziation entsprechen jenen des Verbandes)</td><td>Gemäßigt kontinentale Labkraut-Eichen-Hainbuchen-Wälder
Wald-Labkraut (Galium sylvaticum), Kriechende Rose (Rosa arvensis), Verschiedenblättriger Schwingel (Festuca heterophylla), Berg-Segge (Carex montana)</td><td>Subkontinentale Linden-Eichen-Hainbuchen-Wälder
Muschelblümchen (Isopyrum thalictroides), Schultes Labkraut (Galium schulthesii), Warzen-Spindelstrauch (Euonymus verrucosa), Wimper-Segge (Carex pilosa)</td></tr>
<tr><td>Stellario holosteae-Carpinetum</td><td>Galio sylvatici-Carpinetum</td><td>Tilio cordatae-Carpinetum</td></tr>
<tr><td colspan="3" align="center">Carpinion betuli</td></tr>
</table>

oder der Quercetalia roboris über. Eine Abgrenzung wird darüber hinaus dadurch erschwert, dass die Gesamtheit der Eichen-Hainbuchen-Wälder keine guten Kennarten aufweist. Tabelle 19 zeigt, welche Sippen in Mitteleuropa den Verband der Eichen-Hainbuchen-Wälder am besten kennzeichnen.

In den meisten Eichen-Hainbuchen-Wäldern Mitteleuropas tritt die Rot-Buche nicht nur aufgrund der für sie suboptimalen natürlichen Standortsverhältnisse zurück, auch die Nutzung des Waldes lassen sie im Baumartengefüge mehr oder minder stark zurücktreten. Durch Waldweide, Mittel- oder Niederwaldwirtschaft degradierten viele Buchen-Wälder zu Eichen-Hainbuchen-Wäldern, da die Eichen-Arten und die Hainbuche diese Nutzungsformen besser tolerieren (Neuhäusl & Neuhäuslová-Novotná 1972, Pott 1981, Philippi 1981, Dierschke 1986, Müller 1992d, Zacharias 1996).

In derartigen durch Nutzung geprägten Wäldern fördert die zeitliche Abfolge des Umtriebs bestimmte Sträucher oder Bäume: Von kurzen Umtriebszeiten mit zehn- bis zwölfjähriger Dauer profitieren Sträucher (Ullmann 1977), an ihr zusagenden Standorten insbesondere die Hasel (*Corylus avellana*). Wird ein Abschlagen der Hölzer im Abstand von 18 bis 20 Jahren durchgeführt, so werden die Eichen begünstigt; bei Umtriebszeiten von 20 bis 30 Jahren, die besonders für Mittelwälder typisch sind, profitiert hingegen die Hainbuche (s. auch Kap. 3.4).

Dennoch lässt sich oft nicht zweifelsfrei beurteilen, ob die Rot-Buche in einem betrachteten Bestand aufgrund von natürlichen (edaphischen, lokalklimatischen) oder nutzungsgeschichtlichen Bedingungen fehlt. Auf Grenzstandorten der Buche besteht ohnehin eine gewisse „Labilität der Baumartenverhältnisse" (Dierschke 1986, Ellenberg 1996), die dazu führt, dass selbst geringer Nutzungseinfluss die Buche relativ rasch zurückdrängen kann. Besonders im nordwestdeutschen Raum wurde die hohe Konkurrenzkraft der Rot-Buche und somit auch der Natürlichkeitsgrad von Eichen-Hainbuchen-Wäldern dieses Gebietes oftmals falsch eingeschätzt. Lange ging man davon aus, dass natürliche Fagion-Gesellschaften an submontan-montane Lagen gebunden sind, buchenreiche Wälder der Tieflagen aber forstlich entstanden und demzufolge Eichen-Hainbuchen-Wälder dort die natürliche Waldvegetation bilden (Darstellung der historischen Zusammenhänge bei Dierschke 1986). Durch die heute nahezu überall praktizierte Hochwaldwirtschaft wurde allerdings deutlich, dass die Rot-Buche im Tiefland innerhalb eines weiten Standortsbereiches die von Natur aus vorherrschende Baumart ist: In vielen der als natürlich angesehenen Eichen-Hainbuchen-Wälder setzt sich heute zunehmend die Rot-Buche durch.

In manchen Gebieten Mitteleuropas bestehen enge Beziehungen zwischen der Baumarten-Zusammensetzung und den Waldeigentumsverhältnissen: Die Zusammensetzung der

Baumarten kann somit auch Ausdruck einer spezifischen Nutzungsgeschichte sein. So treten zum Beispiel im Steigerwald unter vergleichbaren Bodenbedingungen Eichen-Hainbuchen-Wälder (oft in Privatwaldbesitz) und Buchen-Wälder (oft in Staatswaldbesitz) nebeneinander auf (Welss 1985).

Standörtliche Kontinua bedingen, dass in Mitteleuropa alle Übergänge zwischen reinen Rot-Buchen-Wäldern und den aufgrund von edaphisch-klimatischen Bedingungen buchenfreien Eichenmischwäldern möglich sind. Diese sind vor allem am natürlichen, klimatisch bedingten Arealrand der betrachteten Waldgesellschaften verbreitet. Unter natürlichen Konkurrenzbedingungen weisen sie aber eine nur geringe Flächenausdehnung auf, denn bereits wenige Buchen im Bestandesinneren bewirken ein Lichtklima, das eine Verjüngung von Lichtholzarten hemmt.

Bezeichnend für **klimatische Übergangsbereiche** ist, dass sich die Buchen- und die Eichen-Hainbuchen-Bestände häufig expositionsbedingt und somit kleinräumig entmischen. Die Rot-Buche dominiert dann auf den luftfeuchteren Nordhängen, während die Trauben-Eiche und die Hainbuche auf den südexponierten Standorten überwiegen. Zu solchen Übergangsgebieten zwischen Rot-Buchen-Landschaften einerseits und Eichen-Hainbuchen-Waldlandschaften andererseits zählen in Mitteleuropa Südostmecklenburg und Ostbrandenburg, das östliche Harzvorland, das Thüringer Becken, die Oberrheinische Tiefebene sowie Beckenlandschaften in Tschechien, der Slowakei und Kroatien. Eine synsystematische Wertung solcher „Übergangswälder“ ist oftmals schwierig und mittels floristischer Kriterien kaum möglich (Klötzli 1968, Dierschke 1986, Müller 1992d). Als zweckmäßig erweisen sich pragmatische Lösungsansätze, die beispielsweise die Deckungsverhältnisse in der Baum- oder Krautschicht stärker berücksichtigen (Dierschke 1986).

An edaphischen oder lokalklimatischen **Sonderstandorten** wird man in Mitteleuropa von Natur aus buchenarme bis -freie Eichen-Hainbuchen-Wälder finden, zum Beispiel auf Gleyen, Pseudogleyen und Pelosolen, die während der Vegetationsperiode für einige Zeit wassergesättigt und dann sauerstoffarm sind: Dieser Standortsfaktor schwächt die Rot-Buche (Hartmann & Blank 1992). Besonders auf **Stauwasserböden** bildet sie flache Wurzelteller aus, so dass die Bäume in Trockenperioden Wassermangel aufgrund einer raschen Austrocknung der oberen Bodenhorizonte erleiden. Zudem sind Buchen an solchen Standorten ab einem Alter von etwa 80 Jahren durch Windwurf gefährdet, da flache Wurzelteller mit zunehmender Kronenhöhe statisch immer ungünstiger werden.

Neben wechselnassen zeichnen sich auch **wechseltrockene Böden** durch einen unausgeglichenen Wasser- und Lufthaushalt aus. Sie werden besonders dann von der Buche gemieden, wenn Trockenperioden während des Frühjahrs oder Sommers auftreten können. Dennoch darf die Grund- oder Stauwassertoleranz der Rot-Buche nicht unterschätzt werden: Nach Untersuchungen von Klötzli (1968) sind Waldböden in der Schweiz auch dann noch buchenfähig, wenn ein bestimmter Vernässungsgrad des Bodens nicht überschritten wird. Diese hydrologische Grenze zwischen buchenfähigen und nicht buchenfähigen Standorten lässt sich durch eine Grundwasser-Dauerlinie kennzeichnen (Abb. 61: Dauerlinie 4). Im Gebiet der baltischen Jungmoräne toleriert die Buche noch höhere Einstauraten als dies von Einschätzungen auf Standorten in der Montanstufe bislang bekannt ist.

Auch **lokalklimatische Faktoren** können die Rot-Buche auf für sie günstigen Böden ausschließen oder ihre Konkurrenzkraft schwächen. Besonders in Freilagen kann durch **Spätfröste** ein Teil des empfindlichen Buchen-Junglaubes erfrieren. Demgegenüber verträgt die Hainbuche Spätfröste besser als die Rot-Buche, da sie früher und rascher austreibt. Auch besitzt sie bereits derberes Laub, wenn nach einer längeren Warmwetterperiode nochmals Nachtfröste auftreten (Ellenberg 1996). Untersuchungen von Till (1956) zeigen, dass besonders im Monat Mai das Laub der Hainbuche um bis zu 5 °C niedrigere Temperaturen erträgt als das der Rot-Buche, das zu dieser Jahreszeit bereits bei geringem Frost Schaden nimmt. Darüber hinaus regeneriert die Hainbuche nach Spätfrostschäden aufgrund ihres Ausschlagvermögens besser als die Rot-Buche (Johannistrieb-Bildung). Allerdings ist die Frosthärte einer Baumart innerhalb ihres Areals variabel, da stets verschiedene Ökotypen existieren, die sich hinsichtlich ihrer Frostresistenz unterscheiden (Pogrebniak 1968).

Nach Spätfrösten sterben häufig auch die Sämlinge der Rot-Buche ab (Müller 1992d), so dass ein Buchenbestand die gesamte Verjüngung eines Mastjahres verlieren kann.

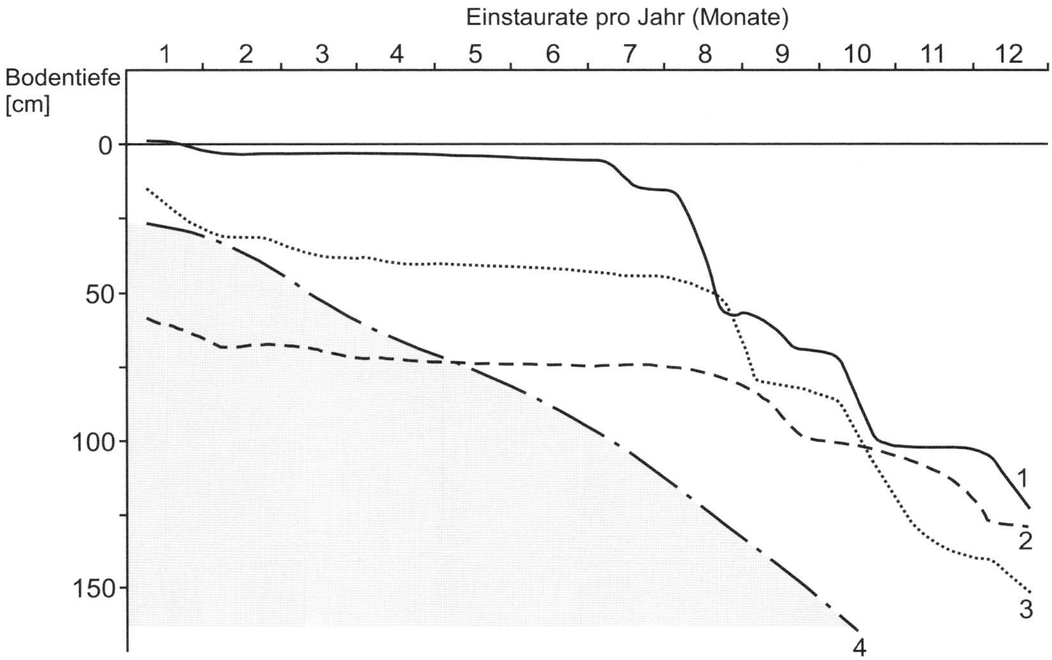

Abb. 61 Hydrologische Grenzstandorte für die Rot-Buche (*Fagus sylvatica*) in Mitteleuropa, dargestellt durch den Verlauf von Grundwasserdauerlinien an Waldstandorten mit unterschiedlicher Buchenbeteiligung. Nach Untersuchungen von KLÖTZLI (1968) sind Waldböden in der Schweiz buchenfähig, wenn ein gewisser Vernässungsgrad des Bodens – in der Abbildung durch die Dauerlinie Nr. 4 beschrieben – nicht überschritten wird (grau unterlegter Bereich: buchenfähige Standorte, nicht grau unterlegter Bereich: buchenfreie Standorte). Im Gebiet der baltischen Jungmoräne vermag die Rot-Buche deutlich feuchtere Standorte zu besiedeln. Die Dauerlinien Nr. 1 bis 3 kennzeichnen die Grundwasserverhältnisse von Waldgesellschaften dieses Gebietes, auf denen die Buche vorherrschende oder doch zu wesentlichen Teilen am Bestandesaufbau beteiligte Baumart ist (Niederschlagsverhältnisse für Normaljahre; Kurven 1 und 2: Hordelymo-Fagetum, Kurve 3: Buchen-Eschenwald).

Ebenso können durch Spätfröste die Blüten oder die Früchte von *Fagus sylvatica* geschädigt werden beziehungsweise letztere ihr Keimungsvermögen verlieren (LINDQUIST 1931, GROSS 1935).

Ein weiterer, auf den Reproduktionserfolg der Rot-Buche Einfluss nehmender Faktor ist die **Trockenempfindlichkeit** ihrer Sämlinge (SLAVÍKOVÁ 1958), der besonders auf flachgründigen Böden oder bei rasch austrocknenden Streulagen zum Tragen kommt. Somit können relativ geringe Niederschlagsverhältnisse, eine geringe Mächtigkeit des Oberbodens und eine geringe Wasserkapazität sich gleichermaßen ungünstig auf die Verjüngungschancen der Rot-Buche auswirken. Im Vergleich hierzu erweisen sich die kleineren Samen der Hainbuche, aber auch jene der Eichen-Arten und der Winter-Linde als weniger austrocknungsempfindlich (MÜLLER 1992d).

Zur **klimatischen Charakterisierung** reiner Buchen-, Buchen-Eichen-Hainbuchen- und reiner Eichen-Hainbuchen-Gebiete errechnete ELLENBERG (1963) einen Quotienten, der sich aus dem tausendfachen Julimittel der Lufttemperatur geteilt durch den Jahresniederschlag eines betrachteten Raumes ergibt (siehe auch HOFMANN 1965b, 1968). Dieser Quotient liegt für Buchenwald-Landschaften bei unter 20 und für Eichen-Hainbuchenwald-Gebiete bei über 30. Für Übergangsräume mit entsprechenden Mischwäldern aus Buche, Eiche und Hainbuche sind Werte zwischen 20 und 30 bezeichnend.

Ein solcher Quotient ermöglicht eine grobe Charakterisierung der in einem Bezugsraum von Natur aus vorkommenden Waldlandschaften. Im konkreten Fall wird man eine solche Einschätzung aber durch nutzungsgeschichtliche und edaphische Befunde absichern oder ergänzen. So kommen zum Beispiel in der potentiellen natürlichen Vegetation des südlichen Maindreiecks, für das sich Quotienten zwischen 32 und 33 ergeben, nach Ullmann (1977) kleinräumig auch noch Buchen-Wälder vor.

In der **Strauchschicht** von Eichen-Hainbuchen-Wäldern können neben den bereits genannten Baumarten der Eingriffllige Weißdorn (*Crataegus monogyna* agg.), der Rote Hartriegel (*Cornus sanguinea*) und die Hasel (*Corylus avellana*) auftreten. Allerdings weisen naturnahe, wenig genutzte oder ungenutzte Carpinion-Bestände eine dem Rot-Buchenwald ähnliche „Hallen"-Struktur auf. Sie sind im Bestandesinneren relativ licht- und demzufolge auch straucharm. Je stärker das Kronendach durch eine Nieder- oder Mittelwaldnutzung geöffnet wurde, desto besser sind die Wuchsbedingungen für Sträucher. Die Beschaffenheit der Strauchschicht ist somit ein Indiz für den Nutzungszustand solcher Wälder: Je strauchreicher diese sind, desto stärker war oder ist der Nutzungseinfluss (Müller 1992d).

Ausnahmen sind hierbei allerdings die Eichen-Hainbuchen-Wälder trockener und wechseltrockener Standorte: ihre Baumschicht lässt auch in ungenutzten Beständen aufgrund der geringeren Wuchshöhe und Kronendichte ausreichend Licht in das Bestandesinnere.

Zur Charakterisierung von Trophieunterschieden lassen sich in der Feldschicht der Eichen-Hainbuchen-Wälder ebenso wie bei den Rot-Buchen-Wäldern **ökologische Artengruppen** unterscheiden. Im Vergleich zu Buchen-Wäldern sind die hydrologischen Bedingungen in Eichen-Hainbuchen-Wäldern aber deutlich variabler. So weisen Eichen-Hainbuchen-Wälder auf Gleyen und Pseudogleyen verschiedene Feuchtezeiger auf, während für wechseltrockene Standorte viele Trockenheitszeiger charakteristisch sind. Die für die verschiedenen Untereinheiten (Subassoziationen) bezeichnenden Arten der Feldschicht und die damit einher gehenden Bodenverhältnisse werden bei der Betrachtung der einzelnen Assoziationen des Verbandes Carpinion näher erläutert (siehe Kap. 6.2.3).

6.2.1 Areal

Das Gesamtareal der Eichen-Hainbuchen-Wälder erstreckt sich von Frankreich bis zum Ural (Hartmann & Jahn 1967). Im Vergleich zur Rot-Buche dringt die Hainbuche etwas weiter nach Osteuropa vor und erreicht erst in den ukrainischen Steppengebieten ihre östliche Arealgrenze (Meusel et al. 1965). In Ungarn und auf der Balkanhalbinsel bilden Eichen-Hainbuchen-Wälder vorwiegend zonale Waldgesellschaften (Soo 1962, Csapody 1968). Dort grenzen sie in der Montanstufe an Buchen-Wälder, während sie an ihrem östlichen Arealrand in Kontakt zu Eichen-Steppenwäldern (Quercetalia pubescenti-petraeae) treten.

Die östliche Arealgrenze der Eichen-Hainbuchen-Wälder ist nach Pogrebniak (1968) weniger durch geringe Niederschläge oder Trockenheit sondern vielmehr durch niedrige Wintertemperaturen bedingt. Durch Winterminima von −37 °C bis −40 °C, die am osteuropäischen Arealrand (Ukraine) der Hainbuche in 15- bis 25-jährigen Abständen auftreten, wird diese meist stark geschädigt, während die übrigen Hölzer der Eichenmischwälder wenig Schaden nehmen. Viele Hainbuchen-Vorkommen sind dort daher an lokalklimatisch begünstigte Sonderstandorte gebunden (z. B. west- und südwestexponierte Hanglagen).

Vegetationskundlich wurden Eichen-Hainbuchen-Wälder Ost- und Südosteuropas von Bertovic (1968), Borhidi (1968), Csapody (1968), Em (1968), Pogrebniak (1968), Weinert (1968), Horvat et al. (1974) und Michalko (1982) untersucht.

6.2.2 Struktur und Dynamik

Über Struktur und Dynamik von Eichen-Hainbuchen-Wäldern geben Untersuchungen in Urwaldwaldgebieten Aufschluss, so beispielsweise das in Nordostpolen gelegene Urwaldgebiet von Bialowieza (Falinski 1986). Die dort vorkommenden Eichen-Hainbuchen-Wälder, die soziologisch zum Tilio-Carpinetum gehören, liegen außerhalb des Rot-Buchenareals. Stiel-Eiche, Winter-Linde, Hainbuche, Zitter-Pappel, Berg-Ahorn, Wald-Kiefer und Fichte bauen diese Bestände auf, so dass im Vergleich zum westlichen und zentralen Mitteleuropa relativ viele Baumarten an der natürlichen Entwicklungsdynamik beteiligt sind.

Aufgrund ihrer **Langlebigkeit** (bis zu 800 Jahre) entwickelt die Stiel-Eiche im Urwald von Bialowieza mächtige Kronen- und Stammdurchmesser (bis zu 230 cm), erreicht Wuchshöhen bis zu 40 m und erlangt besonders in der Terminalphase hohe Deckungsanteile. Die Hainbuche ist deutlich kurzlebiger (bis zu 200 Jahre) und bleibt mit Wuchshöhen bis zu 30 m meist nur im Unterstand. Infolge der oftmals weit ausladenden Eichenkronen entstehen bei deren Zerfall große Lücken, in denen sich besonders gut die Winter-Linde, die Hainbuche und die Fichte verjüngen (Abb. 64, S. 152). In ihrer Wuchshöhe wird die Stiel-Eiche lediglich von der Fichte übertroffen (bis zu 55 m).

Die **Dominanz** einzelner Baumarten hängt maßgeblich von den Bodenverhältnissen ab. An trockenen und sandigen Standorten dominiert die Wald-Kiefer, während die Hainbuche und die Winter-Linde auf lehmigen und feuchteren Böden vorherrschen. Die Fichte setzt sich nur vereinzelt in Altbeständen durch. Mit der räumlichen Verzahnung der verschiedenen Entwicklungsstadien entsteht ein charakteristisches Mosaik aus Flächen der Optimal-, der Terminal- und der Verjüngungsphase.

6.2.3 Gliederung

In Mitteleuropa zeigen Eichen-Hainbuchen-Wälder innerhalb des von Westen nach Osten bestehenden Ozeanitätsgradienten ein deutliches Florengefälle (Tab. 19 und 20). Bereits 1957 hat OBERDORFER eine auf arealgeographischen Kriterien fußende Gliederung der Eichen-Hainbuchen-Wälder vorgestellt, die in der Folgezeit von den meisten Autoren aufgegriffen und regionalspezifisch verfeinert wurde (NEUHÄUSL & NEUHÄUSLOVÁ-NOVOTNÁ 1968, PASSARGE & HOFMANN 1968b, NEUHÄUSL 1980b, MATUSZKIEWICZ & MATUSZKIEWICZ 1985, DIERSCHKE 1986, MÜLLER 1992d, POTT 1996, WILMANNS 1998).

Für den mitteleuropäischen Raum sind **drei Assoziationen** bedeutsam, die sich vorwiegend arealgeographisch unterscheiden (Tab. 19):

- **subatlantische** (westmitteleuropäische) **Sternmieren-Eichen-Hainbuchen-Wälder** (Stellario holosteae-Carpinetum betuli) auf frischen bis feuchten Böden unterschiedlicher Trophie,
- **gemäßigt kontinentale** (zentral- bis ostmitteleuropäische) **Labkraut-Eichen-Hainbuchen-Wälder** (Galio sylvatici-Carpinetum betuli) auf sommerwarmen, mäßig sauren bis basenreichen Böden,
- **subkontinentale** (ostmittel- bis osteuropäische) **Linden-Eichen-Hainbuchen-Wälder** (Tilio cordatae-Carpinetum betuli) auf mäßig trockenen bis feuchten Böden unterschiedlicher Trophie.

6.2.3.1 Subatlantische Sternmieren-Eichen-Hainbuchen-Wälder

Sternmieren-Eichen-Hainbuchen-Wälder (Abb. 62, S. 75) sind bezeichnend für das subatlantische Mitteleuropa. Sie bevorzugen ein mäßig sommerwarmes, nicht zu trockenes Klima und milde Winter. Damit bevorzugen sie ein Klimagebiet, das grundsätzlich auch der Rot-Buche zusagt. Besonders im nordwestdeutschen Tiefland sind demzufolge viele Standorte der Sternmieren-Eichen-Hainbuchen-Wälder buchenfähig oder aus Buchen-Wäldern durch eine entsprechende Waldnutzung hervorgegangen.

Sowohl der **Feuchte-** als auch der **Trophiebereich** der von Sternmieren-Eichen-Hainbuchen-Wäldern besiedelten Standorte ist ausgesprochen breit. Daher ist bei mehr oder minder gleichbleibender Dominanz von Stiel-Eiche und Hainbuche ein je nach Standortsqualität wechselndes Bild der beigemischten Baumarten vorzufinden; ebenso ist das Artengefüge der Krautschicht äußerst variabel.

Nachfolgend sollen die wichtigsten **Standortstypen** mit der für sie jeweils bezeichnenden Vegetation besprochen werden.

Die auf den **nassesten Standorten** wachsenden Bestände des Stellario-Carpinetum ähneln in ihrem Artengefüge bereits stark jenem der Auenwälder (Tab. 21). Sie werden oftmals – unter Bezug auf die in der Feldschicht vorkommenden Nässezeiger – einer eigenen Untereinheit zugeordnet (Subassoziation mit *Filipendula ulmaria*) und als Stellario-Carpinetum filipenduletosum bezeichnet (DIERSCHKE 1986).

Als häufigste Bodentypen treten Gleye, Pseudogleye beziehungsweise stark pseudovergleyte Parabraunerden, Braunerden oder Pelosole auf. Besonders in Gleyböden kann der Grundwasserspiegel im Winterhalbjahr für einige Monate nur wenige Zentimeter unterhalb der Bodenoberfläche liegen, während er im Spätsommer auf etwa 120 cm unter Flur absinkt. Da an vielen Standorten das Grundwasser mit einem basenreichen Unterboden in Kontakt steht, verbessert sich unter Grundwassereinfluss auch die Nährstoffversorgung der Vegetation. Oftmals sind daher feuchtnasse Standorte auch gut mit Basen versorgt. Eine Entwässerung solcher Böden führt deshalb stets zu einer Versauerung der oberen Bodenhorizonte (SCHRAUTZER et al. 1991).

Bestehen günstige Trophiebedingungen bei zugleich **abgemindertem Grund-** oder **Stau-**

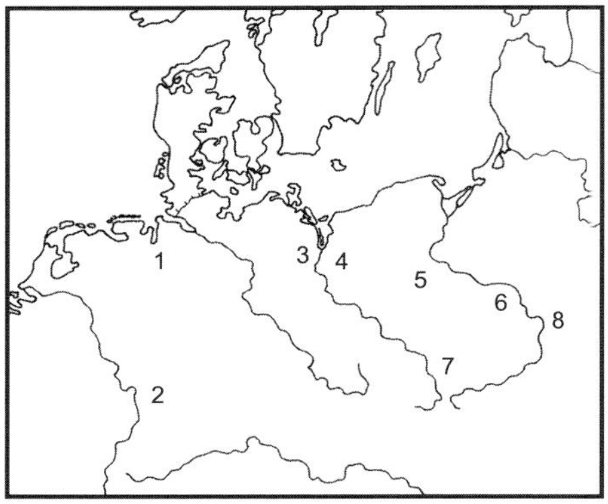

Tab. 20 Vegetationsgeographische Differenzierung von Eichen-Hainbuchen-Wäldern *(Carpinion)* in Mitteleuropa (aus HOFMANN 1963). Eichen-Hainbuchen-Wälder in Westmitteleuropa zeichnen sich durch das Vorkommen atlantisch-subatlantischer Arten aus (z. B. *Ilex aquifolium, Lonicera periclymenum, Rubus fruticosus agg., Mnium hornum und Holcus mollis*, Gruppen 2a/b der Tab.). In Beständen Mittel- und Ostdeutschlands sowie Westpolens kann man dagegen schon eine stärkere Beteiligung von Arten des gemäßigtkontinentalen Florenelementes feststellen (Gruppe 4), während einige subozeanische Arten hier ausklingen. In Zentral- und Südostpolen fehlen dies Arten, so dass an ihre Stelle Sippen mit vorwiegend sarmatischer Verbreitung treten (vgl. HOFMANN 1963). Dadurch erhalten Eichen-Hainbuchen-Wälder dieses Raumes eine deutlich subkontinentale Prägung. Auch in Polen besteht ein entsprechendes Klima- und Florengefälle von der Ostseeküste zum Landesinneren in südöstlicher Richtung (W. & A. MATUSZKIEWICZ 1985). Demgemäß findet sich dort das *Stellario-Carpinetum* ausschließlich in Küstennähe, während das Tilio-Carpinetum auf Ost- und Südostpolen beschränkt bleibt. Besonders artenreiche Eichen-Hainbuchen-Wälder treten in Südosteuropa (Balkanhalbinsel) auf. Sie wurden häufig als „illyrische" Eichen-Hainbuchen-Wälder bezeichnet (*Carpinion betuli illyricum*; vgl. HORVAT et al 1974) und werden von VUKELIC (1991) einem eigenen Unterverband (*Lonicero caprifoliae-Carpinenion betuli*) zugeordnet. Im Vergleich zu den mitteleuropäischen Beständen weisen sie eine Vielzahl submediterraner und ostpraealpider Sippen auf (z. B. *Epimedium alpinum, Helleborus odorus, H. dumetorum, Knautia drymeia, Cyclamen purpurascens, Galium aristatum, Cruciata glabra, Lamium orvala und Crocus albiflorus*)

Spalte		**1**	**2**	**3**	**4**	**5**	**6**	**7**	**8**
1	*Carpinus betulus*	V	V	V	V	V	V	IV	V
	Quercus robur	V	III	III	III	V	V	IV	V
	Geum urbanum	IV	III	V	III	V	I	V	IV
	Lamium galeobdolon	IV	III	I	V	IV	V	V	V
	Polygonatum multiflorum	III	III	III	II	II		IV	IV
	Stellaria holostea	IV	II			IV	V	V	V
	Paris quadrifolia	I	II	IV		III	II	I	III
	Athyrium filix-femina	III	III	III	IV	III	II	II	III
	Catharinea undulata	III	III	II	III	I	III		I
2a	*Ilex aquifolium*	II							
	Lonicera periclymenum	IV							
	Melica uniflora	II							
	Mnium hornum	II							
2b	*Primula elatior*	II	III						
	Potentilla sterilis	I	V						
	Rosa arvensis	I	III						
	Arum maculatum	II	II						
	Rubus fruticosus coll.	III	III						
2c	*Fagus sylvatica*	IV	V	II	IV	I			
	Galium odoratum	III	V	V	I	III	I		
	Acer pseudoplatanus	II	I	II		III			
3	*Galium sylvaticum*	I	V	(I)	III				
4	*Tilia cordata*	I		V	V	II	II	V	V
	Melica nutans			I	II	III		V	IV
	Carex digitata			II	III	IV	IV	III	III
	Hepatica nobilis			III	V	IV	IV	V	III
	Lathyrus vernus			III	IV	I	IV	I	IV
5a	*Viola mirabilis*						IV	III	II
	Melampyrum nemorosum						III	II	IV
	Galium schulterii						II	IV	V
	Asarum europaeum					II	II	III	V
5b	*Euonymus verrucosa*							IV	V
	Cruciata glubra							III	IV
	Rubus saxatilis							III	II

1) 52 Aufn. aus NW-Deutschland (TÜXEN 1937)
2) 9 Aufn. aus dem Kraichgau (OBERDORFER 1957)
3) 10 Aufn. aus der ehem. Neumark (LIBBERT 1932/33)
4) 11 Aufn. aus der östlichen Uckermark (HOFMANN 1960)
5) 7 Aufn. aus dem Wartheland (PREISING 1943)
6) 17 Aufn. aus Kampinos bei Warschau (KOBENDZA 1930)
7) 10 Aufn. aus Ruda (MATUSZKIEWICZ 1956)
8) 5 Aufn. aus dem Lubliner Hügelland (HOFMANN 1963)

Tab. 21 Ökologisch-floristische Gliederung des *Stellario-Carpinetum*

Name der Untereinheit	ökologische Charakteristik	bezeichnende Arten
filipenduletosum	nass, (meist Gley-Böden), basenreich	Mädesüß *(Filipendula ulmaria)*, Bach-Nelkenwurz *(Geum rivale)*, Sumpf-Pippau *(Crepis paludosa)*, Kriechender Hahnenfuß *(Ranunculus repens)*, Blutroter Ampfer *(Rumex sanguineus)*
stachyetosum	frisch bis mäßig nass, (meist Pseudogleye), basenreich	Wald-Ziest *(Stachys sylvatica)*, Hohe Schlüsselblume *(Primula elatior)*, Aronstab *(Arum maculatum)*, Gold-Hahnenfuß *(Ranunculus auricomus)*
corydaletosum	frisch bis mäßig nass, sehr basen- und stickstoffreich	Hohler Lerchensporn *(Corydalis cava)*, Gelbes Weidenröschen *(Anemone ranunculoides)*, Wald-Goldstern *(Gagea lutea)*, Bär-Lauch *(Allium ursinum)*
typicum	mäßig basenreich, frisch bis mäßig trocken	keine eigenen Trennarten
luzuletosum	mäßig basenarm, sauer, frisch bis mäßig trocken	Schmalblättrige Hainsimse *(Luzula luzuloides)*, Draht-Schmiele *(Deschampsia flexuosa)*, *Polytrichum formosum*

wassereinfluss, so sind anspruchsvolle und frischholde Laubwaldarten präsent und die oben genannten Nässezeiger fallen aus. Solche Bestände des Stellario-Carpinetum werden der Subassoziation mit *Stachys sylvatica* zugeordnet (Tab. 21; Stellario-Carpinetum stachyetosum; Tüxen 1937, Ellenberg 1939, Dinter 1982, Müller 1992d; entspricht dem S.-C. aretosum bzw. S.-C. ficarietosum bei Etter 1943, Oberdorfer 1957 und Matuszkiewicz & Matuszkiewicz 1985). Sie sind besonders an Stauwasserböden mit mehreren Dezimeter mächtigen A_h-Horizonten gebunden.

Als Humusform ist ein Mull entwickelt. Im norddeutschen Tiefland treten sie vor allem im baltischen Jungmoränengebiet auf Geschieben mit geringen Entkalkungstiefen, im Mittelgebirge auf basenreich verwitternden Gesteinen, teils sogar Kalkgesteinen auf (Abb. 62, siehe S. 75). An frühjahrsfrischen und besonders nährstoffreichen Standorten können im Frühjahr anspruchsvolle Geophyten und Nitrophyten den Aspekt der Bodenvegetation prägen (Tab. 21). Bodenchemisch kennzeichnend sind schwach alkalische bis schwach saure pH-Werte, eine hohe Basensättigung (meist über 70 %) und enge C/N-Quotienten um oder unter 13 (Gönnert 1989, Härdtle 1995a). Aufgrund ihrer floristischen Eigenart werden solche Bestände häufig einer eigenen Variante (Oberdorfer 1957, Müller 1992d) oder Subassoziation zugeordnet (Subassoziation mit *Corydalis cava*; Dierschke 1986; Tab. 21).

Ein von den bislang beschriebenen Einheiten völlig abweichendes Bild zeigen **Eichen-Hainbuchen-Wälder bodensaurer Standorte**. In diesen können neben der Hainbuche und der Stiel-Eiche auch die Trauben-Eiche und andere, anspruchslose Hölzer (*Betula pendula*, *Sorbus aucuparia*, *Frangula alnus*) vertreten sein.

Besonders die Bodenvegetation weist eine völlig eigene Artenkombination auf. Viele anspruchsvolle Laubmischwaldarten werden selten oder fallen ganz aus. Statt ihrer dominieren azidotolerante Sippen (Tab. 21). Gemäß ihrer floristischen und standörtlichen Eigenart ist es zweckmäßig, diese Bestände einer eigenen Subassoziation zuzuordnen (Subassoziation mit *Luzula luzuloides*; Tab. 21; Dierschke 1986, Müller 1992d, Matuszkiewicz & Matuszkiewicz 1985). Bodentypologisch geht sie mit basenarmen Braun- und Parabraunerden einher, die aus sandigen oder lehmig-sandigen Lockersedimenten (Rheinebene, norddeutsches Jung- und Altmoränengebiet), aus Sandstein oder anderen, basenarm verwitternden Ausgangsgesteinen entstanden sind.

Zwischen Beständen dieser Subassoziation und den zum Stellario-Carpinetum stachyetosum gehörenden vermitteln floristisch und standörtlich solche, denen eigene Differentialarten fehlen (Typische Subassoziation oder Stellario-Carpinetum typicum; vgl. Tab. 21).

Ihre Böden zeichnen sich durch mittlere Trophieverhältnisse aus und sind demzufolge weder ausgesprochen nährstoffreich noch stärker versauert.

In Mitteleuropa kommen Bestände des Stellario-Carpinetum vorwiegend in der planarkollinen, teils auch in der submontanen Stufe bis etwa 600 m Meereshöhe vor. Während ihnen im Tiefland orographische Differentialarten fehlen, zeichnen sich Bestände der submontanen Stufe durch eigene Trennarten aus. Zu diesen zählen der Hasen-Lattich (*Prenanthes purpurea*), der Trauben-Holunder (*Sambucus racemosa*), die Quirlblättrige Weißwurz (*Polygonatum verticillatum*) und das Berg-Rispengras (*Poa chaixii*; MÜLLER 1992d).

6.2.3.2 Gemäßigt kontinentale Labkraut-Eichen-Hainbuchen-Wälder

Labkraut-Eichen-Hainbuchen-Wälder (Abb. 63, S. 74) sind in Zentral- und Ostmitteleuropa verbreitet und dort an sommerwarme Standorte mit variabler Trophie und Hydrologie gebunden (NEUHÄUSL & NEUHÄUSLOVÁ-NOVOTNÁ 1968, MATUSZKIEWICZ & MATUSZKIEWICZ 1985, MÜLLER 1992d). In den Mittelgebirgen Süd- und Südostmitteleuropas sind sie demzufolge häufiger anzutreffen als die vorwiegend subatlantisch verbreiteten Sternmieren-Eichen-Hainbuchen-Wälder. Kennzeichnend sind etliche Mäßigwärme- und Mäßigtrockniszeiger (Tab. 19). Die obere Baumschicht wird vor allem von Eichen (*Quercus petraea, Q. robur*) gebildet, die Esche und die Rot-Buche treten als Mischhölzer dazu. Im Unterstand finden sich die Hainbuche, der Feld-Ahorn, die Winter-Linde, die Elsbeere und die Wild-Kirsche. Der Anteil der Rot-Buche schwankt, bedingt durch lokalklimatisch-edaphische Verhältnisse, mehr aber noch durch die Nutzungsgeschichte. Denn die meisten der in den deutschen Mittelgebirgen vorkommenden Bestände des Galio-Carpinetum sind aus einer Nieder- oder Mittelwaldnutzung aus Seggen-Buchen-Wäldern (Carici-Fagetum; Kap. 5.3.1), Waldgersten-Buchen-Wäldern (siehe Kap. 5.3.2) oder Waldmeister-Buchen-Wäldern (siehe Kap. 5.3.3) hervorgegangen (DIERSCHKE 1986, MÜLLER 1992d, ZACHARIAS 1996).

Von Natur aus buchenarme Waldlabkraut-Eichen-Hainbuchen-Wälder stocken auf schweren **Lehm-** und **Tonböden**, die besonders in Keupergebieten verbreitet sind. Bodentypologisch kennzeichnend sind wechselfeuchte bis wechseltrockene Pelosole, staufeuchte Terrae fuscae oder Pseudogleye (NEUHÄUSL & NEUHÄUSLOVÁ-NOVOTNÁ 1968, WELSS 1985, MÜLLER 1992d). Diese weisen einen ungünstigen Wasser- und Lufthaushalt auf, da Feinporen einen großen Teil des Gesamtporenvolumens ausmachen und das Bodenwasser somit nicht pflanzenverfügbar ist. Im Frühjahr feuchte oder nasse Böden trocknen im Sommer stark aus und bilden Schrumpfrisse. Eine starke Austrocknung, die sich nicht unbedingt jährlich ereignet, schadet besonders der Rot-Buche. Diese zeigt dann eine zeitige Laubverfärbung, und ein Teil ihres Astwerkes vertrocknet bereits im August, während die Eichen-Arten, die Hainbuche, die Elsbeere und der Feld-Ahorn Trockenperioden weitgehend unbeschadet überstehen. Je extremer die skizzierten Verhältnisse sind, desto höher wird der Anteil der Stiel-Eiche in der Baumschicht.

Da Labkraut-Eichen-Hainbuchen-Wälder in Mitteleuropa ein breites Trophie- und Feuchtespektrum aufweisen, lassen sich zahlreiche Untereinheiten unterscheiden. Im Folgenden sollen anhand der von MÜLLER (1992d) erarbeiteten Gliederung einige wichtige, vorwiegend überregional verbreitete Typen vorgestellt werden (siehe auch NEUHÄUSL & NEUHÄUSLOVÁ-NOVOTNÁ 1968, NEUHÄUSL 1981, MATUSZKIEWICZ & MATUSZKIEWICZ 1985, DIERSCHKE 1986). Eine **hydrologische Reihe** bilden die folgenden drei Untereinheiten (Tab. 22):

- Subassoziation mit *Primula veris*: Diese Subassoziation kommt auf sehr trockenen, nährstoffreichen und kalkhaltigen Böden vor (NEUHÄUSL & NEUHÄUSLOVÁ-NOVOTNÁ 1972). Die Wuchsleistung der Bäume ist aufgrund der Trockenheit des Bodens nur mäßig. Entsprechende Wälder wurden auf Gipskeuper-Pelosolen beschrieben und als Silgen-Stieleichen-Wälder (Selino-Quercetum roboris) bezeichnet (MEUSEL & NIEMANN 1971).
- Typische Subassoziation: Sie tritt auf frischen und nährstoffreichen, mehr oder minder karbonathaltigen Böden auf.
- Subassoziation mit *Stachys sylvatica*: Sie kommt auf grund- bis wechselfeuchten Standorten mit sehr guter Nährstoff- und Basenversorgung vor. Unterhalb einer gewissen Bodentiefe ist das Substrat kalkhaltig.

Tab. 22 Ökologisch-floristische Gliederung des Galio-Carpinetum

Name der Subassoziation	ökologische Charakteristik	bezeichnende Arten
primuletosum	sehr trockene, wärmebegünstigte, nährstoffreiche und kalkhaltige Böden	Wiesen-Schlüsselblume *(Primula veris)*, Steinsame *(Lithospermum purpurocaeruleum)*, Weiße Schwalbenwurz *(Vincetoxicum hirundinaria)*
asaretosum (= typicum)	frische, nährstoffreiche und kalkhaltige Böden	Haselwurz *(Asarum europaeum)*, Nesselblättrige Glockenblune *(Campanula trachelium)*, Breitblättrige Sitter *(Epipactis helleborine)*
stachyetosum	grund- bis wechselfeuchte Böden mit sehr guter Nährstoffversorgung	Wald-Ziest *(Stachys sylvatica)*, Einbeere *(Paris quadrifolia)*, Aronstab *(Arum maculatum)*
besondere Ausbildungen (Subassoziationen oder Varianten) im Galio-Carpinetum mit vorwiegend regionaler Verbreitung		
Ausbildung mit Hainsimse *(Luzula luzuloides)*	saure bis stark saure Böden mit mäßiger bis schlechter Basenversorgung	Schmalblättrige Hainsimse *(Luzula luzuloides)*, Draht-Schmiele *(Deschampsia flexuosa)*, Wiesen-Wachtelweizen *(Melampyrum pratense)*, Besen-Gabelzahnmoos *(Dicranum scoparium)*
Ausbildung mit Sommer-Linde *(Tilia platyphyllos)*	skelettreiche, teils feinerdeärmere Steinschutthänge (zu Linden-Ahorn-Wäldern vermittelnd)	Sommer-Linde *(Tilia platyphyllos)*, Spitz-Ahorn *(Acer platanoides)*, Berg-Ulme *(Ulmus glabra)*

Besondere Ausbildungen, die Trophie- oder Substratunterschiede zum Ausdruck bringen, sind (Tab. 22):

- Ausbildung mit *Luzula luzuloides*: Diese Ausbildung findet sich auf sauren bis stark sauren Böden mit mäßigem Nährstoff- und Basengehalt (Neuhäusl & Neuhäuslová-Novotná 1972).
- Ausbildung mit *Tilia platyphyllos*: Die Ausbildung mit *Tilia platyphyllos* ist auf Steinschutt-Hängen anzutreffen und vermittelt zu den Linden-Ahorn-Wäldern (Verband Tilio-Acerion, siehe Kap. 7).

6.2.3.3 Subkontinentale Linden-Eichen-Hainbuchen-Wälder

Linden-Eichen-Hainbuchen-Wälder kommen im Gegensatz zu den oben beschriebenen Carpinion-Gesellschaften überwiegend außerhalb des Rot-Buchenareals vor. Sie sind demzufolge nicht – wie das Stellario- und Galio-Carpinetum – aus edaphischen, lokalklimatischen oder nutzungsgeschichtlichen, sondern aus arealgeographischen Gründen buchenarm beziehungsweise buchenfrei.

Linden-Eichen-Hainbuchen-Wälder zeichnen sich durch etliche Vertreter des subkontinentalen Florenelementes aus (Neuhäusl 1981, Matuszkiewicz & Matuszkiewicz 1985, Tab. 19). Neben der Winter-Linde sind die Hainbuche und die Stiel-Eiche die wichtigsten Baumarten in Beständen des Tilio-Carpinetum, während die Esche, die Trauben-Eiche und andere Hölzer nur eine untergeordnete Rolle spielen. Dem Verbreitungsgebiet entsprechend sind alle Phanerophyten der Linden-Eichen-Hainbuchen-Wälder nicht oder nur wenig spätfrostempfindlich. Darüber hinaus tolerieren sie niedrige Wintertemperaturen und eine zeitweilige Sommertrockenheit.

Im Urwald von Bialowieza (Nordost-Polen; Abb. 64), wo Linden-Eichen-Hainbuchen-Wälder von Matuszkiewicz & Matuszkiewicz (1954) und Falinski (1977, 1980) untersucht wurden, trägt das Klima bereits subboreale Züge, so dass Vertreter des borealen Florenelementes vorkommen (z. B. *Picea abies*, *Trientalis europaea*, *Equisetum pratense*). Die Jahressumme der Niederschläge beträgt in Nordost-Polen und in den angrenzenden Gebieten (Litauen, Lettland, West-Russland) zwischen 400 und 550 mm, die Mitteltemperaturen im Juli liegen meist über 18 °C. Die Tro-

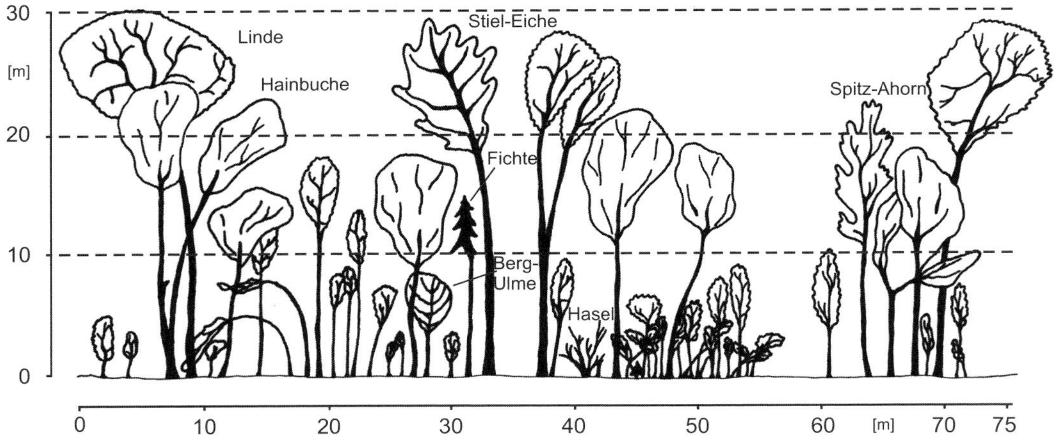

Abb. 64 Profilaufriss in einem lindenreichen Stieleichen-Hainbuchen-Wald (Tilio-Carpinetum) in Nordost-Polen (Bialowieza; aus MAYER 1984). Durch eine seit bereits sechs Jahrzehnten andauernde starke Naturverjüngung der Winter-Linde wird diese künftig im Gesamtbestand stärker hervortreten, während bei der Stiel-Eiche der Jungwuchs nahezu vollständig fehlt.

ckenheit der warmen Jahreszeit wird gewöhnlich durch Gewitterregen gemildert. Somit sind die Niederschläge während der Sommermonate nicht gleichmäßig, sondern auf wenige Tage mit hohen Spitzenwerten verteilt. Eine vegetationsgeographische Feingliederung der in Polen und in Südostmitteleuropa vorkommenden Linden-Eichen-Hainbuchen-Wälder geben NEUHÄUSLOVÁ-NOVOTNÁ & NEUHÄUSL (1971), NEUHÄUSL & NEUHÄUSLOVÁ-NOVOTNÁ (1972) und WIERZCHOWSKA (1981).

Unter trophischen Gesichtspunkten sind die Böden der Linden-Eichen-Hainbuchen-Wälder denen der Sternmieren- und der Waldlabkraut-Eichen-Hainbuchen-Wälder vergleichbar. Zur Darstellung der bestehenden Trophieverhältnisse wurden daher etliche Untereinheiten des Tilio-Carpinetums aus verschiedenen Räumen Mitteleuropas beschrieben. Gleichwohl stocken die meisten Linden-Eichen-Hainbuchen-Wälder auf mehr oder minder staufeuchten bis -frischen Böden, so dass der hydrologische Standortsbereich im Vergleich zu übrigen Carpinion-Gesellschaften enger begrenzt ist. Eine Übersicht über die wichtigsten, Trophieunterschiede anzeigenden Subassoziationen gibt Tabelle 23 (nach NEUHÄUSL & NEUHÄUSLOVÁ-NOVOTNÁ 1972, WIERZCHOWSKA 1981).

Linden-Eichen-Hainbuchen-Wälder kommen vorwiegend in niedrigen Lagen der kollinen Stufe vor und steigen maximal bis zu Meereshöhen von etwa 400 m auf. Am westlichen Arealrand (z. B. westliches Mähren, Südost-Böhmen) haben sie in dieser Höhestufe Kontakt zu submontan-montanen Rot-Buchen-Wäldern. Zwischen beiden Gesellschaften vermitteln Haarseggen-Eichen-Hainbuchen-Wälder (Carici pilosae-Carpinetum), in denen die Rot-Buche bereits stet vertreten ist und zugleich subkontinentale, das Tilio-Carpinetum kennzeichnende Arten (Tab. 19, siehe S. 143) ihre westliche Vorkommensgrenze erreichen. Haarseggen-Eichen-Hainbuchen-Wälder lassen sich demzufolge auch als Höhenform oder geographische Rasse der Linden-Eichen-Hainbuchen-Wälder auffassen (MATUSZKIEWICZ in NEUHÄUSL 1981).

6.3 Xerotherme Eichen-Mischwälder

Zu den xerothermen Eichen-Mischwäldern (Ordnung: Quercetalia pubescenti-petraeae) gehören zum einen die submediterran-zonal verbreiteten Flaumeichen-Wälder im nördlichen Mittelmeerraum und in der Montanstufe der mediterranen Gebirge, zum anderen die subkontinentalen Eichen-Steppenwälder im südöstlichen Europa; diese vermitteln zwischen den sommergrünen Laubwäldern Mitteleuropas und den kontinentalen Steppenlandschaf-

Tab. 23 Ökologisch-floristische Gliederung des Tilio-Carpinetum

Name der Subassoziation	ökologische Charakteristik	bezeichnende Arten
stachyetosum	nährstoffreiche, staufeuchte bis -frische Böden	Wald-Ziest *(Stachys sylvatica)*, Großes Hexenkraut *(Circaea lutetiana)*, Echtes Springkraut *(Impatiens noli-tangere)*, Riesen-Schwingel *(Festuca gigantea)*
typicum	mäßig nährstoffreiche, meist frische Böden	keine eigenen Trennarten
luzuletosum	mäßig nährstoffarme bis nährstoffarme Böden unterschiedlicher Feuchte	Schmalblättrige Hainsimse *(Luzula luzuloides)*, Draht-Schmiele *(Deschampsia flexuosa)*, Wald-Reitgras *(Calamagrostis arundinacea)*, Gemeines Habichtskraut *(Hieracium lachenalii)*

ten Südost-Europas. Xerotherme Eichen-Mischwälder erreichen in Mitteleuropa ihre nördliche beziehungsweise nordwestliche Arealgrenze und bilden demzufolge dort, eingebettet in die zonale Waldvegetation, meist extrazonale Inseln an trocken-heißen und teils felsigen Standorten, an denen der Waldwuchs überhaupt seine Trockengrenze findet (Abb. 47).

Die **Eichen**, namentlich die Flaum-, Trauben- und Stiel-Eiche (*Quercus pubescens*, *Q. petraea*, *Q. robur*) sind von allen Baumarten an solche Wuchsbedingungen am besten angepasst, so dass sie in der Baumschicht dominieren. Gleichermaßen kennzeichnend sind die Trockenheit der Standorte tolerierende Hölzer verschiedener Mehlbeer-Arten (*Sorbus aria*, *S. torminalis*; *S. domestica* und *S. latifolia* mit sehr geringer Stetigkeit). Der Wassermangel während der Vegetationsperiode spiegelt sich auch im Wuchsbild der Eichen wider und führt bei diesen zu einem kurzschäftigen oder gar krüppeligen Wuchs. Daher nimmt mit zunehmender Trockenheit eines Standortes die Wuchshöhe der Baumschicht ab (Abb. 65). Bestandeshöhen betragen gewöhnlich zwischen 5 und 10 m, und nur selten werden Baumhöhen bis zu 20 m erreicht.

Als **Begleiter** können die Hainbuche, die Esche, die Winter- und die Sommer-Linde, die Vogel-Kirsche und manchmal die Rot-Buche auftreten. All diese Hölzer entwickeln sich nur kümmerlich, weisen eine tief ansetzende und häufig dürr werdende Beastung auf und sterben normalerweise in einem Alter, das weit unter jenem auf Optimalstandorten liegt (Müller 1992a).

Wie bereits in Kapitel 6.1 angedeutet, hebt sich die **Flaum-Eiche** von den beiden übrigen

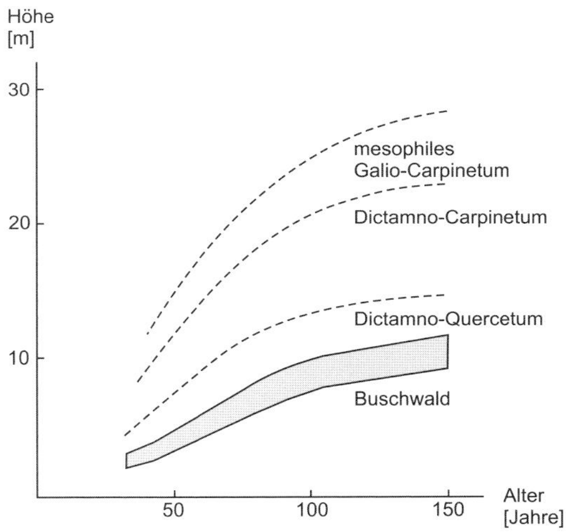

Abb. 65 Wuchsleistungen der Eichen in Eichen-Hainbuchen-Wäldern (in der Abb. als „Galio-Carpinetum" und „Dictamno-Carpinetum" bezeichnet) und in xerothermen Flaumeichen-Wäldern (hier als „Dictamno-Quercetum" und „Buschwald" bezeichnet) bei unterschiedlicher Wasserversorgung. In der Reihe Galio-Carpinetum, Dictamno-Carpinetum, Dictamno-Quercetum und Buschwald verschlechtert sich die Wasserversorgung kontinuierlich (nach Förster 1968a).

Eichen-Arten in arealkundlicher und ökologischer Sicht ab. Als vorwiegend mediterran-submediterrane Art ist sie nur an den trockensten und wärmsten Standorten xerothermer Eichen-Mischwälder präsent und fehlt somit bereits vielen Beständen des mitteleuropäischen Raumes (Abb. 66). Gleichwohl sind Zwischenformen zu der ihr systematisch nahe stehenden Trauben-Eiche häufig, und teilweise

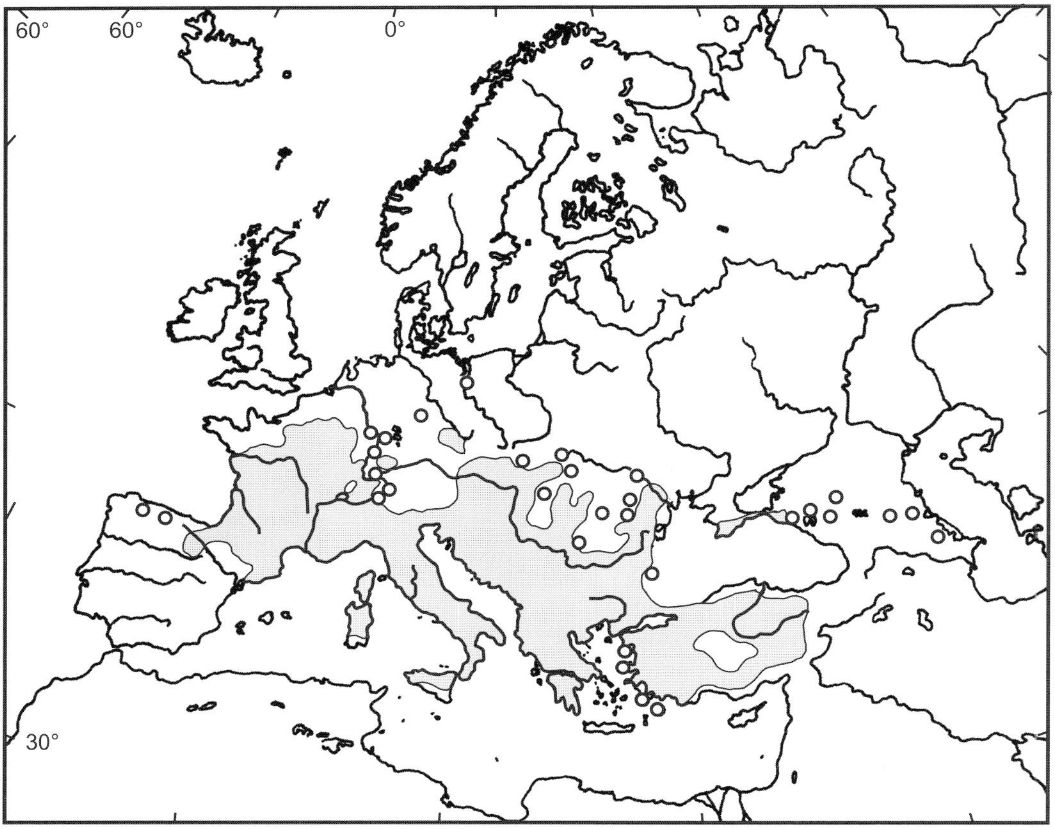

Abb. 66 Areal der Flaum-Eiche (*Quercus pubescens*, grau unterlegter Bereich und Punkte, nach Walter & Straka 1970).

scheinen diese auch zur Stiel-Eiche zu existieren (Müller 1992a). Wegen der Schwierigkeiten bei der Feldansprache wurden diese Zwischenformen bei vegetationskundlichen Untersuchungen oft mit reinen *Quercus pubescens*-Formen zusammengefasst.

Die in manchen Flaumeichen-Wäldern präsente **Wald-Kiefer** (*Pinus sylvestris*) ist in erster Linie auf forstliche Anpflanzung oder auf Eintrag aus angrenzenden Kiefernforsten (Hartmann & Jahn 1967), seltener allerdings auf Samenanflug aus natürlichen Steppen- oder Schneeheide-Kiefern-Wälder zurückzuführen. Für die Schneeheide-Kiefern-Wälder lässt sich am Beispiel des Südalpenraumes (Südalpentäler, oberitalienische Seengebiete) zeigen, dass sie an die Flaumeichen-Wälder der kollinen Stufe anschließen. Dies erfolgt orographisch vorwiegend in der Montanstufe und auf flachgründigen Kalkböden. Auch wenn damit an Wuchsorten von Schneeheide-Kiefern- und Flaumeichen-Wäldern ähnliche edaphische Verhältnisse bestehen, so genießen die Flaumeichen-Wälder doch höhere Einstrahlungssummen innerhalb einer insgesamt längeren Vegetationsperiode. In den xerothermen Eichen-Mischwäldern betragen diese etwa 156 bis 200 kcal/cm² gegenüber 120 bis 190 kcal/cm² in Schneeheide-Kiefern-Wäldern (Wallis: Burnand 1976).

Auf Karbonatböden der Schwäbischen Alb und im Klettgau lassen sich Flaumeichen-Waldstandorte zudem gut anhand ihres **Wasserhaushaltes** charakterisieren. Sinkt die Wasserspeicherkapazität im Wurzelraum unter einen Grenzwert von 70 l/m² ab, so ist die Flaum-Eiche am Standort vorherrschend. Oberhalb dieses Grenzwertes überwiegen von Buchen dominierte Bestände (Sayer 1999).

Nicht nur der lichte Schirm der Eichen, sondern auch der oftmals weite Stand einzelner Bäume begünstigt die Entwicklung von **Licht**

und Wärme liebenden Sträuchern. Unter allen Waldgesellschaften Mitteleuropas erweisen sich daher xerotherme Eichen-Mischwälder als besonders reich an Straucharten.

Die **Krautschicht** xerothermer Eichen-Mischwälder zeichnet sich durch eine Vielzahl thermophiler und trockenheitsunempfindlicher Arten aus, deren Arealschwerpunkte – analog zum Vorkommen der Quercetalia pubescenti-petraeae-Gesellschaften – einerseits im südwestlichen, andererseits im östlichen und südöstlichen Europa liegen. Sie sind ihrer Herkunft gemäß somit als Vertreter des submediterran-subatlantischen Florenelementes (z. B. *Acer monspessulanum*, *Helleborus foetidus*, *Tamus communis*) oder als gemäßigt kontinentale (sarmatische, subpontische) Arten anzusehen (z. B. *Anemone sylvestris*, *Bupleurum longifolium*, *Campanula persicifolia*, *Chrysanthemum corymbosum*, *Clematis recta*; Horvat et al. 1974, Walter 1974). Den Sippen beider Gruppen ist gemein, dass sie für eine optimale Entwicklung viel Licht benötigen und längere Trockenphasen während der Vegetationsperiode unbeschadet überstehen. In dieser Hinsicht sind sie den Arten der mesophytischen Buchen- und Laubmischwälder (Fagetalia-Arten) überlegen. Zudem zeichnen sich die den ost- und südosteuropäischen Waldsteppen entstammenden Sippen gegenüber denen submediterran-subatlatischer Herkunft durch eine geringe Kälteempfindlichkeit beziehungsweise eine höhere Frosthärte aus. Im Vergleich zu den Vorkommenszentren der xerothermen Eichen-Mischwälder sind die Bestände in Mitteleuropa artenärmer, da nur ein Teil der für sie bezeichnenden Arten im Postglazial Mitteleuropa erreichte und dort bis heute überdauern konnte (Tab. 24).

Viele der in Mitteleuropa vorkommenden xerothermen Eichen-Mischwälder sind durch **Niederwaldnutzung** aus Eichen-Hainbuchen- oder sogar Buchen-Wäldern entstanden oder werden durch solche Nutzungsformen erhalten. Die (Wieder-)Ansiedlung oder Ausbreitung von Halbschatt- oder Schatthölzern nach Nutzungsaufgabe lässt darauf schließen, dass an den betreffenden Stellen xerotherme Eichen-Mischwälder lediglich Ersatzgesellschaften von Eichen-Hainbuchen- oder Buchen-Wäldern sind (Gradmann 1950, Rühl 1960, Horvat et al. 1974, Walter 1974, Müller 1992a, Türk 1993b).

Bei Betrachtung der **Bodenverhältnisse** ist besonders auffällig, dass xerotherme Eichen-Mischwälder an ihrem mitteleuropäischen Arealrand eher klimatisch-edaphische Sonderstandorte besiedeln und nicht, wie in ihrem südwest- oder südosteuropäischen Kerngebiet, zonale Vegetationseinheiten bilden. So sind mehr oder minder tiefgründige Schwarzerden die vorherrschenden Bodentypen in den „Steppenwald“-Gebieten Ost- und Südost-Europas, die man sich nach Horvat et al. (1974) als von Natur aus großenteils mit lichten Wäldern bestockte Landschaften vorstellen muss. Ob diese Schwarzerdeböden (Tschernoseme) unter Wald oder unter reinen Grassteppen entstanden, ist allerdings unklar, denn unter dichtem Baumwuchs scheinen diese Böden infolge von Humuszehrung und Entbasung zu degradieren (Horvat et al. 1974). Auch wenn solche Bodentypen noch in Resten in Mitteleuropa vorkommen (z. B. im Wiener Becken, in der nordwestlichen Oberrheinebene und in Bördenlandschaften des Mittelgebirgsvorlandes), so würden diese potentiell doch von mesophytischen Laubmischwäldern der Ordnung Fagetalia und nicht von xerothermen Eichen-Mischwäldern bedeckt sein.

Die Vorkommen der xerothermen Eichen-Mischwälder bleiben im Mittelgebirge auf **Sonderstandorte** wie südexponierte Steilhänge, Hangkanten und Felsköpfe begrenzt. Ihre Böden sind meist kalk- oder basenreich, oftmals flachgründig und während der Sommermonate sehr trocken. Je stärker die Hangneigung ist, desto öfter treten Hangrutschungen auf, und die Bäume bilden so genannte „Rutschknie“. Die vorherrschenden Bodentypen sind Pelosole, Rendzinen, Pararendzinen oder Protorendzinen mit einem schwach entwickelten Humuskörper. An pedogenetisch jungen Standorten kommen Rohböden, zum Beispiel Kalk-, Ton- oder Mergelsyroseme vor. Bei etwas fortgeschrittener Bodenentwicklung können mullartige Protorendzinen oder auch Kalkstein-Braunlehme entwickelt sein. Böden, die eine gewisse Niederschlagsmenge speichern können, sind meist wechseltrocken. Im nordostdeutschen Tiefland, wo Lockergesteine als Ausgangssubstrate der Pedogenese dienen, treten xerotherme Eichen-Mischwälder häufig auf Lockersyrosemen, schwach entbasten Regosolen, Braunerde-Regosolen oder Pararendzinen mit Mull auf (Hartmann & Jahn 1967, Passarge & Hofmann 1968a).

Die **Jahresmitteltemperaturen** betragen an Standorten der mitteleuropäischen Bestände über 8,5 bis 9 °C, in der subatlantisch-submediterranen Zone um 15 °C und den kontinentalen Steppenwaldgebieten zwischen 10 und 12 °C. Dort kann die absolute jährliche Temperaturschwankung als Ausdruck des kontinentalen Klimas bis zu 80 °C betragen, zum Beispiel in den Balkan-Zerreichen-Wäldern des Quercion frainetto (Hartmann & Jahn 1967). In Mitteleuropa genießen xerotherme Eichen-Mischwälder während der Vegetationsperiode im Mittel Temperaturen zwischen 15 und 16 °C und **Jahresniederschlagssummen**, die unter 600 mm liegen. In manchen Gebieten sinken die Jahresniederschläge bis auf etwa 400 mm ab. Von diesen relativ geringen Mengen kann die Vegetation wiederum nur einen Bruchteil nutzen, da der Wasserabfluss besonders an Steilhängen hoch ist und die skelettreichen Böden nur wenig Wasser gegen die Schwerkraft halten. Nach Untersuchungen von Zelniker (1968) kann ein weitgehend geschlossener Waldbestand bei Jahresniederschlagssummen um 400 mm nur dann entstehen, wenn davon mindestens 100 mm für die Transpiration zur Verfügung stehen. Wird dieser Grenzwert unterschritten, so lichtet sich der Gesamtbestand.

Die Beschreibung der Standortsverhältnisse verdeutlicht, dass xerotherme Eichen-Mischwälder Mitteleuropas in erster Linie edaphisch bedingt sind und nicht, wie in Südwest- und Südosteuropa, klimazonale Waldgesellschaften. Zwar weisen sie auch in Mitteleuropa noch einige Elemente der Waldsteppe auf, die auch in Osteuropa im Übergangsbereich zwischen Wald- und Steppenlandschaften vorkommen; sie sind insgesamt aber artenverarmt und vegetationstypologisch weniger gut differenzierbar, wie oftmals am Arealrand zu beobachten. Die heutige Seltenheit mitteleuropäischer Flaumeichen-Wälder ist auch darauf zurückzuführen, dass ein Teil ihrer potentiellen Wuchsorte heute als Weinbauflächen genutzt werden.

6.3.1 Areal

Die xerothermen Eichen-Mischwälder Mitteleuropas sind aus vegetationsgeschichtlicher Sicht **Reliktgesellschaften**: Ihre Kerngebiete liegen durchweg außerhalb von Mitteleuropa. Größere Vorkommen haben Wärme liebende Eichen-Mischwälder heute in der submediterranen Zone Südfrankreichs, im Südalpenraum, im Apennin und an der Adriaküste (Antonietti 1968, Mayer 1984, Poldini 1988, Müller 1992a) sowie in Südost- und Osteuropa (Balkanländer, Donauniederung, Ukraine; Jakucs 1959, 1960, 1961, Horvat et al. 1974, Walter 1974, Mayer 1984; Abb. 66).

In Mitteleuropa kommen xerotherme Eichen-Mischwälder als extrazonale Gesellschaften selten großflächig vor. Sie sind vielmehr als kleinere Inseln von meist unter einem Hektar Größe in die zonale Waldvegetation eingebettet. Bezeichnende **Wuchsgebiete** sind der Schweizer Jura, das Oberrhein-, das Mosel- und Neckargebiet, der Kaiserstuhl, das Hegaugebiet, die Schwäbische und Fränkische Alb sowie das Württembergische und Fränkische Keuperbergland (Schwickerath 1958, Hartmann & Jahn 1967, Müller 1966b, 1987, 1992a, Türk 1993b).

Höhenzonal erweisen sich xerotherme Eichen-Mischwälder dieser Gebiete als vorwiegend kollin-submontane Gesellschaften, die im Allgemeinen nicht über 400 m über NN aufsteigen. Eine diesbezügliche Ausnahme ist im deutschen Mittelgebirgsraum die Schwäbische Alb, in der manche Bestände sogar die montane Stufe erreichen (Hartmann & Jahn 1967). Für die deutschen Mittelgebirge und das nordostdeutsche Tiefland wurden xerotherme Eichen-Mischwälder des Harzes (bzw. des Harzvorlandes), des Mitteldeutschen Trockengebietes, des Kyffhäusers und aus Brandenburg beschrieben (Meusel 1935, 1939, 1951/1952, Mráz 1958, Hofmann 1965b, Passarge & Hofmann 1968a). In Tschechien treten Quercetalia pubescenti-petraeae-Gesellschaften im Böhmischen Mittelgebirge, im Mittelböhmischen Karstgebiet und im Elbetal und in der Slowakei, insbesondere im Urmátra-Gebirge auf (Jakucs 1961, Neuhäusl & Neuhäuslová-Novotná 1969). Nach Untersuchungen von Matuszkiewicz & Matuszkiewicz (1956) lassen sich diese ebenso nördlich des Sudeten-Karpaten-Bogens bis zum unteren Odertal und östlich bis zum Urwaldgebiet von Bialowieza nachweisen, ohne jedoch flächenmäßig irgendwo eine größere Rolle zu spielen. Das isolierte Vorkommen der Flaum-Eiche bei Bellinchen (unteres Odertal) ist allerdings nachweislich aus Anpflanzungen hervorgegangen und somit nicht indigen (Ellenberg 1996).

6.3.2 Gliederung

Innerhalb des sich von Südwest- nach Südost- und Osteuropa erstreckenden Areals besteht ein deutlicher Klimagradient, der sich in einem

Tab. 24 Ökologisch-floristische und synsystematische Gliederung (von oben bzw. von unten gelesen) der xerothermen Eichen-Mischwälder (Quercetalia pubescenti-petraeae) in Mitteleuropa. Bezeichnend für die Ordnung sind eine große Anzahl verschiedener Sträucher, z. B. *Amelanchier ovalis, Berberis vulgaris, Buxus sempervirens, Colutea arborescens, Cornus mas* und *C. sanguinea, Corylus avellana, Cotoneaster integerrimus, C. tomentosus, Crataegus monogyna, C. laevigata, Laburnum anagyroides, Ligustrum vulgare, Lonicera xylosteum, Prunus spinosa, Rhamnus cathartica, Staphylea pinnata* und *Viburnum lantana*

<table>
<tr><td colspan="4">Xerotherme Eichen-Mischwälder
Echte Mehlbeere (Sorbus aria), Elsbeere (Sorbus torminalis), Speierling (Sorbus domestica), Breitblättrige Mehlbeere (Sorbus latifolia), Wiesen-Schlüsselblume (Primula veris ssp. canescens), Pfirsichblättrige Glockenblume (Campanula persicifolia), Straußblütige Wucherblume (Chrysanthemum corymbosum), Berg-Hartheu (Hypericum montanum), Schwarze Platterbse (Lathyrus niger), Blauroter Steinsame (Lithospermum purpurocaeruleum), Immenblatt (Melittis melissophyllum), Rauhaar-Veilchen (Viola hirta), Fieder-Zwenke (Brachypodium pinnatum), Weiße Schwalbenwurz (Vincetoxicum hirundinaria), Zypressen-Wolfsmilch (Euphorbia cyparissias), Erd-Segge (Carex humilis), Edel-Gamander (Teucrium chamaedrys)</td></tr>
<tr><td colspan="2">West-submediterrane Flaumeichen-Wälder
Efeu (Hedera helix),
Stinkende Nieswurz (Helleborus foetidus),
Buchsbaum (Buxus sempervirens),
Bergminze (Calamintha sylvatica),
Strauch-Kronwicke (Coronilla emerus),
Weißes Veilchen (Viola alba)</td><td colspan="2">(Ost-)mitteleuropäische, subkontinentale Eichen-Mischwälder
Heil-Ziest (Stachys officinalis),
Wald-Klee (Trifolium alpestre),
Zickzack-Klee (Trifolium medium),
Färber-Scharte (Serratula tinctoria),
Färber-Ginster (Genista tinctoria),
Nordisches Labkraut (Galium boreale),
Wald-Reitgras (Calamagrostis arundinacea),
Bunte Kronwicke (Coronilla varia),
Essig-Rose (Rosa gallica),
Rauhhaariger Alant (Inula hirta),
Buntes Perlgras (Melica picta)</td></tr>
<tr><td>Trocken-warme Felsenahorn-Traubeneichen-Wälder auf kalkarmem Festgestein
Französischer Ahorn (Acer monspessulanum),
Salbei-Gamander (Teucrium scorodonia),
Astlose Graslilie (Anthericum liliago),
Filz-Brombeere (Rubus canescens),
Alpen-Johannisbeere (Ribes alpinum),
Besenginster (Sarothamnus scoparius),
Gewöhnliche Pechnelke (Viscaria vulgaris)</td><td>Trocken-warme Flaumeichen-Mischwälder auf Kalkgestein
Flaum-Eiche (Quercus pubescens)</td><td>Trockene bis wechseltrockene Fingerkraut-Traubeneichen-Wälder bodensaurer Standorte
Weißes Fingerkraut (Potentilla alba),
Echter Haarstrang (Peucedanum officinale),
Vielblütiger Hahnenfuß (Ranunculus polyanthemos),
Kassuben-Wicke (Vicia cassubica),
Schmalblättrige Vogel-Wicke (Vicia tenuifolia),
Schmalblättriges Lungenkraut (Pulmonaria angustifolia)</td><td>Geißklee-Stieleichen-Wälder auf flachgründigem Kalkgestein
Schwarzwerdender Geißklee (Cytisus nigricans),
Leberblümchen (Hepatica nobilis)
Felsenkirsche (Prunus mahaleb),
Eiblatt-Bingelkraut (Mercurialis ovata),
Hügel-Veilchen (Viola collina),
Südliches Mariengras (Hierochloë australis)</td></tr>
<tr><td>Aceri monspessulani-Quercetum petraeae</td><td>Quercetum pubescenti-petraeae</td><td>Potentillo albae-Quercetum petraeae</td><td>Cytiso nigricantis-Quercetum roboris</td></tr>
<tr><td colspan="2">Quercion pubescenti-petraeae</td><td colspan="2">Potentillo albae-Quercion petraeae</td></tr>
<tr><td colspan="4">Quercetalia pubescenti-petraeae</td></tr>
</table>

Florengefälle der xerothermen Eichen-Mischwälder dieses Raumes ausdrückt: So fallen von Südwest- nach Mitteleuropa die Vertreter des subatlantisch-submediterranen Florenelementes zunehmend aus. Dies sind zum Beispiel wintergrüne Hölzer, die nur in wintermilden Klimaten überdauern. Demgegenüber gewinnen in Ostmittel- und Osteuropa subkontinentale Arten mit pannonisch-pontischem Vorkommensschwerpunkt an Bedeutung. Auf dem Verbandsniveau lässt sich diesem Klimagradienten durch die Unterscheidung von **drei Einheiten** Rechnung tragen; diese erreichen den mitteleuropäischen Raum oder berühren ihn zumindest (Tab. 24):

a) **West-submediterrane Flaumeichen-Wälder** (Verband Quercion pubescenti-petraeae), denen sich drei Waldgesellschaften (Assoziationen) zuordnen lassen:
   - **Buchsbaum-Flaumeichen-Wälder** mit subatlantisch-submediterraner Verbreitung (Südfrankreich) auf kalk- oder zumindest basenreichen, meist flachgründigen Böden (Buxo-Quercetum pubescentis). Da Bestände des Buxo-Quercetum in Mitteleuropa weitgehend fehlen (BRAUN-BLANQUET et al. 1951, HARTMANN & JAHN 1967), werden sie im Nachfolgenden nicht weiter besprochen.
   - **Felsenahorn-Traubeneichen-Wälder** warm-trockener, häufig felsiger oder skelettreicher Hänge auf kalkarmen, meist aber basenreichen Gesteinen (Aceri monspessulani-Quercetum petraeae).
   - **Flaumeichen-Mischwälder** warm-trockener, oftmals flachgründiger Standorte auf Kalkgestein mit mitteleuropäischer Verbreitung (Quercetum pubescenti-petraeae).

b) **Südalpisch-apenninisch-dinarische Flaumeichen-Wälder** mit Hopfenbuche und Orientalischer Hainbuche (Verband Ostryo carpinifoliae-Carpinion orientalis). Der Verband umfasst die für viele südalpischen Täler bezeichnenden Flaumeichen-Wälder, unter anderem die Mannaeschen-Hopfenbuchen-Wälder (Fraxino orni-Ostryetum) der kollinen Stufe auf flachgründigen Kalksteinböden. Ihr Areal grenzt südlich an das der mitteleuropäischen, xerothermen Eichen-Mischwälder an. Da Bestände des Ostryo carpinifoliae-Carpinion orientalis in Mitteleuropa fehlen, werden sie im Nachfolgenden nicht weiter besprochen.

c) **(Ost-)Mitteleuropäische, subkontinentale Eichen-Mischwälder** (Verband Potentillo albae-Quercion petraeae), denen sich in Mitteleuropa zwei Waldgesellschaften (Assoziationen) zuordnen lassen:
   - **Geißklee-Stieleichen-Wälder** steiler Hänge, Felsköpfe oder Verebnungen von Felsflanken auf Kalkgestein (Cytiso nigricantis-Quercetum roboris),
   - **Fingerkraut-Traubeneichen-Wälder** ostmitteleuropäisch-subkontinentaler Verbreitung an wechseltrockenen und im Oberboden sauren Standorten (Potentillo albae-Quercetum petraeae).

6.3.2.1 Felsenahorn-Traubeneichen-Wälder kalkarmer Gesteine

Einige der für west-submediterrane Flaumeichen-Wälder bezeichnenden Arten erreichen im Mosel-Nahe-Mittelrhein-, im Oberrhein- und Neckargebiet und der Schwäbischen Alb ihre nordöstliche Verbreitungsgrenze. Beispielsweise kommen der Französische Ahorn (*Acer monspessulanum*), die Steinweichsel (*Prunus mahaleb*) und der Buchsbaum (*Buxus sempervirens*) noch im Mosel-Nahe-Mittelrheingebiet vor (RÜHL 1956, OBERDORFER 1957, HARTMANN & JAHN 1967, FÖRSTER 1979, MÜLLER 1992a) und sind dort nach MÜLLER (1992a) Charakterarten einer an Arten verarmten Gebietsassoziation, des Felsenahorn-Traubeneichen-Waldes (Aceri monspessulani-Quercetum petraeae).

In der Baumschicht dominieren meist krummwüchsige Exemplare der Trauben-Eiche (*Quercus petraea*), des Felsen-Ahorns (*Acer monspessulanum*) und der Elsbeere (*Sorbus torminalis*), während die Flaum-Eiche weitgehend fehlt. Als **beigemischte Hölzer** treten der Feld-Ahorn (*Acer campestre*), die Hainbuche (*Carpinus betulus*), die Mehlbeere (*Sorbus aria*), die Wild-Birne (*Pyrus pyraster*), die Esche (*Fraxinus excelsior*) und die Sommer-Linde (*Tilia platyphyllos*) auf. Die **Wuchsleistung** der genannten Bäume ist durchweg gering. Dies findet in niedrigen Wuchshöhen Ausdruck, die zwischen 3 und 7 m betragen (FÖRSTER 1979, MÜLLER 1992a). Felsenahorn-Traubeneichen-Wälder besiedeln warm-trockene, felsige oder skelettreiche Hänge über kalkarmen, meist aber basenreichen Gesteinen (Porphyr, Melaphyr, Schiefer). In der Krautschicht können azidophytische oder azidotolerante Sippen auftreten (z. B. *Avenella flexuosa*, *Teucrium scorodonia*), so dass die Felsenahorn-Traubeneichen-Wälder in standörtlicher und floristischer Hinsicht den Hainsimsen-(Habichtskraut-) Traubeneichen-Wäldern (Luzulo-Quercetum petraeae) ähneln, wenn diese auf gleichfalls Wärme begünstigten Hängen auftreten (siehe Kap. 6.4; KNAPP 1979, 1980).

6.3.2.2 Westmitteleuropäische Flaumeichen-Mischwälder auf Kalkgestein

Flaumeichen-Mischwälder kommen in Mitteleuropa vorwiegend auf Kalkgesteinen vor. Sie sind an sommerwarme bis -heiße und entsprechend sehr trockene Standorte gebunden.

Bezeichnende **Wuchsorte** sind steile oder schroffe Hänge mit teilweise extrem flachgründigen Böden. In Mitteleuropa konzentrieren sich die Vorkommen der Flaum-Eiche und der intermediären Formen zur Trauben-Eiche im Quercetum pubescenti-petraeae. Die meisten Bestände erreichen lediglich Wuchshöhen zwischen 5 und 15 m. Neben den begleitenden *Sorbus*-Arten können in der Baumschicht der Feld-Ahorn (*Acer campestre*), die Esche (*Fraxinus excelsior*), die Vogel-Kirsche (*Prunus avium*), die Hainbuche (*Carpinus betulus*) sowie die Sommer- und die Winter-Linde (*Tilia platyphyllos*, *T. cordata*) auftreten. Diese sind aber – im Vergleich zu den Eichen – deutlich trockenheitsempfindlicher. Die Präsenz der Wald-Kiefer ist nahezu immer auf Anpflanzung sowie auf Samenanflug aus Kiefernforsten zurückzuführen (Müller 1992a).

Die **Strauchschicht** ist artenreich und erreicht Wuchshöhen zwischen 2 und 3 m. Ihre Entwicklung wird durch Niederwaldnutzung gefördert, da diese die Lichtverhältnisse im Bestandesinneren verbessert und alle vorkommenden Straucharten stockausschlagfreudig sind. Nach Müller (1992a) kann die Hasel (*Corylus avellana*) bei kurzen Umtriebszeiten ähnliche Wuchshöhen wie die Baumkronen erreichen.

Im südwestlichen Mitteleuropa erstreckt sich die **Verbreitung** des Quercetum pubescenti-petraeae vom Schweizer Jura bis in das Hochrhein-, das südliche Oberrhein- und mittlere Neckargebiet, den Kraichgau und die Schwäbische Alb. Sie erreicht – ebenso wie die Flaum-Eiche selbst – im linksrheinischen Bergland beziehungsweise nördlich der Eifel, im südlichen Niedersachsen und dem östlich angrenzenden mitteldeutschen Bergland ihre nördliche beziehungsweise nordöstliche Arealgrenze (Schwickerath 1958, Förster 1968a/b). Die frühere, von Braun-Blanquet (1932) geprägte Gesellschaftsbezeichnung Steinsamen-Eichenmischwald (Buglossoido- bzw. Lithospermo-Quercetum) wurde in jüngerer Zeit aufgegeben, da der Steinsame (*Lithospermum purpurocaeruleum*) in Mitteleuropa nicht nur für Flaumeichen-Mischwälder, sondern auch für Eichen-Hainbuchen- und sogar Buchen-Mischwälder bezeichnend ist (Ellenberg & Klötzli 1972, Müller 1992a, Oberdorfer 1994).

6.3.2.3 Ostmitteleuropäische Geißklee-Stieleichen-Wälder auf Kalkgestein

Der Geißklee-Stieleichen-Wald besiedelt meist steile Hänge, Felsköpfe oder Verebnungen von Felsflanken aus Kalkgestein. Ausgedehnte Bestände sind selten, so dass meist nur kleinere Busch- oder Traufwälder entwickelt sind (Müller 1987, 1992a; Abb. 67, S. 94). In der Baumschicht herrscht die Stiel-Eiche vor, Trauben- oder Flaum-Eiche fehlen oder spielen nur eine untergeordnete Rolle. Als wichtigste Begleiter kommen die Mehlbeere, die Esche und auch die Rot-Buche vor, die beiden zuletzt Genannten aber oftmals kümmernd und wipfeldürr. Da die Baumschicht nie dicht schließt, sind die Wuchsbedingungen für Sträucher günstig.

Geißklee-Stieleichen-Wälder sind in den süddeutschen Mittelgebirgen nur kleinräumig verbreitet und bezeichnend für den Donauzug in der Schwäbischen und Fränkischen Alb.

6.3.2.4 Subkontinentale Fingerkraut-Traubeneichen-Wälder bodensaurer Standorte

Während sich der submediterrane Einfluss in Eichen-Mischwäldern von Südwesten nach Nordosten verliert, erhält das Arteninventar von Westen nach Osten ein zunehmend kontinentales Gepräge. Bereits in der Oberrheinebene und im fränkischen Raum, häufiger noch in den östlich gelegenen Mittelgebirgen, begegnet man dem Weißen Fingerkraut (*Potentilla alba*) und anderen Arten mit subkontinentalem Arealschwerpunkt, die den Eichen-Mischwäldern im östlichen Mitteleuropa und der Ukraine eigen sind (Ellenberg 1996). In Mitteleuropa erreichen Fingerkraut-Traubeneichen-Mischwälder ihre westliche Arealgrenze im Elsass und im Oberrheingebiet (Issler 1951, Müller 1992a).

In der Baumschicht herrschen Trauben- und Stiel-Eiche vor, die bei geringen bis mittleren Wuchsleistungen Höhen von 15 bis zu maximal 20 m erreichen (Abb. 68a/b, S. 76). Häufige **Begleitarten** sind die Elsbeere, der Feld-Ahorn und die Hainbuche, seltener auch die Mehlbeere, der Speierling, die Winter-Linde und die Rot-Buche, über den natürlichen Anteil der Wald-Kiefer allerdings besteht Unklarheit. Eine Dominanz der Wald-Kiefer ist jedenfalls immer forstlich bedingt.

Viele der in Mitteleuropa vorkommenden Bestände sind anthropo-zoogen, werden nach Nutzungsaufgabe schattholzreicher und entwickeln einen höheren Kronenschlussgrad. Obgleich eine **Strauchschicht** aufgrund eines günstigen Lichtklimas immer vorhanden ist, sind Fingerkraut-Traubeneichen-Wälder im Vergleich zu subatlantisch-submediterranen Eichen-Mischwäldern ungleich ärmer an Phanerophyten. Denn viele der für das Buxo-Quercetum bezeichnenden Hölzer sind wintergrün, spätfrostempfindlich oder tolerieren keine stärkeren Winterfröste und meiden demzufolge kontinentale Klimate. Im Mittel weisen Fingerkraut-Traubeneichen-Wälder daher nur noch zehn Phanerophyten-Arten auf; im Vergleich hierzu ist das Buxo-Quercetum mit etwa 20 Vertretern der Phanerophyten wesentlich artenreicher. Das Artengefüge der Fingerkraut-Traubeneichen-Wälder ist daher weniger als „Wärme liebend", sondern eher als „trockenheitsertragend" zu bezeichnen (Tab. 24, S. 157).

Fingerkraut-Traubeneichen-Wälder stocken auf Böden, die zumindest oberflächennah sehr basenarm und demzufolge sauer sind. An trockenen bis wechseltrockenen Standorten treten als häufigste **Bodentypen** Pelosole, Ranker, Rendzinen, Pararendzinen oder Braunerden auf, aus denen durch Überrutschungen Zweischichtböden entstehen können (z. B. Keupersandsteinmaterial über Mergelschichten). Im Vergleich zu Standorten der Geißklee-Stieleichen-Wälder sind diese Böden bereits tiefgründiger entwickelt, so dass die Wuchsbedingungen der Fingerkraut-Traubeneichen-Wälder im Hinblick auf den Wasserhaushalt weniger extrem sind (Mráz 1958, Hartmann & Jahn 1967, Schubert 1972).

Für **wechselfeuchte Standorte** (Ausbildungen mit *Molinia arundinacea*) sind Pelosole und Pseudogleye bezeichnend. Besonders am westmitteleuropäischen Arealrand siedeln Fingerkraut-Eichen-Mischwälder nahezu ausschließlich auf wechseltrockenen Mergel- oder Tonböden (Pelosole, z. B. in der Oberrheinebene), auf denen sich die mesophytischen Fagetalia-Arten nicht entwickeln können (Hartmann & Jahn 1967, Müller 1992a, Ellenberg 1996). Im nordost-mitteleuropäischen Tiefland treten als häufigste Bodentypen Pararendzinen auf, die aus schwach entbasten Dünensanden, trockenen Kalksanden oder kalkreichen Lehmen entstanden. Für die osteuropäischen Kerngebiete der Gesellschaft sind tiefgründige und leichte Lockerböden (z. B. Schwarzerden) bezeichnend (Mráz 1958, Horvat et al. 1974).

Ausgehend vom westlichen Arealrand (Elsass, Oberrheingebiet, Rheingau; Knapp 1944, Issler 1951, Oberdorfer 1957) weist die Gesellschaft in Süddeutschland einen **Vorkommensschwerpunkt** in Franken auf. In den östlich angrenzenden Räumen ist sie für das mitteldeutsche Trockengebiet bezeichnend (Stöcker 1965, Schubert 1972, Knapp 1979, 1980). Im nordostdeutschen Tiefland wurde sie von Passarge & Hofmann (1968a) aus der Altmark und Brandenburg (als Cynancho-Quercetum roboris) beschrieben. Die im gleichen Raum besonders für Dünengebiete typischen Berghaarstrang-Eichentrockengehölze (Peucedano-Quercetum roboris) bilden ein Pendant zu den auf entsprechenden, aber unter atlantischem Klima stärker entbasten Böden vorkommenden Drahtschmielen-Stieleichen-Wälder Nordwestmitteleuropas (Deschampsio flexuosae-Quercetum roboris, siehe Kap. 6.4). Im nordpolnischen Tiefland erstreckt sich das Areal des Potentillo-Quercetum von Südwest-Pommern über die Umgebung von Posen und von Warschau bis zum Urwald von Bialowieza (Matuszkiewicz & Matuszkiewicz 1956). Dem Potentillo-Quercetum können ferner die Flaum-Eichen-Bestände bei Bellinchen (unteres Odertal) angeschlossen werden – auch wenn diese floristisch verarmt und isoliert gelegen sind.

6.4 Bodensaure Eichen-Mischwälder

Bodensaure Eichen-Mischwälder sind Waldgesellschaften, die an saure bis stark saure und nährstoffarme Böden gebunden sind und in denen die Stiel-Eiche (*Quercus robur*) oder die Trauben-Eiche (*Quercus petraea*) vorherrschen. Sie können pflanzensoziologisch in der Ordnung Quercetalia roboris und in dem Verband Quercion roboris zusammengefasst werden (ausführliche Diskussion der Synsystematik: Pallas 1996, 2000).

Neben den Eichenarten ist häufig die Rot-Buche vertreten, wobei der Anteil dieser Art am Bestandesaufbau von edaphischen und nutzungsgeschichtlichen Parametern abhängt. Die Konkurrenzkraft der Buche wird dabei weniger durch ungünstige Nährstoffverhältnisse, sondern vielmehr durch **Grund- und Stauwassereinfluss** geschwächt (Leuschner et al. 1993, Heinken 1995 und Kap. 6.4.2). Ebenso kann bei einem stark austrocknenden Oberboden ein Aufkommen von Sämlingen und damit eine Buchenverjüngung unterbunden werden. HESMER & SCHRÖDER (1963) postulieren auf der Basis von forsthistorischen Untersuchungen in Norddeutschland, dass „das Verhältnis Buche/Eiche... weniger von Bodenart, Bodenreaktion und Nährstoffgehalt als vielmehr von der Bodennässe (abhängig) ist".

Unter den Eichen-Arten wird mit zunehmender Bodennässe *Quercus robur* begünstigt, während *Quercus petraea* trockenere sowie kolloid- und silikatreichere Böden bevorzugt (PASSARGE 1957, SCAMONI 1969). Daneben ist die Trauben-Eiche in Eichen-Mischwäldern der kollinen Stufe vorherrschend, wobei mit einer zunehmenden Bodenvernässung auch hier die Stiel-Eiche an Bedeutung gewinnt (NEUHÄUSL & NEUHÄUSLOVÁ-NOVOTNÁ 1967). In Eichen-Mischwäldern des Tieflandes und südlich der Donau tritt die Trauben-Eiche zugunsten der Stiel-Eiche zurück.

Während der vergangenen Jahrhunderte wurden alle Eichen-Mischwälder in Mitteleuropa mehr oder minder intensiv genutzt, sei es durch Waldweide, Niederwaldwirtschaft oder Streuentnahme. Diese **Nutzungsformen** und Eichen-Anpflanzungen (in Forsteinrichtungswerken dokumentiert) haben das natürliche Baumartengefüge so stark verändert, dass eine Einschätzung der sich unter natürlichen Konkurrenzbedingungen einstellenden Deckungsanteile von Buche, Stiel- und Trauben-Eiche auch bei genauer Kenntnis der edaphischen Verhältnisse schwierig ist (WILMANNS 1998). Eine Beurteilung des Natürlichkeitsgrades einer gegebener Baumartenkombinationen ist daher nur in grober Näherung möglich.

Neben den genannten Hölzern sind als **Begleitarten** in der Baumschicht bodensaurer Eichen-Mischwälder die Moor-Birke (*Betula pubescens*), die Hänge-Birke (*Betula pendula*) und die Zitter-Pappel (*Populus tremula*) häufig. Sowohl die Birken als auch die Zitter-Pappel haben – ihrem Charakter als Pionierhölzer gemäß – besonders in Vorwaldstadien oder auf Windwurfflächen einen größeren Deckungsanteil (TRAUTMANN et al. 1973, KRAUSE & SCHRÖDER 1979): Sie können sich dort durch ihre mit dem Wind rasch ausbreitenden Samen schneller ansiedeln als die schwerfrüchtigen Eichen und Buchen.

In Altholzbeständen fallen sie aus durch ihre geringe Lebenserwartung und durch die für sie ungünstigen Lebensbedingungen bei zunehmender Beschattung – besonders unter Buchenpräsenz. Je schattholzärmer Eichen-Mischwälder sind, desto mehr werden die Eberesche (*Sorbus aucuparia*) und der Faulbaum (*Frangula alnus*) begünstigt, in Altholzbeständen jedoch bleiben beide Arten weitgehend auf die Strauch- und Krautschicht beschränkt. Unter Einfluss der jeweils bestehenden Klimasituation können in manchen Gebieten weitere Baumarten hinzutreten, so die Fichte (*Picea abies*) bei mehr borealen Klimaverhältnissen, die Esskastanie (*Castanea sativa*) in wintermilden und mehr humiden Klimaten und die Winter-Linde (*Tilia cordata*) in subkontinentalen Wuchsgebieten. Für nasse Standorte ist die Schwarz-Erle (*Alnus glutinosa*) bezeichnende Mischbaumart.

In Eichen-Mischwäldern sind **Wüchsigkeit und Deckung** der Baumschicht in weiten Grenzen variabel und besonders von der Wasserversorgung, aber auch vom Nutzungseinfluss abhängig: In der Regel werden Wuchshöhen von 20 bis 25 m, selten auch bis zu 30 m erreicht, auf Grenzstandorten wie extrem trockenen, steilen und flachgründigen Felsböden sind die Eichen aber eher krüppelwüchsig und Baumhöhen von 10 m oder mehr kaum zu beobachten (GLAVAC & KRAUSE 1969, KNAPP 1979, 1980, DENZ 1994). Auch in Niederwäldern oder Kratts sind niedrige Wuchshöhen physiognomisch kennzeichnend (DIERSSEN & HÖPER 1984, POTT 1985, POTT & HÜPPE 1991, DIERSSEN 1996, BRUHNKE 1994).

Der **Unterwuchs** bodensaurer Eichen-Wälder (Verband Quercion roboris) und der der Moderbuchenwälder (Verband Luzulo-Fagion) weist eine Vielzahl gemeinsamer azidotoleranter Sippen auf, so dass beide Verbände synsystematisch innerhalb der Ordnung Quercetalia roboris zusammengefasst werden können. Dennoch zeichnet sich die Feldschicht in Eichenwäldern durch eine größere Zahl azidotoleranter und zugleich Licht liebender Arten aus, die unter dem lichten Schirm der Eichen gut gedeihen, in Moderbuchenwäldern aber infolge eines deutlich ungünstigeren Lichtklimas fehlen (LEUSCHNER 1994, HEINKEN 1995; Tab. 25, S. 165). Vom günstigen Lichtklima profitiert zugleich die Strauchschicht, die im Gegensatz zu den Buchen-Wäldern meistens in artenreicher Ausprägung vorhanden ist (u. a. *Sorbus aucuparia*, *Frangula alnus*, *Corylus avellana*, *Ilex aquifolium*, *Rubus* div. spec.).

Viele Arten der bodensauren Eichen-Mischwälder sind Nahrungsspezialisten, die in verschiedener Weise an die extremen Bedingungen der Nährstoffversorgung adaptiert sind: Nahezu alle Hölzer leben in Symbiose mit **Mykorrhiza-Pilzen**, deren Hyphen die Wurzeln als dichtes Geflecht umspinnen und so die Wasser und Nährstoffe resorbierende Oberfläche des Baumes um ein Vielfaches erhöhen. Arten der Gattung *Melampyrum* leben hingegen als **Halbschmarotzer** und gewinnen durch Anschluss ihrer Wurzeln an jene von Wirtspflanzen zusätzlich Assimilate. Viele der in bodensauren Eichen-Mischwäldern vorkommenden Krautigen, Gräser oder Zwergsträucher erweisen sich als **Ammonium-Pflanzen**, sind also bezüglich der Qualität der N-Versorgung an entsprechende Standorte adaptiert.

Da Eichen-Mischwäldern wenig Laubstreu produzieren und diese – im Gegensatz zu den meisten Moderbuchenwäldern – den Waldboden nur teilweise bedeckt, sind **Boden-Kryptogamen** häufig (Tab. 25).

In Mitteleuropa sind bodensaure Eichen-Mischwälder für **Böden** bezeichnend, die aus basenarmen, sauer verwitternden Locker- oder Festgesteinen hervorgegangen sind. Die geologischen Ausgangssubstrate der Bodenbildung sind dabei ausgesprochen vielfältig: Im Tiefland sind dies pleistozäne Lockersedimente und deren Umlagerungsprodukte (z. B. glazifluviatile und fluviatile Sande, Flugsande, Dünen oder Geschiebelehme; Westhoff 1958, Oberdorfer 1992, Härdtle 1995a, Heinken 1995), im Hügel- und Bergland silikatische Festgesteine (v. a. Sandsteine, Tonschiefer, Grauwacken, Granite, Gneise; Knapp 1979, Welss 1985, Scheurer 1989, Manz 1993, Denz 1994).

Allen Böden gemeinsam ist die **Podsolierung** und die starke Versauerung im oberen Mineralkörper. Besonders ausgeprägt sind Podsolierungsmerkmale in silikatarmen Quarzsanden atlantischer Klimabereiche. Demgegenüber zeigen Wärme begünstigte Trockenstandorte auf silikatreicheren Gesteinen allenfalls schwache Podsolierungserscheinungen. In den Bodenlandschaften des Tieflandes treten somit podsolige Braunerden, Parabraunerden und Podsole auf, unter Grund- und Stauwassereinfluss auch Gley- und Pseudogley-Podsole. Aus Festgesteinen im Mittelgebirge entstanden vorwiegend podsolige Ranker, oder – sofern bindiges Bodenmaterial vorhanden ist – auch podsolige Pseudogleye.

Unter den **Humusformen** dieser Böden überwiegt der Rohhumus, während Moder oder rohhumusartiger Moder seltener entwickelt sind. Die Bildung von bis zu über 20 cm mächtigen Rohhumusdecken wird besonders an Feuchtstandorten begünstigt, da hier nicht nur die Azidität des Bodens, sondern zugleich Sauerstoffarmut die Tätigkeit mineralisierender Organismen hemmt. Demgegenüber sind die Humusdecken auf weniger podsolierten und trockenen Standorten geringmächtig.

Dieser Profilmorphologie entsprechen auch die **bodenchemischen Eigenschaften** der Standorte von bodensauren Eichen-Mischwäldern. Charakteristisch sind weite C/N-Verhältnisse des Humuskörpers, die in Podsolen um 25, auf weniger stark podsolierten um 20 betragen (Härdtle et al. 1997). Wie Gönnert (1989) zeigt, gehen damit geringe Stickstoff-Nachlieferungsraten einher, wobei Stickstoff vorwiegend oder ausschließlich in Form von Ammonium angeboten wird. Die Humusauflagen, in denen sich die Hauptmasse der Feinwurzeln der Baum-, Strauch- und Krautschicht konzentriert, zeigen eine saure bis stark saure Reaktion. Die niedrigsten pH(H_2O)-Werte (um 2,7 bis 3,5) treten in den O- und A_e-Horizonten von Podsolen auf, insbesondere in Gebieten mit einem ozeanischen und subozeanischen Klima. Doch auch in schwächer podsolierten Böden der Mittelgebirge werden nur selten pH-Werte von 4,2 überschritten. Mit derart geringen pH-Werten geht eine geringe Basensättigung des Oberbodens einher. Diese liegt fast durchweg unter 30 %, auf stark versauerten Böden auch unter 10 % (Härdtle 1995a). Entsprechend niedrig sind die austauschbaren Vorräte an Calcium, Kalium und Magnesium (Gönnert 1989, Heinken 1995).

Die Humusmorphologie und die genannten bodenchemischen Kenngrößen bedingen eine besonders **geringe biologische Aktivität** der bodensauren Eichen-Mischwälder. Mineralisations- und Umsetzungsprozesse finden vorwiegend in der Humusauflage und in der obersten Schicht des Mineralbodens statt. Hinsichtlich der bodenchemischen Eigenschaften unterscheiden sich die Standorte bodensaurer Eichen-Mischwälder prinzipiell nicht von denen der Moderbuchenwälder, bezüglich des Wasserhaushaltes werden jedoch deutlich extremere, dass heißt trockenere und feuchtere Standorte besiedelt. Daher bestehen nur auf Standorten mittlerer Feuchte zwischen bodensauren Eichen-Mischwäldern und Moderbuchenwäldern enge syndynamische Beziehungen.

6.4.1 Areal

Das Areal der bodensauren Eichen-Mischwälder erstreckt sich von West- und Südwesteuropa (Irland, England, Frankreich, Iberische Halbinsel) über Südskandinavien bis nach Polen, Ungarn und Rumänien (Pallas 1996, 2000). Südlich der Alpen kommen sie in Norditalien und östlich bis zur Balkanhalbinsel (Kroatien, Bosnien, Serbien) vor.

In Nord- und Nordosteuropa werden bodensaure Eichen-Mischwälder durch Nadelwald-Gesellschaften abgelöst. Am nord- und nordosteuropäischen Arealrand ähnelt der Unterwuchs der bodensauren Eichen-Mischwälder bereits stark dem der zur Klasse der Vaccinio-Piceetea gehörenden Nadelwälder. So treten in der Feldschicht dort vorkommender Eichen-Mischwälder Sippen des boreo-kontinentalen Florenelements auf (*Trientalis europaea*, *Cornus suecica*, *Vaccinium vitis-idea*, *Orthilia secunda*, *Pyrola minor*, *P. rotundifolia*), die zugleich die Nadelwälder der Klasse Vaccinio-Piceetea kennzeichnen.

In Süd- und Südosteuropa ersetzen Wärme liebende Eichen-Mischwälder (Quercetalia pubescenti-petraeae) oder Eichen-Hainbuchen-Wälder (Carpinion betuli) bodensaure Eichen-Mischwälder in Abhängigkeit vom Anstieg der Temperatursummen während der Vegetationsperiode. In diesen Mischwäldern herrscht *Quercus petraea* vor, während *Carpinus betulus*, *Fagus sylvatica*, *F. moesiaca* oder *Fraxinus ornus* beigemischt sein können.

Als besonders artenreich erweisen sich die bodensauren Eichen-Mischwälder in euatlantischen (Britische Inseln, Irland, West-Frankreich: Gaume 1925, Pallas 2000) und atlantisch-submediterranen Gebieten (Iberische Halbinsel). So sind für Bestände Nordwest- und Westeuropas Immergrüne (z. B. *Ilex aquifolium*, *Hedera helix*, *Blechnum spicant*), verschiedene Farne (*Hymenophyllum tunbrigense*, *H. wilsonii*) und Moose (*Scapania gracilis*, *Plagiochila spinulosa*, *Hylocomium brevirostre*, *Frullania tamarisci*, *Heterocladium heteropterum*) charakteristisch. Eine große Anzahl geographischer und teils endemischer Differentialarten kennzeichnet die bodensauren Eichen-Mischwälder der Iberischen Halbinsel (Pallas 2000).

Diese für bodensaure Eichen-Mischwälder der verschiedenen Teilräume Europas bezeichnenden Artengruppen erreichen in Mitteleuropa häufig ihre jeweiligen Arealgrenzen. Somit vermitteln sie zwischen den vegetationsgeographischen Typen Nord-, West- und Südwesteuropas und sind daher unter vegetationsgeographischen Gesichtspunkten floristisch nur schwer zu charakterisieren, insbesondere nahe der Vorkommensgrenzen verschiedener Florenelemente.

6.4.2 Struktur und Dynamik

Das Arealbild und die Physiognomie der bodensauren Eichen-Mischwälder wird oft erst verständlich, wenn man deren Struktur und Dynamik analysiert. Denn kaum eine andere Waldgesellschaft Mitteleuropas wurde in ihren Wuchsbedingungen und ihrem Baumartengefüge durch menschliche Nutzung so gestört oder verändert wie dieser Waldtyp.

Viele Bestände, die potentiell von Buchen dominiert wären, wurden erst durch eine Übernutzung und Devastierung so schattholzarm, wie sie sich heute zeigen. Viele der zum Beispiel im nordwestdeutschen Tiefland bis heute erhaltenen Eichen-Wälder sind demgemäß Ersatzgesellschaften von Moderbuchenwäldern. Sie entstanden durch Niederwaldwirtschaft, Waldweide oder Eichenpflanzungen (Manz 1993, Heinken 1995, Härdtle et al. 1996). Dies ist bei allen nicht extrem trockenen und nicht grund- bzw. stauwasserbeeinflussten Standorten im atlantischen und subatlantischen Klimabereich der Fall, da hier die Buche von Natur aus den Eichen überlegen wäre. Daher können unter syndynamischen Gesichtspunkten solche Eichen-Mischwälder als **Degradations- oder Sukzessionsstadien** bodensaurer Buchen-Wälder bezeichnet werden. Bei ausbleibender oder naturnaher Nutzung (Naturwaldreservate, Naturverjüngung) zeigt sich, dass viele Eichen-Mischwälder sich zu Buchen-Wäldern entwickeln.

Für die Dynamik verschiedener Quercion-Gesellschaften spielen unter anderem zwei Eigenschaften ihrer Baumarten – Schatten zu spenden und zu ertragen – eine entscheidende Rolle (Leuschner 1994, Heinken 1995). So kommen **Birken, Zitter-Pappel oder Wald-Kiefer** als Licht liebende Pionierbäume lediglich auf größeren, durch Windwurf oder Abholzung freigestellten Flächen vor und werden in Schlusswaldstadien verdrängt (Tüxen 1975, Krause & Schröder 1979, Jahn 1985a, Oberdorfer 1992, Leuschner 1993, 1994). In Eichen-Mischwäldern zeigen sie demzufolge Pionier- oder Vorwaldstadien an, während in der

Optimal- und Terminalphase je nach Standortsbedingungen Eichen oder Buchen vorherrschen.

Eine ausgesprochene Pionierbaumart ist die **Hänge-Birke** (*Betula pendula*). Sie ist in Vorwald- und Verjüngungsphasen sowie in Niederwäldern besonders häufig. Zeitweilige oder andauernde Bodenvernässung begünstigen die **Moor-Birke** (*Betula pubescens*). Demzufolge können im Übergangsbereich zu Birken-Bruchwäldern auch Birken-Eichen-Mischwälder das Terminalstadium der Waldentwicklung bilden. Die **Wald-Kiefer** ist bezeichnend für die nährstoffärmsten Standorte. Während die Wald-Kiefer unter einem atlantisch-subatlantischen Klima nahezu ausschließlich Pionierbaum ist (LEUSCHNER 1993, 1994, HEINKEN 1995) und nur vereinzelt bis zur Schlusswaldphase überdauert (JAHN 1985b), gewinnt sie im östlichen Mitteleuropa unter subkontinentalen Bedingungen in Terminalphasen der Waldentwicklung zunehmend an Bedeutung (OBERDORFER 1992). So weisen in Ostmitteleuropa Eichen-Mischwälder enge syndynamische Beziehungen zu Kiefern-Wäldern des Dicrano-Pinion auf (siehe Kap. 10) und lassen sich auch leicht in Kiefernforste umwandeln (PASSARGE 1956, 1957, WELSS 1985, OBERDORFER 1992). Auch auf armen Sandböden Nordwestdeutschlands ist die Kiefer als Pionierholz an der Wiederbewaldung von Heideflächen oder Binnendünen (mit der Bildung von Kiefern dominierten Zwischenstadien) immer mehr oder minder stark beteiligt. Durch Massenanpflanzungen hat diese sogar in vielen Gebieten Norddeutschlands (schleswig-holsteinische Geest, nordwestliches Niedersachsen, Lüneburger Heide, östliches Mecklenburg und Brandenburg) die Birken als Pionierhölzer ersetzt.

Über den Wandel des Artengefüges im Verlauf einer Primärsukzession geben ebenfalls Beobachtungen zur **Vegetationsentwicklung auf Sandstandorten** Aufschluss. Die Binnendünen Nordwestdeutschlands (Emsland, Lüneburger Heide) sind in dieser Beziehung ausgesprochen aufschlussreich. Dort entstehen als Folgegesellschaften von Sandtrockenrasen oder Braundünen junge und überwiegend von Stiel-Eichen aufgebaute Primärwälder (LEUSCHNER 1994). Wenn die Bodengenese das Stadium einer podsoligen oder Podsol-Braunerde erreicht oder überschritten hat, kann sich die Rot-Buche bei ungestörter Bestandesentwicklung bereits in wenige Jahrzehnte alten Dünenwäldern ansiedeln. Syngenetisch junge Bestände zeichnen sich demgemäß durch eine höhere Präsenz an Birken und Stiel-Eichen aus, während mit fortschreitender Bodenentwicklung die Rot-Buche an Bedeutung gewinnt. Allerdings können mangelnder Samendruck (beispielsweise bei einer isolierten Lage der Waldflächen) und Wildverbiss ein Vordringen der Buche und Eichen in Birken- bzw. Kiefern-Pionierwälder über Jahrzehnte verhindern.

Eine zu der oben geschilderten Dynamik vergleichbare Entwicklung zeigen Bestände, die lange als **Hude- oder Niederwälder** genutzt und nachfolgend im Hochwaldbetrieb bewirtschaftet wurden (Sekundärsukzession). Der überwiegende Teil solcher im Norddeutschen Tiefland häufigen Wälder ist deshalb nicht aus edaphischen Gründen buchenarm. Ihr Baumartengefüge hat vielmehr durch die genannten Bewirtschaftungsformen eine Veränderung erfahren (POTT & HÜPPE 1991). Wird die natürliche Dynamik nicht gestört, so kann sich in diesen Birken-Stieleichen-Wäldern nach und nach die Rot-Buche behaupten.

6.4.3 Gliederung

Eichen-Mischwälder zeigen in Mitteleuropa eine deutliche geographische Variabilität ihres Artengefüges. Das Klima kann dabei in zweierlei Weise die Artenzusammensetzung beeinflussen: Einerseits erfolgt die Einflussnahme unmittelbar über die Klimaparameter Niederschlag, Temperatur, Frostereignisse oder Länge der Vegetationsperiode, andererseits erfolgt sie mittelbar durch die über die Klimaparameter gesteuerte Bodenentwicklung.

Demgemäß fußen viele Vorschläge zur Gliederung der Eichen-Mischwälder auf Vegetationsmerkmalen, die in erster Linie die klimatische Unterschiede ihrer Wuchsbedingungen verdeutlichen, zugleich aber auch edaphische Standortsunterschiede aufzeigen (FUKAREK 1961, NEUHÄUSL & NEUHÄUSLOVÁ-NOVOTNÁ 1967, GLAVAC & KRAUSE 1969, WESTHOFF & DEN HELD 1969, KNAPP 1979, OBERDORFER 1984, 1992, POTT 1995b, ELLENBERG 1996, HÄRDTLE et al. 1997, WILMANNS 1998, PALLAS 1996, 2000).

In Mitteleuropa können innerhalb der Gruppe bodensaurer Eichen-Mischwälder (Verband Quercion roboris) **drei wichtige Assoziationen** unterschieden werden, die die Abnahme der Ozeanität von Westen nach Osten widerspiegeln (Tab. 25):

Tab. 25 Ökologisch-floristische und synsystematische Gliederung (von oben bzw. von unten gelesen) der bodensauren Eichen-Misch- und Buchen-Wälder (Quercetalia roboris) in Mitteleuropa (M: Moos)

<table>
<tr><td colspan="5">**Bodensaure Eichen-Misch- und Buchen-Wälder**
Draht-Schmiele (*Deschampsia flexuosa*), Heidelbeere (*Vaccinum myrtillus*), Schmalblättrige Hainsimse (*Luzula luzuloides*), Pillen-Segge (*Carex pilulifera*), Rotes Straußgras (*Agrostis capillaris*), Gemeine Hainsimse (*Luzula campestris* agg.), Echter Ehrenpreis (*Veronica officinalis*), *Polytrichum formosum* (M), *Dicranum scoparium* (M), *Dicranella heteromalla* (M), *Leucobryum glaucum* (M), *Pohlia nutans* (M), *Lophocolea heterophylla* (M)</td></tr>
<tr><td colspan="4">**Bodensaure Eichen-Mischwälder**
Heidekraut (*Calluna vulgaris*),
Faulbaum (*Frangula alnus*),
Wiesen-Wachtelweizen (*Melampyrum pratense*),
Glattes Habichtskraut (*Hieracium laevigatum*),
Gemeine Goldrute (*Solidago virgaurea*),
Gemeines Ruchgras(*Anthoxanthum odoratum*),
Maiglöckchen (*Convallaria majalis*),
Berg-Platterbse (*Lathyrus linifolius*)
Schönes Hartheu (*Hypericum pulchrum*),
Gemeiner Tüpfelfarn (*Polypodium vulgare*),
Schaf-Schwingel (*Festuca ovina*),
Harter Schwingel (*Festuca lemanii*)
Pleurozium schreberi (M),
Aulacomnium androgynum (M),
Scleropodium purum (M),
Dicranum polysetum (M)</td><td>**Bodensaure Buchenwälder**
(bezeichnende Arten s. u.)</td></tr>
<tr><td>**Nordwestmitteleuropäische Drahtschmielen-Stieleichenwälder auf Roh- bis schwach entwickelten Böden**
Haar-Schwingel (*Festuca tenuifolia*),
Schmalrispiges Straußgras (*Agrostis stricta*),
Sand-Segge (*Carex arenaria*),
Campylopus flexuosus (M),
Campylopus pyriformis (M)</td><td>**Nord- bis nordwestmittel-europäische Hängebirken-Stieleichen-Wälder**
Weiches Honiggras (*Holcus mollis*),
Adlerfarn (*Pteridium aquilinum*),
Deutsches Geißblatt (*Lonicera periclymenum*),
Harz-Labkraut (*Galium harcynicum*),
Wald-Sauerklee (*Oxalis acetosella*),
Flattergras (*Milium effusum*),
Europäischer Siebenstern (*Trientalis europaea*),
Zweiblättrige Schattenblume (*Maianthemum bifolium*),
Efeu (*Hedera helix*)</td><td>**Zentral-, süd- bis ost-mitteleuropäische Habichtskraut-Traubeneichen-Wälder**
Wald-Habichtskraut (*Hieracium sylvaticum*),
Gemeines Habichtskraut (*Hieracium lachenalii*),
Hain-Rispengras (*Poa nemoralis*) Savoyer Habichtskraut (*Hieracium sabaudum*),
Dolden-Habichtskraut (*Hieracium umbellatum*),
Rundblättrige Glockenblume (*Campanula rotundifolia*),
Astlose Graslilie (*Anthericum liliago*),
Färber-Ginster (*Genista tinctoria*)
Nickendes Leimkraut (*Silene nutans*),
Kleines Habichtskraut (*Hieracium pilosella*),
Duftende Weißwurz (*Polygonatum odoratum*),
Felsen-Fetthenne (*Sedum reflexum*),
Große Fetthenne (*Sedum maximum*),
Pechnelke (*Lychnis viscaria*), Frühblühendes Habichtskraut (*Hieracium glaucinum*),
Haar-Ginster (*Genista pilosa*),
Echte Mehlbeere (*Sorbus aria*) Gemeine Felsenbirne (*Amelanchier ovalis*)
Schwärzender Geißklee (*Lembotropis nigricans*)</td><td>**Ost- bis ostmitteleuropäische (subkontinentale) Waldreitgras-Traubeneichen-Wälder**
Wald-Reitgras (*Calamagrostis arundinacea*),
Preiselbeere (*Vaccinium vitis-idaea*)</td><td>**Drahtschmielen- und Hainsimsen-Buchen-Wälder**
Gewöhnlicher Frauenfarn (*Athyrium filix-femina*),
Eichenfarn (*Gymnocarpium dryopteris*),
Wald-Schwingel (*Festuca altissima*),
Wald-Sauerklee (*Oxalis acetosella*),
Isopterygium elegans (M)</td></tr>
<tr><td>**Deschampsio-Quercetum**</td><td>**Betulo-Quercetum**</td><td>**Luzulo-Quercetum**</td><td>**Calamagrostio-Quercetum**</td><td>**Luzulo-Fagetum (incl. *Avenella-Fagus*-Ges. des Tieflandes)**</td></tr>
<tr><td colspan="4">**Quercion roboris**</td><td>**Luzulo-Fagion**</td></tr>
<tr><td colspan="5">**Quercetalia roboris**</td></tr>
</table>

- **Atlantisch-subatlantische Hängebirken-Stieleichen-Wälder** saurer bis stark saurer, trockener bis nasser Böden (Betulo pendulae-Quercetum roboris; unter Einbeziehung der auf extrem trockenen und nährstoffarmen Dünen- und Flugsanddecken vorkommenden Drahtschmielen-Stieleichen-Wälder = Deschampsio flexuosae-Quercetum roboris; aus Gründen der Vollständigkeit sind in Tabelle 25 beide Gesellschaften als Assoziationen dargestellt; vgl. auch Pallas 2002),
- **Zentral-, süd- bis ostmitteleuropäische Hainsimsen-(Habichtskraut-)Traubeneichen-Wälder** trockener bis wechselfeuchter, oftmals flachgründiger und Wärme begünstigter Standorte (Luzulo luzuloidis-Quercetum petraeae),
- **Subkontinentale, nordost- bis ostmitteleuropäische Waldreitgras-Traubeneichen-Wälder** saurer, trockener bis wechselfeuchter Standorte (Calamagrostio arundinaceae-Quercetum petraeae).

6.4.3.1 Nordwestmitteleuropäische Hängebirken-Stieleichen-Wälder

Hängebirken-Stieleichen-Wälder kommen im nördlichen und nordwestlichen Mitteleuropa auf stark sauren bis sauren, trockenen bis nassen Standorten vor. Hier sind sie besonders für die Altmoränen und weichseleiszeitlichen Sander der nordwestdeutschen Tiefebene und der Jütischen Halbinsel charakteristisch.

Die Baumschicht dieser Wälder wird hauptsächlich von Stiel-Eiche, Trauben-Eiche oder Rot-Buche gebildet, wobei die Deckungsanteile dieser Hölzer in Abhängigkeit vom Boden, von der Höhenstufe oder der Nutzungsgeschichte variieren (siehe Kap. 6.4.2). In der Regel wird mit zunehmender Bodennässe die Stiel-Eiche begünstigt, während die Trauben-Eiche im Tiefland eher trockene (Scamoni 1969) sowie etwas kolloid- und silikatreichere Böden bevorzugt. Zugleich tritt letztere in der kollinen Stufe stärker hervor (Heinken 1995). Abgesehen von diesen natürlich divergierenden Standortspräferenzen sind die Anteile der beiden Eichen-Arten am Bestandesaufbau heute allerdings vielfach forstlich stark beeinflusst. In Birken-Eichen-Wäldern des Tieflandes verliert sich somit der standörtliche Indikatorwert beider Eichen-Arten (Härdtle 1995a, Ellenberg 1996). Zudem sind Introgressionen zwischen beiden Baumarten bekannt (Aas 1988).

Die **Strauchschicht** der Birken-Stieleichen-Wälder wird neben Baumjungwuchs von der Eberesche (*Sorbus aucuparia*), dem Faulbaum (*Frangula alnus*) oder von Brombeeren (*Rubus fruticosus* agg.) gebildet. Kenn- und Trennarten sind beispielsweise das Harzer Labkraut (*Galium harzynicum*), das Weiche Honiggras (*Holcus mollis*), das Wald-Geißblatt (*Lonicera periclymenum*) oder der Wald-Sauerklee (*Oxalis acetosella*, Tab. 25). Neben diesen gedeihen in der Krautschicht azidotolerante Arten, wie sie bereits in der allgemeinen Kennzeichnung der Eichen-Mischwälder genannt wurden. Birken-Stieleichen-Wälder weisen zudem in der Feldschicht krautige Sippen auf, die westeuropäisch verbreitet sind und somit die atlantisch-subatlantischen Wuchsbedingungen der Waldgesellschaft indizieren (z. B. *Ilex aquifolium*, *Hedera helix*, *Corydalis claviculata*).

In den Geestlandschaften Nordwestdeutschlands treten Birken-Stieleichen-Wälder auf **Böden** mit unterschiedlichem Podsolierungs- und Vernässungsgrad auf (Abb. 69a/b, S. 93), unter anderem Podsol-Parabraunerden bis Podsole, unter Stau- oder Grundwassereinfluss auch Pseudogley- und Gley-Podsole (Wolter & Dierschke 1975, Dinter 1982, Gönnert 1989, Heinken 1995, Pallas 1996). Im Mittelgebirge besiedeln sie nicht nur Quarzsande, sondern auch Sandsteine, Granite und andere kristalline Gesteine, Tonschiefer sowie sandige und oberflächennah podsolierte Lehmdecken.

Besonders im Tiefland sind die Standortsbedingungen der Birken-Stieleichen-Wälder gut untersucht (Gönnert 1989, Heinken 1995, Härdtle 1995a): Bezeichnend sind saure bis stark saure Böden mit geringer biologischer Aktivität, weiten C/N-Verhältnissen, geringer Basensättigung und geringen S-Werten.

Als Humusformen sind in der Regel Rohhumus-, seltener auch Moderdecken entwickelt. Abbildung 70 zeigt, wie sich die Mächtigkeiten und bodenökologische Charakteristika der Humushorizonte in Abhängigkeit von der Bodenfeuchte und der -trophie verändern: Mächtig entwickelt sind organische Auflagen an stau- oder grundwasserbeeinflussten Standorten, wobei besonders die Humifizierungshorizonte (O_h) deutlich hervortreten und im Vergleich zu trockenen Böden die doppelte bis vierfache Mächtigkeit erreichen. In diesen Schichten hemmen Sauerstoffmangel und niedrige Temperaturen (Verdunstungskälte,

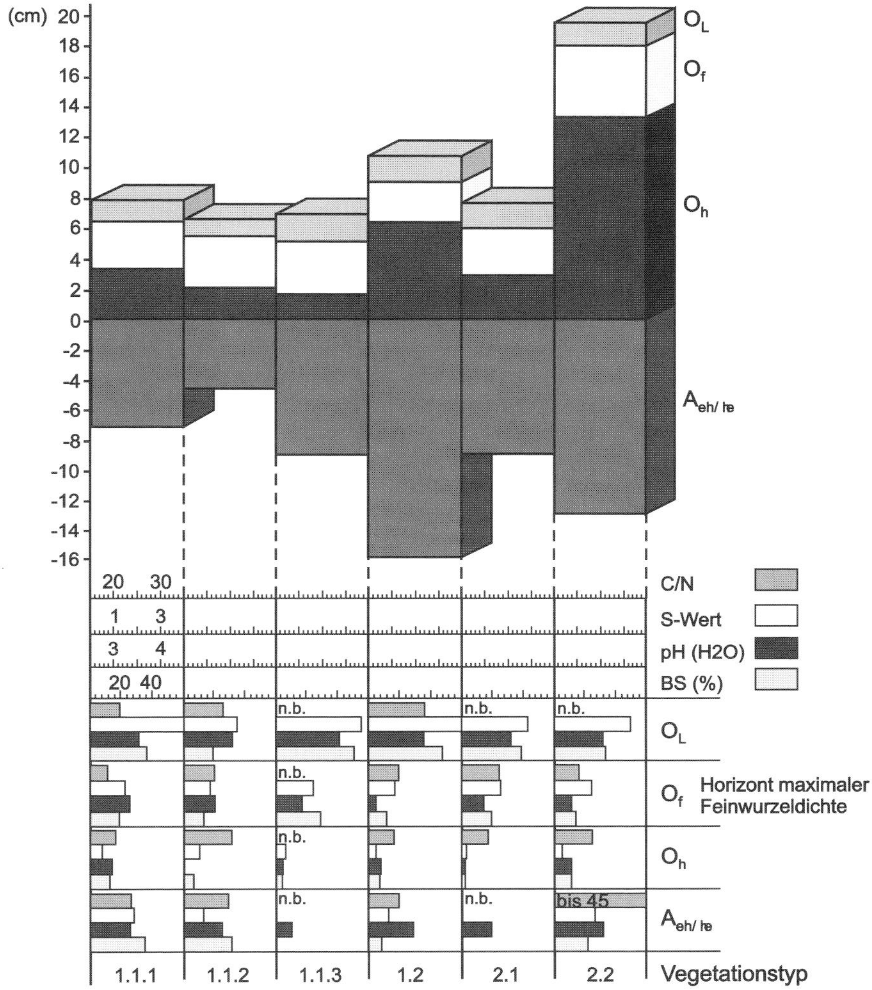

Abb. 70 Mächtigkeit der Humushorizonte (oberer Abbildungsteil) und deren bodenökologische Charakterisierung (unterer Abbildungsteil) an verschiedenen Standorten des Betulo-Quercetum in Schleswig-Holstein. Besonders auffällig ist die überdurchschnittliche Mächtigkeit der Auflagenhorizonte (insbesondere der O_f-Horizonte) auf stau- oder grundfeuchten Böden (Pseudogley- bzw. Gley-Podsole). Hier ist die Tätigkeit mineralisierender Organismen infolge einer zeitweiligen Sauerstoffarmut im Solum deutlich gehemmt (weitere Erläuterungen im Text; aus Härdtle 1995a). n. b. = nicht bestimmt.

Erläuterung der Vegetationstypen:
1 Betulo-Quercetum milietosum
1.1 Typische Variante (trockene bis frische Standorte)
1.1.1 auf Parabraunerde-Podsol
1.1.2 auf Podsol-Braunerde
1.1.3 auf Braunerde-Podsol
1.2 *Molinia caerulea*-Variante (feuchte Standorte auf Pseudogley-Parabraunerde-Podsol)

2 Betulo-Quercetum typicum
2.1 Typische Variante (trockene bis frische Standorte auf Braunerde-Podsol)
2.2 *Molinia caerulea*-Variante (feuchte bis nasse Standorte auf Gley-Podsol)

Tab. 26 Ökologisch-floristische Gliederung des Betulo-Quercetum

Name der		ökologische Charakteristik der		bezeichnende Arten der	
Subassoziation	**Variante**	**Subassoziation**	**Variante**	**Subassoziation**	**Variante**
milietosum	Typische Variante	mäßig saure bis saure, weniger stark podsolierte Böden	ohne Grund- und Stauwassereinfluss	Flattergras *(Milium effusum)*, Busch-Windröschen *(Anemone nemorosa)*, Vielblütige Weißwurz *(Polygonatum multiflorum)*	keine eigenen Trennarten
	Molinia-Variante		stau- oder grundfeuchte bis -nasse Böden		Pfeifengras *(Molinia caerulea)*, Moor-Birke *(Betula pubescen)*, Flatter-Binse *(Juncus effusus)*, Schwarz-Erle *(Alnus glutinosa)*
typicum	Typische Variante	stark saure, meist stark podsolierte Böden	ohne Grund- und Stauwassereinfluss	keine eigenen Trennarten	keine eigenen Trennarten
	Molinia-Variante		stau- oder grundfeuchte bis -nasse Böden		Pfeifengras *(Molinia caerulea)*, Moor-Birke *(Betula pubescens)*, Schwarz-Segge *(Carex nigra)*, Torfmoose *(Sphagnum* div. spec.)

verspätet einsetzende Erwärmung im Frühjahr) eine Mineralisation der anorganischen Substanz.

In feinhumusreichen Rohhumusdecken verbessert sich das Mineralstickstoffangebot (Rehfuess 1990). Die C/N-Verhältnisse liegen hier häufig innerhalb einer Spanne zwischen 20 und 26 (Härdtle 1995a), wobei relativ enge Werte beispielsweise bei Parabraunerde-Podsolen (19 bis 21) anzutreffen sind, auf denen Birken-Stieleichen-Wälder mit etwas anspruchsvolleren Sippen stocken. Sehr weite C/N-Verhältnisse weisen Eluvialhorizonte von Gley-Podsolen auf (um 45), die infolge einer intensiven Umlagerung organischer Stoffe stark N-verarmt sind. Eine auf trophischen und hydrologischen Unterschieden fußende ökologisch-floristische Gliederung der Birken-Eichen-Wälder gibt Tabelle 26 wieder.

Birken-Stieleichen-Wälder sind im gesamten westlichen und nordwestlichen Mitteleuropa verbreitet (Frankreich, Beneluxländer, westliche Bundesrepublik; Pallas 2000). Im Bundesgebiet liegt das Verbreitungszentrum der Gesellschaft – wie angedeutet – in den Geestlandschaften des nordwestdeutschen Tieflands. Die östliche Arealgrenze verläuft in Mitteleuropa im Mittelgebirgsraum etwa in Nord-Süd-Richtung über den Harz, die Rhön und den Steigerwald. Von dort aus führt sie in südöstlicher Richtung zum Westrand des Oberpfälzer und Bayerischen Waldes bis zur Wachau (Abb. 71).

Im nordostdeutschen Tiefland können Birken-Stieleichen-Wälder – in Ostseenähe unter einem zunehmend maritimen Klima – weiter nach Osten vordringen. Die Grenze verläuft hier in Südwest-Nordost-Richtung und vom Harz ausgehend durch die Altmark, zwischen Havelland und Prignitz bis zur Ostsee. Dort lehnt sie sich dem Verlauf der Küstenlinie an, so dass sie ein schmales, bandförmiges und nach Osten auskeilendes Areal einnimmt.

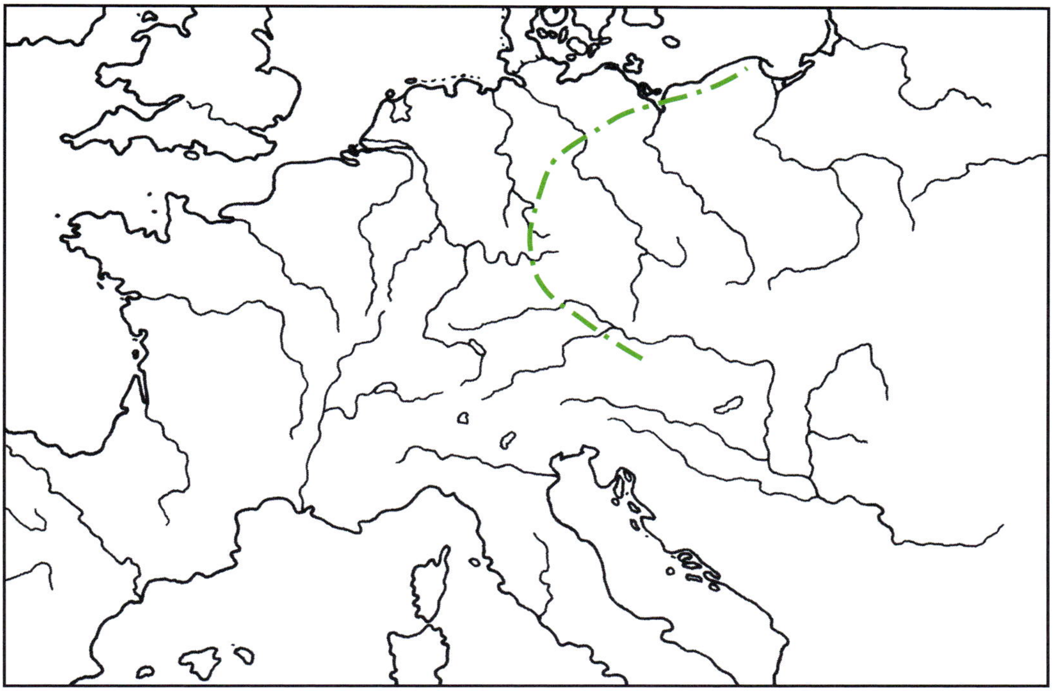

Abb. 71 Östliche Arealgrenze der Birken-Eichenwälder (Betulo-Quercetum) in Mitteleuropa (nach Härdtle & Welss 1992). Der in der Abbildung beschriebene Verlauf der östlichen Arealgrenze ist idealisiert als Linie dargestellt. Diese kennzeichnet lediglich die Lage eines mehr oder minder breiten Areals, innerhalb dessen bodensaure Eichen-Mischwälder westlicher und östlicher Prägung floristisch verarmen oder sich die Vertreter der jeweiligen Florenelemente mischen. So ist das Betulo-Quercetum potentiell noch im Gebiet der Vorder- und Kuppenrhön vertreten, es fehlt aber bereits die in Beständen Nordwestdeutschlands häufig vorkommende *Ilex aquifolium* (Bohn 1981). Zudem können bodenfeuchte Pfeifengras-Ausbildungen westlicher Birken-Eichen-Wälder vereinzelt auch östlich der oben beschriebenen Arealgrenze vorkommen, wenn hohe Bodenfeuchte die Entwicklungsbedingungen subozeanischer Arten verbessert. So dringen Birken-Eichen-Wälder auf trockenen Standorten nur bis West-Mecklenburg und West-Brandenburg vor, während Ausbildungen mit *Molinia caerulea* auch noch in Ost-Brandenburg (Havelland, Spreewald) nachzuweisen sind (Passarge 1956, 1957, Passarge & Hofmann 1968a, Fukarek 1961).

6.4.3.2 Zentraleuropäische Habichtskraut-Traubeneichen-Wälder

Im Luzulo-Quercetum ist die Trauben-Eiche die vorherrschende Baumart. Die Rot-Buche kann aufgrund ehemaliger Formen der Waldnutzung oder infolge klimatischer oder edaphischer Bedingungen fehlen. Bezeichnende Arten der Waldgesellschaft sind neben verschiedenen Habichtskräutern das Hain-Rispengras (*Poa nemoralis*) und die Rundblättrige Glockenblume (*Campanula rotundifolia*; Tab. 25). Im Gegensatz zu den Birken-Eichen-Wäldern fehlen westeuropäisch oder boreal verbreitete Arten.

Hainsimsen-(Habichtskraut-)Traubeneichen-Wälder besiedeln nährstoffarme Sand-, Lehm-, Ton- oder flachgründige Steinböden der planaren, kollinen oder submontanen Stufe (meist unter 600 m ü. NN) mit geringeren Jahresniederschlägen (meist unter 700 mm). Vorherrschende **Bodentypen** sind Ranker, Ranker-Braunerden oder podsolige Braunerden, die während der Sommermonate zur Austrocknung neigen (Abb. 72, siehe S. 76).

Demgemäß ist das Standortsspektrum bezüglich des Wasserhaushalts weit gespannt: Es umfasst neben extrem trockenen Waldgrenzstandorten zugleich frische bis feuchte oder wechselfeuchte Standorte (Knapp 1979, 1980, Denz 1994). Im Vergleich zum Betulo-Quercetum sind die betrachteten Böden daher nicht nur trockener, sondern oftmals auch weniger

Tab. 27 Ökologisch-floristische Gliederung des Luzulo-Quercetum

Name der Subassoziation	**Name der Variante**	**ökologische Charakteristik der Subassoziation**	**ökologische Charakteristik der Variante**	**bezeichnende Arten der Subassoziation**	**bezeichnende Arten der Variante**
silenetosum	verschiedene Varianten mit vorwiegend regionaler Verbreitung	trocken-warme, oftmals sehr flachgründige Standorte, auf basenreichen Böden, zu den thermophilen Eichen-Mischwäldern (Quercion pubescenti-petraeae) überleitend		Nickendes Leimkraut *(Silene nutans)*, Astlose Graslilie *(Anthericum liliago)*, Färber-Ginster *(Genista tinctoria)* u.a.	
typicum	Typische Variante	mäßig wärmebegünstigte Standorte, vorwiegend im Nordwestteil des Verbreitungsgebietes der Gesellschaft	mäßig trockene bis mäßig frische Böden	keine eigenen Trennarten	keine eigenen Trennarten
	Molinia-Variante		frische bis feuchte, oftmals wechselfeuchte Böden		Pfeifengras *(Molinia caerulea* agg), Moor-Birke *(Betula pubescens)*

versauert und podsoliert (MANZ 1993). Auch zeichnen sich die Wuchsorte der Hainsimsen-Traubeneichen-Wälder durch Wärme begünstigende großklimatische oder topographischen Verhältnisse (südexponierte Hänge) aus.

Insbesondere der **Bodenwasserhaushalt** spiegelt sich im Artengefüge der Feldschicht, wobei trockene Standorte zugleich durch Wärme begünstigt und meist auch basenreicher sind als frischere Standorte. Auf trockenwarmen Böden finden sich demgemäß Artenkombinationen, die bereits an jene thermophiler Trauben-Flaumeichen-Mischwälder erinneren (vgl. Tab. 24, 27 und Kap. 6.2).

Hainsimsen-Traubeneichen-Wälder sind vor allem in Südostmitteleuropa verbreitet. Die nordwestliche **Arealgrenze** verläuft über die nördliche Schweiz, den Schwarzwald, das Rheinische Schiefergebirge, das westhessische Bergland, das Fulda-Werra-Bergland und den Ostharz nach Brandenburg. **Verbreitungsschwerpunkte** der Hainsimsen-Traubeneichen-Wälder sind in Deutschland das Mosel-, Nahe- und Mittelrheingebiet (GLAVAC & KRAUSE 1969, MANZ 1993, DENZ 1994), das Neckargebiet, der Spessart, das Fränkische Keupergebiet (WELSS 1985), der Oberpfälzer Wald (AUGUSTIN 1991), das Saalegebiet sowie die thüringischen und sächsischen Mittelgebirge (KNAPP 1979, 1980). Im Nordostdeutschen Tiefland ist die Gesellschaft in den Trockengebieten Mittel- und Ostbrandenburgs verbreitet (HOFMANN 1965b). Nordwestliche Vorposten finden sich auf südwestexponierten Steilhängen, so beispielsweise in den Ardennen und in Südniedersachsen (Oberes Weserbergland). Im Südosten umfasst das Areal der Gesellschaft Böhmen und Oberösterreich und reicht bis in die Slowakei, nach Rumänien und Serbien.

6.4.3.3 Subkontinentale Waldreitgras-Traubeneichen-Wälder

Waldreitgras-Traubeneichen-Wälder treten unter einem subkontinentalen Klima im östlichen und nordöstlichen Mitteleuropa auf sauren bis stark sauren Böden auf. Das Areal dieser Wälder vermittelt somit zwischen dem Laubwaldgebiet West- und Zentraleuropas und dem Nadelwaldgebiet Osteuropas. Neben beiden Eichen-Arten kann die Wald-Kiefer am Aufbau der Baumschicht beteiligt sein, so dass Kiefern-Eichen-Mischwälder entstehen (REINHOLD 1944, SCAMONI 1961).

Die **Krautschicht** der Waldreitgras-Traubeneichen-Wälder ist artenarm: Einerseits fehlen die atlantisch-subatlantischen und die thermophilen Arten des Betulo- beziehungsweise des

Tab. 28 Ökologisch-floristische Gliederung des Calamagrostio-Quercetum

Name der		ökologische Charakteristik der		bezeichnende Arten der	
Subassoziation	**Variante**	**Subassoziation**	**Variante**	**Subassoziation**	**Variante**
convallarietosum	Typische Variante	mäßig saure bis saure Böden mit mäßiger Nährstoffversorgung	trockene bis mäßig frische Böden	Maiglöckchen *(Convallaria majalis)*, Habichtskraut (verschiedene Arten; *Hieracium* div. spec.)	keine eigenen Trennarten
	Molinia-Variante		frische bis feuchte/wechselfeuchte Böden		Pfeifengras *(Molinia caerulea* agg.), Moor-Birke *(Betula pubescens)*
typicum	Typische Variante	stark saure Böden mit geringer Nährstoffversorgung	trockene bis mäßig frische Böden	keine eigenen Trennarten	keine eigenen Trennarten
	Molinia-Variante		frische bis feuchte/wechselfeuchte Böden		Pfeifengras *(Molinia caerulea* agg.), Moor-Birke *(Betula pubescens)*

Luzulo-Quercetum, andererseits treten nur wenige Sippen mit subkontinentaler Verbreitung hinzu (Tab. 25, siehe S. 165). In der **Feldschicht** sind verschiedene, Rohhumus anzeigende Ericaceen mit hohen Deckungswerten physiognomisch auffällig, so zum Beispiel die Preiselbeere (*Vaccinium vitis-idea*), die Heidelbeere (*Vaccinium myrtillus*) und die Besenheide (*Calluna vulgaris*; Ingestad 1973). Unter diesen bilden Moose oft ausgedehnte und dicht geschlossene Polster (Tab. 25). Die ökologisch-floristische Gliederung der Waldreitgras-Traubeneichen-Wälder gibt Tabelle 28 wieder.

Viele Waldreitgras-Traubeneichen-Wälder wurden unter forstlichem Einfluss mit Wald-Kiefer unterbaut oder völlig in Kiefernforste umgewandelt. Solche Bestände ähneln floristisch und syndynamisch den Kiefern-Wäldern des Dicrano-Pinion (siehe Kap. 10.3.1). Während sich die Kiefer in lichten Beständen und auf pedogenetisch jungen Böden gut verjüngen kann, sind Altbestände mit Kiefern-Dominanz forstlich bedingt.

Im Bundesgebiet erreichen Waldreitgras-Traubeneichen-Wälder ihre westliche **Arealgrenze.** Sie kommen dort im Mittelfränkischen Becken (Hohenester 1978), in der Oberpfalz und in tieferen Lagen im Bayerischen Wald vor. Im Nordostdeutschen Tiefland sind die Altmoränen der Nieder- und Oberlausitz (SO-Brandenburg und NO-Sachsen) bezeichnende Wuchsgebiete. Isolierte Vorkommen liegen im zentralen und südlichen Teil der Mecklenburgischen Seenplatte (N-Brandenburg, S-Mecklenburg). Im westlichen Mittelbrandenburg fehlen Waldreitgras-Traubeneichen-Wälder (Hartmann 1930, 1933).

7 Edellaubwälder: Linden-Eschen-Ahorn-Mischwälder

Nicht ganz deckungsgleich mit dem auf Holzqualität und Seltenheit abhebenden forstlichen Sprachgebrauch (DOMINIK 1995) werden in der geobotanischen Literatur die Baumarten Berg-Ahorn (*Acer pseudoplatanus*), Esche (*Fraxinus excelsior*), Sommer-Linde (*Tilia platyphyllos*), Berg-Ulme (*Ulmus glabra*) und Spitz-Ahorn (*Acer platanoides*) als **Edellaubbäume** bezeichnet. Auf basenreichen Standorten mit kräftiger Nitratstickstoffnachlieferung sind sie regelmäßig neben der Buche anzutreffen, die ihnen jedoch aufgrund größerer Schattentoleranz in Schlusswaldphasen meist überlegen ist. Vorwiegend von Edellaubbäumen aufgebaute Wälder sind an nährstoffreiche, gut wasserversorgte Standorte gebunden, an denen gleichzeitig Sonderfaktoren wie Steinschlag oder Spätfrost die Vitalität der Rot-Buche mindern. Darüber hinaus treten Edellaubbäume verstärkt nach Störungen in relativ frühen Stadien der Regeneration von buchenreichen Schlusswäldern auf.

Aufbau und die Dynamik der Edellaubwälder werden durch die folgenden ökologischen Gemeinsamkeiten der Baumarten bestimmt:

- hohe Ansprüche an die Versorgung mit Basenkationen, Stickstoff und Phosphor,
- hoher Basen- und Stickstoffgehalt des Laubes,
- anemochore Früchte mit Flugorganen (Windausbreitung),
- mäßige Schattentoleranz und
- hohe vegetative Regenerationsfähigkeit (Stockausschlagvermögen) sowie geringe Empfindlichkeit gegen mechanische Beanspruchung.

Kommen zu einem reichlichen Nährstoffangebot instabile Substratverhältnisse und Steinschlag hinzu, so bilden die Edellaubbäume an den Schutthängen der Mittelgebirge und der Alpen Dauergesellschaften. Diese vielfach als „**Schluchtwald**" (GRADMANN 1950, BARTSCH & BARTSCH 1952) bezeichneten Gesellschaften sind durch die Dominanzverhältnisse in der Baumschicht und durch nitrophile und auf frischem Gesteinsschutt wachsende Trennarten gut gekennzeichnet. An stabilen Hängen oder in ebenem Gelände unterscheiden sich Edellaubwälder in ihrem Unterwuchs weniger deutlich von Kalkbuchenwäldern, Eichen-Hainbuchen-Wäldern oder Auenwäldern. Die Edellaubbäume profitieren hier von ihrer großen Ausbreitungstüchtigkeit, ihrem Regenerationsvermögen nach Spätfrostschäden (beziehungsweise der Vermeidung solcher Schäden durch späten Austrieb) und der Fähigkeit, das reiche Nährstoffangebot in rasches Jugendwachstum umzusetzen.

Der relativ hohe **Lichtdurchlass** ihrer Kronen und die **engen C/N-Verhältnisse** der Streu fördern auch hier die Entwicklung eines charakteristischen, nitrophilen Unterwuchses. Von anthropogenen Nährstoffeinträgen geprägte Standorte der Edellaubbäume und ihrer nitrophilen Begleitflora sind von landwirtschaftlichen Nutzflächen umgebene Feldgehölze und Hänge unterhalb von Siedlungen oder Burgruinen.

Ausgespart bleiben in diesem Buch die eschen- und erlenreichen Quell- und Auenwälder grundwasserbeeinflusster Standorte (Verband Alnion incanae).

7.1 Areal

Die heutige Verbreitung der Edellaubwälder in Mitteleuropa konzentriert sich auf Regionen mit Vorkommen nährstoffreicher Böden wie das baltische Jungmoränengebiet, die Kalk-Mittelgebirge und die Alpen. Sie sind auf basenarm verwitternden Gesteinen (wie Graniten oder Sandsteinen) deutlich seltener anzutreffen als auf Kalken, Basalten und basenreichen Metamorphiten. Relativ kühles und luftfeuchtes Klima fördert die Entwicklung des hygromesomorphen Unterwuchses, so dass montane Ausbildungen besonders reich an bezeichnenden Sippen sind.

7.2 Struktur und Dynamik

In **Primärsukzessionen an Schutthängen** entwickeln sich die Edellaubwälder über Vorstadien von Gebüschen und Vorwäldern aus Schuttfluren. Als ausgesprochene Schutzwälder unterliegen sie meist einer extensiven forstlichen Nutzung. Je nach Ausmaß der Nachlieferung und Bewegung von Schutt ist die Etablierung junger Bäume behindert, so dass sich unter lückigem Schirm eine umso üppigere Kraut- und Strauchschicht entwickeln kann. Bei weiter fortgeschrittenen Sukzessionsstadien hingegen finden sich nicht selten eindrucksvolle, stark mit Moosen und Flechten behangene Altbäume. Unterbleiben Schuttnachlieferung und Substratbewegung dauerhaft, so kann die Bodenbildung fortschreiten und ermöglicht schließlich die langfristige Einwanderung der schattenfesten Schlusswaldbaumarten Buche und Tanne.

Bestände auf **stabilen Böden** wie Hangfüßen oder höher gelegenen Terrassen der Alpenvorlandsflüsse besitzen oft eine dichte Strauchschicht aus Jungwuchs und anderen Laubgehölzen und sind reich an Aspekt bildenden Frühjahrsgeophyten. Das rasche Wachstum der Bäume macht sie attraktiv für die forstwirtschaftliche Nutzung. Trotzdem wurden manche Edellaubbaumwälder durch Nadelholzforste ersetzt. Aber auch ohne forstwirtschaftliche Steuerung werden die Edellaubwälder bald durch eine andere Baumart verdrängt: Wo in der Umgebung Samenbäume vorhanden sind und auf Kahlhiebe verzichtet wird, ist nicht selten die spontane Einwanderung von Buchen zu beobachten.

Viele Edellaubwälder bieten **Moosen** günstige Lebensbedingungen, da das Laub rasch abgebaut wird und am Wuchsort Kleinstandorte vorhanden sind, die höhere Pflanzen kaum besiedeln können. Zudem ist er arm an Feinerde und bietet eine hohe Luftfeuchtigkeit. Daher erreichen Moose eutropher Mineralböden wie *Plagiomnium undulatum*, *Brachythecium rutabulum* und *Eurhynchium swartzii* in Edellaubwäldern ein Stetigkeitsmaximum. Neben Kalkmoossynusien mit *Ctenidium molluscum*, *Tortella tortuosa* und *Fissidens cristatus* sind insbesondere stattliche Arten wie *Neckera crispa*, *Thamnium alopecurum*, *Hylocomium brevirostre* und *Antitrichia cutipendula* bezeichnend für an Blockschutt reiche Edellaubwälder. Schließlich bietet die basenreiche Borke der Edellaubbäume in luftfeuchten Reinluftgebieten vielen zum Teil seltenen Moosen und Flechten Siedlungsmöglichkeiten (SCHUHWERK 1986).

7.3 Gliederung

Systematisch gehören die Edellaubwälder zusammen mit den Buchen-, Eichen-Hainbuchen- und Hartholzauenwäldern zur Ordnung Fagetalia (mesophytische Falllaubwälder), in der sie einen eigenen Verband (Tilio-Acerion; MÜLLER 1992b, Tab. 29) bilden.

Zahlreiche Kennarten der Ordnung sind frischebedürftige Mullbodenpflanzen, die in Edellaubwäldern optimale Lebensbedingungen vorfinden. Charakteristisch für den ganzen Verband sind vor allem biotische und abiotische Bedingungen, die zur optimalen Entfaltung der Edellaubbaumarten selbst führen.

Ähnlich wie Buchen-Wälder sind Edellaubwälder auf Kalk oder anderen basenreich verwitternden Gesteinen artenreicher als auf stark sauren Kieselgesteinen; auf letzteren ermöglichen überhaupt erst ausreichende Bodenfrische und kolluviale Basenzufuhr ein Gedeihen dieser anspruchsvollen Baumarten (WEBER 1998).

Den artenreichen, basiphytischen Gesellschaften stehen die Drahtschmielen-Edellaubwälder basenarmer Blockhalden gegenüber (Abb. 73). In klimatisch kühlen, hochmontanen Lagen werden nährstoffarme Blockhaldenstandorte vorwiegend durch zum Verband Vaccinio-Piceion zu rechnende Fichten- und Birkenbestände besiedelt (siehe Kap. 9.3.1).

Innerhalb der Gesellschaftsgruppe der basenreichen Standorte sind mesoklimatische und höhenbedingte Faktoren für die Unterscheidung verschiedener Assoziationen ausschlaggebend (Abb. 73): Das **Relief** steuert maßgeblich den Wärmegenuss und das Luftfeuchteregime. Ausgesetzte, sonnseitige Lagen zeichnen sich durch Wärme liebende beziehungsweise gegen Trockenheit tolerante Begleitarten aus, die die Assoziationen mit thermophilen Schuttfluren, Eichen- und Buchen-Wäldern verbinden (Aceri-Tilietum, Sorbo-Aceretum).

Die fast schon volkstümliche Bezeichnung „**Schluchtwald**" verdanken die Edellaubwälder dagegen den kühl und schattig an Nordseiten oder in engen Tälern gelegenen Beständen mit ihrer Garnitur üppig gedeihender Kräuter und Moose, die auf ein reichliches Wasserangebot bei hoher Luftfeuchte hinweisen (Fraxino-Aceretum, Ulmo-Aceretum). Dieser geländeklimatische Einfluss wird zusätzlich durch den von der Höhenlage abhängigen

Tab. 29 Ökologisch-floristische und synsystematische Gliederung der Edellaubwälder (Tilio-Acerion) in Mitteleuropa

<table>
<tr><td colspan="6">Edellaubwälder
Berg-Ahorn (Acer pseudoplatanus), Alpen-Johannisbeere (Ribes alpinum), Stinkender Storchschnabel (Geranium robertianum), Hirsch-Holunder (Sambucus racemosa), Christophskraut (Actaea spicata), Stachelbeere (Ribes uva-crispa)</td></tr>
<tr><td>Edellaubwald der Hangfüße und Flussterrassen
Geißfuß (Aegopodium podagraria), Wald-Zwenke (Brachypodium sylvaticum), Wald-Ziest (Stachys sylvatica), Rasen-Schmiele (Deschampsia cespitosa)</td><td colspan="2">feucht-schattige, mesophile Edellaubwälder
Mondviole (Lunaria rediviva), Berg-Ulme (Ulmus glabra), Gelappter Schildfarn (Polystichum lobatum), Wald-Geißbart (Aruncus dioicus), Gelber Eisenhut (Aconitum vulparia), Hirschzunge (Asplenium scolopendrium)</td><td colspan="2">trocken-warme, thermophile Edellaubwälder
Mehlbeere (Sorbus aria), Nickendes Perlgras (Melica nutans), Maiglöckchen (Convallaria majalis)</td><td>bodensaure Blockhalden-Edellaubwälder
Draht-Schmiele (Deschampsia flexuosa), Dicranum scoparium, Trauben-Eiche (Quercus petraea), Tüpfelfarn (Polypodium vulgare)</td></tr>
<tr><td></td><td>hochmontaner mesophiler Edellaubwald
Grauer Alpendost (Adenostyles alliariae), Platanenblättriger Hahnenfuß (Ranunculus platanifolius)</td><td>kollin-montaner mesophiler Edellaubwald</td><td>hochmontaner thermophiler Edellaubwald
Wald-Witwenblume (Knautia dipsacifolia), Breitblättriges Laserkraut (Laserpitium latifolium), Alpen-Heckenrose (Rosa pendulina)</td><td>kollin-montaner thermophiler Edellaubwald
Sommer-Linde (Tilia platyphyllos), Spitz-Ahorn (Acer platanoides) Feld-Ahorn (Acer campestre), Wunder-Veilchen (Viola mirabilis)</td><td></td></tr>
<tr><td>Adoxo-Aceretum</td><td>Ulmo-Aceretum</td><td>Fraxino-Aceretum</td><td>Sorbo-Aceretum</td><td>Aceri-Tilietum</td><td>Querco-Tilietum/ Deschampsia-Acer-Ges.</td></tr>
<tr><td colspan="4">Lunario-Acerenion</td><td>Tilienion</td><td>Deschampsio-Acerenion</td></tr>
<tr><td colspan="6">Tilio-Acerion</td></tr>
</table>

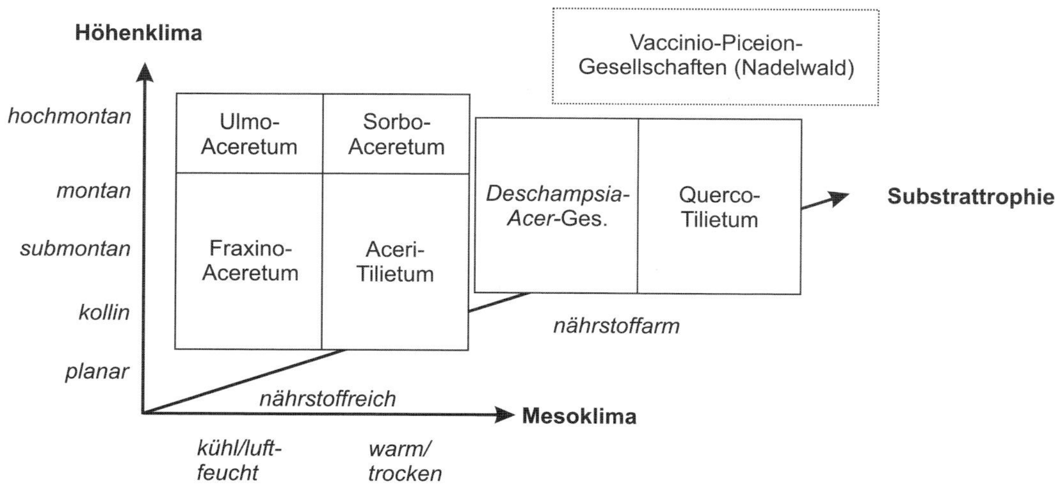

Abb. 73 Ökogramm zur ökologischen Charakterisierung der Assoziationen des Verbandes Tilio-Acerion (unter Ausschluss des Adoxo-Aceretum). Die Assoziationsgliederung spiegelt die Faktorenkomplexe „Mesoklima“ (Strahlung, Luftfeuchte), „Höhenklima“ und „Substrattrophie“.

Tab. 30 Ökologisch-floristische Gliederung des Eschen-Ahorn-Waldes (Fraxino-Aceretum)

Fraxino-Aceretum	typicum	asplenietosum	corydalidetosum	lunarietosum	aruncetosum
Gestein	Kalk- und Silikatschutt	Kalk-Blockhalden	kalkreiches Kolluvium	Silikat-Blockhalden	Silikatgesteine und Mischgesteine
Boden	Rendzinen und Ranker mit Feinschuttüberrollung	unreifer Kalk-Skeletthumusboden, sehr steinig, kaum verlehmt	tiefgründig-humose Rendzina, Block-Lehmmosaik	Eutrophe Ranker und Ranker-Braunerden (Block-Lehmmosaik)	lehmige Pararendzinen bis Braunerden
Wasserhaushalt	frisch bis sickerfrisch	frisch bis sickerfrisch	sehr frisch bis mäßig grundfeucht	frisch bis sickerfrisch	frisch bis sickerfrisch
Mechanische Belastungen	Skelettrieseln	Steinschlag, Skelettrieseln	(Humusrieseln)	(Steinschlag)	Humusrieseln
Sukzession nach Beendigung mechanischer Belastung	→ Kalkbuchenwald/ Braunerde-Buchenwald	gering (Dauerstadium)	→ geophytenreicher Kalkbuchenwald	→ Braunerde-Buchenwald (z. T. gering)	→ Braunerde-(Fichten-)Tannen-Buchenwald
Trennarten	Mondviole (*Lunaria rediviva*)				
		Hirschzunge (*Asplenium scolopendrium*), Zerbrechlicher Blasenfarn (*Cystopteris fragilis*), Ruprechtsfarn (*Gymnocarpium robertianum*)	Aronstab (*Arum maculatum*), Gelbes Windröschen (*Anemone ranunculoides*), Hohler Lerchensporn (*Corydalis cava*), Scharbockskraut (*Ranunculus ficaria*), Bär-Lauch (*Allium ursinum*)		Wald-Geißbart (*Aruncus dioicus*), Weiße Pestwurz (*Petasites albus*)

Temperatur- und Niederschlagsgradienten modifiziert: Im hochmontanen Bereich fallen Linde und Esche weitgehend aus, die Begleitflora wird im Sorbo-Aceretum und Ulmo-Aceretum um vorwiegend subalpin verbreitete Hochstauden erweitert (Clot 1990).

Nur schwer einzuordnen sind hingegen die **Eschen-Ahorn-Mischwälder** der ebenen und schwach geneigten Lagen (Adoxo-Aceretum). Sie weisen enge Beziehungen zu eschenreichen Auenwäldern und bodenfeuchten Eichen-Hainbuchen-Wäldern grundwassernaher Standorte auf und werden in einem separaten Abschnitt (Kap. 7.3.5) behandelt.

7.3.1 Edellaubwälder gut wasserversorgter, nährstoffreicher Hänge der kollinen bis montanen Stufe (Eschen-Bergahorn-Wälder)

Bestände des Fraxino-Aceretum (Abb. 74, S. 94) stocken auf mit Wasser und Nährstoffen bestens versorgten Böden der Hügel- und unteren Bergstufe Mitteleuropas. An solchen Standorten gedeihen Berg-Ahorn, Esche, Spitz-Ahorn, Berg-Ulme und Sommer-Linde besonders gut. Sie werden von Bodenpflanzen mit hohen Ansprüchen an Stickstoff, Phosphor und Basenkationen begleitet, die nur in biologisch äußerst tätigen Mullböden gut gedeihen. Stenöke Arten sind Hirschzunge (*Asplenium scolopendrium*), Mondviole (*Lunaria rediviva*), Hohler Lerchensporn (*Corydalis cava*) und Wald-Geißbart (*Aruncus dioicus*). Diese vier Arten sind namengebend für die Untereinheiten (Subassoziationen) der Gesellschaft (Tab. 30).

Durch die Lage in Hangrinnen, -mulden oder am Hangfuß werden die Böden der Fraxino-Aceretum-Bestände mit Gestein, Feinerde oder Zugwasser aus der Umgebung angereichert, so dass selbst extrem steinige Substrate diesen anspruchsvollen Arten eine ausreichende Wasser- und Nährstoffversorgung bieten.

Auf Kalk wie auf Silikat gibt es Edellaubbaumbestände, deren Unterwuchs keinerlei besondere Trennarten aufweist (**Fraxino-Aceretum typicum**, Müller 1992b). Dies mag in manchen Fällen auf die unvollkommene Einwanderung von spezialisierten Trennarten zurückzuführen sein. Hinzu kommt, dass grundsätzlich eine durch Skelettbewegung bedingte andauernde Erneuerung des Oberbodens die Etablierung vieler Pflanzen verhindert. Liegt eine derartige Dynamik vor, ist die Fazies des Bingelkrautes (*Mercurialis perennis*) typisch, das mit seinen Rhizomen als Schuttstauer fungiert (Schubert 1972: Mercuriali-Fagetum). Überregional lassen sich die Standortsbedingungen dieses Typs allerdings kaum scharf umreißen. Diese Problematik spiegelt sich in den dokumentierten Vegetationsaufnahmen wider: In vielen Vegetationstabellen wurden an Trennarten arme Bestände an die gut gekennzeichneten Einheiten angehängt.

In den Mittelgebirgen, die geeignete Blockhalden aus kalkreichen Gesteinen (selten auch aus basenreichen Schiefern) aufweisen, ist das **Fraxino-Aceretum asplenietosum** mit dem Hirschzungenfarn verbreitet. Dieser floristisch und standörtlich äußerst markante Vegetationstyp gilt vielfach als der Inbegriff des „Schluchtwaldes“. Unter einem nicht zu dichten Schirm von Edellaubbäumen ist eine üppige Krautschicht mit der auffallenden Hirschzunge (*Asplenium scolopendrium*) und der Mondviole (*Lunaria rediviva*) entwickelt. Sehr stet findet man an diesen Standorten die Brennnessel (*Urtica dioica*) als ausgesprochenen Nährstoffzeiger, daneben ebenso weitere Kalkschuttbesiedler.

Die **Bodenverhältnisse** sind durch locker ineinander gelagerte Felsbrocken gekennzeichnet, zwischen denen nur wenig schwarzer Humus vorhanden ist. Lehmige Spaltenfüllungen finden sich allenfalls in der Tiefe der Blockhalden. Der Humus weist enge C/N-Verhältnisse, eine vollständige Basensättigung und eine gute Zersetzung auf. Je nach Mineralgehalt der Feinerde sind diese Böden als eutrophe Skeletthumusböden oder Moderrendzinen zu bezeichnen. Der Wasserhaushalt ist aufgrund der geländebedingten Zuschusslage und tiefen Durchwurzelbarkeit als spaltenfrisch einzustufen.

Der Steinschlag, der an den Stammbasen der Bäume deutliche Verletzungen hinterlässt, stammt von hangaufwärts anschließenden Felswänden und baumfreien Schutthalden. Aufgrund dieser permanenten Gefahr einer Schädigung profitieren die Edellaubbäume im Vergleich zu Buche und Nadelbäumen von ihrem ausgeprägten vegetativen **Regenerationsvermögen**. Demgegenüber gedeihen Sträucher am besten auf größeren, schon länger ruhenden Blöcken. Sehr günstige Wuchsbedingungen finden an diesen Standorten epiphytische Kryptogamen vor: Die starken, in räumigen Beständen stehenden Bäume bieten mit ihrer basenreichen Borke, der hohen Lichteinstrahlung und Luftfeuchtigkeit für diese Pflanzen optimale Entwicklungsmöglichkeiten.

Wie das Fraxino-Aceretum asplenietosum ist auch das geophytenreiche **Fraxino-Aceretum corydalidetosum** weitgehend an das Vorkommen kalkreicher Gesteine des Jura und Muschelkalk gebunden, es lässt sich jedoch vereinzelt auch auf Basalt nachweisen (Hartmann & Jahn 1967). Die eschen-, linden- und ahornreichen Bestände, denen nicht selten auch Buchen mit beigemischt sind, besitzen eine artenreiche Krautschicht, die im Jahresverlauf ihr Aussehen markant verändert. Bereits vor dem Laubaustrieb beginnt der Aspekt der fast stets in großen Herden wachsenden Frühjahrsgeophyten. Bis zum Hochsommer haben diese Arten bereits gefruchtet und ihre zarten Blattorgane eingezogen. Die im Sommeraspekt verbleibenden Kräuter sind anspruchsvolle Mullbodenpflanzen.

Geophytenreiche Edellaubwälder stocken auf Verebnungen und an Unterhängen, wo sich – oft zwischen einer Matrix aus Kalkblöcken – reichlich verlehmtes Material angesammelt hat. Die Böden sind biologisch hoch aktiv: Durch die Tätigkeit von Regenwürmern und Bakterien wird die anfallende Streu rasch und tief in den Mineralboden eingearbeitet. Hydromorphien werden, soweit vorhanden, durch nährstoffreiches Hangzugwasser hervorgerufen. Die wichtigsten Bodentypen sind tiefgründig humose Rendzinen, kolluviale Terrae fuscae, Kalkbraunerden und sauerstoffreiche Hanggleye.

In den Silikatmittelgebirgen kommen auf nährstoffreichen Blockhalden Bestände des

Fraxino-Aceretum lunarietosum vor, dessen Bodenvegetation – bei Vorherrschaft von Berg-Ahorn, Sommer-Linde und Esche – durch die Mondviole (*Lunaria rediviva*) und verschiedene allgemeine Nährstoffzeiger gekennzeichnet ist. Besiedler des offenen Kalkschutts fehlen dagegen, dafür sind meist einige in den umgebenden Laubwaldgesellschaften verbreiteten Säurezeiger und Silikatfelsmoose vorhanden. Im Gegensatz zum Standort des Hirschzungen-Edellaubwaldes sind die aus groben Silikatblöcken bestehenden Halden stärker konsolidiert und reicher an Feinerde. Obwohl letztere bereits versauert ist, fördern Bodenwühler den Humus- und Stickstoffreichtum der als eutrophe Ranker beziehungsweise Ranker-Braunerden bezeichneten Böden (HUSOVÁ 1968).

Ähnlich wie im geophytenreichen Edellaubwald können in vielen Mondviolen-Edellaubwäldern grundsätzlich auch Buche, Tanne oder Hainbuche vorkommen. Aus diesem Grund, aufgrund ihrer Kleinflächigkeit und der naturgegebenen Heterogenität von Blockhalden sind viele Bestände der Mondviolen-Edellaubwälder gegenüber den benachbarten Waldgesellschaften nur schwer abgrenzbar.

Im niederschlagsreichen Alpenvorland kommt in schluchtartigen Tälern das **Fraxino-Aceretum aruncetosum** vor, das an der optimalen Entwicklung des Wald-Geißbarts (*Aruncus dioicus*) und anderer Sickerfrische-Zeiger leicht zu erkennen ist. Außer den Baumarten Berg-Ahorn, Berg-Ulme und Esche, die sich meist mit Buche, Tanne und Fichte mischen, sind charakteristische Edellaubwald-Begleiter eher sporadisch anzutreffen.

Den geologischen Untergrund dieser Waldgesellschaft bildet meist tertiäre Molasse (oft mit darüber gelagerten eiszeitlichen Moränen), die tonige, sandige und kiesige Substrate in Wechsellagerung mit Bänken verbackener Nagelfluh enthält. Aufgrund der Nähe zum Alpenrand trägt das Klima deutlich montane Züge.

Vor allem dort, wo die Vorlandsflüsse und ihre Seitenbäche sich in so genannten Tobeln tief eingeschnitten haben, neigt die Molasse zu Rutschungen. Hangwasserzug, luftfeuchtes Klima und Feinerdereichtum der Rutschmassen ermöglichen eine schnelle Wiederbesiedlung mit Staudenfluren, in denen sich bald schon Edellaubbäume ansamen.

Einer Edellaubbaum-Generation folgt, falls weitere Störungen ausbleiben, der aus Buche und Tanne aufgebaute Schlusswald. Der Geißbart-Edellaubwald ist deshalb häufig als charakteristisches Entwicklungsstadium in einem Mosaik aus jungen Rutschungen und reiferen Schlusswäldern anzutreffen. Typische Böden sind sickerfrische, kolluviale Braunerden, die oft bereits deutlich versauert, jedoch basenreich und biologisch aktiv sind. An Steilhängen ist ein Herabrieseln des krümeligen humosen Oberbodens zu beobachten. Seltener sind Geißbart-reiche Edellaubwälder aus anderen Teilen Süddeutschlands, dem südlichen Schwarzwald, den Klingen des württembergischen Keupergebietes und den herzynischen Mittelgebirgen (SCHUBERT 1972) beschrieben worden, wo sie gleichfalls sickerfeuchte, feinerdereiche Einhänge besiedeln.

7.3.2 Lindenreiche Edellaubwälder trocken-warmer Schutthänge (Spitzahorn-Sommerlinden-Wälder)

Auch an Oberhängen und in trockeneren, sonnig exponierten Lagen der Kalkgebirge werden instabile Schutthänge bevorzugt von Edellaubbäumen besiedelt. Noch häufiger als an Hangfüßen und Schatthängen sind hier Sommer-Linde und Spitz-Ahorn anzutreffen; sie werden von Licht bedürftigen Baumarten wie Feld-Ahorn und Mehlbeere begleitet (Tab. 29 und Abb. 75, siehe S. 94). Die Strauchschicht setzt sich aus Wärme liebenden Arten zusammen, die Trennarten der Krautschicht ertragen zeitweilige Austrocknung. Auch in den Spitzahorn-Sommerlinden-Wäldern sind die für die Edellaubwälder typischen Nährstoffzeiger anzutreffen. Besonders trockene Ausbildungen mit der Schwalbenwurz (*Vincetoxicum hirundinaria*) wurden aus den Muschelkalkgebieten Mitteldeutschlands als eigene Assoziation beschrieben (SCHUBERT 1972). Das Hauptverbreitungsgebiet dieser Assoziation liegt im Schweizer Jura (CLOT 1990).

Die Standorte der Schutthang-Linden-Wälder sind ausgesetzte, nicht selten durch Felsrippen und -abstürze geprägte Schutthänge. Trotz Besonnung werden die Halden in ihrer Tiefe von nährstoffreichem Wasser durchsickert, und es kann sich ein günstiger, basengesättigter Humus ansammeln, der den Edellaubbäumen auch in dieser lufttrockenen Lage ein Gedeihen sichert. In der Nachbarschaft anstehende Felsen tragen dagegen von Trockenheit gezeichnete, schwach wüchsige Buchen oder Eichen. Trifft man in der Nachbarschaft des bodenfrischen Fraxino-Aceretum Übergänge zum frischen Kalk- und Braunmull-Buchenwald, so bilden Trockenhangbuchenwälder oder gar Wärme liebende Eichen-Wälder und Gebüsche die Kontaktvegetation des Aceri-Tilietum.

7.3.3 Hochmontane Edellaubwälder

Hochmontane Lagen mit einem Klima, das für die Sommer-Linde und die Esche zu kühl ist, bleiben auf die schneereichen Kammlagen der höheren südmitteleuropäischen Mittelgebirge (v. a. Südschwarzwald, Vogesen und Böhmerwald) beschränkt. Berg-Ahorn und Berg-Ulme bilden Mischbestände unter geringer Beteiligung von Buche und Nadelbäumen (Abb. 76, siehe S. 95). Im Unterwuchs fallen die hochmontan bis subalpin verbreiteten Arten der Alpen-Milchlattich-Gruppe auf. Seit ihrer Beschreibung aus den Vogesen durch Issler (1942) wird diese Waldgesellschaft als Ulmo-Aceretum bezeichnet.

Diese Assoziation ist vor allem in den Alpen verbreitet, wo sie eine sehr ähnliche Standortspalette besiedelt wie das Fraxino-Aceretum tieferer Lagen: Dort können Untereinheiten mit Hirschzunge, Geophyten und Wald-Geißbart unterschieden werden, die an die in Kapitel 7.3.1 geschilderten edaphischen Bedingungen gebunden sind (Pfadenhauer 1969). Der Schwarzwald und der Böhmerwald besitzen dagegen in erster Linie die trennartenarme Silikatform mit Mondviole und anderen, allgemein verbreiteten Nährstoffzeigern. Außer der physikalischen Labilität der blockreichen Böden müssen junge Gehölze in hochmontanen Gebirgslagen winterliche Schneebewegungen ertragen können.

Aus dem Schweizer Jura und von den höchsten Lagen der Schwäbischen Alb sind offene, pionierartige Bergahorn-Eschen-Bestände mit Mehlbeeren (*Sorbus aria*) auf sonnigen Kalkschutthalden bekannt (Sorbo-Aceretum, Moor 1952, Clot 1990, Müller 1992b; Abb. 77, siehe S. 95). Der nitrophile Unterwuchs weicht hier einem Gemisch aus Arten präalpischer Verbreitung, Laubwaldarten der Maiglöckchen-Gruppe und Wärme liebenden Saumarten (Tab. 29, S. 174).

7.3.4 Bodensaure Blockhalden-Linden-Ahorn-Wälder

Auf sauer verwitternden Granit- und Sandstein-Blockhalden stoßen die Edellaubbäume meist an ihre Nährstoffmangelgrenze und müssen anspruchsloseren Baumarten wie Trauben-Eiche, Vogelbeere, Birke oder Fichte Platz machen. Nur selten gibt es auf basenarmen Blockhalden Edellaubbaumbestände mit einer geringmächtigen sauren Moderauflage (Müller 1992b). Bezeichnenderweise tritt hier zur Sommer-Linde vermehrt die anspruchslose Winter-Linde. Mullbodenpflanzen und Nährstoffzeiger treten zugunsten von Sauerhumusbesiedlern zurück. Die Wärme getönten Traubeneichen-Linden-Bestände, die Schuhwerk (1988) vom südlichen Schwarzwaldrand belegt, sind verhältnismäßig artenreich und vermitteln zum Aceri-Tilietum (siehe Kap. 7.3.2). Aus dem Hunsrück und Nordschwarzwald sind sehr artenarme Bergahorn-Wälder dieses Typs bekannt.

7.3.5 Eschenreiche Edellaubwälder auf grundfeuchten Standorten und Flussterrassen

Die in den Kapiteln 7.3.1 bis 7.3.4 behandelten Edellaubwälder ließen sich relativ klar umrissenen Sonderstandorten steiler, kolluvial beeinflusster Hänge zuordnen. Diese Standorte stellen allerdings keine optimalen Wuchsbedingungen für die behandelten Baumarten dar: Noch besser gedeihen die Ahorn-Arten und die Esche in stabilen, schwach geneigten bis ebenen Lagen mit günstiger Wasser- und Nährstoffversorgung. Solche Edellaubwälder fasste Müller (1992b) im **Adoxo-Aceretum** zusammen. Allerdings sind die Edellaubbäume an diesen Standorten starker Konkurrenz durch Schattbaumarten ausgesetzt. Nur unter bestimmten, im Folgenden näher beschriebenen naturräumlichen und standörtlichen Voraussetzungen sind die Ahorn-Eschen-Wälder als stabile Dauergesellschaften anzutreffen (Tab. 30, S. 175).

Zweifellos stocken viele derartige Edellaubbaumbestände, gefördert durch **waldbauliche Maßnahmen** oder Eutrophierung, an potentiell buchenfähigen Standorten. Aus der baltischen Jungmoräne Mecklenburgs wurden Ahorn-Eschen-Wälder als Übergangstyp zwischen dem Buchenwald und dem quellig-sumpfigem Schwarzerlen-Eschen-Wald auf kalkhaltiger Grundmoräne beschrieben (PASSARGE 1959; Abb. 78, siehe S. 95). Offenbar steht hier die Grundfeuchte (Kapillarsaum des Grundwassers) für die Buche zu hoch, für die Schwarz-Erle und begleitende Sumpfpflanzen jedoch noch nicht hoch genug an.

SCHUBERT (1972) stellte auch den feuchten Buchen-Eschenwald Mitteldeutschlands zum Tilio-Acerion. Vergleichbare Edellaubwälder **grundfeuchter Unterhanglagen** sind im Alpenvorland häufig, wenn auch nicht auf allzu großen Flächen anzutreffen (ETTER 1947, PFADENHAUER 1969). Nicht immer eindeutig ist indessen die standörtliche Differenzierung zu den ähnliche Standorte besiedelnden Eichen-Hainbuchen-Wäldern (siehe Kap. 6.2.3).

Im Alpenvorland gibt es Flusstäler und Zungenbecken, die – vermutlich aufgrund häufiger Spätfröste – weitgehend buchenfrei sind (BRAUN 1968). Im montanen Klima wird diese Nische kaum noch von der Stiel-Eiche und der Hainbuche besetzt, sondern bleibt den Edellaubbäumen vorbehalten (SEIBERT 1969). So wird zum Beispiel die Isar auf den nicht mehr von Überflutungen erreichten Terrassenniveaus von einem breiten Band aus Ahorn-Eschen-Wäldern begleitet. Viele dieser Standorte wurden erst durch den **Flussausbau** (Geschieberückhalt, Begradigung, Eintiefung) vom Einfluss regelmäßiger Überflutungen und hoch anstehenden Grundwassers befreit. Man kann die heutigen Edellaubbestände daher auch als von Berg-Ulme, Berg- und Spitz-Ahorn unterwanderte, einstmalige Eschen-Hartholzaue auffassen. Selbst Weiden- und Grauerlen-Bestände zeigen heute vielfach deutliche Sukzessionstendenzen in dieser Richtung. Wenn die frühere Auendynamik und nicht die Spätfrostgefährdung für das Fehlen der Buche verantwortlich ist, so ist in den anthropogen veränderten Auen in Zukunft auch die Einwanderung dieser weniger ausbreitungstüchtigen Baumart nicht auszuschließen.

In ihrer Artenzusammensetzung teilen die geschilderten Waldtypen außer der Baumartenpalette einige **Nährstoffzeiger** und den großen Reichtum an anspruchsvollen **Mullbodenpflanzen** mit den Edellaubwäldern der Hänge (Tab. 29). Allerdings treten die Sommer-Linde und so auffallende Arten wie Mondviole oder Hirschzunge im Adoxo-Aceretum vollkommen zurück. Dafür sind auen- und grundwassernahe Ahorn-Eschen-Wälder reicher an Sträuchern und Feuchte bedürftigen Trennarten der Hexenkraut-Gruppe. Innerhalb des Adoxo-Aceretum gibt es einerseits Ausprägungen mit den Frühjahrsgeophyten auf besonders humosen Böden und andererseits Erscheinungsformen auf besonders feuchten Standorten, die zu den Erlen-Eschen-Wäldern vermitteln. Eine Besonderheit des Alpenvorlandes ist das aspektbildende Auftreten der **Weiß-Segge** (*Carex alba*), die bevorzugt etwas erhabene Rücken besiedelt, während in demselben Bestand die in Tabelle 29 genannten Stickstoff- und Feuchtezeiger gedeihen (PFADENHAUER 1969).

8 Tannenreiche Nadelmischwälder

Im Unterschied zu den in Kapitel 5 abgehandelten montanen Buchen-Tannen-Wäldern widmet sich dieser Abschnitt den von Natur aus von Nadelbäumen geprägten Ökosystemen. Im südmitteleuropäischen Bergland ist die Weiß-Tanne (*Abies alba*) gemeinsam mit der Fichte (*Picea abies*) in so bedeutendem Umfang am Aufbau naturnaher Waldgesellschaften beteiligt, dass es gerechtfertigt ist, den von beiden Baumarten aufgebauten Nadelmischwäldern ein eigenes Kapitel zu widmen. Die ökologische und pflanzensoziologische Stellung dieser Waldgesellschaften, zwischen Buchen-Wald einerseits und Fichten-Wald andererseits, beruht vor allem auf den folgenden **Eigenschaften der Weiß-Tanne:**

- Das von Mitteleuropa bis in die mediterranen Gebirge reichende Areal der Weiß-Tanne ist dem der Buche ähnlich, ihre Verbreitung ist jedoch durch die engere Bindung an die Gebirge vor allem nach Westen und Norden eingeschränkt (Dengler 1980).
- In der Jugend erträgt sie noch mehr Schatten als die Buche.
- Die mehrere Jahre am Baum verbleibenden Tannennadeln besitzen auf gleichem Standort signifikant höhere Gehalte an Phosphor, Calcium, Magnesium und Mangan als die der Fichte (Rehfuess 1967). Ihre Streu ist leichter zersetzbar als die von Fichten und Kiefern. In der Bodenvegetation der Tannen-Mischwälder können daher Mull- und Rohhumusbesiedler in inniger Vermischung vorkommen.
- Auch in ihren klimatischen Ansprüchen nimmt die Weiß-Tanne eine Zwischenstellung zwischen Buche und Fichte ein. In vielen mitteleuropäischen Gebirgen bilden alle drei Baumarten montane Bergmischwälder, deren Charakterbaum die Tanne ist. Da sie etwas toleranter gegen thermisch kontinentales Klima (scharfe Winterfröste, rascher Beginn der Vegetationszeit, Spätfröste) als die Buche ist, bildet sie in subkontinental getönten Berglandschaften Mitteleuropas Klimaxwälder, oft gemeinsam mit der Fichte (Kuoch 1954, Mayer 1974).
- Die Ausbildung einer tief reichenden Pfahlwurzel ist genetisch bedingt und wird auch auf schweren Tonen, dichten Schluffböden und Pseudogleyen beibehalten (Köstler et al. 1968). Hohe Wurzelenergie und der geringe Sauerstoffbedarf im Boden stellen die Tanne in eine Reihe mit an zeitweiligen Wasserüberschuß angepaßte Baumarten wie Stiel-Eiche, Hainbuche und Schwarz-Erle (Kreutzer 1961).
- Zumindest im natürlichen, montanen Areal teilt die Weiß-Tanne mit der Fichte das hohe potentielle Lebensalter. Mit bis zu 65 m Höhe kann die Tanne sogar noch etwas größere Wuchshöhen erreichen (Schütt et al. 1992).
- Ein hoher Anteil des Biomassegewinns wird in das Stammholz investiert (hohe forstwirtschaftliche Massenleistung), das im Übrigen ähnliche technische Eigenschaften wie das Fichtenholz besitzt.
- Tannensamen sind anemochor und keimen sowohl auf mineralischen als auch auf organischen Substraten wie Rohhumus oder Moderholz.

8.1 Areal

Die Weiß-Tanne (*Abies alba*) spielte in der ursprünglichen Vegetation der höheren südmitteleuropäischen Gebirge und ihres Umfelds als montane Schlusswaldbaumart eine wichtige Rolle. In Sachsen erreicht ihr Areal das Erzgebirgsvorland und in der Lausitz ihren nördlichsten und zugleich tiefst gelegenen Verbreitungspunkt in Deutschland. Weiter östlich verläuft das Tannenareal über die Gebirgszüge der Sudeten und Karpaten sowie deren Vorland. Im subkontinentalen Ostpolen dringt die Tanne örtlich bis in die planaren Eichen-Hainbuchen-Wälder (Tilio-Carpinetum) vor (Gunia et al. 1972).

Menschliche Einflussnahme hat die Häufigkeit und die Verbreitung der Tanne bis in die jüngste Vergangenheit stark verändert. Waldrodungen und Kahlschläge verliefen in aller

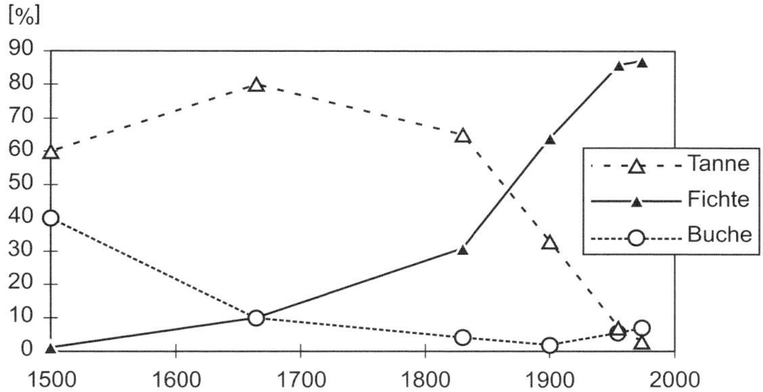

Abb. 79 Die Entwicklung des Bestockungsanteils von Tanne, Buche und Fichte im Frankenwald seit Beginn der Neuzeit (nach HORNDASCH 1993). Für die frühe Neuzeit ist eine gemeinsame Zunahme von Tanne und Fichte zu Ungunsten der Buche dokumentiert. Im 19. Jahrhundert wurde die Tanne deutlich zurückgedrängt und die Fichte zur Hauptbaumart des Frankenwaldes.

Regel zu ihren Ungunsten, da sich die Schattbaumart – anders als Fichte und Kiefer – kaum an der Wiederbesiedlung von Freiflächen beteiligt. Allerdings gibt es örtlich Hinweise auf eine anthropogene Zunahme der Tanne zuungunsten der Buche (REICHELT 1968, TÜRK 1993b). Aufgrund ihrer Empfindlichkeit in der Verjüngungs- und Aufwuchsphase blieb sie jedoch weitgehend ein Stiefkind der modernen Forstwirtschaft. Berühmte Ausnahmen sind die Plenterwälder der Nordschweiz und des Allgäus (KÖSTLER 1956), traditionelle bäuerliche Dauerwaldsysteme mit Einzelstammnutzung, für die sich kaum eine Baumart besser eignet als die Weiß-Tanne.

Die Abnahme des Tannenanteils an der Bestockung verlief seit dem 19. Jahrhundert vielerorts geradezu dramatisch. So waren die sächsischen Mittelgebirge bereits in der ersten Hälfte unseres Jahrhunderts praktisch tannenfrei (HESMER 1936). In Bayern verringerte sich ihr Anteil von rund 14 % um 1830 (SCHÜTT et al. 1992) auf 2 % (Bundesmin. f. Ernährung 1990). Vor allem die bedeutenden nordostbayerischen Vorkommen im Oberpfälzer Wald (AUGUSTIN 1991) und Frankenwald (ZEIDLER 1953, TÜRK 1993b) gingen im Zuge des 20. Jahrhunderts fast vollständig verloren (Abb. 79).

Tannenreiche Gebiete befinden sich heute noch im Bayerischen Wald, in den Alpen und ihrem nördlich angrenzenden Vorland (FREHNER 1963), dem Schweizer Jura (MOOR 1952, BERT 1992), den Südvogesen (BECKER et al. 1992) sowie in Baden-Württemberg, das mit rund 8 % der Wirtschaftswaldfläche das tannenreichste deutsche Bundesland ist (Bundesmin. f. Ernährung 1990). Rezente Verbreitungszentren sind hier der Schwarzwald, insbesondere der Nordschwarzwald und die Schichtstufenlandschaften des Oberen Neckarraumes und Schwäbisch-Fränkischen Waldes.

8.2 Struktur und Dynamik

Die Dynamik und der strukturelle Aufbau tannenreicher Wälder sind geprägt von der Schattentoleranz der Tanne in der Jugend und ihrer bis ins hohe Alter anhaltenden Vitalität. Die meisten Untersuchungen zur Struktur mitteleuropäischer Urwaldreste stammen aus montanen Bergmischwäldern mit ausgewogenen Anteilen von Buche, Tanne und Fichte, also aus systematisch zu den Buchen-Wäldern gehörenden Waldgesellschaften (siehe Kap. 5.3). Auch in den Tannen-Mischwäldern im engeren Sinne ist die Beteiligung der Mischbaumarten Fichte, Kiefer und Buche recht variabel. In hochmontanen Lagen des Schwarzwaldes und Böhmerwaldes ist die Fichte Hauptbaumart. Die Regeneration der Kiefer setzt stärkere Störungen des Waldschlusses voraus, wie sie im Naturwald durch Windwurfereignisse bevorzugt in fichtenreichen Bestandespartien vorkommen. Wo nicht durch extreme standörtliche Ungunst oder gezielte Durchforstung ausgeschlossen, kann auch die Buche eine nicht unerhebliche Rolle in Tannen-Mischwäldern spielen, obgleich ihre Wuchsleistung und Konkurrenzkraft meist deutlich hinter der der Nadelbäume zurückbleibt.

Die bedeutendsten mitteleuropäischen Vorkommen der Tanne findet man heute in den **Plenterwaldgebieten** der Schweiz, des Schwarzwaldes und des Allgäus. Im Plenterwald werden mehr oder weniger kontinuierlich

Tab. 31 Synsystematische Gliederung der Tannen-Wälder Mitteleuropas (nach Seibert 1992b, Müller 1992c, Walentowski 1998)

<table>
<tr><td colspan="4">Tannenreiche Nadelmischwälder
gegen Buchen-Wälder:
Hylocomium splendens, Pleurozium schreberi, Rhytidiadelphus loreus, Bazzania trilobata, Lycopodium annotinum, Plagiothecium undulatum
gegen Fichten-Wälder:
Weiß-Tanne (Abies alba), Rot-Buche (Fagus sylvatica), Hasenlattich (Prenanthes purpurea)</td></tr>
<tr><td colspan="2">UV Vaccinio-Abietenion
(sauer, nährstoffarm, V Piceion, K Vaccinio-Piceetea)</td><td colspan="2">UV Galio-Abietenion
(V Fagion, K Querco-Fagetea)
Wald-Veilchen (Viola reichenbachiana),
Wald-Segge (Carex sylvatica),
Ährige Teufelskralle (Phyteuma spicatum),
Rundblatt-Labkraut (Galium rotundifolium),
Waldmeister (Galium odoratum)</td></tr>
<tr><td>Vaccinio vitis-idaeae-Abietetum
(nährstoffarm)
Wald-Kiefer (Pinus sylvestris) Preißelbeere (Vaccinium vitis-idaea),
Besen-Heide (Calluna vulgaris),
Sphagnum capillifolium</td><td>Luzulo luzuloidis-Abietetum
(mäßig nährstoffversorgt)
Rippenfarn (Blechnum spicant)</td><td>Galio rotundifolii-Abietetum
(basenreich)
Atrichum undulatum,
Wald-Schachtelhalm (Equisetum sylvaticum)</td><td>Pyrolo secundae-Abietetum
(kalkreich)
Wald-Wachtelweizen (Melampyrum sylvaticum),
Seidelbast (Daphne mezereum),
Blaugrüne Segge (Carex flacca),
Nickendes Perlgras (Melica nutans),
Finger-Segge (Carex digitata)</td></tr>
</table>

einzelne starke Bäume geerntet. Dadurch gelangt gerade genug Licht an den Boden, um den Nachwuchs von Schatten ertragenden Baumarten wie der Tanne zu gewährleisten. Das Plentergefüge ist folgendermaßen gekennzeichnet:

- Auf kleinem Raum nimmt die Zahl der Baumindividuen mit steigendem Durchmesser stetig ab (hyperbolische Durchmesserverteilung).
- Die Bestände sind vertikal reich gegliedert und weisen beständig mittlere Vorräte und hohe Zuwächse an Derbholz auf.

Die Plenterbewirtschaftung ist besonders vorteilhaft für bäuerliche Betriebe, die gezwungen sind, die Nachhaltigkeit des Holzertrages auf kleinstem Raum zu verwirklichen. In Naturwäldern stellen sich Plenterphasen offenbar nur kleinflächig und meist nur vorübergehend ein, da Bäume meist in größeren Gruppen absterben und aufwachsen (Zukrigl 1966, Leibundgut 1982, Korpel 1995).

8.3 Gliederung

Tannen-Mischwälder sind pflanzensoziologisch durch Sauerhumusbesiedler gekennzeichnet, die in Mitteleuropa zum großen Teil als Kennarten der Fichten-Wälder (Vaccinio-Piceetea) gelten (Oberdorfer 1992, Walentowski 1998). Die meisten davon sind Moose, die vom Fehlen Boden deckender Laubstreulagen und der gleichmäßigen Luftfeuchtigkeit in montanen Nadelwäldern profitieren: Durch diese Artengruppe unterscheiden sich die Gesellschaften von den Buchen-Mischwälder, die durchaus ebenfalls tannenreich sein können (Tab. 31). Im Vergleich zu den reinen Fichten-Wälder weist vor allem die Untergruppe stark bodensaurer Standorte, das Vaccinio-Abietenion, nur wenige Trennarten auf.

Dem edaphischen Gefälle des Basenreichtums folgend werden die Tannen-Mischwälder in **vier Assoziationen** eingeteilt (Tab. 31).

Auf stark basenverarmten Böden sind Tannen-Wälder ähnlich artenarm wie bodensaure Fichten-Wälder, so dass die beiden ersten Assoziationen als Unterverband Vaccinio-Abietenion zum Verband Piceion gestellt werden.

- Das **Vaccinio-Abietetum** hebt sich durch eine Gruppe von Arten ab, die an Nährstoffmangel und zeitweilige Trockenheit angepasst sind und zu den nordisch-kontinentalen Kiefern-Wäldern (Dicrano-Pinion, siehe Kap. 10.3.1) vermitteln.
- Dem steht das **Luzulo-Abietetum** mit dem Luftfeuchte bedürftigen, atlantisch verbreiteten Rippenfarn (*Blechnum spicant*) gegenüber.

Tannen-Wälder mineralkräftiger Standorte sind durch anspruchsvolle Mullbodenzeiger gekennzeichnet, die eine Einordnung beim Verband Fagion rechtfertigen.

Nach dem Rundblatt-Labkraut (*Galium rotundifolium*) wird der Unterverband Galio-Abietenion benannt. Dessen im Kalkgehalt der Böden begründete Untergliederung entspricht in etwa der Unterscheidung zwischen dem Galio odorati-Fagetum und dem Hordelymo-Fagetum.

- Die Bestände des auf kalkfreien, nährstoffreichen Pseudogleyen und Gleyen verbreiteten **Galio-Abietetum** sind nur schwach durch Trennarten charakterisiert.
- Sehr artenreich sind die Kalktannenmischwälder des **Pyrolo-Abietetum,** in dem neben anspruchsvollen Kalkzeigern Spezialisten basenreicher Moderhumusformen einen Verbreitungsschwerpunkt besitzen.

8.3.1 Fichten-Kiefern-Tannen-Mischwälder saurer, nährstoffarmer Böden (Preiselbeer-Tannen-Wälder)

Moos- und zwergstrauchreiche Tannen-Wälder (**Vaccinio-Abietetum**) mit Fichte und Wald-Kiefer findet man auf Böden, die nicht nur stark sauer und podsoliert, sondern auch ausgesprochen arm an Pflanzen verfügbarem Stickstoff sind (Storm 1996). Typische Humusform ist folglich ein umsatzträger Rohhumus. Solche Bedingungen herrschen im Verbreitungsgebiet der Tanne vornehmlich auf quarzreichen Sandsteinen, Graniten, Schiefern und Sanden, seltener auf armen Tonen und stark ausgelaugtem Zersatz basenreicherer Ausgangsgesteine. Klimatisch werden kühle, mäßig feuchte Mittelgebirgslagen wie die Leeseiten des Schwarzwaldes (Oberdorfer 1950) und des Thüringer Schiefergebirges (Grüneberg & Schlüter 1957) bevorzugt. Wichtige Vorkommen finden sich jedoch auch in relativ geringer Meereshöhe im Schwäbisch-Fränkischen Wald (Rodi 1956, Aldinger et al. 1998) und in einigen intramontanen Becken Nordostbayerns (Walentwoski 1998). Im Schwarzwald ist eine Bindung an die leeseitige Ostabdachung deutlich (Seibert 1992b).

Die Frage nach dem Grad der **Natürlichkeit** von Beständen des Vaccinio-Abietetum beziehungsweise seiner Bedeutung in der potentiellen natürlichen Vegetation ist nicht immer leicht zu beantworten.

Einerseits ist davon auszugehen, dass die Tannen-Wälder in einigen Teilen ihres ursprünglichen Verbreitungsgebietes längst verschwunden waren, bevor sie von Vegetationskundlern dokumentiert werden konnten (z. B. Ernst 1951: Oberpfalz, Hahne 1992: Bayerisches Vogtland, Jung 1960: Sächsische Schweiz). So rekonstruiert Michiels (1994) für das Waldsassener Schiefergebiet (Oberpfalz) das Vaccinio-Abietetum als ursprüngliche Vegetation, die durch Streunutzung und Kahlschlagwirtschaft vom Leucobryo-Pinetum (siehe Kap. 10.3.1) ersetzt wurde. Für das Buntsandsteingebiet des Baar-Schwarzwaldes wiesen Rodenwaldt & Hauff (1957) pollenanalytisch nach, dass Kiefern-Fichten-Tannen-Wälder hier seit dem Älteren Subatlantikum (2500 v. Chr.) vorherrschen und als heutige potentielle Vegetation gelten können (Müller & Oberdorfer 1974, Schlenker & Müller 1986). Zu ähnlichen Befunden gelangt Schlüter (1964) für die nördliche Luvseite des Thüringer Schiefergebirges.

Andererseits dürfte es sich aber bei Kiefern-Tannen-Wäldern dieses Typs auf devastierten Standorten häufig auch um Regenerations-Zwischenstadien handeln, die lediglich auf wechselfeuchten Böden edaphisch bedingte Dauergesellschaften ausbilden. So ist die von Seibert (1968) kartierte potentielle natürliche Verbreitung des Vaccinio-Abietetum in den ostbayerischen Grenzgebirgen in diesem Ausmaß kaum haltbar (Türk 1993b).

Bei einer Höhenverbreitung von 380 m (Vorderer Bayerischer Wald) bis 1200 m (Hochschwarzwald) lassen sich beim Vaccinio-Abietetum eine **submontane Form** mit Eichen

Tab. 32 Ökologisch-floristische Gliederung der Preiselbeer-Tannen-Wälder (Vaccinio-Abietetum) in Mitteleuropa (vereinfacht nach SEIBERT 1992b, STORM 1996, WALENTOWSKI 1998)

Name der		ökologische Charakteristik d.		bezeichnende Arten der	
Subassoziation	**Variante**	**Subassoziation**	**Variante**	**Subassoziation**	**Variante**
leucobryetosum	Typische Variante	sehr nährstoffarm	mäßig trocken bis frisch	*Leucobryum glaucum*, *Leucobryum juniperoideum*, Besen-Heide (*Calluna vulgaris*)	keine eigenen Trennarten
	Sphagnum-Variante		wechselfeucht		*Sphagnum girgensohnii*, *Sphagnum palustre*, Rohr-Pfeifengras (*Molinia arundinacea*), Blaues Pfeifengras (*Molinia caerulea*)
typicum	Typische Variante	nährstoffarm	mäßig frisch	keine eigenen Trennarten	keine eigenen Trennarten
	Ptilium crista-castrensis-Variante		frisch		*Ptilium crista-castrensis*, *Plagiothecium undulatum*
	Sphagnum-Variante		wechselfeucht		*Sphagnum girgensohnii*, *Sphagnum palustre*, Rohr-Pfeifengras (*Molinia arundinacea*), Blaues Pfeifengras (*Molinia caerulea*)
oxalidetosum	Typische Variante	mäßig nährstoffarm	mäßig frisch	Wald-Sauerklee (*Oxalis acetosella*), Gewöhnlicher Frauenfarn (*Athyrium filix-femina*), Schattenblümchen (*Maianthemum bifolium*)	keine eigenen Trennarten
	Sphagnum-Variante		wechselfeucht		*Sphagnum girgensohnii*, *Sphagnum palustre*, Rohr-Pfeifengras (*Molinia arundinacea*), Blaues Pfeifengras (*Molinia caerulea*), Seegras-Segge (*Carex brizoides*)

(*Quercus robur*, *Q. petraea*) und eine **montane Form** (oberhalb ca. 600 m) unterscheiden, die in Ostbayern mit dem Wolligen Reitgras (*Calamagrostis villosa*) floristisch zu den dort vorkommenden hochmontanen Fichten-Wäldern vermittelt (Calamagrostio-Piceetum, Kap. 9.3.2).

Die Tabelle 32 gibt eine Übersicht über die ökologisch-floristische Gliederung der Preiselbeer-Tannen-Wälder in Mitteleuropa (SEIBERT 1992b).

Die Subassoziation **Vaccinio-Abietetum leucobryetosum** zeichnet sich durch die Hagerhumuszeiger der *Leucobryum glaucum*-Gruppe aus. Mit dieser Artenkombination und der Beteiligung der Wald-Kiefer am Bestandesaufbau steht der Vegetationstyp den bodensauren Kiefern-Wäldern (Leucobryo-Pinetum, Kap. 10) recht nahe (Abb. 80, S. 96).

In der kollin-submontanen Höhenform kommen Trauben-Eiche (*Quercus petraea*, v. a. auf trockeneren Standorten) und Stiel-Eiche (*Q. robur*, v. a. an wechselfeuchten Standorten) vor. STORM (1996) ermittelte im Ostschwarzwald sehr weite C/N-Verhältnisse (meist über 29, Tab. 33) und vergleichsweise

Tab. 33 Übersicht zur standörtlichen Kennzeichnung und Differenzierung verschiedener bodensaurer Tannen-Mischwälder im mittleren Schwarzwald und im Baar-Schwarzwald auf der Grundlage logistischer Regressionsmodelle. Als Datengrundlage diente ein systematisches Raster von Vegetations- und Standortsaufnahmen (in Klammern: Zahl der Stichproben; verändert nach Storm 1996)

Luzulo-Abietetum (n = 36)		**Vaccinio-Abietetum** (n = 46)	
C/N-Verhältnis $\leq$ 23,0		C/N-Verhältnis 24,9 Mächtigkeit OF + OH $\geq$ 7,1 cm	
oxalidetosum (= **athyrietosum**, n = 25)	**typicum** (n = 11)	**typicum** (n = 24)	**leucobryetosum** (n = 22)
Hangposition: Mittel- und Unterhang, alter Wald	Hangposition: Oberhang, kein alter Wald	C/N-Verhältnis < 28,9	C/N-Verhältnis $\geq$ 28,9

gering mächtige Humusauflagen als standörtliche Charakteristika der Preiselbeer-Tannen-Wälder. In den seit jeher buchenarmen Gebieten sind mäßig trockene, blockreiche Sonnhänge als natürliche Standorte anzusehen (Grüneberg & Schlüter 1957, Türk 1993a/b). Wie die Kiefern-Wälder verdankt auch dieser Vegetationstyp seine weitere Verbreitung der anthropogenen Humus- und Nährstoffverarmung, zum Beispiel durch Weidenutzung (Murmann-Kristen 1987, Storm 1996). Es ist daher anzunehmen, dass ein großer Teil der Bestände der typischen Variante an potentiellen Standorten bodensaurer Buchen-Wälder (Luzulo-Fagetum, Walentowski 1998) oder an solchen besser nährstoffversorgter Tannen-Mischwälder stockt (Vaccinio-Abietetum typicum, oxalidetosum, Luzulo-Abietetum).

In Beständen der *Sphagnum*-Variante des **Vaccinio-Abietetum leucobryetosum** treten, meist unter dominierender Fichte, Wald-Torfmoose und das Pfeifengras auf, die auf eine Vernässung des Bodens mit nährstoffarmem Wasser schließen lassen. Im Gegensatz zum floristisch ähnlichen Bazzanio-Piceetum sphagnetosum der Moorränder (siehe Kap. 9.3.1) stocken diese Wälder auf vernässenden Mineralböden (Pseudogleye, Stagnogleye) mit dichten Stauhorizonten im Unterboden. Auf den Hochplateaus und gerundeten Bergkämmen des Schwarzwaldes werden solche Lagen gemeinsam mit echten Vermoorungen als „Missen“ oder „Grinden“ bezeichnet (Wolf 1993). An der Entstehung dieser Standorte waren oft eine frühere Entwaldung und eine Weidenutzung beteiligt (Murmann-Kristen 1987). Da die dadurch verursachten Bodenveränderungen nicht reversibel sind, bilden die Bestände des Vaccinio-Abietetum auf nährstoffarmen, wechselfeuchten Mineralböden heute die natürliche Schlussgesellschaft (Walentowski 1998).

Dem **Vaccinio-Abietetum typicum** fehlen sowohl ausgesprochene Hagerhumuspflanzen als auch anspruchsvollere Trennarten. Die Einheit ist in der trennartenfreien Variante mäßig frischer Standorte im Baar-Schwarzwald weit verbreitet und bildet auf Buntsandstein die natürliche Vegetation dieses winterkalten und verhältnismäßig niederschlagsarmen Gebietes (Müller & Oberdorfer 1974, Storm 1996). C/N-Verhältnisse zwischen 25 und 29 und mächtig entwickelte Rohhumusauflagen kennzeichnen den nährstoffarmen Standort (Tab. 33). Häufig sind die Baumartenverhältnisse in der heutigen Bestockung zugunsten der Fichte verschoben (Rodenwaldt & Hauff 1957). Im Nordschwarzwald kommt die Gesellschaft auf mesoklimatisch ungünstigen, blockreichen Karschwellen und -böden vor (Abb. 81, S. 96).

Dagegen dürfte es sich bei den von Rodi (1956) und Sebald (1974) belegten Vorkommen im Keupergebiet des Schwäbischen Waldes, wo Hauff (1956) pollenanalytisch eine nachwärmezeitliche Buchen-Tannen-Dominanz nachweisen konnte, zu einem guten Teil um Ersatzgesellschaften buchenreicher Tannen-Mischwälder (Luzulo-Fagetum) handeln. Dasselbe nimmt Walentowski (1998) für die nordostbayerischen Grenzgebirge an. An wechselfeuchten Standorten, wo Torfmoose und Pfeifengras eine *Sphagnum*-Variante kennzeichnen, ist dagegen kaum mit einer natürlichen Beteiligung der Buche am Bestandesaufbau zu rechnen. Torfmoosreich sind auch die Blockhumusmosaike mancher Karböden im Nordschwarzwald, wo die Buche aufgrund lokalklimatischer Bedingungen und eines Mangels an mineralischer Feinerde fehlt (siehe Kap. 9.3.1).

Mit dem Wald-Sauerklee (*Oxalis acetosella*), dem Gewöhnlichem Frauenfarn (*Athyrium filix-femina*) und dem Schattenblümchen (*Maianthemum bifolium*) hebt sich die Subassoziation **Vaccinio-Abietetum oxalidetosum** innerhalb der Preiselbeer-Tannen-Wälder als etwas besser mit Nährstoffen versorgte Einheit ab. Sie ist in Baden-Württemberg nur selten belegt worden und scheint im Frankenwald, im Oberpfälzer Wald und im Böhmerwald weiter verbreitet zu sein (Seibert 1992b). Walentowski (1998) geht davon aus, dass reicheres Ausgangsmaterial (z. B. Lössbeimengung), Hangwasserzug und Kompensationskalkungen mögliche Ursachen der günstigeren Nährstoffversorgung sein können und bezeichnet die typische Variante als nadelbaumreiche Ersatzgesellschaft des Luzulo-Fagetum (siehe Kap. 5.7). Dagegen weist Seibert (1968) zwischen Frankenwald und Bayerischem Wald ein ausgedehntes Vaccinio-Abietetum-Vegetationsgebiet aus; allerdings muss diese Auffassung vermutlich revidiert werden: buchenreichere Waldgesellschaften scheinen den standörtlichen Gegebenheiten eher zu entsprechen als das Vaccinio-Abietetum (z. B. Türk 1993b). Besonders häufig tritt die Subassoziation Vaccinio-Abietetum oxalidetosum als potentielle natürliche, buchenarme Dauergesellschaft in der *Sphagnum*-Variante auf wechselfeuchten Standorten in Erscheinung. Zu den Trennarten der Variante gesellt sich hier die etwas anspruchsvollere Seegras-Segge (*Carex brizoides*). Walentowski (1998) beschreibt außerdem aus dem Vorderen Bayerischen Wald eine verwandte Ausbildung mit Wald-Schachtelhalm (*Equisetum sylvaticum*) und Schwarz-Erle (*Alnus glutinosa*), die ständig feuchte Gleye und Anmoore besiedelt.

8.3.2 Fichten-Tannen-Wälder mäßig nährstoffversorgter, saurer Böden (Hainsimsen-Tannen-Wälder)

Den Unterwuchs der Tannen-Mischwälder bilden an mäßig nährstoffversorgten Standorten Hainsimsen (*Luzula luzuloides*, *L. sylvatica*) und Farne gemeinsam mit Moosen und Zwergsträuchern (Abb. 82, S. 96). Vor allem der ozeanisch verbreitete Rippenfarn (*Blechnum spicant*) ist überregional als Trennart des Luzulo-Abietetum gegen das Vaccinio-Abietetum kennzeichnend. Gegenüber dem Galio-Abietenion fehlen anspruchsvolle Fagetalia-Arten, so dass das Luzulo-Abietetum zum Verband Piceion (Unterverband Vaccinio-Abietenion) zu rechnen ist.

Das Luzulo-Abietetum ist nach Seibert (1992b) und Walentowski (1998) im Schwarzwald, im Schwäbischen Wald, in den Molassevorbergen des Allgäus und Oberbayerns sowie im Bayerischen Wald verbreitet. Dem Luzulo-Abietetum entsprechen bodensaure Tannen-Wälder der Nordalpen (Kuoch 1954, Ewald 1997), des Schweizer Jura (Richard 1961, Ellenberg & Klötzli 1972), der Vogesen (Becker et al. 1992), des Schweizer Mittellandes (Frehner 1963: Querco-Abietetum), der Sudeten, der Beskiden und der Tatra (Matuszkiewicz 1977: Abieti-Piceetum).

Den **standörtlichen Unterschied** gegenüber den Beständen des Vaccinio-Abietetum spiegelt nach Storm (1996), der die bodensauren Tannen-Wälder im Ostschwarzwald standortskundlich untersuchte, das engere C/N-Verhältnis der Auflagen wider; dieses liegt meist unter 23 (Tab. 33).

Der Autor betont außerdem die Bindung der Bestände an die stärker ozeanisch geprägten Teile des Schwarzwaldes (geringere Temperatur-Jahresschwankung, hohe Niederschläge). Andererseits deutet das Fehlen noch anspruchsvollerer Trennarten (s. Galio-Abietetum) auf relativ nährstoffarme Verhältnisse im Luzulo-Abietetum hin. Diese sind durch basenarme Ausgangsgesteine wie Granite, Gneise und Sandsteine bedingt.

In einer sich über 20 Jahre erstreckenden Daueruntersuchung (Becker et al. 1992: Vogesen) wird die Umwandlung eines Bestandes des Luzulo-Abietetum auf armem Granit in einen Galio-Abietetum-Bestand dokumentiert, die durch einmalige Kalkung initiiert wurde. Da auch im Nordschwarzwald im vergangenen Jahrzehnt mehr oder weniger flächendeckend gekalkt wurde, sind hier ähnliche Vegetationsveränderungen zugunsten anspruchsvoller Arten wahrscheinlich.

Größere Schwierigkeiten bereitet die Abgrenzung des Luzulo-Abietetum gegen das ähnlich artenarme Luzulo-Fagetum. Oberdorfer (1982) und Ludemann (1994) begründen dies in ihren Untersuchungen im Südschwarzwald fast ausschließlich durch Vorkommen einer Trennart, des Rippenfarns (*Blechnum spi-*

cant). Hierbei beziehen sie durchaus von Buchen dominierte Bestände in das Luzulo-Abietetum ein.

Bestände des Luzulo-Abietetum an nicht vernässten Standorten unterscheiden sich von benachbarten Luzulo-Fageten vor allem durch den baumartenbedingten Zustand des Oberbodens. Aus letzeren ist das Luzulo-Abietetum vielfach durch Nadelbaumförderung hervorgegangen (WALENTOWSKI 1998). Eine Ansprache der potentiellen natürlichen Vegetation ist in solchen Fällen allein anhand der aktuell vorhandenen Bodenvegetation nicht möglich (SEIBERT 1992b). Als natürliche Faktoren, die zu einem Zurücktreten der Buche führen, sind

- ein raues, hochmontanes Klima,
- wenig geneigtes oder muldiges Gelände mit Spätfrösten und
- blockreiche, feinerdearme Böden anzusehen.

Relativ gesichert ist die Natürlichkeit des Luzulo-Abietetum auf sauren, wechsel- und hangfeuchten Böden, auf denen die Buche nur schlecht gedeiht (PFADENHAUER 1973, 1975, EWALD 1997, WALENTOWSKI 1998). Offenbar zeigt die Bodenvegetation den Wasserüberschuss kaum an, so dass das Erkennen wechselfeuchter Standorte im Luzulo-Abietetum anhand der Bodenvegetation nur selten möglich ist (EWALD 1997).

Innerhalb des Luzulo-Abietetum lassen sich eine **submontane Höhenform** mit Eichenarten und eine **montan-hochmontane Form** unterscheiden. Erstere ist am westlichen Fuß des Schwarzwaldes verbreitet, wo die Stechpalme (*Ilex aquifolium*), das Wald-Geißblatt (*Lonicera periclymenum*) und die eingebrachte Esskastanie (*Castanea sativa*) ihr eine ozeanische Note verleihen (SEIBERT 1992b).

In den Vogesen und im Nordschwarzwald ist eine **hochmontane Luzulo-Abietetum-Stufe** anzutreffen, die jedoch eine Vielzahl anthropogener Eingriffe aufweist. So entstanden zum Beispiel viele Hochlagenbestände des Nordschwarzwaldes aus gezielter Ansaat von Weideflächen (MURMANN-KRISTEN 1987).

Standörtlich lässt sich das **Luzulo-Abietetum** in die Subassoziation **athyrietosum** (auch oxalidetosum, STORM 1996) und das trennartenfreie **Luzulo-Abietetum typicum** untergliedern (SEIBERT 1992b). Erstere ist im mittleren Schwarzwald bevorzugt in konkaven Hanglagen und an Hangfüßen mit besserer Wasserversorgung anzutreffen (Tab. 33). STORM (1996) fand außerdem Hinweise darauf, dass die Frische bedürftigen Trennarten in jüngeren Aufforstungen fehlen.

8.3.3 Fichten-Tannen-Wälder basenreicher Lehm- und Tonböden (Labkraut-Tannen-Wälder)

In montanen Nadelmischwäldern gedeihen auf nährstoffreichen Lehm- und Tonböden azidophytische Moose und Zwergsträucher (Nadelwaldarten) neben anspruchsvollen, oft krautigen Laubwaldarten. In diesen Beständen des Galio-Abietetum gelangt die Nadelstreu auf Mineralböden, die gut gepuffert sind und ein aktives Bodenleben aufweisen.

Vergleichende Untersuchungen in Fichtenforsten auf Laubwaldstandorten zeigten, dass sich unter diesen Bedingungen die Humusform nicht durchgreifend verändert (SCHLENKER et al. 1969). Die Lebensbedingungen für **Bodenmoose** verbessern sich gegenüber Laubwäldern mit dem Ausbleiben der jährlichen Laubstreu-Abdeckung, und flach wurzelnde Azidophyten wie die Heidelbeere (*Vaccinium myrtillus*) besiedeln die schwach ausgeprägten Moderlagen, ohne jedoch die anspruchsvollere Flora zu verdrängen (z. B. „*Asperula*-Fichtenforst" bei PETERMANN 1970, siehe Kap. 9.3.3.2). Diese Befunde aus Fichtenforsten basenreicher Standorte lassen darauf schließen, wie sich die Artenkombination im Galio-Abietetum entwickelt hat. Günstig wirkt sich weiterhin aus, dass hier das Bodenleben durch die höheren Nährelementgehalte der Tannenstreu zusätzlich gefördert wird.

Nach MÜLLER (1992c) und WALENTOWSKI (1998) ist diese Assoziation im Südschwarzwald, der Baar, dem Oberen Neckargebiet, dem Schwäbischen Wald und auf Moränen des schwäbisch-bayerischen Alpenvorlandes verbreitet. Vergleichbare Gesellschaften sind aus dem Schweizer und Französischen Jura (MOOR 1952, BERT 1992), den Nordalpen (KUOCH 1954, ZUKRIGL 1973, EWALD 1997), aus Böhmen (NEUHÄUSLOVÁ et al. 1998) und den polnischen Beskiden (MATUSZKIEWICZ 1977) belegt. Die Tabelle 34 gibt einen Überblick über die ökologisch-floristische Gliederung der Labkraut-Tannen-Wälder, wobei die unterscheidbaren Subassoziationen hydrologische, die einzelnen

Tab. 34 Ökologisch-floristische Gliederung der Labkraut-Tannen-Wälder (Galio rotundifolii-Abietetum) in Mitteleuropa (verändert nach Müller 1992c, Ewald 1997, Walentowski 1998)

Name der Subassoziation	Name der Variante	ökologische Charakteristik d. Subassoziation	ökologische Charakteristik d. Variante	bezeichnende Arten der Subassoziation	bezeichnende Arten der Variante
calamagrostietosum arundinaceae	*Vaccinium myrtillus*-Variante	mäßig frisch	stärkere Oberbodenversauerung	Wald-Witwenblume (*Knautia dipsacifolia*), Wald-Reitgras (*Calamagrostis arundinacae*), Wald-Goldrute (*Solidago virgaurea*), Nickendes Perlgras (*Melica nutans*), Blaugrüne Segge (*Carex flacca*)	Heidelbeere (*Vaccinium myrtillus*), *Polytrichum formosum*, Arznei-Ehrenpreis (*Veronica officinalis*)
	Typische Variante				keine eigenen Trennarten
	Mercurialis perennis-Variante		betont basenreich		Bingelkraut (*Mercurialis perennis*)
typicum	*Vaccinium myrtilus*-Variante	frisch	stärkere Oberbodenversauerung	keine eigenen Trennarten	s. o.
	Typische Variante				keine eigenen Trennarten
	Mercurialis perennis-Variante		betont basenreich		s.o.
equisetetosum sylvatici	*Vaccinium myrtilus*-Variante	wechselfeucht bis feucht	stärkere Oberbodenversauerung	*Plagiomnium undulatum*, Echtes Springkraut (*Impatiens noli-tangere*), Wald-Schachtelhalm (*Equisetum sylvaticum*), Winkel-Segge (*Carex remota*), Großes Hexenkraut (*Circaea lutetiana*)	s. o.
	Typische Variante				keine eigenen Trennarten
	Mercurialis perennis-Variante		betont basenreich		s.o.

Varianten trophische Standortunterschiede widerspiegeln.

Labkraut-Tannen-Wälder mit Wald-Reitgras (*Calamagrostis arundinacea*) und anderen Licht bedürftigen, gegen Oberbodenaustrocknung unempfindlichen Arten (Subassoziation **Galio-Abietetum calamagrostietosum,** Tab. 34) kommen unter anderem zwischen dem Oberen Neckar-Gebiet und dem Südostschwarzwald an südexponierten Hängen auf Lehm- und Tonböden aus Keuper und Lias (meist mit sandiger Deckschicht) vor. Eine ähnliche Artenverbindung beschreiben Neuhäuslová et al. (1998) aus der Tschechischen Republik als Deschampsio flexuosae-Abietetum. Die Natürlichkeit dieser Nadelmischwälder ist umstritten, da weder edaphische noch klimatische Faktoren erkennbar sind, welche die Buche ausschließen könnten.

Die Bestände der typischen Subassoziation (**Galio-Abietetum typicum**) kommen im gesamten süddeutschen Areal der Labkraut-Tannen-Wälder auf gut wasserversorgten Lehm- und Tonböden vor. Aus Böhmen wird das sehr ähnliche Saniculo europaeae-Abietetum als natürliche Waldgesellschaft wechselfeuchter

Tab. 35 Ökologisch-floristische Gliederung der Wintergrün-Tannen-Wälder (Pyrolo secundae-Abietetum) in Mitteleuropa

Name der Untereinheit	ökologische Charakteristik	bezeichnende Arten
caricetosum montanae	kalkreich, mäßig trocken, devastiert	Fieder-Zwenke (*Brachypodium pinnatum*), Berg-Segge (*Carex montana*), Wolliger Schneeball (*Viburnum lantana*), Maiglöckchen (*Convallaria majalis*)
typicum	kalkreich, frisch	
melampyretosum pratensis	mineralischer Oberboden versauert, mäßig frisch	Draht-Schmiele (*Deschampsia flexuosa*), Wiesen-Wachtelweizen (*Melampyrum pratense*), *Dicranum scoparium*, *Polytrichum formosum*

Tonböden beschrieben (Neuhäuslová et al. 1998). In ebenen und muldigen Lagen der Baar, des Ostschwarzwaldes und des Oberen Neckarraumes geht das Zurücktreten der Buche nach Müller & Oberdorfer (1974) auf tonige Böden und häufige Spätfröste zurück. Auch im Schwäbisch-Fränkischen Wald, dem südlich angrenzenden Albvorland sowie auf den Molassevorbergen des Alpenvorlandes und im Frankenwald (Zeidler 1953, Seibert 1968) wurde das Galio-Abietetum typicum als potentielle natürliche Vegetation kartiert. Bei vielen Vorkommen dieser Subassoziation lassen sich allerdings kaum edaphische Ausschlussfaktoren für die Buche erkennen. Im Ostschwarzwald fand Storm (1996) zum Galio-Abietetum gehörige Bestände ausschließlich an ehemals landwirtschaftlich genutzten Standorten. Aufgrund der Ähnlichkeit dieses Vegetationstyps mit *Galium odoratum*-Fichtenforsten (s. Kap. 9.3.3.2) liegt der Verdacht nahe, dass es sich vielfach um Ersatzgesellschaften von Waldmeister-Buchen-Wäldern handelt (Walentowski 1998).

In den schachtelhalmreichen Tannen-Wäldern feuchter Standorte (**Galio-Abietetum equisetetosum**, auch als eigene Assoziation „Equiseto-Abietetum" beschrieben, Moor 1952) kommen zahlreiche Feuchtezeiger vor. Standorte sind ebene bis mäßig geneigte, stark wechselfeuchte bis grundnasse Lehm- und Tonböden, vereinzelt sogar Anmoore (Walentowski 1998). Die Nährstoffversorgung wird maßgeblich durch den Basengehalt des vernässenden Grund- oder Hangzugwassers bestimmt. Ist in den Beständen ein Kleinrelief vorhanden, so kommt es zur Ausprägung eines deutlichen Mosaiks mit stark versauerten Rücken und grundwasserbeeinflussten, nährstoffreichen Mulden (Ewald 1999a). Die Buche tritt in dieser Subassoziation zurück und ist auf den physiologisch flachgründigen, kalten Gleyböden gegen Fichte und Tanne kaum konkurrenzfähig (Müller 1992c). Demnach handelt es sich um edaphisch bedingte, natürliche Dauergesellschaften. In den montanen Teilen der oberschwäbischen Riß-Altmoräne besitzen diese Standorte nach Müller & Oberdorfer (1974) eine größere Flächenausdehnung. Schachtelhalm-Tannen-Wälder lösen in der Montanstufe die bodenfeuchten Eichen-Hainbuchen- (Stellario-Carpinetum, Kap. 6.2) und Erlen-Eschen-Wälder (Alno-Fraxinetum) ab. In tieferen Lagen können Esche (*Fraxinus excelsior*), Schwarz-Erle (*Alnus glutinosa*) oder Stiel-Eiche (*Quercus robur*) beigemischt sein. Künstliche Fichtenreinbestände sind an solchen Standorten stark durch Windwurf gefährdet.

8.3.4 Fichten-Tannen-Wälder kalkreicher Böden (Wintergrün-Tannen-Wälder)

Auf kalkreichen Böden begegnet man tannenreichen Nadelmischwäldern in ihrer artenreichsten Ausprägung, die in der Bodenvegetation von einer Mischung azidophytischer Moose und Zwergsträucher mit anspruchsvollen Gräsern und Kräuter geprägt ist. Im Gegensatz zum Galio-Abietetum sind hier auch betont basiphile und Kalk anzeigende Arten vertreten, die im Buchenwald das Hordelymo-Fagetum und das Cephalanthero-Fagenion kennzeichnen (Tab. 35).

Für die mitteleuropäische Charakterartenlehre musste diese Mischung standörtlich sonst getrennt vorkommender Arten zunächst als „crux et scandalum" (Oberdorfer 1950) erscheinen, obwohl sie in den Kalkalpen (Mayer 1974, Ewald 1997: Adenostylo glabrae-Abietetum), den Kalkstöcken der Tatra (Matuszkiewicz 1977: Polysticho-Piceetum) und in Kalkgebieten der borealen Zone (Dierssen 1996: Melico-Piceetum) keine Seltenheit ist.

Namen gebend für die Assoziation Pyrolo-Abietetum ist neben der Tanne das Birngrün (*Pyrola = Orthilia secunda*). Weitere seltene Vertreter der Wintergrüngewächse (*Pyrola minor*, *Moneses uniflora*), der Orchideen (*Neottia nidus-avis*, *Corallorhiza trifida*) sowie der Fichtenspargel (*Monotropa hypopitys*) werden offenbar durch die Humusverhältnisse in Beständen des Pyrolo-Abietetum besonders gefördert.

Kalkreiche Substrate sind im außeralpischen Verbreitungsgebiet der Weiß-Tanne der Muschelkalk und der Jura am Oberen Neckar und in der Baar sowie die Jungmoränen des Alpenvorlandes. Die Karbonat-Fichten-Tannen-Wälder der Alpen besitzen eine eigenständige Artenkombination und werden als **alpische Vikariante** (Walentowski 1998) oder als Assoziation Adenostylo glabrae-Abietetum (Mayer 1974, Ewald 1997) bezeichnet. Ähnliche Tannenwald-Gesellschaften kommen außerdem in den Pyrenäen (Walentowski 1998) und im Hügelland Südostpolens vor (Matuszkiewicz 1977: Abietetum polonicum). Interessanterweise beschreibt Matuszkiewicz für das Abietetum polonicum in Polen Standorte ziemlich stark versauerte, podsolierte Braunerden. Dieselbe Änderung im ökologischen Verhalten mitteleuropäischer „Kalkzeiger“ ist aus Eichen-Hainbuchen-Wäldern (siehe Kap. 6) und Kiefern-Wäldern (siehe Kap. 8) bekannt.

Will man den Natürlichkeitsgrad verschiedener Ausbildungen des Pyrolo-Abietetum einschätzen, müssen die Gründe für das Zurücktreten der Rot-Buche genauer betrachtet werden:

- So sind die nach **degradierender Weidenutzung** begründeten Bestände besonders reich an Sauerhumusbesiedlern, insbesondere an Moderorchideen und Wintergrüngewächsen (Hauff 1965, Stoffler 1975).
- Tannen-Bestände **alter Waldstandorte** auf Kalken und Kalktonen (Pyrolo-Abietetum typicum) besitzen dagegen oft Mullhumusformen und unterscheiden sich floristisch nur schwach vom Hordelymo-Fagetum.
- Als natürliche Ursachen für weitgehenden Buchenausschluss beschrieb Stoffler (1975) bei Untersuchungen in der Baar sowohl das **frostreiche Klima** als auch die **tonigen Böden**.

Die Untergliederung der Assoziation spiegelt die angesprochenen Nutzungseinflüsse und eine Abnahme des Kalkgehaltes im Oberboden wider. Als weiterer natürlicher Faktor spielt zusätzlich der Wasserhaushalt eine bedeutende Rolle, da die Bodendegradation oft mit Humusverlust und Oberbodenerosion verbunden ist (Abb. 83).

In dem als **Pyrolo-Abietetum caricetosum montanae** bezeichneten Vegetationstyp kommen Sauerhumusbesiedler neben Zeigern für zeitweilige Trockenheit und schwache Nährstoffnachlieferung vor; letztere sind auch aus dem Carici-Fagetum bekannt. Bereits Oberdorfer (1950) erkannte, dass es sich bei diesem Vegetationstyp in der Baar ausschließlich um Regenerationsstadien des Waldes auf degradierten Kalkmagerrasen handelt (Abb. 83). Ähnliches gilt für die seltenen Vorkommen auf Mergelkalken des Nördlichen Frankenjura (Walentowski 1998).

Entsprechend herrschen auf diesen Standorten Fichte und Kiefer vor; die Tanne kann sich meist erst unter dem Schirm der ersten Baumgeneration etablieren. Mit dem Aufbau des Humusvorrates und einer Auflockerung des Bodengefüges verbessern sich die Nährstoff- und Wasserversorgung.

In flachen Spätfrostlagen der Baar bildet das Pyrolo-Abietetum typicum sehr wahrscheinlich die Schlussgesellschaft der beschriebenen Sukzession. Steilere Hänge hingegen sind als natürliche Standorte von Kalkbuchenwäldern anzusehen (Carici-Fagetum, Hordelymo-Fagetum).

An gut wasserversorgten alten Waldstandorten sind die Tannenbestände der subkontinental getönten Baar reich an anspruchsvollen Kräutern und Grasartigen (**Pyrolo-Abietetum typicum**). Da gleichzeitig die Gruppe der Sauerhumusbesiedler zurücktritt, besteht der floristische Unterschied zu bodenfrischen Kalkbuchenwäldern (Hordelymo-Fagetum) vielfach nur in der Nadelbaumdominanz und einem größeren Gewicht relativ unspezifischer Bodenmoose (z. B. *Hylocomium splendens*). Die Vitalität der Buche ist keineswegs

Bestand	Krüppelwüchsige Waldkiefer mit wuchsstockender Fichte und Wachholder	Fichten-Kiefern-Stangenholz (z.T. absterbender Unterstand)	Tannen-Fichten-Kiefern-Altholz (stark aufgelichtet)
Krautschicht	Fieder-Zwenke (*Brachypodium pinnatum*), Blaugrüne Segge (*Carex flacca*), Berg-Segge (*Carex montana*), Rotes Waldvögelein (*Cephalanthera rubra*)	Fieder-Zenke (*Brachypodium pinnatum*), Nestwurz (*Neottia nidus-avis*), Birngrün (*Orthilia secunda*), Seidelbast (*Daphne mezereum*)	Riesen-Schwingel (*Festuca gigantea*), Wald-Knaulgras (*Dactylis polygama*), Wald-Erdbeere (*Fragaria vesca*), Heidelbeere (*Vaccinium myrtillus*), Draht-Schmiele (*Deschampsia flexuosa*)
Moosschicht	*Pleurozium schreberi, Rhytidiadelphus triquetrus, Hylocomium splendens*	*Dicranum scoparium, Hylocomium splendens, Rhytidiadelphus loreus, R. triquetrus*	*Dicranum scoparium, Pleurozium schreberi, Hylocomium splendens,*
Vornutzung	Intensive Schafweide	Schafweide (weniger Intensiv bzw. weniger lang andauernd)	Alter Wald
Bodentyp	Initiale Pararendzina	Pararendzina-Pelosol	Pelosol

Bodenprofile

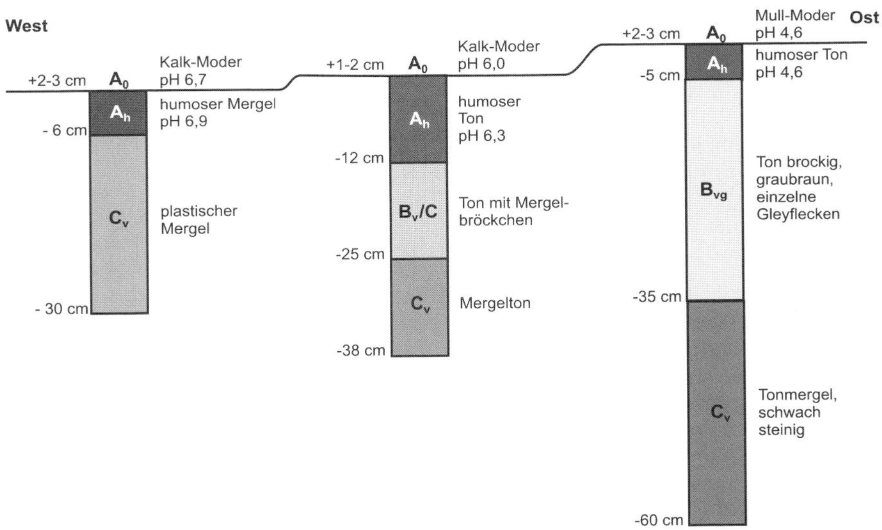

Abb. 83 Vegetation und Wuchsbedingungen von Nadelholzbeständen auf unterschiedlich stark durch Schafweide devastierten Böden aus dolomitischen Tonmergeln des Unteren Muschelkalk in der Baar (Baden-Württemberg). Die drei betrachteten Bestände befinden sich in unmittelbarer Nachbarschaft und stocken auf einem westexponierten, stufig entwickelten Hang. Die Bestände lassen sich soziologisch dem Pyrolo-Abietetum caricetosum montanae (linke und mittlere Spalte) beziehungsweise dem Pyrolo-Abietetum typicum zuordenen (rechte Spalte, verändert nach MÜLLER 1981).

durch Nährstoffmangel, sondern ausschließlich durch die Spätfrosthäufigkeit in flachen Lagen und schwer durchwurzelbare Tonböden herabgesetzt. Auf den in der Baar, im Oberen Neckarraum und in den schwarzwaldnahen Oberen Gäuen verbreiteten Tonböden aus Muschelkalk und Lias gilt das buchenarme Pyrolo-Abietetum typicum als von Natur aus vorherrschende Schlussgesellschaft (Oberdorfer 1950, Müller & Oberdorfer 1974, Schlenker & Müller 1973, Stoffler 1975). In anderen Gebieten wie dem bayerischen Alpenvorland ist das Pyrolo-Abietetum typicum dagegen vorwiegend als bewirtschaftungsbedingte Abwandlung von Kalkbuchenwäldern (Hordelymo-Fagetum) anzusehen. Lediglich auf dichten, pseudovergleyten Grundmoränen des Iller-Lechgletschers hält Walentowski (1998) eine Ausbildung mit Kleeblättrigem Schaumkraut (*Cardamine trifolia*) für natürlich.

Ebenfalls aus der Baar wurde auf Niederterrassenschottern das **Pyrolo-Abietetum melampyretosum pratensis** beschrieben (Oberdorfer 1950). Trennarten sind Azidophyten, die Beziehungen zu den bodensauren Tannen-Mischwäldern auf Sandsteinen (Vaccinio-Abietetum) deutlich machen. Nur spärlich sind daneben Kalk- und Frischezeiger vertreten, die Zahl der anspruchsvollen Mullbodenpflanzen ist hier innerhalb des Pyrolo-Abietetum am geringsten. Diese vor allem im Oberen Neckargebiet häufige Artenzusammensetzung (Benzing 1956) entwickelt sich über kalkreichem Untergrund auf Böden mit einer sauren mineralischen Deckschicht (flachgründige Parabraunerden, Sand über Kalkton, s. auch Walentowski 1998). Sofern nicht häufige Spätfroste die Buche lokal ausschließen, dürfte es sich bei diesem Vegetationstyp um tannenreiche Ersatzgesellschaften von Tannen-Buchen-Wäldern (Hordelymo-Fagetum, Galio-Fagetum) handeln.

9 Fichten-Wälder

Die Fichte (*Picea abies*) hat es dem Menschen zu verdanken, dass sie zur häufigsten Baumart Mitteleuropas wurde; die Forstwirtschaft betrieb den Anbau der anspruchslosen und ertragreichen Baumart weit über ihr natürliches Areal hinaus. Auf diesen Umstand ist es auch zurückzuführen, dass die Fichte ohne Zweifel die physiologisch und autökologisch am besten erforschte Baumart ist (SCHMIDT-VOGT 1977).

Nach der Besprechung der natürlichen Fichten-Wälder im Bergland des südlichen Mitteleuropa widmet dieses Kapitel deshalb auch den vom Menschen begründeten Fichten-Wäldern (Forsten) einigen Raum. Eingangs erfolgt allerdings eine grundlegende Beschreibung der Fichte und ihrer Eigenschaften, die die Basis für das Verständnis von Fichten-Ökosystemen bildet:

- In montanen Urwäldern erreichen Fichten **Höhen** von bis zu über 60 m, Brusthöhendurchmesser von 1,5 m und Stammholzvolumina von circa 30 m^3 (SCHMIDT-VOGT 1986).
- Natürliche Fichten-Wälder sind aus klimatischen Gründen wenig produktiv. So bilden sie zum Beispiel in der russischen Taiga nur sehr wenig oberirdische und unterirdische **Trockensubstanz** (ca. 6 t TS ha^{-1} a^{-1}). In südskandinavischen Fichtenforsten wurde dagegen eine Gesamtproduktion ermittelt (16,3 t TS ha^{-1} a^{-1}), die an die hochproduktiver Buchen-Wälder derselben Klimazone (17,5 t TS ha^{-1} a^{-1}) heranreicht. Der Zuwachs an Stammholzvolumen pro Fläche und Zeit ist in Fichtenreinbeständen an den meisten Standorten deutlich größer als in Laubbaumbeständen (SCHMIDT-VOGT 1986).
- Fichtenkronen besitzen ganzjährig eine **Nadeloberfläche**, die 14- bis 22-mal größer ist als die überschirmte Bodenoberfläche (hoher Blattflächenindex), wodurch große Stoffmengen aus der Atmosphäre ausgefiltert und in den Wald eingetragen werden (SCHMIDT-VOGT 1986).
- Die Fichte bildet unter günstigen Bedingungen ein von horizontal streichenden Starkwurzeln ausgehendes **Senkerwurzelsystem** (KÖSTLER et al. 1968). Auf dichten und sauerstoffarmen Böden wurzelt sie jedoch sehr flach und ist wenig standfest.
- Die Fichte hat geringe **Ansprüche** an Nährstoffversorgung und Wärme und kann als Krüppel- und Wetterfichte extreme Standorte besiedeln, meidet jedoch trockene Böden.
- Fichtensämlinge entwickeln sich selbst auf sehr nährstoffarmen organischen Substraten (Rohhumus, Moderholz), sofern sie ausreichend Licht erhalten (**Halbschattbaumart**, DENGLER 1980).
- Fichtenstreu ist aufgrund geringer Stickstoff- und Calcium- sowie hoher Polyphenolgehalte schwer zersetzbar (REHFUESS 1986), was auf basenarmem Untergrund die Bildung von **Auflagehumus** fördert. Dagegen bleiben auf biologisch aktiven, gut gepufferten Böden auch unter Fichte günstige Humusformen bestehen.
- Die Fichte ist anfällig gegen **Schadorganismen**, deren Befall mit einer weitgehenden Entwertung des Stammholzes (Rotfäulepilz *Heterobasidion annosum*), einer Reduzierung der Assimilation (Fichtenblattwespe *Pristiphora abietina*) oder mit Absterben (Buchdrucker *Yps typographus*) einhergeht. Die Anfälligkeit gegen Schädlingsbefall mit katastrophalen Ausmaßen besteht auch im angestammten Fichtenareal.

9.1 Areal

Bevor der künstliche Anbau der Fichte im 18. und 19. Jahrhundert große Teile Mitteleuropas erfasste, besaß ihr Verbreitungsgebiet in diesem Raum große Ähnlichkeit mit dem der Weiß-Tanne, war also auf die höheren Mittelgebirge, die Alpen, die Karpaten und ihr Vorland beschränkt (SCHÜTT et al. 1992). Sie fehlte jedoch in den Vogesen weitgehend und war im Schwarzwald wesentlich seltener als die Tanne. Dafür war sie in einzelnen Beständen auf Vorposten im Harz und in der Lüneburger Heide vertreten und griff in Ostpolen weiter in die planaren Eichen-Hainbuchen-Waldgebiete aus. Hier bestand annähernd Anschluss an das natürliche nordosteuropäische Fichtengebiet, das die baltischen Länder, große Teile Skandinaviens und Nordrussland umfasst.

Klimabedingte, subalpine Fichten-Wälder kommen vor allem in den Alpen und in den Karpaten vor (MAYER 1974, MATUSZKIEWICZ 1977, JAHN 1977). In Mitteleuropa ist nur in den Kammlagen der Sudeten (Riesengebirge/Krkonoše, Altvatergebirge/Jeseník) und der herzynischen Gebirge (Böhmerwald/Šumava, Fichtelgebirge, Erzgebirge, Thüringer Wald, Harz) oberhalb von 700 m bis 1100 m eine mehr oder minder zusammenhängende, an Mischbaumarten arme Fichtenstufe entwickelt (Abb. 86, siehe S. 113). Man spricht hier aufgrund des Fehlens einer von Natur aus waldfreien Höhenstufe meist von **hochmontanen Fichten-Wäldern**. Darüber hinaus wird angenommen, dass eine weitere natürliche, in ihrer ursprünglichen Ausdehnung allerdings schwer rekonstruierbare klimatische Fichtenwaldstufe in den Kammlagen des Schweizer Jura vorhanden war (ELLENBERG & KLÖTZLI 1972, BURGA & PERRET 1998).

Im übrigen außeralpischen Mitteleuropa – vor allem im Alpenvorland, in der Baar, dem Schwarzwald und dem Schwäbisch-Fränkischen Wald – trat die Fichte dagegen von Natur aus nur als Mischbaum neben Tanne, Buche und Berg-Ahorn in Erscheinung. Zur Dominanz gelangte die Fichte hier lediglich an edaphischen und klimatischen Sonderstandorten wie Moorrändern oder Blockhalden (WIERMANN & SCHULZE 1986).

Heute ist die Fichte in den real vorhandenen Wäldern Deutschlands mit rund 33 % (Bundesmin. f. Ernähr. 1990, 1994) vor Kiefer (28 %) und Buche (14 %) die häufigste Baumart und wird nicht selten in ausgedehnten Reinbeständen angebaut (siehe Kap. 9.2). Absolut vorherrschend sind Fichtenbestände sowohl in den angestammten Verbreitungsgebieten des Berglandes als auch auf nicht ursprünglichen Standorten des Mittelgebirges, wie beispielsweise dem Sauerland. Die fichtenreichsten Bundesländer Deutschlands sind Bayern (48 %), Thüringen (46 %), Baden-Württemberg (45 %), Sachsen und Nordrhein-Westfalen (je 40 % der Wirtschaftswaldfläche). Sehr arm an Fichten bleiben Landschaften, in denen klimatische Trockenheit einem Anbau entgegensteht. Am geringsten sind die Fichtenanteile derzeit in den nordostdeutschen Ländern Brandenburg (2 %) und Mecklenburg-Vorpommern (10 %).

9.2 Struktur und Dynamik

Naturnahe Fichten-Wälder sind in Mitteleuropa meist als Reinbestände vertreten, mit nur vereinzelten Beimischungen anspruchsloser Pionierbaumarten wie der Vogelbeere (*Sorbus aucuparia*) oder Birken. In manchen montanen Dauergesellschaften kommen Tanne und Buche in geringer Menge vor (SEIBERT 1992b), so dass hier die Übergänge zu den artenarmen Fichten-Tannen-Wäldern (siehe Kap. 8.3.1 und 8.3.2) fließend sind.

Natürliche Fichten-Wälder der borealen Zone Russlands und Skandinaviens brauchen Katastrophen wie Brände, Stürme und Insektenkalamitäten, um regenerationsfähig zu bleiben („disturbance-driven ecosystems“ im Sinne von KIMMINS 1987). Nach längeren störungsfreien Zeiten bauen sich mächtige, die Verjüngung hemmende Rohhumuslagen auf. Die Auftautiefe der Permafrostböden wird geringer. Die zunehmenden Streu- und Totholzmengen erhöhen die Feuergefahr, der einschichtige Kronenschluss begünstigt Windwürfe. Die störungsfreie, kleinflächige Bestandserneuerung im kurzen Zyklus (Fichte unter Fichte) ist unter solchen Bedingungen unwahrscheinlich.

Katastrophenflächen werden zunächst von Pionierbaumarten besiedelt, in einer Zwischenwaldphase von der Fichte unterwandert und es kann nur dann ein mehr oder weniger reiner Fichtenschlusswald entstehen, wenn nicht bereits vor Ablauf von fünf bis sechs Jahrhunderten eine neue Katastrophe eintritt (SCHMIDT-VOGT 1991). Dieses Stadium zeigt eine Tendenz zur Einschichtigkeit und zur Labilität in der Optimal- und Terminalphase, die auch in den subalpinen Fichten-Wäldern der Karpaten (KORPEL 1995) und der Alpen (OTT et al. 1997) festgestellt wurde. Allerdings unterscheiden sich die mitteleuropäischen Fichtenwaldgesellschaften je nach Standort in ihrer Dynamik, weshalb im Folgenden drei wichtige Typen getrennt erörtert werden.

Die **Hochlagenfichtenwälder** der herzynischen Mittelgebirge (Calamagrostio villosae-Piceetum, Kap. 9.3.2) bilden ausgedehnte, wenig strukturierte Bestände mit einer gras- oder farnreichen Bodenvegetation. Hochlagenfichten produzieren nur alle 30 Jahre größere Samenmengen (von Bülow 1962). Aufgrund ihres Licht- und Wärmebedarfs kann sich eine Vorausverjüngung der Fichte im Bestand nicht dauerhaft ansiedeln (Korpel 1995, Ott et al. 1997). Die Tendenz zu grobskaligen Bestandestexturen wird durch wiederkehrende Sturmschäden und Massenvermehrungen des Borkenkäfers verstärkt (Zierl 1972). Nach einer Bestandesstörung etablieren sich junge Fichten – im Wettlauf gegen die konkurrierende Bodenvegetation – bevorzugt auf Windwurftellern, starkem Totholz oder Stockanläufen. In einem Fichtenurwald der Beskiden fanden sich mehr als 50 % aller Schösslinge auf solchen Sonderstrukturen, die lediglich 4 % der Waldbodenfläche einnehmen (Holeksa 1998; Abb. 84, S. 131 u. Abb. 85, s. auch Reif & Przbilla 1995, Pruša 1985, Korpel 1995).

Fichten-Wälder auf Blockhalden (siehe Kap. 9.3.1) sind dagegen meist stark vertikal strukturiert und weisen eine größere Altersspreitung der Individuen auf (Abb. 86, S. 113). So fand Stöcker (1967) in Blockfichtenwäldern des Harzes plenterartige Verteilungen der Stammzahl und des Brusthöhendurchmessers. Die unregelmäßige Oberfläche einer Blockhalde bietet sehr unterschiedliche Kleinstandorte wie Zwergstrauchteppiche, Moospolster, nur von Nadelsteu bedeckte Partien und blankes Gestein. Konkurrenzarme Kleinstandorte ohne dichten Bewuchs höherer Pflanzen begünstigen eine erfolgreiche Verjüngung der Fichte. Dass die Etablierung bevorzugt gerade an extremeren Kleinstandorten gelingt, zeigt die Tatsache, dass auffallend viele Fichten auf dem Scheitel größerer Blöcke stocken und von dort Starkwurzeln in die mit Humus gefüllten Klüfte entsenden. Das Wachstum verläuft wegen lokalklimatischer Ungunst und nährstoffarmer Böden äußerst langsam, aber gleichmäßig. Der Kronenschluss bleibt unvollständig, so dass durch beständige Verjüngung nahezu plenterartige Vertikalstrukturen mit stabilen Einzelbäumen entstehen können (Ott et al. 1997).

Aus der Struktur vieler **Moorrandfichtenwälder** lassen sich Sukzessionsvorgänge ablesen, die durch Änderungen der Hydrologie ausgelöst wurden. Nachdem Entwässerungsmaßnahmen den Wasserspiegel gesenkt und die Nährstofffreisetzung gefördert haben, dringen Fichten bis in die Moorzentren vor und überwachsen Bestände der Latschen-Kiefer, Spirke oder Moor-Birke. Unter den Fichtenbeständen sackt das Torflager in sich zusammen, was man an den stelzenartigen Wurzelansätzen älterer Fichten erkennen kann (Dierssen & Dierssen 1984, Wiermann & Schulze 1986). Schließlich verwandelt sich der entwässerte Torf in ein mineralisches Anmoor, das die Einwanderung anspruchsvoller Arten (Tanne, Schwarz-Erle) gestattet.

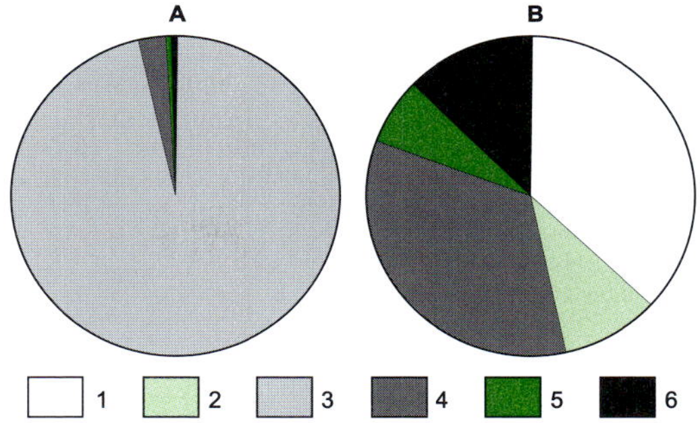

Abb. 85 A: Flächenanteile verschiedener Kleinstandorte in einem Fichten-Urwald Babia Gora (Süd-Polen): B: Anteile der an diesen Kleinstandorten gezählten Fichtenjungpflanzen. Mehr als die Hälfte der jungen Fichten wachsen auf Totholz, Wurzeltellern und Baumstümpfen, obwohl diese Sonderstandorte nur etwa 5 % der Fläche ausmachen. 1: bewachsener Mineralboden, 2: unbewachsener Mineralboden, 3: Mineralboden (Gesamtfläche), 4: Totholz, 5: Baumstümpfe, 6: Wurzelteller (aus Holeksa 1998).

9.3 Gliederung

Synsystematisch gehört der Verband der Fichtenwaldgesellschaften (Piceion) zusammen mit den bodensauren Kiefern-Wäldern (Verband Dicrano-Pinion, Kap. 10.4.1) zur Ordnung der boreal-alpischen Nadelwälder (Piceetalia, Klasse Vaccinio-Piceetea). Den im Kapitel 8.3 behandelten bodensauren Tannen-Mischwäldern (Vaccinio-Abietenion) stehen die eigentlichen Fichten-Wälder als Unterverband Eu-Piceenion gegenüber (Seibert 1992b). Alternative Gliederungen gruppieren die Fichten-Wälder nach ihrer Trophie in mehrere Verbände (Passarge 1971) oder gar Ordnungen (Wallnöfer et al. 1993). Vor allem in den Alpen (Zukrigl 1973, Mayer 1974, Ott et al. 1997, Ewald 1999b), den Karpaten (J. Matuszkiewicz 1977) und in Skandinavien (Kjelland-Lund 1981, Dierssen 1996), wo die Fichten-Wälder Bodensubstrate mit sehr unter-

Tab. 36 Geographische Trennarten in bodensauren Fichten-Wäldern Mitteleuropas ohne Alpen (mit * gekennzeichnete Arten sind geographische Trennarten, die nur in den betreffenden Teilen des Areals vorkommen (nach SCHLÜTER 1969, SCHUBERT 1972, JAHN 1977, MATUSZKIEWICZ 1977, SEIBERT 1992b)

<table>
<tr><th>Schwarzwald</th><th>Harz</th><th>Thüringer Wald</th><th>Erzgebirge</th><th>Böhmerwald</th><th>Sudeten</th><th>Westkarpaten</th></tr>
<tr><td>Keine eigenen geogr. Trennarten</td><td colspan="3">Harzer Labkraut (Gallium harcynicum)</td><td></td><td></td><td></td></tr>
<tr><td></td><td colspan="5">Siebenstern (Trientalis europaea)</td><td></td></tr>
<tr><td></td><td colspan="6">Wolliges Reitgras (Calamagrostis villosa*), Barbilophozia lycopodioides, Barbilophozia floerkei</td></tr>
<tr><td></td><td></td><td></td><td colspan="4">Alpen-Brandlattich (Homogyne alpina), Alpen-Frauenfarn (Athyrium distentifolium)</td></tr>
<tr><td></td><td></td><td></td><td></td><td>Berg-Troddelblume (Soldanella montana*)</td><td></td><td></td></tr>
<tr><td></td><td></td><td></td><td></td><td></td><td colspan="2">Knotenfuß (Streptopus amplexifolius), Germer (Veratrum lobelianum*), Schwalbenwurz-Enzian (Gentiana asclepiadea)</td></tr>
<tr><td></td><td></td><td></td><td></td><td></td><td></td><td>Karpaten-Troddelblume (Soldanella carpatica*), Gelbliche Hainsimse (Luzula luzulina)</td></tr>
</table>

schiedlichen Nährstoffgehalten besiedeln, bestimmen die trophischen Unterschiede die syntaxonomische Gliederung.

Die bodensauren Fichten-Wälder der Mittelgebirge wurden aufgrund von geographischen Unterschieden in Assoziationen gegliedert: SEIBERT (1992b) unterscheidet das westlich verbreitete **Bazzanio-Piceetum** (Schwarzwald, Alpenvorland) und das östlich verbreitete **Calamagrostio villosae-Piceetum** (herzynischer Gebirgsbogen). SCHLÜTER (1969) und JAHN (1977) gaben einen Überblick über die vegetationsgeographischen Unterschiede innerhalb der ostmitteleuropäischen Fichten-Wälder (Tab. 36).

Die beiden Assoziationen umfassen indessen sehr ähnliche standörtliche Ausbildungen. Im Folgenden liegt der Schwerpunkt – wie bereits bei den artenreichen Buchen-Wäldern (siehe Kap. 5.3.2) – auf der Darstellung der wichtigsten standörtlichen Ausbildungen (Tab. 37). Es werden die durch extreme Umweltbedingungen geprägten **montanen Dauergesellschaften** der Fichte (siehe Kap. 9.3.1), die **klimatogenen Hochlagenfichtenwälder** (siehe Kap. 9.3.2) und schließlich die **anthropogenen Fichtenforste** (siehe Kap. 9.3.3) getrennt behandelt.

9.3.1 Natürliche Fichten-Wälder montaner Sonderstandorte

Natürliche Fichten-Wälder finden sich in den unteren und mittleren Höhenlagen der mitteleuropäischen Gebirge nur an Sonderstandorten, die ein Gedeihen der Schlusswaldbaumarten Buche und Tanne ausschließen. Im subatlantisch geprägten Schwarzwald besteht diese Bindung der Fichten-Wälder an Extremstandorte sogar bis in die Kammlagen. Die Böden solcher Standorte sind nährstoffarm und un-

Tab. 37 Ökologisch-floristische Gliederung der außeralpischen Silikatfichtenwälder in Mitteleuropa

<table>
<tr><th>Moorränder</th><th>Feuchte Talräume</th><th>Blockhalden</th><th>Frische Mineralböden</th><th>Sickerfeuchte Mineralböden</th></tr>
<tr><td>Rauschbeere (Vaccinium uliginosum), Scheidiges Wollgras (Eriophorum vaginatum), Sphagnum magellanicum</td><td></td><td></td><td></td><td></td></tr>
<tr><td colspan="2">Graue Segge (Carex canescens), Igel-Segge (Carex echinata), Moor-Pfeifengras (Molinia caerulea), Moor-Birke (Betula pubescens)</td><td></td><td></td><td></td></tr>
<tr><td colspan="3">Preiselbeere (Vaccinium vitis-idaea), Bazzania trilobata, Sphagnum girgensohnii, Sprossender Bärlapp (Lycopodium annotinum), Pleurozium schreberi</td><td></td><td></td></tr>
<tr><td></td><td>Sphagnum palustre, Wald-Schachtelhalm (Equisetum sylvaticum), Polytrichum commune, Sphagnum riparium,</td><td></td><td></td><td></td></tr>
<tr><td></td><td></td><td>Karpaten-Birke (Betula carpatica), Cladonia spp., Cetraria islandica, Mylia taylori, Anastrepta orcadensis</td><td></td><td></td></tr>
<tr><td></td><td>Wolliges Reitgras (Calamagrostis villosa)</td><td></td><td colspan="2">Wolliges Reitgras (Calamagrostis villosa), Barbilophozia lycopodioides, Barbilophozia floerkei, Wald-Hainsimse (Luzula sylvatica)</td></tr>
<tr><td></td><td></td><td></td><td></td><td>Gew. Frauenfarn (Athyrium filix-femina), Buchenfarn (Thelypteris phegopteris), Bergfarn (Thelypteris limbosperma), Alpen-Frauenfarn (Athyrium alpestre), Berg-Ahorn (Acer pseudoplatanus)</td></tr>
</table>

terliegen Einflüssen, die die Bildung mächtiger dystropher Humusauflagen fördern. Ausschlaggebende Faktoren sind Sauerstoffmangel in Mooren und Sümpfen, reliefbedingte Bildung von Kälteseen oder das Fehlen mineralischer Feinerde auf Blöcken und Felsrippen.

In den Randzonen montaner Moore kommen **torfmoosreiche Fichten-Wälder** vor, die als Bazzanio-Piceetum vaccinietosum uliginosi (SEIBERT 1992b), oder sphagnetosum (DIERSSEN & DIERSSEN 1984), in der Schweiz (RICHARD 1961, ELLENBERG & KLÖTZLI 1972), in Tschechien (MIKYSKA 1968) und in Polen (MATUSZKIEWICZ 1977) auch als Sphagno girgensohnii-Piceetum bezeichnet werden. Die Annahme, Torfmoose ließen stets auf Vernässung und Moorbildung schließen, trifft in Fichten-Wäldern nicht zu, da vor allem *Sphagnum*-Arten der Sektion *Acutifolia* (*S. girgensohnii*, *S. quinquefarium*, *S. capillifolium*) durchaus auch saure, nährstoffarme Auflagen über anhydromorphen Mineralböden besiedeln, solange nur eine relativ hohe Luftfeuchte herrscht (siehe Kap. 8.3.1). In echten Moorfichtenwäldern sind *Sphagnum magellanicum*, *S. russowii* und *S. recurvum* die bezeichnenden Torfmoos-Arten. Das gelblich gefärbte *Sphagnum angustifolium* schließlich findet sich im Zentrum nasser Hochmoore, wo die Fichte zwergwüchsig wird und lediglich offene Bestände aufbaut (JENSEN 1961, DIERSSEN & DIERSSEN 1984, SCHUHWERK 1988).

Moorrandfichtenwälder besiedeln grundnasse, stark saure Torfe, in denen der Moorwasserspiegel während der Vegetationsperiode 20 bis 30 cm unter Flur ansteht (DIERSSEN & DIERSSEN 1984). In ungestörten Mooren findet man diese Verhältnisse in einem mehr oder weniger schmalen, ringförmigen Streifen auf dem Randgehänge gewölbter Moorkörper (JENSEN 1961). Moorauswärts folgen nasse, stärker minerotrophe Standorte, mooreinwärts ombrotraphente Gebüsche und offene Hochmoorvegetation, so dass der Fichten-Wald einen verhältnismäßig schmalen Ökoton bildet (RINGLER 1981). Entlang von Entwässerungsgräben oder natürlichen Rüllen (JENSEN 1961) erweitert sich durch Abtrocknen des Torfkörpers der Lebensraum der Fichte, so dass gestörte Moore heute oft flächig mit Fichten-Wald bestockt sind, in dem Moor-Birken, Spirken und Wald-Kiefern als Sukzessionsrelikte vorkommen (SCHMID & VON GAISBERG 1936, REIF & LEONHARDT 1991, Kap. 9.2). Auf den Grinden des Buntsandsteinschwarzwaldes tragen auch von Mineralbodenwasser geprägte, saure Nieder- und Anmoore sowie Stagnogleye mit mächtiger Feuchtrohhumusauflage torfmoosreiche Ausbildungen des Bazzanio-Piceetum (MURMANN-KRISTEN 1987, WOLF 1993), die zum Vaccinio-Abietetum (siehe Kap. 8.3.1) vermitteln.

Die **Fichten-Wälder feuchter Tallagen** („Au-Fichtenwälder") der herzynischen Mittelgebirge stehen den Moorrandfichtenwäldern ökologisch nahe. Pflanzensoziologisch wurden sie teils zum westlichen Bazzanio-Piceetum (MIKYSKA 1968, NEUHÄUSLOVÁ et al. 1998), teils zum herzynischen Fichten-Wald (Calamagrostio-Piceetum bazzanietosum, SEIBERT 1992b) gestellt. Hier fehlen die Pflanzen des offenen Hochmoors; minerotraphente Feuchtezeiger weisen auf Grundwassereinfluss hin, der sich ebenfalls in der Bildung von Feuchtrohhumus und saurem Anmoor zeigt (TRAUTMANN 1952, PETERMANN & SEIBERT 1979, AUGUSTIN 1991, REIF & LEONHARDT 1991, SCHUHWERK 1988).

Zur Bodenvernässung tritt in diesen nur schwach geneigten Hochtälern mit dem langsamen Abfluss von Kaltluft eine klimatologische Benachteiligung: Kalte Nächte, Strahlungsfröste und starke Tagesschwankungen der Temperatur bedingen ein kontinental geprägtes Lokalklima. Die Messungen und phänologischen Beobachtungen von ELLING et al. (1987) im Bayerischen Wald zeigen, wie ähnlich die Produktionsbedingungen in diesen Tälern denen der Hochlagen sind (Abb. 87). Bei größerer Ausdehnung der Talungen entsteht der Eindruck einer Höhenstufenumkehr, da hangaufwärts in der so genannten „warmen Hangzone" buchen- und tannenreiche Bergmischwälder anschließen.

Moos- und zwergstrauchreiche Blockfichtenwälder sind eine in den Mittelgebirgen Mitteleuropas weit verbreitete Erscheinung, sofern gut geklüftete, massive Gesteine vorkommen, deren durch Frostsprengung gelockerte Verwitterungsprodukte sich am Fuß von Felswänden in so genannten Sturzhalden und Blockströmen anhäufen. Andere Blockfelder entstanden unter wärmeren Klimabedingungen der Vorzeit durch in situ-Vergrusung des Gesteins entlang von Klüften und einer nachfolgenden Abfuhr des Feinmaterials (AHNERT 1996).

Wegen ihrer Feinerdearmut und der Härte der beteiligten Gesteine lassen Blockhalden eine weiter gehende Bodenentwicklung kaum zu. Zusätzlich gelangt aus den Kluftsystemen während der Vegetationsperiode kontinuierlich kalte Luft in den Wurzelraum. Messungen von RICHARD (1961) in einem Blockfichtenwald des Schweizer Juras in 50 cm Bodentiefe um bis zu 6 °C niedrigere Hochsommer-Temperaturen als im benachbarten Buchen-Tannen-Schlusswald. WUNDER & MÖSELER (1996) belegten vergleichbare Effekte von Basaltblockhalden der Eifel. Sie führen die Kaltluftströme auf beständige Verdunstung des in die Hohlraumsysteme einrieselnden Wassers zurück und vermuten darüber hinaus das Überdauern von Eis in der Tiefe der Halden bis in den Sommer hinein.

Aus der Zonation der Vegetationstypen auf größeren Blockhalden (z. B. LUDEMANN 1992) lässt sich ein Modell für die auf den Fichten-Wald zusteuernde **autogene Sukzession** entwickeln: Flechten und Moose bilden den Humus, auf dem sich zunächst Zwergsträucher sowie später Birken und Vogelbeeren (im Böhmerwald auch Latschen-Krummholz) ansiedeln, deren Bestände bereits zur Klasse der Fichten-Wälder gehören (SEIBERT 1992b). Mit der Einwanderung der Fichte entstehen pionierhafte Waldbestände, die STÖCKER (1967) aus dem Harz als Betulo carpaticae-Piceetum beschrieb. Schließlich verhindert der sich schließende Fichtenbestand die Regeneration der Pionierbaumarten und fördert durch verstärkten Streuanfall das Aufwachsen von saurem Auflagehumus, der die Blockhalde mit Polstern, Decken und Taschen überzieht. Die praktisch ausschließlich aus torfähnlicher organischer Substanz bestehenden Böden unter Blockfichtenwäldern wurden früher als dystrophe Ranker bezeichnet. Heute stellt man sie zur Klasse der Skeletthumusböden (AG Boden 1994). Die Bildung von Mineralböden bleibt auf vereinzelte, stärker zergruste Bereiche beschränkt, wo sich flachgründige Podsole bilden können.

Blockfichtenwälder sind reich an azidophytischen Zwergsträuchern und Moosen, die auch eine zeitweilige Austrocknung ertragen, während Grasartige wie Reitgräser und Hainsimsen diese extremen Standorte auffallend meiden (Tab. 37). Sie wurden deshalb auch innerhalb des herzynischen Verbreitungsgebietes von *Calamagrostis villosa* zur Assoziation Bazzanio-Piceetum gestellt (SCHUBERT 1972). Wo aus den Klüften wasserdampfgesättigte Luft austritt, können sich in teilweise erheblichem Umfang Wald-Torfmoose ansiedeln, wodurch Anklänge an den Moorrandfichtenwald entstehen (STÖCKER 1967).

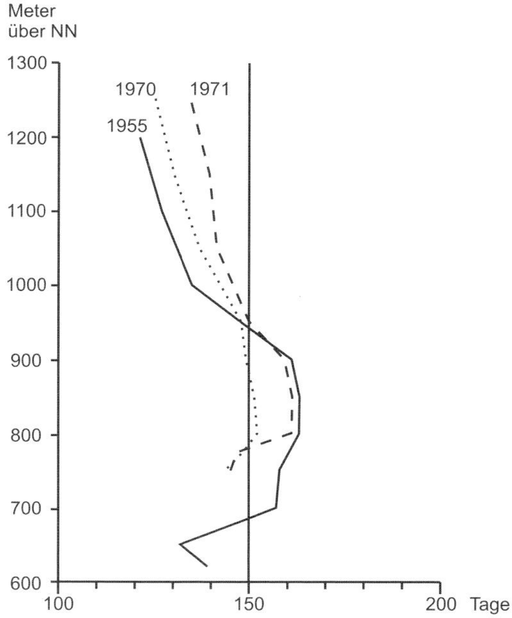

Abb. 87 Dauer der Vegetationszeit der Buche im Bayerischen Wald, ermittelt anhand von phänologischen Untersuchungen zum Blattaustrieb und zum Laubfall. In den gefälleschwachen Tallagen kann die Vegetationszeit gegenüber den oberhalb anschließenden „warmen Hanglagen“ um bis zu 30 Tage verkürzt sein, so dass sich trotz geringer Meereshöhe die Produktionsbedingungen denen der Hochlagen annähern (aus ELLING et al. 1987).

Den Blockfichtenwäldern nahestehende Bestände findet man im Schwarzwald und Böhmerwald – nicht immer auf ausgesprochenen Grobblöcken – in den abgeschatteten, von Lokalverfirnungen geformten Karmulden, in tief eingeschnittenen Schluchten und auf Granit- und Gneis-Felsbändern der Karwände (SCHUHWERK 1988, NEUHÄUSLOVÁ et al. 1998). Eine stärkere Beteiligung der Tanne, zum Teil auch der unterständigen Buche führen hier in gleitenden Übergängen zum Vaccinio-Abietetum und zum Luzulo-Abietetum (SEIBERT 1992b).

Ähnlichen geomorphologischen und kleinklimatischen Voraussetzungen verdanken die **Kalk-Blockfichtenwälder** (Asplenio-Piceetum) ihre Existenz, die im Schweizer Jura (MOOR 1954, RICHARD 1961) und sehr selten auf der westlichen Schwäbischen Alb (MÜLLER 1975) nachgewiesen wurden. Ihr Verbreitungszentrum liegt in den Kalkalpen (Kuoch 1954, Mayer 1963, Wallnöfer 1993). Da die von ihnen besiedelten Sturzhalden aus Kalk bestehen, weisen die organischen Skeletthumusböden im Kontakt zum Untergrund günstigere chemische Eigenschaften auf und sind lediglich partienweise stark versauert. Hierdurch entsteht ein äußerst artenreiches Mosaik an Kleinstandorten, das die Koexistenz von azidophytischen Zwergsträuchern und Moosen mit anspruchsvollen Mullbodenpflanzen und kalkholden Arten wie dem Grünstieligen Streifenfarn (*Asplenium viride*) ermöglicht (Ketterer & Ewald 1999). Mit dieser eigentümlichen Artenkombination ähnelt das Asplenio-Piceetum den Kalk-Fichten-Tannen-Wäldern (Pyrolo-Abietetum, Kap. 8.3.4).

9.3.2 Klimabedingte Hochlagenfichtenwälder

In den höheren herzynischen Gebirgen existiert in einer Höhe von 700 m bis 1100 m eine von Fichten-Wäldern beherrschte Kammlagenzone mit geringem Mischbaumartenanteil. Auf den Kämmen von Harz (Stockmar 1984), Böhmerwald (Elling et al. 1987), Riesengebirge (Pruša 1985, Abb. 86, siehe S. 113) und Westkarpaten (Korpel 1995) wird ein **Temperaturjahresmittel** von 4°C deutlich unterschritten, das in den Nordalpen die Obergrenze der Buchenverbreitung und die Grenze des subalpinen Fichten-Waldes markiert (Rehder 1965, Ewald 1997, 1999b, Abb. 5, siehe S. 15).

Im Unterschied zu den Alpen, wo der Fichten-Wald mit von Natur aus waldfreien Zwergstrauchheiden und Rasen verzahnt ist (Ellenberg 1996), spricht man in den bis zu den Gipfeln waldbedeckten Mittelgebirgen von **hochmontanen (orealen) Fichten-Wäldern** (Abb. 88, S. 114). Pollenanalysen zeigen, dass sich diese Fichtenstufe erst im Laufe der Neuzeit aus Bergmischwäldern entwickelte (Firbas 1952), woran Nutzungseingriffe ebenso wie eine natürliche Klimaverschlechterung beteiligt waren. Nicht alle heutigen Fichten-Wälder dieser Gebirge sind also natürlich. In der potentiellen natürlichen Vegetation Tschechiens (Neuhäuslová et al. 1998) wird dem Fichten-Wald heute nur noch in den höchsten Mittelgebirgen eine schmale Höhenzone eingeräumt; allgemein wird der azidophytische Buchen-Fichten-Mischwald (Calamagrostio villosae-Fagetum, Kap. 5.7) als flächenmäßig vorherrschende Schlussgesellschaft beschrieben. Die meisten Fichten-Wälder des Erzgebirges, des Thüringer und Oberpfälzer Waldes befinden sich in Meereshöhen, in denen die Buche bis heute zu existieren vermag.

Neben waldgeschichtlichen und klimatischen Ursachen sind die Geländeform und die Böden mit entscheidend für die Verbreitung der Fichten-Wälder. So stocken die Hochlagenfichtenwälder des Bayerischen Waldes auf Böden mit einer ausgeprägten vertikalen Schichtung, die auf periglaziale Solifluktionsprozesse zurückzuführen ist (Priehäusser 1965, Elling et al. 1987). Die in durchschnittlich 50 cm Tiefe liegende Basisfolge ist stark verdichtet, schränkt den Wurzelraum der Waldbestockung empfindlich ein und begünstigt Wasserstau.

Grasreiche Hochlagenfichtenwälder mit dominierendem Woll-Reitgras (Calamagrostio villosae-Piceetum typicum) verkörpern auf nährstoffarmen, meist podsolierten Böden den Typus des herzynischen Kammlagenfichtenwaldes. Diese Gesellschaft wurde aus dem Harz (Stöcker 1967, Stockmar 1984), dem Thüringischen Gebirge (Grüneberg & Schlüter 1957, Schlüter 1969), dem Fichtelgebirge (Reif & Leonhardt 1991), dem Oberpfälzer Wald (Augustin 1991), dem Böhmerwald (Trautmann 1952, Petermann & Seibert 1979), dem Erzgebirge (Reinhold 1939, Heynert 1964), den Sudeten (Mikyska et al. 1968) und den Westkarpaten (Matuszkiewicz 1977) beschrieben. Es handelt sich um äußerst artenarme Bestände, die im typischen Falle weder besonders moos- noch zwergstrauchreich sind.

Eine zwergstrauchreiche **Variante mit Preiselbeere** (*Vaccinium vitis-idaea*), die an größeren Grobskelettgehalt der Böden, trockenere und besonders nährstoffarme Bedingungen gebunden ist (Grüneberg & Schlüter 1957, Reif & Leonhardt 1991, Seibert 1992b), steht den Blockfichtenwäldern nahe. Am häufigsten ist die trennartenfreie Variante mit allein dominierendem Wolligem Reitgras (*Calamagrostis villosa*) anzutreffen. Wo etwas basenreichere Gesteine (Gabbro, Paragneise) das Ausgangsmaterial bilden oder durch Hangwasserzug eine laterale Nährstoffzufuhr erfolgt, findet man Reitgras-Fichten-Wälder mit etwas anspruchsvolleren Kräutern und Farnen (Reinhold 1939, Schlüter 1969, Reif & Leonhardt 1991). In den polnischen Sudeten und den Beskiden ist diese besser nährstoffversorgte *Oxalis acetosella*-Ausbildung offenbar der Normaltypus des Calamagrostio-Piceetum. Neben dem Wolligen tritt hier regelmäßig das Wald-Reitgras (*Calamagrostis arundinacea*) auf (Matuszkiewicz 1977).

An wasserzügigen und nährstoffreichen Standorten der herzynischen und westkarpatischen Fichtenwaldstufe findet man **farnreiche Hochlagenfichtenwälder**, die in den höchsten Gebirgsteilen auch hygromorphe Hochstauden der Alpen-Milchlattich-Gruppe enthalten (Mikyska 1968, Neuhäuslová et al. 1998). Dieser Vegetationstyp wurde teils als eigene Assoziation (Aceri-Piceetum, Reinhold 1939, Athyrio-Piceetum, Neuhäuslová et al. 1998), teils als Subassoziation „filicetosum" oder auch nur als farnreiche Variante angesehen. Nach den Frauenfarnen (*Athyrium distentifolium*, *A. filix-femina*) könnte man sie überregional als Calamagrostio-Piceetum athyrietosum bezeichnen. Die Nährstoffzufuhr erfolgt aus der Schneeschmelze und durch Wasserzug in Mulden, in denen sich dieser Standortstyp mehr oder weniger weit in die Hanglagen herabziehen kann (Schlüter 1969, Reinhold 1944). Die Fichte erreicht hier das Wuchsoptimum der Höhenstufe, neigt jedoch zum Aufbau einschichtiger, labiler Bestände und verjüngt sich aufgrund der Konkurrenzvegetation außerordentlich schlecht (Zierl 1972, Korpel 1995), sofern nicht genügend Moderholz-Rannen vorhanden sind (Kap. 9.2).

9.3.3 Fichtenforste

Im heutigen Landschaftsbild Mitteleuropas spielen Fichtenforste eine weitaus größere Rolle als die natürlichen Fichten-Wälder, sie sind sogar neben Grünland, Äckern und Kiefernforsten die flächenmäßig wichtigsten Pflanzengesellschaften überhaupt. Der Zeigerwert ihrer Bodenvegetation wurde bereits früh zur Standortsbonitierung benutzt (Kötz 1929, Schmid & von Gaisberg 1936); diese Methode wird bis in die Gegenwart von der forstlichen Standortskartierung weiterentwickelt (Hübner 1988, AK Standortskartierung 1996, Ewald 2003). Nach Tüxen (1950) werden Forstgesellschaften getrennt von den natürlichen Waldgesellschaften klassifiziert. Innerhalb des natürlichen Fichtenareals, wie zum Beispiel im Alpenvorland, ist der Begriff „Forstgesellschaft" zur Bezeichnung forstlich bedingter Fichtenreinbestände insoweit unbrauchbar, als die Fichte als Mischbaumart hier durchaus heimisch ist. Man spricht dann nach Géhu & Julve (1989) besser von einer „Fichten-Sylvofazies".

Durch einen Anbau der Fichte verändern sich gegenüber dem naturnahen Laubwald das **Bestandesklima** (Licht- und Luftfeuchteregime, Bestandesniederschlag), die Qualität der Streu, die Dynamik des Streufalls, die Humusform und somit das Artengefüge der Bodenvegetation. In dicht aufwachsenden, jungen Fichtenbeständen fehlt die Bodenvegetation fast vollständig. Nihlgård (1970) unterschied

- eine Phase der Artenverarmung (0–15 Jahre),
- eine Phase nackten Bodens (15–30 Jahre),
- eine Phase der Wiedereinwanderung (30–60 Jahre) und
- eine Reifephase,

in der sich die Fichtenforste gut in standortsabhängige Typen gliedern lassen.

Praktisch immer gedeihen in reifen Fichtenforsten Moose, die unterschiedlichen ökologischen Gruppen angehören (Rubner 1950): Auf **nährstoffreichen Standorten** findet man Edellaubbaumbegleiter wie *Plagiomnium undulatum* und *Eurhynchium striatum*, auf **mesotrophem Moderhumus** und saurem Lehm *Thuidium tamariscinum*, *Plagiomnium affine* agg. und *Atrichum undulatum*, auf **nährstoffarmen Humusformen** *Hylocomium splendens*, *Dicranum scoparium*, *Polytrichum formosum* und *Pleurozium schreberi*, auf **umsatzträgem Hagerhumus** *Leucobryum glaucum*. Keine der genannten Arten, die in vielen Fichtenforsten die Bodenvegetation prägen, kommt indessen nicht auch in Laubwaldgesellschaften vor. Weitgehend auf Nadelbaumbestände beschränkt sind kleinwüchsige, auf Nadelstreu kriechende Moose wie *Lophocolea heterophylla* und *Plagiothecium curvifolium*, die von der Konkurrenzarmut in dunklen Stangenhölzern profitieren (Seidel 1976). In bodensauren Fichtenforsten neigen die Draht-Schmiele (*Deschampsia flexuosa*) und die Heidelbeere (*Vaccinium myrtillus*) zur Dominanz.

In Fichtenforsten haben sich in den vergangenen Jahrzehnten Schlagpflanzen und waldfremde Nitrophyten, insbesondere Himbeere (*Rubus idaeus*), Brombeeren (*Rubus fruticosus* agg.), Holunder (*Sambucus racemosa*, *S. nigra*) und Hohlzahn-Arten (*Galeopsis* sp.), in größerem Ausmaß ausgebreitet als in standortshomologen Buchen-Wäldern (Bürger

1991, ZERBE 1992, LÜCKE & SCHMIDT 1997). Die Ursachen hierfür werden vermutet in hohem Stickstoffeintrag, hohem Lichtgenuss im Baumholzalter, größerer Intensität von Bodenstörung bei Kahlschlagbetrieb, stärkerer Erschließung durch Wege, Rücke- und Pflegelinien sowie in den vielerorts praktizierten Kompensationskalkungen (SCHLÜTER 1966a). Auf sauren Böden sind deshalb Fichtenforste nicht selten artenreicher als benachbarte Buchen-Wälder (ZERBE 1992).

Innerhalb des natürlichen Verbreitungsgebietes hat die **floristische Unterscheidung natürlicher Fichten-Wälder und künstlicher Sylvofazies** praktische Bedeutung. Ein sicheres Anzeichen für eine künstliche Vorherrschaft der Fichte ist das reichliche Aufkommen von Buchen-, Tannen- oder Edellaubbaumverjüngung, die sich allerdings nur dann einstellen kann, wenn ein entsprechender Samendruck dieser Bäume besteht. In den herzynischen Mittelgebirgen unterscheidet sich die Bodenvegetation montaner Kunstbestände recht deutlich von der der Hochlagenfichtenwälder (STOCKMAR 1984, SCHLÜTER 1966b, REIF & LEONHARDT 1991). Andererseits kommen in eindeutig künstlichen Nadelbaumbeständen durchaus Kennarten der Fichten-Wälder vor. In den „Fichte-Sylvofazien" des Alpenvorlandes (LANGER 1959) und des ostbayerischen Grenzgebirges sind die Nadelwaldarten *Plagiothecium undulatum*, *Ptilium crista-castrensis*, *Rhytidiadelphus loreus* und *Bazzania trilobata* keine Seltenheit. Aus Fichtenpflanzungen auf Buchenwaldstandorten Südschwedens schildert NIHLGÅRD (1970) moosreiche Vegetationstypen, die sich lediglich in den Dominanzverhältnissen von borealen Fichten-Wäldern unterscheiden. Auf die Vorkommen von Wintergrüngewächsen (*Pyrolaceen*) in Fichtenaufforstungen über Dolomit und Kalkmergel wurde in Kapitel 8.3.4 hingewiesen.

Der Frage, inwieweit der **Bodenzustand** und die **Artenzusammensetzung** von der Dauer des Fichtenanbaus abhängen, gingen GENSSLER (1959) und SCHLÜTER (1965) in vergleichenden Untersuchungen nach. Beide konnten selbst nach bis zu drei Generationen nachgewiesener Reinbestandeswirtschaft kein Fortschreiten der Degradation nachweisen. Wo Fichtenbestände an durch Beweidung oder Streunutzung degradierten Standorten begründet wurden, stellen sich sogar nach einer anfänglichen Phase der Rohhumusbildung mit der Zeit wieder günstige Humusformen ein (HAUFF 1965, BABEL 1981).

Zusammenfassend ist festzuhalten, dass Fichten-Wald-Kennarten oder floristische Merkmale in vielen Fällen nicht ausreichen, um natürliche Fichten-Wälder von Fichten-Sylvofazies zu trennen. Wie schon SCHMID & VON GAISBERG (1936) betonten, sind solche Aussagen nur unter Berücksichtigung aller Indizien der Waldgeschichte, der standörtlichen Verhältnisse und des Vegetationszustandes zu treffen (ELLENBERG 1996).

10 Kiefern-Wälder

In weiten Teilen Mitteleuropas, insbesondere im norddeutschen Tiefland, in den Sandlandschaften der Oberrheinebene, Mittelfrankens, der Oberpfalz und den Buntsandsteingebieten kommt von der Wald-Kiefer dominierten Wäldern heute eine landschaftsprägende Rolle zu. Die Kiefer erlangte ihren heutigen Anteil an der Waldfläche der genannten Räume erst in historischer Zeit aufgrund ihrer massiven Förderung durch die Forstwirtschaft.

Untersuchungen zur Konkurrenz- und zur Verjüngungsdynamik in Kiefern-Wäldern Mitteleuropas zeigen, dass hier von Natur aus andere Baumarten wie die Rot-Buche, die Stiel-Eiche oder die Trauben-Eiche das Erscheinungsbild der Wälder bestimmen würden. Denn die Wald-Kiefer kann sich aufgrund ihrer Lichtbedürftigkeit an mittleren Standorten neben anderen Baumarten nicht behaupten: Ihr ökologisches Optimum findet sie vorwiegend unter extremen Wuchsbedingungen, zum Beispiel an nährstoffarmen Trocken- oder Feuchtstandorten, an denen sich die meisten übrigen Baumarten nicht entwickeln können.

Schon seit der frühen Neuzeit wurde die Kiefer großflächig auf Standorten angesiedelt, an denen sie unter natürlichen Konkurrenzbedingungen nicht anzutreffen wäre. Aufgrund ihrer Anspruchslosigkeit und ihres industriell gut zu verarbeitenden Holzes entwickelte sie sich in vielen Landschaften – neben der Fichte – zum „Brotbaum" der Forstwirtschaft.

Darüber hinaus eignet sich die Kiefer als Pionierbaum zur Erstaufforstung von trockenen und nährstoffarmen Standorten, die in der Vergangenheit einer degradierenden Nutzung unterlagen. Eine vergleichbare Pionierrolle kommt der Wald-Kiefer auch unter natürlichen Bedingungen zu, wo sie zum Beispiel die Bewaldung von konsolidierten Küstendünen an der Ostsee, trocken fallenden Schotterterrassen der Alpenflüsse oder Mergelrutschhängen einleitet.

Wenn im Folgenden von Kiefern-Wäldern gesprochen wird, so sind in erster Linie Wälder mit der Wald-Kiefer (*Pinus sylvestris*) gemeint. Neben der Wald-Kiefer spielt im außeralpischen Mitteleuropa nur noch die Berg-Kiefer (*Pinus mugo* agg.) als „Latsche" in niederliegender, polykormer Strauchform (*Pinus mugo*) oder als „Spirke" in monokormer, aufrechter Baumform (*Pinus uncinata)* eine gewisse Rolle. Die Berg-Kiefer bleibt allerdings streng auf den Schweizer Jura, die Hochlagen des Schwarzwaldes, das Alpenvorland und den ostherzynischen Gebirgsraum beschränkt. Im Kontaktbereich zwischen der westlich verbreiten *Pinus uncinata* und der östlich verbreiteten *Pinus mugo* kommt es zur Ausbildung taxonomisch schwer fassbarer Hybridschwärme (Christensen 1987). Die daraus resultierenden mehr oder weniger aufrechten Hybridformen (*Pinus* × *rotundata* = *Pinus mugo* × *P. uncinata*) zeigen nördlich der Alpen eine starke Bindung an sauer-oligotrophe Moorstandorte und werden deshalb häufig auch als „Moor-Kiefer" oder „Moor-Spirke" bezeichnet.

Kiefern-Wälder weisen in Abhängigkeit von Großklima, Bodeneigenschaften und Nutzungsgeschichte ganz verschiedene Ausprägungen auf; insgesamt sind diese aber in hohem Maße von den biologischen Eigenschaften der herrschenden Baumart bestimmt und haben infolgedessen auch eine Vielzahl von Gemeinsamkeiten (Klötzli 1975):

- Kiefern sind durch ausgesprochene **Anspruchslosigkeit** und Duldsamkeit gegenüber standörtlichen Stressfaktoren wie Trockenheit, Wasserüberschuss, Nährstoffarmut und Wärmemangel gekennzeichnet. Bemerkenswert ist auch die Toleranz gegenüber extremen bodenchemischen Verhältnissen; so reicht das Spektrum der besiedelten Substrate von ultrabasischen Serpentin- und Schwermetallböden (Ritter-Studnicka 1970) bis hin zu extrem sauren und mineralstoffarmen Hochmoortorfen. Die physiologische Amplitude umfasst nahezu den gesamten Standortsbereich, der in Mitteleuropa überhaupt waldfähig ist. Eine vergleichbare physiologische Amplitude weist unter den mitteleuropäischen Baumarten ansonsten nur noch die Moor-Birke (*Betula pubescens*) auf.

- Als wenig schattentolerante, konkurrenzschwache Lichtholzart ist die Kiefer im standörtlichen Mittelbereich fast allen anderen Baumarten unterlegen. Verantwortlich für ihre **Konkurrenzschwäche** ist vor allem das hohe Lichtbedürfnis in der Keimungs- und Jugendphase sowie ihr geringes Durchsetzungsvermögen bei der Kronenentwicklung gegenüber anderen Laub- und Nadelhölzern. Als Rohbodenkeimer ist die Wald-Kiefer bei der Keimung und Etablierung auf offene Bodenstellen angewiesen. Lichtmangel oder verdämmende Streu- und Humusauflagen können eine erfolgreiche Ansiedlung der Wald-Kiefer verhindern.
- Die lichten Kiefernkronen gewähren dem Unterwuchs ein für Wälder ausgesprochen hohes **Lichtangebot**; dieses beträgt selbst bei relativ dichtem Bestandesschluss oft noch über 30 % der Freilandstrahlung (Heinken 1995, Hölzel 1996b). Dementsprechend finden sich in der Feld- und Strauchschicht von Kiefern-Wäldern viele Licht und Wärme bedürftige Arten aus Offenland-Ökosystemen, die dort zum Teil auch ihre natürlichen Wuchsorte haben. Im Sinne von Gams (1930) können diese Wälder als „Reliktföhrenwälder" bezeichnet werden, wobei sich der Begriff „Relikt" sowohl auf einzelne Arten (Schuhwerk 1990) als auch auf die Kiefernwald-Phytocoenose als Ganzes (Schmid 1936) beziehen kann.
- Kiefernnadeln produzieren aufgrund ihres hohen Gehaltes an Wachsen und Gerbstoffen bei geringen Stickstoff-, Phosphor- und Basengehalten eine **schwer zersetzbare Streu** und begünstigen dadurch selbst auf karbonatreichen Substraten die Bildung feinhumusarmer, saurer Auflagen (Rehfuess 1990).
- Gegenüber anderen Baumarten mit Pioniereigenschaften und einer großen Stressoleranz (z. B. Birken, Weiden) zeichnet sich die Wald-Kiefer durch eine größere **Wuchshöhe** (bis zu 50 m) und ein hohes **Lebensalter** (bis zu 600 Jahren) aus. Diese Eigenschaften ermöglichen es ihr, bei Vorwüchsigkeit auch in Mischbeständen mit konkurrenzstärkeren Laub- und Nadelhölzern einige Jahrhunderte lang als Sukzessionsrelikt zu überdauern und singuläre, katastrophenartige Störungen in den betroffenen Waldökosystemen (Waldbrand, Sturmwurf) zur Regeneration zu nutzen. Zugleich erweist sich die Wald-Kiefer aufgrund ihrer dicken Borke in höherem Alter als vergleichsweise „feuerhart". An Standorten, die regelmäßig von Bodenfeuern heimgesucht werden, können infolgedessen „**Brandkiefernwälder**" entstehen (Grabherr 1936, Falinski 1986).
- Die Wald-Kiefer verfügt über sehr effektive Mechanismen der **Fernausbreitung**. Die ausgesprochen kleinen Samen sind geflügelt und werden dank ihres geringen Gewichtes als Schraubendreher vom Wind über mehrere Kilometer ausgebreitet. Daneben erfolgt eine Fernausbreitung auch über Samen fressende Vögel und Nager.
- Ihre Toleranz gegenüber standörtlichen Stressfaktoren und ihre effektiven Ausbreitungsmechanismen kennzeichnen die Wald-Kiefer als eine Pionierart, die rascher als andere Baumarten neu entstandene Rohböden besiedelt (**Primärsukzession**) beziehungsweise nach Störungen eine Wiederbewaldung einzuleiten vermag (**Sekundärsukzession**).

10.1 Areal

Großflächige, landschaftsprägende Kiefernforste finden sich heute überwiegend in Landschaften, in denen ein Anbau der Fichte aus forstwirtschaftlicher Sicht weniger rentabel ist. Dabei handelt es sich überwiegend um nährstoffarme, durchlässige Sandböden in niederschlagsarmen, planaren bis submontanen Lagen.

Der aktuelle Verbreitungsschwerpunkt der Kiefer liegt in den Altmoränen und Sandergebieten der nordmitteleuropäischen Tiefebene (Bundesministerium f. Ernährung, Landwirtschaft u. Forsten 1990, 1994). Maximale Anteile an der Waldfläche erreicht sie im Bereich der Sandlandschaften Brandenburgs und der Niederlausitz mit rund 80 %.

Ein weiteres Häufigkeitszentrum findet sich in den von sandigen, nährstoffarmen Substraten dominierten Beckenlandschaften Nordostbayerns im Bereich des Mittelfränkischen Beckens sowie in der Oberpfalz. Besonders kiefernreich sind ferner die Sandlandschaften der nördlichen Oberrheinebene und des nördlichen bayerischen Tertiärhügellandes.

In etwas höher gelegenen Bereichen der Mittelgebirge wurde die Kiefer forstlich vor allem auf armen Buntsandsteinböden stark gefördert, so etwa im nördlichen und östlichen Schwarzwald, im Pfälzer Wald und im Hinteren Odenwald.

10.2 Struktur und Dynamik

Da die natürlichen Kiefern-Wälder extremeren Umweltbedingungen als die übrigen mitteleuropäischen Waldgesellschaften ausgesetzt sind, vermitteln sie in struktureller, standörtlicher und floristischer Hinsicht zwischen Offenland-Ökosystemen und klimaxnahen Schlusswaldgesellschaften. Diese Zwischenstellung findet sowohl im räumlichen Nebeneinander von entsprechenden Waldgesellschaften (meist Waldgrenzökotone) als auch in den dynamischen Beziehungen (Pionierwälder auf unreifen Böden) ihren Ausdruck (Hölzel 1996c).

Relativ **stabile Dauergesellschaften** sind zum Beispiel im Randbereich von Hochmooren oder auf extrem flachgründigen Felssteilhängen anzutreffen (Karrer 1985), an denen sich aufgrund der standörtlichen Extremsituation andere Baumarten nicht entwickeln.

Ebenso weit verbreitet sind Kiefern-Wälder, die lediglich **Übergangsstadien** der Vegetationsentwicklung im Rahmen primärer und sekundärer Sukzessionen darstellen (Aichinger 1952). Beispiele für eine Beteiligung von Kiefern-Wäldern an primären Sukzessionen sind unter anderem die Flussschotterterrassen des Alpenvorlandes, die Mergelrutschhänge der Schwäbischen Alb und des südlichen Alpenvorlandes sowie die Küstendünen an der Ostsee. Flächenmäßig bedeutsamer ist die Beteiligung der Wald-Kiefer an **sekundären Sukzessionen** im Zuge einer Wiederbewaldung anthropogen degradierter, trocken-nährstoffarmer Standorte. Als Beispiele hierfür seien insbesondere die bodensauren Sandheiden des Norddeutschen Tieflandes, aber auch die Kalk-Magerrasen der Mittelgebirge und des Alpenvorlandes genannt.

Eine vergleichbare Rolle übernimmt die Kiefer bei einer **Bewaldung** von entwässerten Hochmooren (Succow & Jeschke 1990). In der Regel entstehen solche Kiefernpionierwälder unmittelbar im Anschluss an eine offene, krautige Pionier- oder sekundäre Heidevegetation. Kennzeichnend für diese jungen Kiefernwald-Sukzessionsstadien ist dementsprechend, dass sie stets noch eine größere Zahl von Arten der jeweiligen Ökosysteme aufweisen, aus denen sie entstanden sind. Mit einem zunehmendem Schlussgrad der Baumschicht und der Bodenvegetation sowie der damit einhergehenden Verbesserung des Bodenzustands durch Humusakkumulation (Leuschner 1994, Heinken 1995, Hölzel 1996b) kommt es schrittweise zu einem Ausfall der heliophilen Offenlandarten; gleichzeitig gewinnen schattentolerantere und hinsichtlich der Wasser- und Nährstoffversorgung anspruchsvollere Arten an Raum.

Günstige **Reproduktionsbedingungen** bestehen für die Kiefer fast nur in frühen Phasen der Sukzession. Mit einem zunehmenden Schlussgrad der Baumschicht und der Bodenvegetation verschlechtern sich die Keimungsbedingungen; spätestens mit der Einwanderung stärker schattender Mischbaumarten wird eine Kiefernverjüngung innerhalb des Bestandes verhindert (Hölzel 1996a). Bei einer ungestörten Entwicklung können die Kiefernbestände durch konkurrenzstärkere Baumarten der klimaxnahen Schlusswaldgesellschaften bereits innerhalb einer einzigen Kieferngeneration ersetzt werden.

Bestandeserhaltend und regenerationsfördernd wirkt in mitteleuropäischen Kiefern-Wäldern vor allem eine degradierende **anthropo-zoogene Nutzung** wie Waldweide, Streunutzung, Kahlschlagwirtschaft, Brände und selektiver Gehölzverbiss durch Schalenwild. All diese Einflüsse verzögern eine Sukzession und begünstigen die konkurrenzschwache Kiefer im Wettbewerb mit anderen Laub- und Nadelhölzern.

Auch in der borealen Zone tragen Katastrophenereignisse wie Waldbrände und Insektenkalamitäten großflächig zur Konservierung und Neuentstehung von Kiefernwald-Ökosystemen bei. Im Sinne von Kimmins (1987) können Kiefern-Wälder allgemein als „disturbance driven ecosystems“ bezeichnet werden. Auch für mitteleuropäische Kiefern-Wälder werden neuerdings sukzessionshemmende zyklische Störungen durch Waldbrand oder Insektenkalamitäten als maßgeblich bestandserhaltende Faktoren bewertet (Jahn 1985a, Leuschner 1994, Otto 1994).

10.3 Gliederung

Entsprechend ihrer breiten physiologischen Amplitude sind Kiefern-Wälder unter sehr unterschiedlichen klimatischen und edaphischen Bedingungen anzutreffen. Da die Kiefer unter mittleren Standortsbedingungen unterlegen ist, finden sich natürliche Kiefern-Wälder nahezu ausschließlich unter extremen, allgemein Waldgrenzstandorte kennzeichnenden Bedingungen.

Abgesehen von der vorherrschenden Baumart ist das **Artengefüge** in Kiefern-Wäldern sehr verschiedenartig. Grundsätzlich lassen sich die folgenden, floristisch und ökologisch gut abgrenzbaren **Grundtypen** unterscheiden:

- **Bodensaure Sandkiefernwälder**. Sie haben ihren Verbreitungsschwerpunkt im nordostmitteleuropäischen diluvialen Flachland und den Becken- und Hügellandschaften im nordöstlichen Bayern (Dicrano-Pinion),
- **Karbonat-Trockenkiefernwälder**. Sie haben ihren Verbreitungsschwerpunkt in den Alpen und im nördlichen Alpenvorland sowie im schweizerisch-süddeutschen Jura (Erico-Pinetea),
- **Moorkiefernwälder sauer-nährstoffarmer organischer Nassböden**. Sie haben ihren Verbreitungsschwerpunkt in den höheren Mittelgebirgen, im Alpenvorland und im nordostdeutschen Tiefland (Vaccinio uliginosae-Pinetea).

Aufgrund ihrer engen Bindung an sauer-oligotrophe Moorstandorte werden die Moorkiefernwälder im Band „Moore“ (Dierssen u. Dierssen 2001) der vorliegenden Buchreihe behandelt.

10.3.1 Bodensaure Sandkiefernwälder

Die Kiefern-Wälder stark saurer und nährstoffarmer, trockener Sandböden werden synsystematisch im Verband Dicrano-Pinion der Klasse Vaccinio-Piceetea zugeordnet (Tab. 38). Kennzeichnend ist eine Dominanz azidophytischer Zwergsträucher, Moose und Flechten in der Bodenvegetation. Floristische, standörtliche und syndynamische Beziehungen bestehen auf der einen Seite zu den bodensauren Zwergstrauchheiden und Sandrasen, auf der anderen Seite insbesondere zu den bodensauren Eichen-, seltener auch zu Buchen- und Tannen-Wäldern.

Neben einigen in Mitteleuropa sehr seltenen Wintergrüngewächsen (Pyrolaceae) zeigen nur wenige Arten der Bodenvegetation – wie zum Beispiel die Moose *Dicranum polysetum*, *Dicranum spurium*, *Ptilidium ciliare* und *Hypnum jutlandicum* – eine engere Bindung an Gesellschaften des Dicrano-Pinion. In Mitteleuropa werden die bodensauren Sandkiefernwälder unter der Bezeichnung Leucobryo-Pinetum (Weißmoos-Kiefernwald) zusammengefasst.

Von vielen Autoren werden die standörtlich extremsten Ausbildungen dieser Kiefern-Wälder, in denen Zwergsträucher und Laubmoose deutlich zurücktreten und Flechten der Gattung *Cladonia* das Erscheinungsbild der Bodenvegetation entscheidend prägen, unter dem Begriff Cladonio-Pinetum (Flechten-Kiefernwald) als eigene Assoziation abgetrennt (Matuszkiewicz & Matuszkiewicz 1973, Heinken 1995, Heinken & Zippel 1999).

Im sommertrockenen, subkontinentalen Klima Osteuropas wird das Artengefüge der bodensauren Sandkiefernwälder durch mehrere, bezeichnende Wintergrüngewächse ergänzt sowie durch einige Wärme liebende Saum- und Magerrasenarten. Diese Kiefern-Wälder Osteuropas wurden von Matuszkiewicz (1962) innerhalb des Verbandes Dicrano-Pinion als vikariierende osteuropäische Assoziation Peucedano-Pinetum dem zentraleuropäischen Leucobryo-Pinetum gegenübergestellt. Während Oberdorfer (1992) zwischenzeitlich eine Einordnung dieser Wälder in die von ihm beschriebene Klasse Pulsatillo-Pinetea vornahm, lehnen sich neuere Arbeiten (Scheurer 1996, Heinken & Zippel 1999) wieder an das Gliederungsprinzip von Matuszkiewicz (1962) an.

Standörtlich zeigen Wälder des Dicrano-Pinion in Mitteleuropa eine enge Bindung an nährstoffarme, mehr oder weniger trockene, stark saure Sandböden. Im Bereich des norddeutschen Tieflandes handelt es sich dabei fast durchweg um pleistozäne Bildungen wie sandige Altmoränen, Sanderflächen, Terrassen- und Talsande sowie jungholozäne Dünenbildungen und Deflationsflächen. In Süddeutschland sind solche Wälder außer auf Terrassen- und Flugsanden auch auf tiefgründigen Sandstein-Verwitterungsdecken insbesondere des Keupers und der Kreide zu finden. Im Mittelgebirge treten sie auf sauren Silikatfelsen auf,

Tab. 38 Ökologisch-floristische und synsystematische Gliederung (von oben bzw. von unten gelesen) der bodensauren Sand-Kiefernwälder (Dicrano-Pinion) in Mitteleuropa, in Anlehnung an HEINKEN (1995) und HEINKEN & ZIPPEL (1999)

Bodensaure Sand-Kiefern-Wälder Draht-Schmiele *(Deschampsia flexuosa)*, Heidelbeere *(Vaccinum myrtillus)*, Preiselbeere *(Vaccinium vitis-idea)*, Heidekraut *(Calluna vulgaris)*, Wiesen-Wachtelweizen *(Melampyrum pratense)*, Europäischer Siebenstern *(Trientalis europaea)*, *Dicranum polysetum* (M), *Pohlia nutans* (M), *Hypnum jutlandicum* (M), *Dicranum scoparium* (M)			
Flechten-Kiefern-Wald: trocken, humusarm	**Weißmoos-Kiefern-Wald: mäßig trocken, humusreich**	**Haarstrang-Kiefern-Wald: basenreich, sommerwarm**	**Drahtschmielen-Kiefern-Wald: mäßig frisch, nährstoffreich**
Cladonia arbuscula (F), *Cladonia gracilis* (F), *Cladonia pyxcidata* (F), *Cladonia squamosa* (F), *Cladonia furcata* (F), *Cladonia portentosa* (F), *Cladonia phyllophora* (F), *Cladonia uncialis* (F), *Cladonia rangiferina* (F), *Cladonia macilenta* (F), *Cladonia foliacea* (F), *Cladonia aculeata* (F), *Dicranum spurium* (M), *Polytrichum piliferum* (M), Heide-Segge *(Carex ericetorum)*, Silbergras *(Corynephorus canescens)*	*Leucobryum glaucum* (M), *Ptilidium ciliare* (M)	Birngrün *(Orthilia secunda)*, Dolden-Winterlieb *(Chimaphila umbellata)*, Grünblütiges Wintergrün *(Pyrola chlorantha)*, Moosauge *(Moneses uniflora)*, Kriechendes Netzblatt *(Goodyera repens)*, Berg-Haarstrang *(Peucedanum oreoselinum)*, Duftende Weißwurz *(Polygonatum odoratum)*, Gemeine Goldrute *(Solidago virgaurea)*, Echtes Labkraut *(Galium verum)*, Niedrige Schwarzwurzel *(Scorzonera humilis)*, Gemeines Ruchgras *(Anthoxanthum odoratum)*, Echter Ehrenpreis *(Veronica officinalis)*, *Hylocomium splendens*	Brombeere *(Rubus fruticosus* agg.), Himbeere *(Rubus idaeus)*, Gewöhnlicher Dornfarn *(Dryopteris carthusiana)*, Breitblättriger Dornfarn *(Dryopteris dilatata)*, Wald-Weidenröschen *(Epilobium angustifolium)*, Sand-Labkraut *(Galium saxatile)*
Cladonio-Pinetum	**Leucobryo-Pinetum**	**Peucedano-Pinetum**	***Deschampsia-Pinus*-Gesellschaft**
Dicrano-Pinion			

so etwa im ostbayerischen Grenzgebirge (TÜRK 1993a, SCHEURER 1993) oder im Südschwarzwald (SCHUHWERK 1988). Auch die in Nordostbayern kleinflächig an Serpentin-Felsstandorte gebundenen Kiefern-Wälder können dem Dicrano-Pinion zugeordnet werden (GAUCKLER 1954).

Als bezeichnende **Böden** finden sich unter bodensauren Sandkiefernwäldern in der Regel Eisen-Humus-Podsole und Podsol-Braunerden, bei Beständen auf jungen Deflationsflächen und Dünenbildungen auch Podsol-Ranker. Der Mineralkörper dieser Böden ist fast durchweg stark sauer und nährstoffarm. Die pH(KCl)-Werte liegen im Mineralboden in der Regel unter 4,2 und können in der organischen Auflage auf Werte unter 3 absinken. Die Kationen-Austauschkapazität ist in den kolloidarmen Sandböden äußerst gering. Die Austauscher sind im Mineralboden zu über 80 % mit Aluminium gesättigt, während die Basensättigung oft Werte nahe Null erreicht. Ein Großteil der Nährstoffe ist in der organischen Auflage gespeichert. Diese werden aber nur in einem sehr begrenztem Umfang freigesetzt, da die C/N-Verhältnisse weit (um 35) und die Mineralisationsraten dementsprechend gering sind (LEUSCHNER et al. 1993, HEINKEN 1995, 1996).

10.3.1.1 Flechten-Kiefern-Wälder

Der Flechten-Kiefern-Wald repräsentiert in Bezug auf die Nährstoffarmut und die Trockenheit der Böden die standörtlich extremste Form aller bodensauren Sandkiefernwälder. Physiognomisch handelt es sich dabei um sehr schwachwüchsige, lichte Kiefernbestände, denen eine Strauchschicht weitgehend fehlt und in deren Feldschicht auch die für das Dicrano-Pinion bezeichnenden Zwergsträucher und Laubmoospolster nur schwach vertreten sind. An ihrer Stelle dominieren in der Bodenvegetation verschiedene Flechten der Gattung *Cladonia,* die den Beständen ein bezeichnendes, an nordische Nadelwälder erinnerndes Erscheinungsbild geben. Da die *Cladonia*-Arten lichtbedürftig sind, werden sie bei einer stärkeren Streuproduktion durch die Baum- und Bodenvegetation abgedeckt und schließlich verdrängt.

Flechten-Kiefern-Wälder finden sich heute meist nur noch kleinflächig inmitten größerer, zwergstrauchdominierter Bestände des Leucobryo-Pinetum. Sie sind besonders häufig auf exponierten, trockenen und zur Windverhagerung neigenden Dünenkuppen und Deflationsflächen anzutreffen.

Als **Bodentypen** finden sich oft schwach entwickelte Podsol-Ranker, die sich durch eine extreme Humusarmut auszeichnen. Die charakteristische Humusform ist meist ein nur wenige Zentimeter mächtiger **Xero-Moder** oder „Hagerhumus", der sich durch einen sehr geringen Zersetzungsgrad, schwere Benetzbarkeit und ein ungünstiges C/N-Verhältnis auszeichnet (Rehfuess 1990, Heinken 1995).

In den letzten Jahrzehnten wird sowohl aus dem norddeutschen Tiefland (Heinken & Zippel 1999) als auch aus Nordostbayern (Brunner & Lindacher 1994) von einem dramatischen Rückgang der Flechten-Kiefern-Wälder berichtet, der regional bis zum vollständigen Verschwinden führte. Neben atmosphärischen Nährstoffeinträgen dürften hierfür vor allem Sukzessionsprozesse verantwortlich sein, die nach dem Ausbleiben standortsdegradierender Nutzungen einsetzten. So können sich mit einer fortschreitenden Humusakkumulation in Beständen des Cladonio-Pinetum zunehmend Zwergsträucher und Laubmoose etablieren und die konkurrenzschwachen Flechten verdrängen. In der Vergangenheit wurde die Entwicklung von Flechten-Kiefern-Wälder durch eine Streunutzung und Plaggenwirtschaft begünstigt, da diese zu einer regelmäßigen, fast vollständigen Zerstörung der Humushorizonte führten.

Die während der letzten Jahrzehnte eingetretenen Flächenverluste lassen kaum einen Zweifel daran, dass es sich bei der Mehrzahl der mitteleuropäischen Flechten-Kiefern-Wälder um Ersatzgesellschaften anderer Waldgesellschaften handelt. Dennoch ist ein Teil der Bestände auch als natürlich einzustufen. So fand Heinken (1995) im Wendland und der östlichen Lüneburger Heide Flechten-Kiefern-Wälder, die sich während der letzten 150 Jahre nachweislich kaum verändert haben. Diese stocken auf extrem trockenen und durch Wind verhagerten Böden, auf denen auch unter natürlichen Bedingungen langfristig keine Humusauflagen entstehen.

10.3.1.2 Weißmoos-Kiefern-Wälder

An Standorten, die sich infolge einer fortgeschrittenen Humusakkumulation bereits durch einen etwas günstigeren Wasser- und Nährstoffhaushalt auszeichnen, werden die im Flechten-Kiefern-Wäldern hervortretenden, konkurrenzschwachen Flechten verdrängt und durch mehr oder weniger gut entwickelte Zwergstrauchbestände und Moosdecken ersetzt (Abb. 89, S. 114). Physiognomisch handelt es sich dabei um meist einschichtige Kiefernbestände mäßiger bis mittlerer Wüchsigkeit, in deren Strauchschicht oft bereits einzelne Laubhölzer und die Fichte anzutreffen sind.

Kennzeichnend für die trockensten und magersten Standorte ist eine niederwüchsige, lückige Bodenvegetation, in der die Preiselbeere (*Vaccinium vitis-idea*) und das Heidekraut (*Calluna vulgaris*) dominieren, während die Heidelbeere (*Vaccinium myrtillus*) seltener vertreten ist. Demgegenüber deutet eine mehr geschlossene Bodenvegetation aus der Heidelbeere, der Draht-Schmiele (*Deschampsia flexuosa*), dem Adlerfarn (*Pteridium aquilinum*) und *Polytrichum formosum* auf günstigere standörtliche Verhältnisse hin, welche meist auch in besseren Wuchsleistungen der Kiefer Ausdruck finden.

Noch günstigere Standorte charakterisieren schließlich Arten wie der Dornfarn (*Dryopteris carthusiana*), das Schmalblättrige Weidenröschen (*Epilobium angustifolium*), der Sauerklee (*Oxalis acetosella*), die Himbeere (*Rubus idaeus*) und Brombeeren (*Rubus fruticosus* agg.). Bezeichnend für zeitweilig vernässte, wechselfeuchte Standorte (Pseudogleye) sind das Pfeifengras (*Molinia caerulea* agg.) sowie die Torfmoose *Sphagnum capillifolium* und *Sphagnum fallax*. Entsprechende Bestände bilden standörtlich und floristisch den Übergang zu den noch nasser stehenden Moorkiefernwäldern. Die auf wechselfeuchten Standorten vorkommenden Weißmoos-Kiefern-Wälder werden bisweilen (Matuszkiewicz 1984) auch als eigene Assoziation (Molinio-Pinetum) gewertet.

Im nordmitteleuropäischen diluvialen Flachland, wo Weißmoos-Kiefern-Wälder von Niedersachen bis Polen verbreitet sind, zeigt

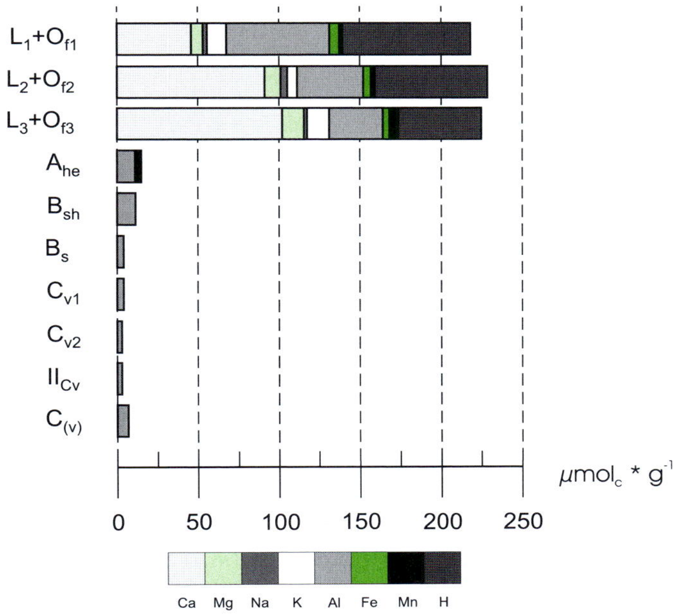

Abb. 90
Tiefenprofil der Ammoniumchlorid-extrahierbaren Kationen in einem Eisen-Humus-Podsol unter einem Weißmoos-Kiefern-Wald (Leucobryo-Pinetum) im Nürnberger Reichswald (nach Bayerische Landesanstalt für Wald und Forstwirtschaft 1993). Die ernährungsphysiologisch wichtigen Kationen Ca^{2+}, Mg^{2+} und K^{+} konzentrieren sich praktisch vollständig auf die organische Auflage.

das Artengefüge deutliche vegetationsgeographische Unterschiede. So werden die Arten mit einer stärker atlantischen Verbreitungstendenz wie *Hypnum cupressiforme, Ptilium ciliare,* Pillen-Segge (*Carex pilulifera*) und Draht-Schmiele (*Deschampsia flexuosa*) im Osten seltener. In Beständen Zentralpolens fehlen diese Arten nahezu vollständig. Demgegenüber werden Sippen wie der Wiesen-Wachtelweizen (*Melampyrum pratense*) und der Schaf-Schwingel (*Festuca ovina* agg.) im Osten häufiger (Heinken 1995); dies ist ein Indiz für die weniger starke Entbasung der Böden im nordöstlichen Mitteleuropa.

In Zentralpolen treten schließlich Wintergrüngewächse sowie Wärme und Basen bedürftige Sippen hinzu und kennzeichnen Übergänge zu Beständen des Peucedano-Pinetum. Auch in meridionaler Richtung unterliegen Weißmoos-Kiefern-Wälder einem florengeographischen Wandel. So enthalten die Bestände auf konsolidierten Küstendünen entlang der Ostsee vom Darß bis zur Kurischen Nehrung regelmäßig – teilweise sogar dominant – die nordische Krähenbeere (*Empetrum nigrum*) (Furkarek 1961), während im nordöstlichen Bayern örtlich die präalpine Schneeheide (*Erica herbacea*) in das Artengefüge des Weißmoos-Kiefern-Waldes eindringt (Augustin 1991, Merkel 1994).

Weißmoos-Kiefern-Wälder stocken vorwiegend auf Eisen-Humus-Podsolen, daneben aber auch auf Podsol-Rankern und Podsol-Braunerden (Abb. 90 und 91). Unter den Beständen an wechselfeuchten Standorten (*Molinia*-Subassoziation) finden sich in der Regel Gley- oder Pseudogley-Podsole. Im Unterschied zu den Flechten-Kiefern-Wäldern zeichnen sich die Böden der Weißmoos-Kiefern-Wälder durch eine wesentlich mächtigere organische Auflage aus (meist Rohhumus oder rohhumusartiger Moder). Bezeichnend für das Humusprofil ist aber auch dort eine gewisse Feinhumus-Armut und ein weites C/N-Verhältnis.

Die Mehrzahl der mitteleuropäischen Bestände des Leucobryo-Pinetum stockt auf Standorten, die potentiell von bodensauren Eichen- und Buchen-Wäldern eingenommen würden (Hofmann 1994, Heinken 1995).

10.3.1.3 Wintergrün-Kiefern-Wälder

Im Wintergrün-Kiefern-Wald (Pyrolo-Pinetum bzw. Peucedano-Pinetum) wird das von azidophytischen Zwergsträuchern und Moosen dominierte Artengefüge der Bodenvegetation durch mehrere, sehr bezeichnende Wintergrüngewächse (Pyrolaceae) ergänzt. Hinzu treten ferner einige basikline Saum-, Magerrasen- und Laubwaldarten. Das Hinzu-

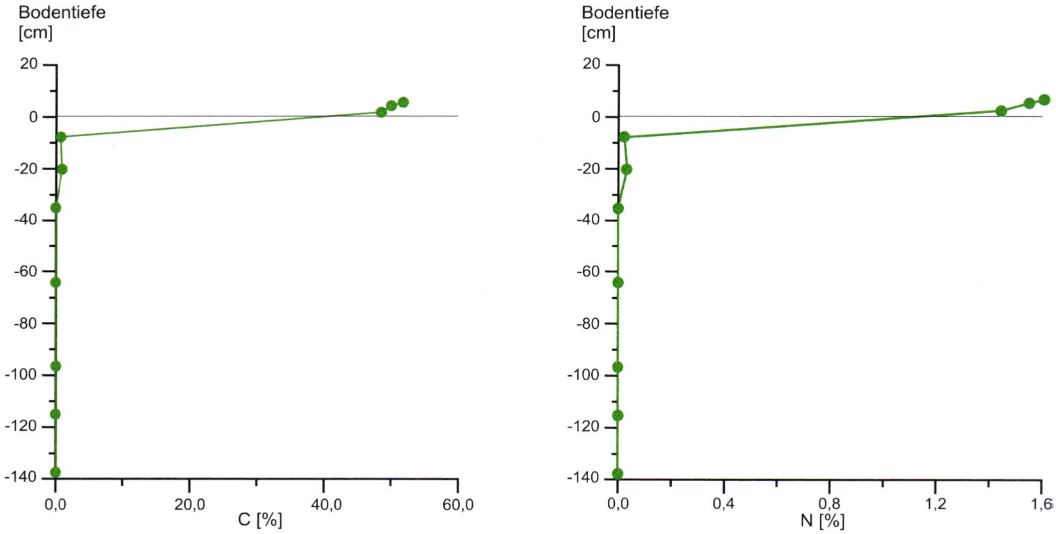

Abb. 91 Von der Bodentiefe abhängige Verteilung der Kohlenstoff- und Stickstoffvorräte in einem Eisen-Humus-Podsol unter einem Weißmoos-Kiefern-Wald (Leucobryo-Pinetum) im Nürnberger Reichswald (nach Bayerische Landesanstalt für Wald und Forstwirtschaft 1993). Die Vorräte an Kohlenstoff und Stickstoff konzentrieren sich nahezu vollständig auf die organische Auflage.

treten dieser Arten ist vor allem darin begründet, dass entsprechende Sandstandorte unter einem kontinentaleren Klimaeinfluss in der Regel deutlich höhere Basengehalte aufweisen.

Vergleichbare Artenkombinationen sind weiter westlich ausschließlich auf jungen, primär kalkhaltigen Dünensanden der nördlichen Oberrheinebene (Philippi 1970), des niederbayerischen Tertiärhügellandes (Oberdorfer 1992) und der Ostseeküste (Meusel 1952, Fukarek 1961) zu finden. Sekundär entstanden solche Standorte in Ostdeutschland durch eine jahrzehntelange Kalkstaub-Immissionen im Nahbereich von Kalkgewinnungsanlagen und Braunkohle-Kraftwerken, so etwa in der Dübener Heide (Amarell 1998), südöstlich von Berlin (Kalkwerk Rüdersdorf) und in der Lausitz (Heinken & Zippel 1999).

Der mitteleuropäische Verbreitungsschwerpunkt der Gesellschaft liegt im östlichen, subkontinental getönten Polen, wo sie die Bestände des mehr westlich verbreiteten Leucobryo-Pinetum ersetzen. Bei den ehemaligen Vorkommen in der nördlichen Oberrheinebene und in Niederbayern handelte es sich durchweg um Sekundärbestände, die durch Kiefernanflug oder -aufforstung aus offenen Kalksandrasen oder anderem Ödland hervorgingen (Ackermann 1954, Philippi 1970, Rodi 1975, Scheurer 1996).

Heute sind diese Bestände in ihrer ursprünglichen Form praktisch nicht mehr existent. Längst haben sich innerhalb dieser Kiefern-Wälder mit einer fortschreitenden Sukzession üppige Landreitgrasdecken (*Calamagrostis epigeios*) und Brombeer-Gebüsche (*Rubus fruticosus* agg.) ausgebreitet und zu einer fast vollständigen Verdrängung der seltenen Wintergrün- und ihrer Licht liebenden Begleitarten geführt. Oft wurde dieser Prozess durch eine gezielte Unterpflanzung mit Laubhölzern noch erheblich beschleunigt (Grosse-Brauckmann & Streitz 1990). Aber auch in Ostpolen, wo Bestände des Peucedano-Pinetum auf Sandböden nach Matuszkiewicz (1984) großflächig die potentielle natürliche Vegetation bilden, dürfte es sich wohl größtenteils um anthropogene Ersatzgesellschaften von Eichen- oder Eichen-Hainbuchen-Wäldern handeln (Falinski 1986, Falinski et al. 1993).

10.3.2 Kalk-Trockenkiefernwälder

Als Pendant zu den bodensauren Sandkiefernwäldern des Dicrano-Pinion nehmen Schneeheide-Kiefern-Wälder der Klasse Erico-Pinetea (Ordnung Erico-Pinetalia) Trockenstand-

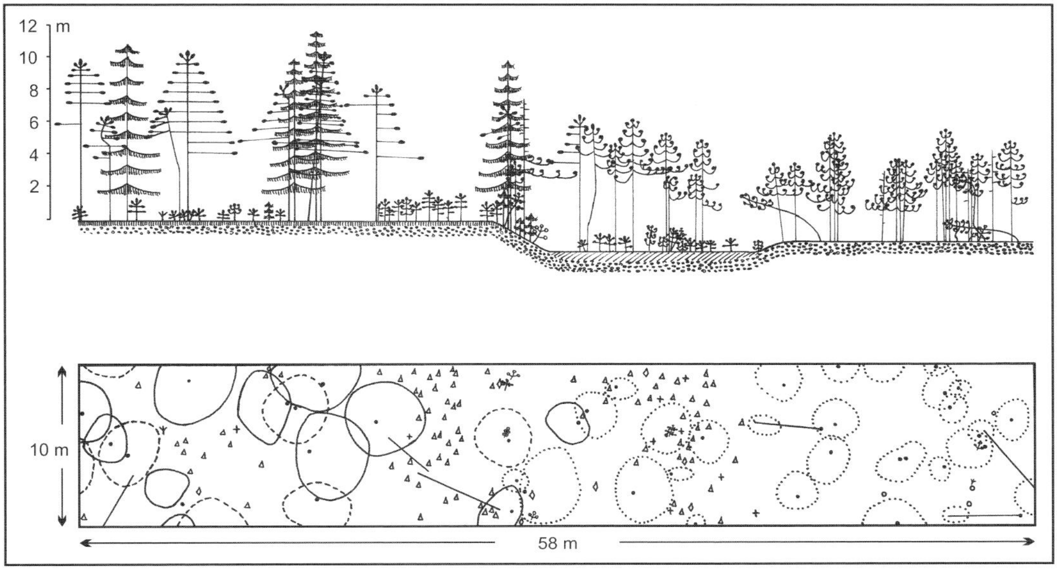

Abb. 93 Bestandesprofil und Bestandesgrundriss eines Schneeheide-Kiefern-Waldes (Calamagrostio-Pinetum) auf Schotterterrassen der Isar bei Mittenwald (nach Hölzel 1996a). Auf der tiefer gelegenen, jüngeren Flussterrasse mit unreifer Bodenentwicklung dominieren krüppelwüchsige Formen der aufrechten Berg-Föhre (*Pinus mugo* ssp. *uncinata*), während auf der älteren, höher gelegenen Terrasse – als Indiz einer fortgeschrittenen Humusakkumulation – sich bereits Fichten unter die dort vorherrschende Wald-Kiefer (*Pinus sylvestris*) mischen.

orte auf kalkreichen Substraten ein. Von mitteleuropäischer Bedeutung ist nur der Verband Erico-Pinion, während die zum Verband Ononido-Pinion gehörenden Bestände weitgehend auf die westlichen Zentralalpen beschränkt bleiben.

Der **Verbreitungsschwerpunkt** dieser Kalk-Trockenkiefernwälder liegt im Alpenraum (Braun-Blanquet et al. 1954) und in den nördlichen Dinariden (Horvat et al. 1974), wo sie insbesondere im Bereich der zentralalpischen Trockentäler landschaftsprägend sein können. Im Gegensatz zu den artenarmen bodensauren Sandkiefernwäldern handelt es sich hier in der Regel um artenreiche Gesellschaften, in deren Bodenvegetation neben Zwergsträuchern vor allem Seggen, Gräser und zahlreiche krautige Arten vorkommen.

Floristische, strukturelle und standörtliche Beziehungen bestehen vor allem zu den Kalkmagerrasen sowie zu den thermophilen Säumen und Gebüschen, darüber hinaus zu den Eichen- und Buchen-Wäldern an trocken-warmen Karbonatstandorten. Schneeheide-Kiefern-Wälder beherbergen im alpischen Kernareal außerdem viele präalpin verbreitete Sippen, die ihren eindeutigen Schwerpunkt in diesen Gesellschaften haben und daher als Kennarten herangezogen werden können.

Nördlich der Alpen sind im Bereich des schweizerisch-schwäbisch-fränkischen Jurazuges **natürliche Schneeheide-Kiefern-Wälder** nur als kleinflächig entwickelte Fragmente auf Kalkfelsen und Mergelrutschhängen anzutreffen, denen viele der präalpin verbreiteten Kennarten fehlen (Gauckler 1938, Richard 1972, Witschel 1980, 1989). Weitaus häufiger sind **Sekundärbestände**, die durch Kiefernanflug oder Aufforstungen aus Kalkmagerrasen hervorgingen (Müller 1980, Hemp 1995). Auch in den nördlich gelegenen Kalkmittelgebirgen sind stellenweise Sekundärbestände mit einer vergleichbaren Genese zu finden, denen viele Kennarten der Klasse fehlen, die sich aber im Hinblick auf ihr übriges Artengefüge und ihre Ökologie den Erico-Pinetea zuordnen lassen (Schmidt 2000).

Physiognomisch handelt es sich bei den Schneeheide-Kiefern-Wäldern um mehr oder weniger schwachwüchsige, lichte Kiefernbestände mit einer meist artenreichen Strauch- und Bodenvegetation (Abb. 92, S. 131 und Abb. 93). Als eingestreute, oft unterständige

Tab. 39 Ökologisch-floristische und synsystematische Gliederung (von oben bzw. von unten gelesen) der Kalkkiefernwälder (Erico-Pinion) in Mitteleuropa, in Anlehnung an HÖLZEL (1996b)

<table>
<tr><td colspan="3">Kalkkiefernwälder
Zwergbuchs (Polygala chamaebuxus), Weidenblättriges Ochsenauge (Buphthalmum salicifolium), Rotbraune Stendelwurz (Epipactis artrorubens), Buntes Reitgras (Calamagrostis varia), Grauer Löwenzahn (Leontodon incanus), Umscheidete Kronwicke (Coronilla vaginalis), Rosmarin-Seidelbast (Daphne cneorum), Schwarze Akelei (Aquilegia atrata), Wohlriechende Händelwurz (Gymnadenia odoratissima), Erd-Segge (Carex humilis), Großblütige Braunelle (Prunella grandiflora), Ästige Graslilie (Anthericum ramosum), Weiße Schwalbenwurz (Vincetoxicum hirundinaria), Blaugrüne Segge (Carex flacca), Große Händelwurz (Gymnadenia conopsea), Hufeisenklee (Hippocrepis comosa), Rauhaar-Veilchen (Viola hirta), Echte Mehlbeere (Sorbus aria), Wolliger Schneeball (Viburnum lantana), Berberitze (Berberis vulgaris)</td></tr>
<tr><td>Buntreitgras-Kiefern-Wald: alluvial, Alpenvorland
Schneeheide (Erica herbacea), Amethyst-Schwingel (Festuca amethystina), Geschnäbeltes Leinblatt (Thesium rostratum), Stein-Zwenke (Brachypodium rupestre), Immergrüne Segge (Carex sempervirens), Silberwurz (Dryas octopetala), Kriechendes Gipskraut (Gypsophila repens), Lavendel-Weide (Salix elaeagnos)</td><td>Leinblatt-Kiefern-Wald: südlicher Jurazug
Bayerisches Leinblatt (Thesium bavarum), Berg-Winteraster (Chrysanthemum adustum), Heilwurz (Seseli libanotis), Hirsch-Haarstrang (Peucedanum cervaria), Kalk-Aster (Aster amellus), Berg-Hellerkraut (Thlaspi montanum), Gelber Enzian (Gentiana lutea), Schwarzwerdender Geißklee (Cytisus nigricans), Blut-Storchschnabel (Geranium sanguineum)</td><td>Ochsenaugen-Kiefern-Wald: nördliche Frankenalb
Pyramiden-Kammschmiele (Koeleria pyramidata), Niederliegendes Labkraut (Galium pumilum), Kriechende Hauhechel (Ononis repens), Stängellose Kratzdistel (Cirsium acaule), Nickendes Leimkraut (Silene nutans), Rotes Waldvöglein (Cephalanthera rubra), Gemeiner Thymian (Thymus pulegioides), Nestwurz (Neottia nidus-avis), Bunte Kronwicke (Coronilla varia), Birngrün (Orthilia secunda), Knäuel-Glockenblume (Campanula glomerata), Karthäuser-Nelke (Dianthus carthusianorum), Grünblütiges Wintergrün (Pyrola chlorantha)</td></tr>
<tr><td>Calamagrostio-Pinetum</td><td>Thesium bavarum-Pinus-Gesellschaft</td><td>Buphthalmum salicifolium-Pinus-Gesellschaft</td></tr>
<tr><td colspan="3">Erico-Pinion</td></tr>
</table>

Mischbaumarten sind regelmäßig die Mehlbeere (*Sorbus aria*) und die Fichte, in reiferen Beständen oft auch einzelne Buchen und Eichen anzutreffen. Die Strauchschicht wird von Wacholder (*Juniperus communis*) und verschiedenen thermophilen Sträuchern gebildet. In der meist lückigen Bodenvegetation dominieren neben der Schneeheide (*Erica herbacea*) – die auf das Alpenvorland beschränkt bleibt – vor allem niederwüchsige Seggen und Gräser, an frischeren Standorten auch dichter geschlossene Hochgrasdecken. Eine Moosschicht ist wesentlich schwächer entwickelt als in Wäldern des Dicrano-Pinion. Sie enthält neben den typischen Kalkmoosen auch Streubesiedler und Säurezeiger.

Unter Schneeheide-Kiefern-Wäldern findet man durchweg flachgründige, steinige **Kalkverwitterungsböden** (Rendzinen). Hohe Karbonatgehalte, ein geringer Verlehmungsgrad und eine regelmäßige Austrocknung des Oberbodens im Sommer bewirken geringe Mineralisationsraten und somit eine geringe Nachlieferung an Phosphor, Kalium und Spurenelementen. Primär entscheidend für das Auftreten von Schneeheide-Kiefern-Wäldern ist aber zweifelsohne der angespannte Wasserhaushalt der Standorte. Infolge der standörtlichen Trockenheit und der schwer zersetzbaren Kiefernstreu entstehen oftmals gering mächtige, saure Trockenmoderauflagen (HÖLZEL 1996a), die das Auftreten von azidophytischen Moosen, Moder-Orchideen und teilweise auch von Wintergrün-Arten begünstigen (Tab. 39). Standörtlich und floristisch differenzierend wirken der Feinerdereichtum und der Reifegrad der Böden. Ähnlich wie bei den bodensauren Sandkiefernwäldern ist auch hier mit fortschreitender Humusakkumulation eine Verbesserung des Wasser- und Nährstoffhaushaltes der Standorte verbunden.

Als **stabile Dauergesellschaften** finden sich Schneeheide-Kiefern-Wälder außerhalb der Alpen meist kleinflächig im Bereich exponierter Kalkfelsen des Juras wie zum Beispiel im Oberen Donautal (MÜLLER 1980, WITSCHEL 1980) und im Naab- und Altmühltal (GAUCKLER 1938). Wesentlich bedeutsamer sind außerhalb der Alpen Standorte, an denen Schneeheide-Kiefern-Wälder als Zwischenstadien einer Sukzession auftreten.

Als syndynamische Zwischenstadien einer **Primärsukzession** finden sich die Schneeheide-Kiefern-Wälder in erster Linie dort, wo durch Erosions- oder Akkumulationsprozesse immer wieder Rohböden entstehen, so zum Beispiel auf den Schotterterrassen entlang der bis zum Anfang des 20. Jahrhunderts noch weitgehend unverbauten Alpenflüsse Isar und Lech. Auf diesen Terrassen sind Bestände des randalpischen Calamagrostio-Pinetum (HÖLZEL 1996a,b) anzutreffen, dessen Areal sich bis München und Augsburg erstreckt (SEIBERT 1958, 1962). Die Schneeheide-Kiefern-Waldstandorte der Schotterauen des südbayerischen Alpenvorlandes entstanden durch eine schrittweise Eintiefung der Alpenflüsse in ihren eigenen Schotterkörper, wodurch die dabei gebildeten Terrassen aus dem Niveau der regelmäßigen Überflutungen herausgehoben wurden. Seit Beginn des 20. Jahrhunderts wurde die Entstehung solcher Trockenstandorte zusätzlich durch wasserbauliche Maßnahmen begünstigt, während eine Zerstörung der Bestände durch Überflutungsereignisse seither weitgehend unterblieb. Hierdurch vergrößerte sich zwar die Flächenausdehnung der Schneeheide-Kiefern-Wälder an der Isar südlich von München, die für die präalpinen Wildflussauen bezeichnenden Pflanzengesellschaften wurden aber zunehmend seltener (z. B. Knorpelsalat-Schwemmlingsfluren, Weiden-Tamariskenfluren; JERZ et al. 1988).

Die Zunahme der Flächenausdehnung von Schneeheide-Kiefern-Wäldern im Laufe der letzten 100 Jahre darf aber nicht darüber hinwegtäuschen, dass die Voraussetzungen für eine Neuentstehung von alluvialen Schneeheide-Kiefern-Wäldern infolge einer fehlenden Flussmorphodynamik heute nicht mehr bestehen. Mittel- und langfristig ist damit zu rechnen, dass aufgrund der fortschreitenden Sukzession und der Aufgabe bislang durchgeführter bestandeserhaltender Nutzungen (Waldweide, Streumahd) der Rückgang von alluvialen Schneeheide-Kiefernwald-Komplexen in Südbayern weiter fortschreitet (MÜLLER 1991, HÖLZEL 1996a).

Einen weiteren charakteristischen Standortstyp der Schneeheide-Kiefern-Wälder bilden steile **Mergelrutschhänge,** wie sie besonders auf der Schwäbischen Alb (WITSCHEL 1980) und entlang der steilen Molasse-Durchbruchstäler des südlichen Alpenvorlandes zu finden sind (ETTER 1947, FABIJANOWSKI 1950, REHDER 1962, STROHWASSER 1984). Bezeichnend für diese Mergelrutschhang-Kiefern-Wälder sind Arten, die wechseltrockene bis wechselfeuchte Bodenverhältnisse tolerieren.

Aus Kalkmagerrasen entstandene **Sekundärbestände** können sich bei einer ungestörten Sukzession zu Kalkbuchenwäldern weiterentwickeln. Besonders großflächige Sekundärbestände, die sich gleichzeitig durch ein bemerkenswert häufiges Auftreten von Kennarten der Schneeheide-Kiefern-Wälder auszeichnen, befinden sich im Bereich der Hochflächen der Nördlichen Frankenalb (HOHENESTER 1960, HEMP 1995). Die dort anstehenden nährstoffarmen und schwer löslichen Dolomitgesteine begünstigen in besonderem Maße die Entstehung von Schneeheide-Kiefern-Waldgesellschaften, womit sich die Präferenz für diesen Substrattyp – ähnlich wie in ihrem alpischen Hauptareal – deutlich zeigt (GAMS 1930, BRAUN-BLANQUET et al. 1954, HÖLZEL 1996a). Vergleichbare Sekundärbestände, denen die alpischen Kennarten der Erico-Pinetea fehlen, sind in den nördlich gelegenen Muschelkalkgebieten Thüringens und Nordhessens zu finden (SCHMIDT 2000).

10.3.3 Kiefernforste

Neben anthropogenen Kiefern-Wäldern, die sich hinsichtlich ihrer Struktur und ihrer Artenverbindung kaum von natürlichen Kiefern-Waldgesellschaften unterscheiden lassen (HEINKEN & ZIPPEL 1999), gibt es in Mitteleuropa Bestände, die eindeutig als Forste anzusprechen sind. Diese Kiefernforste stocken an Standorten, die sich durch eine günstigere Wasser- und Nährstoffversorgung sowie einen meist gut entwickelten Humuskörper auszeichnen.

Im Vergleich zu den natürlichen Kiefernwaldgesellschaften auf sauren Sandböden sind diese Standortsbedingungen vor allem durch ein engeres C/N-Verhältnis der organischen Auflage und eine höhere Wuchsleistung der Kiefer (HOFMANN 1968) gekennzeichnet. Diese Forste kommen vorwiegend auf reinen oder anlehmigen Sandböden des Tieflandes vor und bilden Ersatzgesellschaften für Drahtschmielen- oder Waldmeister-Buchen-Wälder. Auch im Mittelgebirge können Kiefernforste großflächig Standorte von Hainsimsen-Buchen-Wäldern (Luzulo-Fagetum) einnehmen, so in Nordostbayern, im Nordschwarzwald, im Odenwald und im Pfälzer Wald.

Charakteristisch für diese Kiefernforste ist eine strukturarme, gleichaltrige Kiefern-Baumschicht, in der vereinzelt die Hänge-Birke (*Betula pendula*) beigemischt ist. In der Strauchschicht findet sich neben dem Faulbaum (*Frangula alnus*) und der Eberesche (*Sorbus aucuparia*) Fichten-, Buchen- oder Eichen-Jungwuchs, der eine Weiterentwicklung zu Laubholzmischbeständen indiziert. Aus Gründen der Bestandesstabilität und der Bodenpflege sowie zur Erzielung günstiger Schaftformen betreibt die Forstwirtschaft auch einen Unterbau mit Laubholz, vor allem mit Buchen (Abb. 94, S. 132).

11 Wald und Naturschutz

Das letzte Kapitel des vorliegenden Buches greift zwei wesentliche Themenfelder auf, die aktuelle Problematiken und Lösungsstrategien im Hinblick auf Veränderung, Gefährdung und Schutzwert von Waldökosystemen näher beleuchten:

- Den Zustand mitteleuropäischer Waldökosysteme und die durch Immissionen hervorgerufenen Veränderungen sowie
- Naturschutzziele und Schutzkonzepte für Waldökosysteme.

11.1 Anmerkungen zur Problematik der „Waldschäden" in Mitteleuropa

Der Begriff „Waldschaden" ist in der Regel ein Synonym für alle an Waldbäumen feststellbaren Symptome, die auf eine verringerte Baumvitalität hinweisen. Beispiele hierfür sind

- die Abnahme der Belaubungsdichte (Kronentransparenz),
- Zuwachseinbußen oder
- chlorotische Veränderungen der Blätter.

Dabei ist weder von Bedeutung noch eindeutig feststellbar, ob derartige Symptome durch natürliche Wuchsbedingungen verursacht oder anthropogen sind.

Zur Dokumentation des Ausmaßes und der Entwicklung von Waldschäden in Europa führen die Europäische Gemeinschaft und die Vereinten Nationen seit 1986 in 35 Teilnehmerstaaten eine „**Europäische Waldzustandserfassung**" durch (LORENZ 1993). Im Zuge dieser Erhebungen erfolgt die Begutachtung der Kronen von Bäumen an dauerhaft markierten Stichprobenpunkten. Als wichtigste Schadensmerkmale dienen die Kronenverlichtung und der Vergilbungsgrad der Laub- beziehungsweise der Nadelblätter.

Der Verlichtungsgrad der Kronen wird mittels einer fünfstufigen, die Vergilbung der Blätter auf der Grundlage einer vierstufigen Schätzskala beschrieben. Aus der Kombination eines bestimmten Vergilbungs- und Verlichtungsgrades lässt sich die Schad- beziehungsweise die Vitalitätsstufe bestimmen, der der untersuchte Baum zuzuordnen ist. Die so gewonnenen Ergebnisse werden auf nationaler und internationaler Ebene regelmäßig veröffentlicht und interpretiert (LORENZ et al. 1999).

Die Anwendung dieser – bislang üblichen – Verfahren zur Erhebung von Waldschäden hat allerdings nicht erst in neuerer Zeit von verschiedenster Seite immer wieder Kritik erfahren (SCHÖPFER 1985, ELLENBERG 1994, 1995, 1996, SCHERZINGER 1996). Als problematisch wird beispielsweise angesehen, dass eine Schätzung der Blattverluste in Bezug zu fiktiven, d. h. nicht bekannten Normalzuständen gesetzt werden. Auch erfolgten in den Erhebungen für die Vergilbungserscheinungen nie Eichungen zu vorliegenden Standorts- oder Immissionsverhältnissen. Damit bleibt unklar, welchen Anteil natürliche oder anthropogene Stressoren an dem beobachteten Schadenszustand haben.

Weiterhin werden die durch natürliche Umweltfaktoren bedingten Schwankungen der Belaubungsdichte und Wuchsleistung von Waldbäumen unter Umständen allzu einseitig interpretiert: Da diese beiden Faktoren unter anderem von den edaphischen Verhältnissen und den während einer Vegetationsperiode bestehenden Witterungsbedingungen abhängen (REHFUESS et al. 1983), führen die Schadenserhebungen mithilfe des Belaubungszustandes zu jährlich stark schwankenden Ergebnissen (SCHÖPFER 1985). Sie sind somit nicht unbedingt ein Ausdruck für die „Erkrankung" eines Baumes, sondern vielmehr für die natürliche Variabilität seiner Wuchsleistung.

Waldschadenserhebungen werden heute demzufolge durch Bodenzustandsanalysen ergänzt, um die bestehenden bodenchemischen Verhältnisse und deren langfristige Veränderung in Beziehung zum Kronenzustand der Waldbäume setzen zu können (LORENZ et al. 1999). Zugleich werden Belaubungsinventuren von Elementanalysen in Nadeln und Blättern sowie von Depositions- und Zuwachsmessungen begleitet (GRABHERR & MUCINA 1989, LORENZ 1993).

11.2 Wirkung von Immissionen auf Waldökosysteme, dargestellt am Beispiel von Stickstoffimmissionen

Unter der Vielzahl heute auf dem Luftweg verfrachteter und in Waldökosystemen deponierter Schadstoffe kommt den Stickstoffverbindungen in den letzten Jahren eine immer größere Bedeutung zu. Im Folgenden wird daher die Wirkung von Immissionen auf Waldökosysteme eingehender am Beispiel der Stickstoffverbindungen erläutert.

An den in Waldökosysteme atmogen eingetragenen Stickstoffmengen haben NO_x- (Stickoxide) und NH_y-Verbindungen (Ammoniak, Ammonium) die größten Anteile. Langzeitbeobachtungen im Solling zeigen, dass der in Fichtenaltbestände atmosphärisch eingebrachte Mineralstickstoff von 1971 bis 1991 kontinuierlich zunahm, seit 1991 aber rückläufig ist (ULRICH 1993). In Mitteleuropa liegen die im Jahresdurchschnitt in Waldökosysteme eingetragenen Stickstoffmengen zwischen 30 und 40 kg/ha (ELLENBERG, HERM. et al. 1989).

Die genannten Stickstoffverbindungen nehmen über verschiedene, meist komplexe Wirkungszusammenhänge Einfluss auf Waldökosysteme (EVERS 1961, ELLENBERG, HERM. 1964, ELLENBERG 1977): Zum einen können Pflanzen NO_x- und NH_y-Verbindungen über ihre Blattoberfläche – also auf direktem Wege – aufnehmen (GIGON & RORISON 1972, ELLENBERG, HERM. 1992). Als Folge zum Beispiel einer HNO_3- oder NH_4^+-Aufnahme werden dann Kationen (vor allem K^+) aus Laubblättern und Nadeln ausgewaschen. Durch diesen Vorgang verlieren die betroffenen Pflanzen Nährsalze (FLÜCKIGER et al. 1989, FLAIG & MOHR 1996, Abb. 95). Insgesamt werden die Blätter bei hohen Stickstoffgaben hygromorpher, da diese weniger Sklerenchymelemente im Verhältnis zum übrigen Blattgewebe bilden. Die Empfindlichkeit der Pflanzen gegenüber Schädlingsbefall und Frostereignissen (FLÜCKIGER et al. 1989) steigt.

Zum anderen beeinflussen Stickstoffdepositionen die Trophie- und Aziditätsverhältnisse sowie die Nährsalzverfügbarkeit und -mobilität in Waldböden. Nehmen Pflanzenwurzeln Ammonium auf, so setzen diese im Zuge der Assimilation Protonen frei. Ammonium wirkt somit physiologisch sauer. Darüber hinaus konkurriert Ammonium mit Kalium-Ionen um Kationen-Bindungsstellen im Boden und um die Aufnahme durch Pflanzenwurzeln; denn beide Ionen weisen gleiche Radien auf und verhalten sich biochemisch ähnlich. Wie physiologische Experimente mit Kiefernkeimlingen zeigen, kann ein Ammonium-Überangebot zugleich einen Kalium-Efflux aus Pflanzenwurzeln bewirken, so dass die betroffenen Pflanzen unter zunehmendem Kalium-Mangel leiden (MOHR 1993, FLAIG & MOHR 1991, 1996). Auch im Zuge der Nitrifikation, dem Umbau von Ammonium zu Nitrat, werden Protonen im Boden freigesetzt.

Dies hat zur Folge, dass in vielen Regionen Mitteleuropas atmosphärische Ammoniumeinträge mittlerweile als Hauptursache der Bodenversauerung gelten, da ihre Wirkung die der Protonendeposition aus HNO_3 und Schwefelverbindungen übertrifft (STEIN & VAN BREEMEN 1993, FLAIG & MOHR 1996). In manchen Buchen-Wäldern Nordrhein-Westfalens stellen Ammonium-Einträge bereits 70 % des gesamten atmosphärischen Säureeintrages (SCHERZINGER 1996).

Besonders in sauren Waldböden werden durch H^+ und NH_4^+ die ernährungsphysiologisch wichtigen Kationen K^+, Mg^{2+} und Ca^{2+} von ihren Austauscherplätzen im Solum verdrängt. Dies führt bei einer hohen Säure- oder Ammonium-Deposition zur Auswaschung dieser Nährionen. Waldbäume geraten somit über kurz oder lang in eine Mangelsituation (MOHR 1993).

Bei Vergleich des atmogenen Stickstoffein- mit dem -austrag (über Sickerwasser) an 65 Waldstandorten in Europa stellte sich heraus, dass die Auswaschung bei Depositionsraten unter 10 kg N/ha · a durchweg gering ist. Bei Einträgen über 25 kg N/ha · a hingegen werden allerdings stets größere N-Mengen über das Bodensickerwasser ausgetragen und gefährden somit das Trinkwasser (Abb. 96). Da das Stickstoff-Angebot an solchen Standorten oftmals größer ist als der Bedarf der Vegetation, ist der verstärkte Austrag auf eine Mineralstickstoff-Übersättigung des Bodens zurückzuführen (EICHHORN 1995).

Eine Auswertung von 27 mehrjährig laufenden Fallstudien in Waldökosystemen Deutschlands zeigt allerdings, dass nur wenige der dort

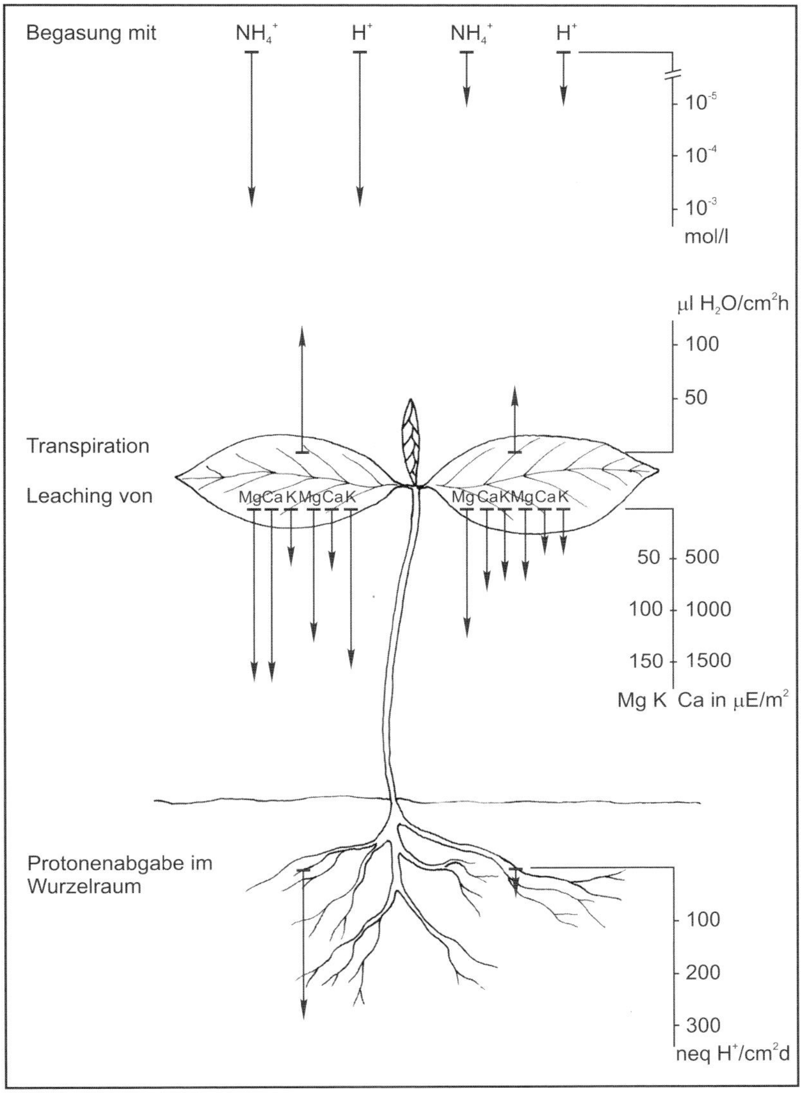

Abb. 95
Als Effekte einer Behandlung von Buchenkeimlingen mit saurem Nebel sind u. a. eine Nährstoffauswaschung aus den Blättern, eine erhöhte Transpiration und eine Versauerung der Rhizosphäre zu beobachten (verändert nach Flückiger et al. 1989).

untersuchten Waldstandorte heute bereits mit Stickstoff übersättigt sind (Block 1995, Abb. 97). Die hohe Austragsrate oder die Übersättigung ist besonders in Fichten-Wäldern darauf zurückzuführen, dass Bestände mit Fichte aufgrund der wintergrünen und großen Gesamtoberfläche der Nadeln auch relativ hohe Einträge aufweisen (Abb. 98).

Untersuchungen von Matzner & Grosholz (1997) zeigen, dass die mit dem Sickerwasser aus einem Waldboden ausgetragenen N-Mengen gut mit dem C/N-Verhältnis des Auflagehumus korrelieren. Je enger das Verhältnis wird, desto größer werden auch die Austragsraten. Das C/N-Verhältnis der Auflagen erlaubt somit Rückschlüsse auf den N-Umsatz eines Waldökosystems (Feger 1998).

Zwar lassen sich mittels bodenchemischer Analysen sehr gut durch atmosphärische Einträge hervorgerufene Störungen des N-Haushaltes von Wäldern nachweisen; viel schwieriger ist es hingegen, mittels vegetationskundlicher Vergleichsanalysen eindeutig auf durch Stickstoffeintrag bedingte Veränderungen im

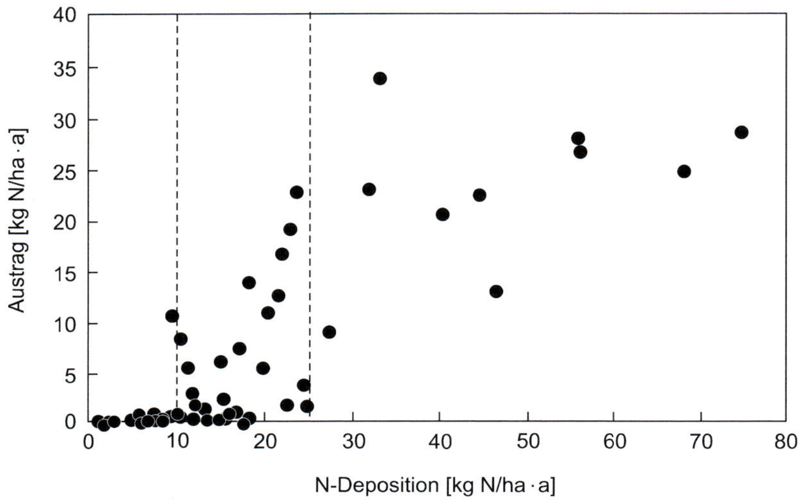

Abb. 96
Austrag von Stickstoff mit dem Bodensickerwasser aus 65 bewaldeten Wassereinzugsgebieten in ganz Europa in Abhängigkeit von der Stickstoffdeposition am jeweiligen Standort. Bei weniger als 10 kg N ha^{-1} a^{-1} ist so gut wie keine Nitratauswaschung festzustellen, bei mehr als 25 kg N ha^{-1} a^{-1} werden bei allen Standorten signifikante Mengen an Nitrat ausgewaschen (nach FLAIG & MOHR 1996).

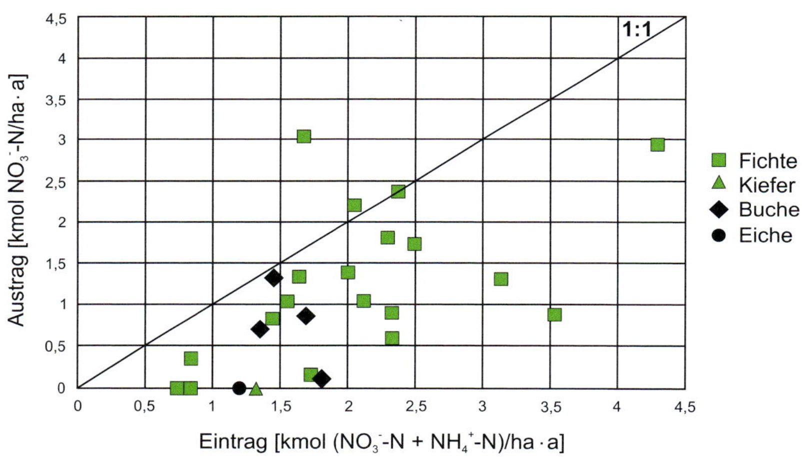

Abb. 97
Austrag von Nitrat-Stickstoff mit dem Bodensickerwasser in Abhängigkeit vom Stickstoffeintrag aus atmosphärischer Deposition am jeweiligen Standort. Die Auswertung von 27 mehrjährig laufenden Fallstudien in Waldökosystemen Deutschlands zeigt, dass hohe N-Austräge gehäuft bei N-Einträgen von mehr als 1,5 kmol N ha^{-1} a^{-1} (= 21 kg ha^{-1} a^{-1}) auftreten. Aufgrund der höheren Blattoberflächen sind die Einträge in Nadelwälder in der Regel deutlich höher als in Laubwäldern (nach BLOCK 1995).

Artengefüge rückzuschließen. Voraussetzung hierfür wäre, dass ein Standort in ausreichend kleinen Zeitintervallen untersucht würde und – mit Ausnahme des N-Angebotes – alle auf das Artengefüge einwirkende Faktoren im Betrachtungszeitraum keiner Veränderung unterlägen (FLAIG & MOHR 1996). Diese Umstände lassen sich praktisch nicht realisieren, so dass Vergleiche von aktuellen und historischen vegetationskundlichen Aufnahmen zwar wertvolle Indizien geben, ein Beweiswert diesen Vergleichen aber nur in gewissen Grenzen zukommt. Eine ausführliche Diskussion der diesbezüglich bestehenden methodischen Möglichkeiten und Grenzen findet sich in der Studie von BÜRGER-ARNDT (1994; vgl. auch FISCHER 1999, SCHMIDT 1999).

Tabelle 40 fasst die Ergebnisse von vegetationskundlichen Vergleichsaufnahmen in verschiedenen Waldgebieten Mitteleuropas zusammen. Sie zeigt, dass in einem Großteil dieser Waldgebiete Nitrophyten beziehungsweise die mittlere Stickstoffzahlen der Bodenvegetation zugenommen haben.

Dieser Befund wird von den zitierten Autoren als Folge atmogener Stickstoffeinträge in-

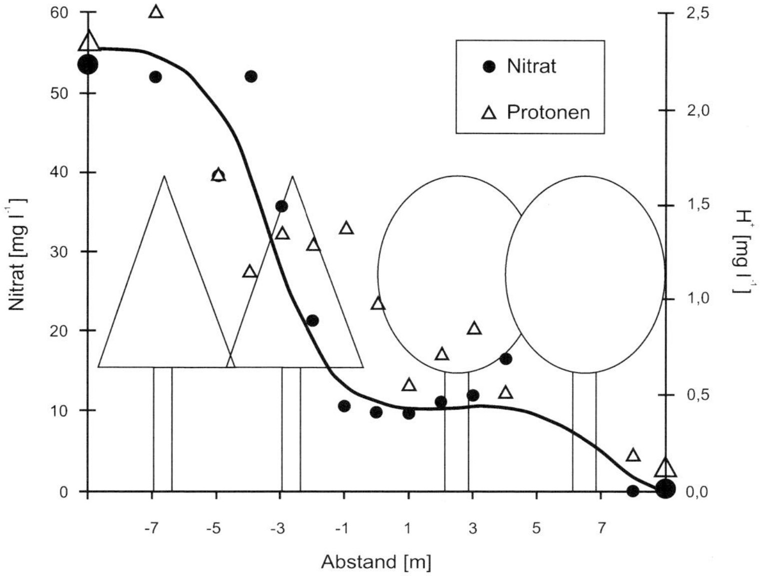

Abb. 98 Oberbodenversauerung und Sickerwasserqualität in einem Gradienten zwischen einem Fichten-Forst und einem Buchen-Wald (Galio-Fagetum luzuletosum) auf Lösslehm im Tertiärhügelland Oberbayerns. Die Protonen- (gemessen im O_f-Horizont) und die Nitratkonzentrationen im Sickerwasser (gemessen in 100 cm Bodentiefe) sind unter einem Buchen-Bestand 3- bis 5-mal niedriger als unter einem Fichten-Bestand. Durch eine Verlagerung der bodenbiologisch günstigeren Buchenstreu können sich im Kontaktbereich eines Buchen- und Fichten-Bestandes die Verhältnisse unter Fichte auf einem Streifen von etwa 5 m Breite verbessern (aus Rothe 1997).

Tab. 40 Zusammenfassende Darstellung der Ergebnisse aus vergleichenden vegetationskundlichen Wiederholungsaufnahmen zur Veränderung der Bodenvegetation in Wäldern in Deutschland und angrenzenden Ländern. Die Angaben sind in Klammern gesetzt, wenn solche Veränderungen nur schwach ausgebildet oder von den jeweiligen Autoren keine Zeigerwerte angegeben waren, die Befunde aber dennoch einen Entwicklungstrend erkennen lassen (nach Flaig & Moor 1996, ergänzt)

Studien	R>	R<	N>	N<	L>	L<	S>	S<	Waldgesellschaft	Aufnahmejahre
Buck-Feucht (1986)						(x)		x	artenarme Buchen-Mischwälder	1951/53–1983
Wilmanns und Bogenrieder (1986)						(x)		x	Buchen-Wälder	1942/44–1985
Wilmanns et al. (1986)			(x)			x		x	Eichen-Hainbuchen-Wälder	1942/44–1985
Kuhn et al. (1987)	x		x			x		x	Eichen-Birken-/Eichen-Hainbuchen-Wald	1935/47–1984/85
Wilmanns (1989)	(x)		(x)			x		x	bodensaurer Buchen-Wald	1953/54–1988
Wilmanns (1989)	(x)					x		x	Waldschwingel-Buchen-Wald	
Wilmanns (1989)						(x)		(x)	Blaugras-Buchen-Wald	
Rost-Siebert und Jahn (1988)						(x)		x	Flattergras-Buchen-Wald	1935–1983/84
Rost-Siebert und Jahn (1988)		(x)	x			(x)		x?	Kalkbuchenwald	1957/60–1984
Heering (1986)	(x)		x			x		x	Versch. Laubwaldgesellschaften	1958/59–1985
Zukrigl et al. (1993)			(x)						Laubmisch- u. Nadelwälder	1958/65–1989/90
Rost-Siebert und Jahn (1988)	(x)		(x)		x		x?		Drahtschmielen-Buchen-Wald	1935–1983/84
Rost-Siebert und Jahn (1988)	x		(x)		x		x		Hainsimsen-Buchen-Wald	1957/58–1984
Thimonier et al. (1992)	(x)		x			x	x		Eichen-Hainbuchen-Wald	1971/72–1990
Rodenkirchen (1993)	(x)		x		x		x		Kiefernbestände	1946–1987
Wittig et al. (1985)	x		x*		(x)		x		Flattergras-Buchen-Wald	1976–1983

* in durchforsteten Beständen

R> Zunahme der Reaktionszahl	R< Abnahme der Reaktionszahl
N> Zunahme der Stickstoffzahl	N< Abnahme der Stickstoffzahl
L> Zunahme der Lichtzahl	L< Abnahme der Lichtzahl
S> Zunahme der Artenzahl	S< Abnahme der Artenzahl (insgesamt)

terpretiert. Auch nach Ansicht von FLAIG & MOHR (1996) sind aufgrund der Vielzahl bislang vorliegender Untersuchungsergebnisse genügend Indizien dafür gegeben, dass sich die Artenzusammensetzung der Bodenvegetation durch atmogene N-Einträge verändert hat. Diese Einschätzung stützen Studien von TYLER (1987), VAN BREEMEN & VAN DIJK (1988) und ZUKRIGL et al. (1993).

Neben ihrer Wirkung auf die Stoffumsätze und die Vegetation von Waldökosystemen beeinflussen atmogene N-Einträge auch die für eine Entwicklung der meisten Waldbäume notwendigen, symbiontischen Pilzpartner (Mykorrhiza). Im Rahmen des ARINUS-Projektes zeigten Freilanduntersuchungen, dass die Pilzpartner der Ektomykorrhizen Stickstoff in vermehrtem Maße aufnehmen und zwischenspeichern, sofern das externe Angebot steigt (RASPE et al. 1998). Da der aufgenommene Stickstoff nur teilweise an den Baum weitergegeben wird, trägt dieser Vorgang zur Stickstoff-Retention im Waldboden bei (BECKMANN et al. 1998).

Darüber hinaus hemmt eine hohe Zufuhr an Mineralstickstoff die Entwicklung der Ektomykorrhiza (ARNOLDS et al. 1985). Wie Düngungsversuche belegen, nimmt die Häufigkeit der Mykorrhiza – ein Maß für den Vitalitätszustand des Wurzelsystems – bei Ammoniumsulfatgaben ab (RASPE & HAUG 1998). Da die meisten Baumarten Mitteleuropas (z. B. *Fagus sylvatica*, *Larix decidua*, *Quercus robur*, *Q. petraea*, *Picea abies*, *Pinus sylvestris*) obligatorisch in Symbiose mit Pilzen leben, ist bei einer Schädigung ihrer Mykorrhiza auch bei diesen mit Vitalitätseinbußen zu rechnen. VINCENT (1989) konnte zeigen, dass bei Buchen zwischen dem Mykorrhizierungsgrad der Wurzel und dem Ausmaß an Kronenschäden deutliche Beziehungen bestehen. Auch HORAK (1991) wies nach, dass die qualitative und quantitative Präsenz der Ektomykorrhiza unmittelbar von der Nährstoffsituation in der Rhizosphäre abhängt: Nimmt die Düngung eines Standortes mit Stickstoffverbindungen zu, so sind Häufigkeit und Masse der Ektomykorrhiza an den Wurzeln der Wirtspflanze und Fruchtkörperbildung der Pilzpartner rückläufig. Gehölze, die sich auch ohne eine Symbiose mit Pilzpartnern entwickeln können, sind zum Beispiel *Taxus baccata*, *Fraxinus excelsior*, *Robinia pseudoacacia*, *Prunus serotina* und *Ilex aquifolium*. Bezeichnenderweise sind gerade die drei zuletzt genannten Arten vielerorts in Ausbreitung begriffen.

Um das von Stickstoffeinträgen ausgehende Gefährdungspotential für Waldökosysteme grob abschätzen zu können, wurden von verschiedenen Autoren für Laub- und Nadelwälder so genannte **kritische Eintragswerte** („critical loads") bestimmt, bei deren Überschreitung von Störungen im Nährstoffhaushalt und in der Vegetationsentwicklung auszugehen ist. Europaweit werden derzeit durch eine UN/ECE-Arbeitsgruppe „Kritische Belastungswerte" für Waldökosysteme auf der Grundlage von Freilandmessungen und Modellrechnungen kartiert, im Umweltbundesamt zusammengetragen und ausgewertet (LORENZ et al. 1999). Die kritischen, jährlichen Eintragsmaxima für Stickstoff (Ammonium und Nitrat) betragen, je nach Standortssituation, für Nadelwälder 3–15 kg/ha und für Laubwälder 15–20 kg/ha (NILSSON & GREUNFELDT 1988). Führt man sich vor Augen, dass in manchen Waldgebieten die jährliche N-Deposition bis zu 60 kg/ha beträgt, werden die Relationen deutlich: Vielerorts werden die genannten Grenzwerte um das 3- bis 4fache überschritten. Für mitteleuropäische Waldökosysteme geht also von Stickstoffimmissionen gegenwärtig ein besonderes Gefährdungspotential aus.

11.3 Naturschutzziele

Naturschutz im Wald sollte darauf zielen, dauerhaft die biologische Vielfalt (Biodiversität) von Waldökosystemen in ihrer Gesamtheit zu erhalten. Dabei sind drei Betrachtungsebenen möglich:

Die Erhaltung der Vielfalt
- auf genetischem Niveau,
- auf Artniveau und
- auf Biozönosenniveau (MÜLLER-STARCK 1997).

Diese Ziele sind langfristig nur erreichbar, wenn wichtige Grundfunktionen von Waldökosystemen ungestört bleiben (beispielsweise ihre Nährstoff- und Strukturdynamik oder die Populationsdynamik von Waldorganismen).

Naturschutz ist in erster Linie planungsorientiert (DIERSSEN et al. 1999) und bemüht sich demzufolge um Maßnahmen oder Strategien, die möglichst langfristig und umfassend die Sicherung der biologischen Vielfalt von Waldökosystemen gewährleisten. Die meisten

Tab. 41 Beispiele für Schutzobjekte und begleitende Schutzmaßnahmen im Waldnaturschutz

Schutzobjekt	Beispiele für Schutzobjekte	Beispiele für Schutzmaßnahmen
Arten	Diptam, Speierling, Auerhuhn, Dreizehenspecht etc.	gesetzlicher Artenschutz, Pflegekonzepte f. betreffende Biotope, Vertragsnaturschutz (bei Nutzungsverzicht, Vergütung v. Pflegemaßnahmen etc.), Inventarisierung d. betreffenden Biotope
Biotope	Moorwälder, Blockhaldenwälder, Trockenwälder, Nieder- oder Mittelwälder	Ausweisung von Schutzgebieten (NWR, NSG, Schonwälder, FFH-Gebiete), Beibehaltung tradierter Nutzungsformen (z. B. Niederwaldwirtschaft, Waldweide etc.)
Waldlandschaften	Bayerischer Wald, Müritzgebiet, Hainich, Schönbuch	Nationalparke, Biosphärenreservate, Zertifizierung der Holzproduktion

Schutzmaßnahmen sind objektspezifisch und zielen auf die Erhaltung, die Pflege oder die Entwicklung ganz bestimmter „Schutzobjekte“. Solche Schutzobjekte können beispielsweise einzelne Tier- oder Pflanzenarten, Waldbiotope oder auch großflächig und in naturnahem Zustand erhaltene Waldlandschaften sein. Tabelle 41 gibt eine Auswahl an Beispielen für solche Schutzmaßnahmen für Waldökosysteme und die damit verknüpften Schutzziele wieder.

Die **Objektbezogenheit** vieler Schutzmaßnahmen birgt allerdings das Problem, dass sich auf einzelnen Flächen nur einzelne Schutzziele realisieren lassen, da spezielle Maßnahmen – z. B. zum Schutz oder zur Förderung einer bestimmten Art oder einer Artengruppe – auf die Entwicklung anderer Pflanzen- oder Tierarten nachteilig wirken können. Strategien zum Schutz der biologischen Vielfalt von Waldökosystemen dürfen zudem nicht ausschließlich auf Waldschutzgebiete wie Naturwaldreservate, Bann- oder Schonwälder begrenzt bleiben, sondern müssen darüber hinaus auch Wirtschaftswälder einbeziehen, da diese in Mitteleuropa heute den größten Anteil an der Gesamtwaldfläche einnehmen.

Ein Konzept, das möglichst umfassend den Schutzzielen in Waldökosystemen Rechnung tragen möchte, wurde von STURM (1993) vorgestellt und als **„Prozessschutz-Konzept“** bezeichnet. Unter allgemein naturschutzfachlichen Gesichtspunkten zielt der Prozessschutz darauf ab, dynamische Veränderungen als Grundeigenschaft aller lebenden Systeme auf der Ebene von Arten, Biozönosen und Ökosystemen zu erhalten (JEDICKE 1995, 1998, PLACHTER 1996). Für Waldökosysteme bedeutet dies, dass eine von menschlicher Einflussnahme wenig gestörte, kontinuierliche Entwicklung der Waldvegetation und des Waldbodens als prioritäres Schutzziel erachtet wird.

Dem hohen Stellenwert, der einer solchen Entwicklungskontinuität im Rahmen des Prozesschutzes beigemessen wird, liegt die Einsicht zugrunde, dass vor allem alte und wenig gestörte Waldökosysteme Strukturen aufweisen, an die eine Vielzahl von stenöken, heute seltenen Waldarten und -lebensgemeinschaften gebunden sind (vgl. unten). Von STURM (1993, 1994) wurde die „Prozessschutz“-Idee im Sinne eines „naturschutzgerechten Waldbaukonzeptes“ mit dem Ziel weiterentwickelt, die Dynamik von Waldökosystemen durch waldbauliche Nutzungen möglichst wenig zu stören.

Dem Problem der Erhaltung der **genetischen Vielfalt** von Waldbäumen und ihrer Bedeutung für Waldökosysteme widmete sich während der vergangenen Jahre eine Vielzahl populationsgenetischer und -ökologischer Arbeiten (NNA-Bericht 1997). Während der vergangenen Jahrhunderte änderte sich die genetische Vielfalt vieler Baumarten stark durch anthropogenen Einfluss, zum Beispiel durch das Ausbringen von Saatgut oder durch großflächige Rodungen und die damit verbundene Verinselung von Waldflächen. Besonders der zuletzt genannte Faktor bewirkte, dass Genverluste unter den Baumpopulationen auftraten oder ein Genaustausch unterblieb.

Der Verlust an genetischer Variabilität kann dazu führen, dass die Anpassungsfähigkeit der Baumpopulationen an heutige oder künftige Umweltbedingungen vermindert wird (SCHOLZ 1989, MÜLLER-STARCK 1994, 1997).

Als wichtigste Einflussgrößen auf forstliche Genressourcen wirken

- die Paarungsmechanismen,
- die Pollenausbreitung,
- die Ausbringung von Saatgut sowie
- natürliche und künstliche Auslesefaktoren.

Diese bestimmen die Häufigkeit von Allelen und Genotypen (genetische Struktur), deren räumliche Verteilung innerhalb eines Bestandes (genetische Architektur) und die geographisch-genetische Variation einer Baumart (GEBUREK 1992).

Bis heute ist wenig darüber bekannt, welche Auswirkungen waldbauliche Maßnahmen auf die genetische Variabilität der in Mitteleuropa heimischen Baumarten haben (z. B. Ausbringung von allochthonem Saatgut, Auswahl so genannter Zukunftsbäume). Waldbau muss demzufolge darauf zielen, die genetische Vielfalt aller Baumarten zu sichern, wobei in erster Linie natürliche Mechanismen zur Erhaltung forstlicher Genressourcen genutzt werden sollten (GEBUREK et al. 1989, KLEINSCHMIDT 1997, MÜLLER-STARCK 1997).

Die **Vielfalt an waldspezifischen Arten** eines Gebiet hängt besonders von folgenden Faktoren ab:

- Ausbreitungswege der einzelnen Waldarten im Postglazial,
- Groß- und Lokalklima,
- Bodenverhältnisse (insbesondere Wasser- und Nährstoffhaushalt),
- Alter des Waldgebietes,
- Waldstruktur.

Im Folgenden werden die beiden zuletzt genannten Faktoren eingehender betrachtet, da sie unter Aspekten des Waldartenschutzes von besonderer Relevanz sind.

Wie Untersuchungen in England, Belgien, Deutschland, Schweden und Polen zeigen, sind besonderes alte Waldstandorte (sog. „Altwälder“ oder „ancient woodlands“) mit einer langen Entwicklungskontinuität reich an waldspezifischen Phanerogamen (RACKHAM 1980, HERMY & STIEPERAERE 1981, PETERKEN & GAME 1984, DZWONKO & LOSTER 1988, ZACHARIAS & BRANDES 1990, WULF 1993, 1994, BRUNET 1994, HÄRDTLE 1994, STEGINK-HINDRIKS 1994, ZACHARIAS 1994, VON OHEIMB 1996, HÄRDTLE & WESTPHAL 1998, HEINKEN 1998). Grund hierfür ist, dass viele Waldarten nur ein geringes Ausbreitungspotential besitzen. Beispielsweise sind viele Sippen myrmekochor, da ihre Samen ausschließlich durch Ameisen ausgebreitet werden. Dementsprechend lang sind die Zeiträume, die Waldarten zur Wiederbesiedlung eines neu begründeten Waldes benötigen (RIECKEN 1992, VON OHEIMB 1996, BRUNET & VON OHEIMB 1998a,b). Je nach Bewaldungsdichte einer Landschaft kann es bis zu 800 Jahre dauern, bis eine neu aufgeforstete Waldfläche von waldtypischen Phanerogamen wiederbesiedelt wird (PETERKEN 1977, RACKHAM 1980, FALINSKI 1986).

In waldarmen Gebieten weisen junge Waldflächen mit einem Alter von unter 200 Jahren demzufolge etwa nur ein Drittel des Geophyten- und Myrmekochoren-Anteils auf, der für Altwälder charakteristisch ist (WULF 1994). POSCHLOD (1996) sieht die Ausbreitungsfähigkeit und das Vorhandensein langlebiger Boden-Diasporenbanken als wichtigste Faktoren für das langfristige Überleben einer Metapopulation an. Folgt man dieser Sichtweise, dann sind die Überlebenschancen vieler Waldarten besonders bei kleinen Populationen und in waldarmen Landschaft gering.

Vergleichbare Vorkommens- und Verteilungsmuster bestehen für viele Wald-Kryptogamen. Die Stabilität und die Überdauerungschancen einzelner Populationen werden dabei nicht nur vom Alter eines Waldstandortes, sondern auch von den vorherrschenden Waldstrukturen mitbestimmt. So nehmen waldbauliche Faktoren noch stärker als bei Phanerogamen Einfluss auf das Artengefüge von Wald-Kryptogamen, zum Beispiel (WIRTH 1976, 1978, PHILIPPI 1981, STEIN 1981):

- Gehölzartenwahl,
- vorhandene Totholzmenge,
- Anteil alter Hölzer im Bestand,
- Durchforstungsintensität oder
- Verfahren der Holzbringung.

In weiten Teilen der Bundesrepublik hat der Anbau von Nadelhölzern, insbesondere der Fichte und der Kiefer, den Rückgang stenöker Wald-Kryptogamen beschleunigt. Viele Sippen reagieren als poikilohydre Organismen sensibel auf eine Freistellung ihrer Standorte nach einem Holzeinschlag, da mit einer Änderung des Lichtklimas gleichzeitig auch Änderungen der Temperatur- und Feuchtigkeitsverhältnisse einhergehen. Epiphytische Flechtenarten konzentrieren sich in Wäldern besonders auf alten Baumindividuen (PHILIPPI 1981, JACOBSEN 1992). Diese Populationen können nur dann überdauern, wenn Einzelbäume mit bewachsenen Stämmen über ihr Umtriebsalter hinaus im Bestand verbleiben und nicht im Zuge des Holzeinschlages entnommen werden. Untersuchungen von WIRTH (1978) in Baden-Württemberg belegen, dass die Flechtenflora in Wäldern besonders infolge einer Entnahme von Althölzern verarmt. Auch **Moosarten** reagieren empfindlich und differenziert gegenüber forstlichen Eingriffen, so dass sich die Qualität des Artengefüges mit der Eingriffsintensität verändert. So sind nach WESTPHAL (2000) bestimmte Moosarten gute Indikatoren für die Eingriffsgeschichte an einem Waldstandort: Sie können unter anderem Hinweise darauf geben, ob ein betrachteter Waldstandort früher gekalkt, umgebrochen oder ackerbaulich genutzt wurde.

Ähnlich wie viele Flechtenarten zeigen auch **Großpilze** eine deutliche Bindung an Altholz, da sie nur dort – vorzugsweise an Buchenstämmen – die für ihre Fortpflanzung notwendigen Fruchtkörper bilden. Etwa zwei Prozent der in Deutschland heimischen Pilzarten sind an Totholz obligat gebunden (PHILLIPI 1981), während insgesamt etwa 1500 höhere Pilze totes oder absterbendes Holz als Lebensraum nutzen (ERDMANN & WILKE 1997). Die meisten saprophytischen Pilzarten finden sich heute vorwiegend in Naturwaldreservaten, da diese in Wirtschaftswäldern aufgrund der geringen Totholzmengen nicht überdauern können (WINTERHOFF 1978, WINTERHOFF et al. 1984).

Die in dieser Hinsicht zwischen Wirtschafts- und Urwäldern bestehenden Unterschiede verdeutlicht das folgende Beispiel: Nach KORPEL (1997) beträgt der Totholzanteil in Urwäldern der Slowakei – je nach Vegetationstyp und Entwicklungsstadium – zwischen 3 und 38 % des lebenden Holzvorrates. Dies entspricht Totholzmengen zwischen 19 und 280 fm/ha (Festmeter oder m^3/ha). Kleinräumig können in Zerfallsphasen bis zu 350 fm Totholz auf einem Hektar vorhanden sein (DETSCH et al. 1994, KORPEL 1995, 1997). Demgegenüber weisen Wirtschaftswälder nach Schätzungen von ALBRECHT (1991) durchschnittlich zwischen einem und fünf fm/ha Totholz auf (AMMER 1991).

Nicht nur in der Menge, sondern auch in der Qualität des Totholzes unterscheiden sich Wirtschafts- und Urwälder erheblich. Während Urwälder in der Zerfallsphase liegendes (70–90 %) und stehendes Totholz (10–30 %) in allen Alters- und Durchmesserklassen aufweisen, überwiegt in Wirtschaftswäldern das liegende Totholz mit geringen Stärken. Untersuchungen von ERDMANN & WILKE (1997) ergaben, dass in Buchenwirtschaftswäldern 95 % liegendes und nur 5 % stehendes Totholz vorkommen. Die skizzierten Unterschiede haben nicht nur Auswirkungen auf die Moos-, die Flechten und die Pilzflora, sondern betreffen auch eine Vielzahl verschiedener Tiergruppen (z. B. Käfer: ASSMANN 1994, Dipteren: SSYMANK 1994, IRMLER et al. 1996, HÖVEMEYER 1998; Vögel: DORKA 1981, PRILL 1987).

11.4 Waldwirtschaft und Naturschutz

Waldwirtschaft sieht sich heute mehr denn je mit verschiedenen Vorstellungen und Forderungen zur Waldnutzung konfrontiert. Die Waldgesetze der meisten europäischen Länder betonen, dass Wirtschaftswäldern eine „**multifunktionale Bedeutung**“ zukommt, da diese Nutz-, Schutz- und Erholungsfunktionen gleichermaßen erfüllen sollen (ZUNDEL 1990). Das letzte Kapitel des Buches widmet sich der Frage, inwieweit und unter welchen Rahmenbedingungen Nutzung und Naturschutz in Wäldern miteinander vereinbar sind. Zu Beginn wird eine Übersicht gegeben, welche Faktoren – besonders waldbaulicher Art – Waldlebensgemeinschaften veränderten. Aus diesen lassen sich Ansprüche des Naturschutzes an forstliches Handeln ableiten.

Die **Ursachen des Artenwandels in Wirtschaftswäldern** sind komplex, aber gut untersucht. Aus den Arbeiten verschiedener Autoren (HANSTEIN 1982, PETERKEN & GAME 1984, ELLENBERG 1986, DZWONKO & LOSTER 1988, BFANL 1989, HÄRDTLE 1990b) lassen sich folgende wichtige Faktoren herausstellen:

- Anbau **allochthoner Baumarten** mit einem übermäßigen Vorherrschen von der Fichte und der Kiefer außerhalb ihrer natürlichen Verbreitungsgebiete,

- relativ **starre Eingriffs- und Nutzungsschemata** vieler Forstbetriebe, die einem feinen Standortsmosaik und dem damit gegebenen Standortspotential eines Gebietes häufig nicht gerecht werden,
- eine bewusst gesteuerte und nur wenig dem Zufall überlassene Entwicklungsdynamik, infolgedessen ein **Mangel lebensraumtypischer Kleinstrukturen**; Beispiele: Windwurfteller, stehende oder fließende, aber veränderliche Kleingewässerstrukturen, verschiedene Totholzformen sowie andere, durch eine natürliche Dynamik entstehende Strukturen,
- in Wirtschaftswäldern das **Fehlen** ausgedehnter Altholzinseln, höherer Totholzanteile und der für ungenutzte Wälder charakteristischen **Terminal- und Zerfallsphasen**,
- mechanische **Störungen** und Bodenveränderungen durch den Pflege-, Hieb- und Rückebetrieb,
- **überhöhte Wildbestände** und im Zusammenhang damit ein Zurückdrängen verbissempfindlicher Baumarten (z. B. Eibe, Tanne),
- Veränderung der edaphischen, insbesondere der **Trophiesituation**, verursacht durch Entwässerung, durch Kalkung und durch allochthonen Nährstoffeintrag,
- Aufgabe historischer **Waldnutzungsformen**.

Besonders während der vergangenen zwei Jahrzehnte wurden von Forstwissenschaftlern und Ökologen zur Umsetzung von Naturschutzzielen im Wald die Grundlagen eines ökologisch orientierten Waldbaus erarbeitet (Hanstein 1982, Arbeitskreis Forstliche Landespflege 1984, Otto 1993, Ammer 1992, 1997, Fischer 1992b, Thomasius 1992, 1993, Hatzfeldt 1993, Sturm 1993, Perpeet 1995, Scherzinger 1996). Als **wichtigste Grundsätze** können gelten:

- Keine Kahlschlag- oder Großflächenwirtschaft,
- Tolerierung größerer Altholzbestände und entsprechender Totholzmengen unterschiedlicher Form, Lage und Größe,
- Sicherung von Beständen mit langer Entwicklungskontinuität: So sind 500 Jahre alte Waldstandorte ungleich reicher an lebensraumspezifischen Arten als 100-jährige Bestände,
- Nutzungsextensivierung und Tolerierung mehr zufallsgesteuerter, eigendynamischer Entwicklung,
- Anbau ausschließlich autochthoner Baumarten,
- boden- und bestandespflegliche Holzbringung,
- Pflege und Entwicklung von Waldrändern, insbesondere bei Wäldern mit geringer Flächenausdehnung (d. h. bei ungünstiger Flächen-Umfang-Relation),
- Verzicht auf Bodenbearbeitung und Entwässerung,
- Verzicht auf Zufuhr systemfremder Stoffe (z. B. Kalkung, Düngung, Pestizide).

Wälder unterscheiden sich von den anderen Ökosystemen Mitteleuropas vor allem durch lange Entwicklungszyklen. Gemessen an der Entwicklungsdauer von der Verjüngungs- bis zur Zerfallsphase betragen diese zum Beispiel für Buchen-Wälder des Tieflandes 300 bis 350 Jahre (Knapp & Jeschke 1991, Schmidt 1998). Die Ausbreitungs- und die Reproduktionsbiologie vieler Waldarten ist an eine solche, für ihren Lebensraum spezifische Dynamik angepasst. Demzufolge werden Waldbauverfahren den in Kapitel 11.3 geschilderten Schutzzielen dann am besten entsprechen, wenn sie die natürliche Dynamik und die Entwicklungskontinuität eines Waldes möglichst wenig stören.

Viele waldtypische Strukturen entstehen durch zufällige Ereignisse wie durch Windwurf, Blitzschlag oder Schädlingskalamitäten. Somit ist die Raum-Zeit-Entwicklung von Waldstrukturen selbst für einfach strukturierte Systeme wie Buchen-Wälder vielfach nicht prognostizier- oder planbar. Ökologischer Waldbau sollte deshalb darauf zielen, den Ablauf abiotischer und biotischer Prozesse in der für den jeweiligen Waldtyp spezifischen Raum-Zeit-Qualität zu gewährleisten (Bfanl 1989, Plachter 1991, Sturm & Waldenspuhl 1992). Aus Naturschutzsicht wird der Erfolg waldbaulicher Konzepte somit auch davon abhängen, inwieweit diese einer **Eigendynamik von Waldökosystemen** ihren Raum lassen.

Literaturverzeichnis

Aas, G. (1988): Untersuchungen zur Trennung und Kreuzbarkeit von Stiel- und Traubeneiche (*Quercus robur* L. und *Q. petraea* Liebl.). Diss. LMU München. 159 S., München.

Abel, W. (1978): Geschichte der deutschen Landwirtschaft vom frühen Mittelalter bis ins 19. Jahrhundert. 370 S., Ulmer, Stuttgart.

Abs, C. (1994): Populationsökologie als geobotanische Kausalanalyse. Ber. d. Reinh.-Tüxen-Ges. 6: 149–163.

Ackermann, H. (1954): Die Vegetationsverhältnisse im Flugsandgebiet an der nördlichen Bergstraße. Schriftenr. Naturschutzstelle Darmstadt 2: 1–134.

AG Boden (1994): Bodenkundliche Kartieranleitung. Band 4. 392 S., Schweizerbart'sche Verlagsbuchhandlung, Stuttgart.

Ahnert, F. (1996): Einführung in die Geomorphologie. 440 S., Ulmer, Stuttgart.

Ahrns, C. & Hofmann, G. (1998): Vegetationsdynamik und Florenwandel im ehemaligen mitteldeutschen Waldschutzgebiet „Hainich" im Intervall 1963–1995. Hercynia 31: 33–64.

Aichinger, E. (1952): Rotföhrenwälder als Waldentwicklungstypen. Angewandte Pflanzensoziologie 6: 5–68.

Albrecht, L. (1991): Die Bedeutung des Toten Holzes im Wald. Forstwiss. Cbl. 110: 106–113.

Aldinger, E., Hübner, W., Michiels, H. G., Mühlhäusser, G., Schreiner, M. & Wiebel, M. (1998): Überarbeitung der Standortskundlichen regionalen Gliederung im Südwestdeutschen Standortskundlichen Verfahren. Mitt. Ver. Forstl. Standortskd. u. Forstpflanzenzücht. 39: 5–72.

Alexander, M. (1961): Introduction to Soil Microbiology. 467 S., Wiley & Sons, New York.

Amarell, U. (1998): Kiefernforste der Dübener Heide – Ursachen und Verlauf der Entstehung und Veränderung von Forstgesellschaften. Diss. Univ. Halle. 131 S., Halle.

Ammer, U. (1991): Konsequenzen aus den Ergebnissen der Totholzforschung für die forstliche Praxis. Forstw. Cbl. 110: 149–157.

Ammer, U. (1992): Naturschutzstrategien im Wirtschaftswald. Forstw. Cbl. 111: 255–265.

Ammer, U. (1997): Landschaftselement Wald – Objekt der Raumplanung und Funktionen für den Naturschutz aus wissenschaftlicher Sicht. Rundgespräche der Kommission für Ökologie 12, Forstwirtschaft im Konfliktfeld Ökologie – Ökonomie, S. 67–79.

Andersson, F. (1970): Ecological studies in a Scanian woodland and meadow area, southern Sweden. II. Plant biomass, primary production and turnover of organic matter. Bot. Notiser 123: 8–521.

Antonietti, A. (1968): Le associazioni forestali del 'orizzonte submontano del Cantone Ticino su substrati pedogenetici ricchi di carbonati. Mem. Ist. Svizz. Ric. Forest. 44: 85–226.

Arbeitskreis Forstliche Landpflege (1984): Biotoppflege im Wald. Ein Leitfaden für die forstliche Praxis. 230 S., Kilda, Greven.

Arbeitskreis Standortskartierung in der Arbeitsgemeinschaft Forsteinrichtung (1996): Forstliche Standortsaufnahme. Band 5. 352 S., IHW-Verlag, Eching.

Arnolds, E. J. M. et al. (1985): Changes in the mycoflora of the Netherlands. Wetensch. Meded. KNNV 167: 101.

Assmann, T. (1994): Epigäische Coleopteren als Indikatoren für historisch alte Wälder der Nordwestdeutschen Tiefebene. NNA-Berichte 7: 142–151.

Augustin, H. (1991): Die Waldgesellschaften des Oberpfälzer Waldes. Hoppea 51: 5–314.

Babel U. (1981): Humusmorphologische Untersuchungen in Nadelholzbeständen mit Wuchsstörung. Mitt. Ver. Forstl. Standortskde. u. Forstpflanzenzücht. 29: 7–20.

Bartsch, J. & Bartsch, M. (1940): Vegetationskunde des Schwarzwaldes. Pflanzensoziologie 4, 229 S., Fischer, Jena.

Bartsch, J. & Bartsch, M. (1952): Der Schlucht- und der Bach-Eschenwald. Pflanzensoziologie 8, 109 S., Fischer, Jena.

Bayerische Landesanstalt für Wald- und Forstwirtschaft (1993): Bayerische Waldklimastationen. Jahrbuch 1993. 479 S., Eigenverlag d. Bayerischen Landesanstalt für Wald- u. Forstwirtschaft, Freising.

Becker, M., Bonneau, M. & Le Tacon, F. (1992): Long-term vegetation changes in an Abies alba forest: natural development compared with response to fertilization. J. Veg. Sci. 3: 467–474.

Beckmann, S., Haug, I., Kottke, I. & Oberwinkler, F. (1998): Stickstoffspeicherung in den Mykorrhizen der Fichte. In: Raspe, S., Feger, K. H. & Zöttl, H. W. (Hrsg.): Ökosystemforschung im Schwarzwald: 325–339. Ecomed, Landsberg.

Behre, K. E. (1976): Pollenanalytische Untersuchungen zur Vegetations- und Siedlungsgeschichte bei Flögeln und im Ahlenmoor (Elb-Weser-Winkel). Probl. d. Küstenforsch. 11: 101–118.

Benecke, P. (1984): Der Wasserumsatz eines Buchen- und Fichtenwaldökosystems im Hochsolling. Schr. Forstl. Fak. Univ. Göttingen 77: 1–158.

Benkert, D., Fukarek, F. & Korsch, H. (1998): Verbreitungsatlas der Farn- und Blütenpflanzen Ostdeutschlands. 615 S., Fischer, Stuttgart.

BENNERT, W. (1973): Chemisch-ökologische Untersuchungen an Arten der Krautschicht eines montanen Hainsimsen-Buchenwaldes (Luzulo-Fagetum). Diss. Univ. Berlin. 216 S., Berlin.

BENZING, A. (1956): Das Vegetationsmosaik zwischen Schwarzwald und Oberem Neckar als Indikator der Landschaftsökologie und seine Bedeutung für die naturräumliche Gliederung. Diss. Univ. Tübingen. 136 S., Tübingen.

BERT G. D. (1992): Les principaux types de sapinières (*Abies alba* Mill.) dans le massif du Jura (France et Suisse). Étude phytoecologique Ann. Sci. For. 49: 161–183.

BERTOVIC, S. (1968): Die klimatischen Verhältnisse im Gebiet der Eichenwälder Nord-Kroatiens. Feddes Rep. 78: 97–107.

BEUG, H. J. (1975): Changes of climate and vegetation belts in the mountains of Mediterranean Europe during the holocene. Bull. Geol. Warschau 19: 101–110.

BEUG, H. J. (1977): Vegetationsgeschichtliche Untersuchungen im Küstenbereich von Istrien (Jugoslawien). Flora 166: 357–381.

BfaNL – Bundesforschungsanstalt für Naturschutz und Landschaftsökologie (1989): Leitlinien des Naturschutzes und der Landschaftspflege in der Bundesrepublik Deutschland. Beil. Natursch. u. Landschaftspfl. 64: 1–16.

BfaNL – Bundesforschungsanstalt für Naturschutz und Landschaftsökologie (1991): Naturwaldreservate. Schriftenr. f. Vegetationskde. 21: 248 S.

BfN – Bundesamt für Naturschutz (1999): Potentielle natürliche Vegetation von Deutschland und Umgebung. Nach: BOHN, U., GRIBOVA, S.A., JURKOVSJALA, T.K., NEUHÄUSL, R. et al.: Karte der natürliche Vegetation Europas, M. 1:2,5 Mio. (verkleinerter Ausschnitt der digitalen Version).

BLOCK, J. (1995): Stickstoffausträge mit dem Sickerwasser aus Waldökosystemen. In: Umweltbundesamt (Hrsg.): Wirkungskomplex Stickstoff und Wald. Text des Umweltbundesamtes Berlin 28: 80–96.

BOGNER, W. (1966): Experimentelle Prüfung von Waldbodenpflanzen auf ihre Ansprüche an die Form der Stickstoffernährung. Diss. Univ. Stuttgart/Hohenheim. 131 S., Stuttgart/Hohenheim.

BOGNER, W. (1968): Experimentelle Prüfung von Waldbodenpflanzen auf ihre Ansprüche an die Form der Stickstoff-Ernährung. Mitt. Ver. Forstl. Standortskde. u. Forstpfl.zücht. 18: 3–45.

BOHN, U. (1981): Vegetationskarte der Bundesrepublik Deutschland 1 : 200 000. Potentielle natürliche Vegetation – Blatt CC5518 Fulda. Schriftenr. f. Vegetationskde. 15: 1–330.

BOHN, U. (1992): Zum internationalen Projekt einer Karte der natürlichen Vegetation Europas im Maßstab 1:2,5 Mio. Konzept, Inhalt, Erarbeitung, kartographische Darstellung und Anwendungsmöglichkeiten. Natur und Landschaft 67: 476–480.

BOHN, U., GOLLUB, G. & HETTWER, C. (2000): Karte der natürlichen Vegetation Europas. Maßstab 1:2,5 Mio. Landwirtschaftsverlag, Münster-Hiltrup: 153 S. u. Kartenband.

BOHN, U., GOLLUB, G., HETTWER, C., NEUHÄUSLOVÁ, Z., SCHLÜTER, H. & WEBER, H. (2003): Karte der natürlichen Vegetation Europas. Erläuterungstext. 655 S., Landwirtschaftsverlag, Münster-Hiltrup.

BOHN, U., HETTWER, C. & WEBER, H. (2000): Karte der natürlichen Vegetation Europas. Maßstab 1:2,5 Mio. Informationsbroschüre. 7 S., Landwirtschaftsverlag, Münster-Hiltrup.

BOHN, U., NEUHÄUSL, R. et al. (2000): Karte der natürlichen Vegetation Europas. Maßstab 1:2,5 Mio., 535 S., Bonn-Bad Godesberg.

BORHIDI, A. (1968): Die geobotanischen Verhältnisse der Eichen-Hainbuchenwälder Südosteuropas. Feddes Rep. 78: 109–130.

BORTENSCHLAGER, S. (1972): Der pollenanalytische Nachweis von Gletscher- und Klimaschwankungen in Mooren der Ostalpen. Ber. Dt. Bot. Ges. 85: 113–122.

BRACHT, H. (1997): Hartholzauen (Querco-Ulmetum Issl. 1924) im Naturraum Untere Mittelelbe Niederung – Vegetation, Erhaltungszustand und Schutzaspekte. Magisterarbeit Univ. Lüneburg, 93 S. u. Anhang.

BRAUN, W. (1968): Die Pflanzendecke. In: JERZ, H.: Erläuterungen zur Bodenkarte von Bayern 1:25 000 Blatt Nr. 8234, Königsdorf, München.

BRAUN-BLANQUET, J. (1932): Zur Kenntnis nordschweizerischer Waldgesellschaften. Beih. Botan. Cbl. 49: 7–42.

BRAUN-BLANQUET, J. (1964): Pflanzensoziologie. 865 S., Springer, Wien, New York.

BRAUN-BLANQUET, J., PALLMANN, H. & BACH, R. (1954): Pflanzensoziologische und bodenkundliche Untersuchungen im Schweizerischen Nationalpark und seinen Nachbargebieten. II. Vegetation und Böden der Wald- und Zwergstrauchgesellschaften (Vaccinio-Piceetalia). Ergeb. Wiss. Unters. Schweiz. Nationalpark N.F. 4: 1–200.

BRAUN-BLANQUET, J., ROUSSINE, N. & NÉGRE, R. (1951): Les groupements végétaux de la France méditerranéenne. Centre Nation. Rech. Sci. Serv. Carte des Groupments Végétaux: 297 S.

BREEMEN VAN, N. & DIJK VAN, H. F. G. (1988): Ecosystem effects of atomspheric deposition of nitrogen in the Netherlands. Environ. Pollut. 54: 249–274.

BRUHNKE, U. (1994): Die Kratts im Landesteil Schleswig. Diplomarbeit Univ. Kiel, 129 S.

BRUNET, J. (1994): Der Einfluß von Waldnutzung und Waldgeschichte auf die Vegetation südschwedischer Laubwälder. NNA-Berichte 7: 96–101.

BRUNET, J. & OHEIMB, G. VON (1998a): Colonization of secondary woodlands by *Anemone nemorosa*. Nord. J. Bot. 18: 369–377.

Brunet, J. & Oheimb, G. von (1998b): Migration of vascular plants to secondary woodlands in southern Sweden. J. Ecol. 86: 429–438.

Brunner, G. & Lindacher, R. (1994): Flechtenreiche Kiefernwälder des Nürnberger Reichswaldes. Hoppea 55: 255–272.

Bücking, W. (1972): Zur Stickstoffversorgung von südwestdeutschen Waldgesellschaften. Flora 161: 384–400.

Buck-Feucht, G. (1986): Vergleich alter und neuer Vegetationsaufnahmen im Forstbezirk Kirchheim unter Teck. Mitt. Verein Forstl. Standortskunde u. Forstpflanzenzüchtung 32: 43–49.

Bülow, G. von (1962): Die Sudwälder von Reichenhall. Mitt. aus der Staatsforstverw. Bayerns 33: 1–316.

Bunce, R. G. H. (1982): Some effects of man on the structure and composition of Atlantic deciduous forests. Ber. d. Int. Symp. IVV Rinteln: 681–698.

Bundesmin. f. Ernähr. Landw. u. Forsten (1990): Bundeswaldinventur 1986–1990. Band 1. 118 S., Bonn.

Bundesmin. f. Ernähr. Landw. u. Forsten (1994): Der Wald in den neuen Bundesländern. Eine Auswertung vorhandener Daten nach dem Muster der Bundeswaldinventur. 20 S., Bonn.

Burga, C. A. & Perret, R. (1998): Vegetation und Klima der Schweiz seit dem jüngeren Eiszeitalter. 805 S., Ott, Thun.

Bürger, R. (1991): Immissionen und Kronenverlichtung als Ursachen für Veränderungen der Waldbodenvegetation im Schwarzwald. Tuexenia 11: 407–424.

Bürger-Arndt, R. (1994): Zur Bedeutung von Stickstoffeinträgen für naturnahe Vegetationseinheiten in Mitteleuropa. Diss. Bot. 220: 1–224.

Burnand, J. (1976): *Quercus pubescens*-Wälder und ihre ökologischen Grenzen im Wallis (Zentralalpen). Veröff. Geobot. Inst. ETH, Stiftg. Rübel 59: 1–158.

Burrichter, E. (1982): Torf-, pollen- und vegetationsanalytische Befunde zum Reliktvorkommen der Waldkiefer (*Pinus sylvestris*) in der Westfälischen Bucht. Ber. Dt. Bot. Ges. 95: 361–373.

Burrichter, E., Pott, R. & Furch, H. (1988): Die potentielle natürliche Vegetation. Geographisch-landeskundlicher Atlas von Westfalen: 1–42.

Burrichter, E. & Wittig, R. (1977): Der Flattergras-Buchenwald in Westfalen. Mitt. Florist.-soz. Arbeitsgem. 19/20: 377–382.

Burschel, P. (1966): Untersuchungen in Buchen-Mastjahren. Forstwiss. Cbl. 85: 193–256.

Burschel, P., Huss, J. & Kalbhenn, R. (1964): Die natürliche Verjüngung der Buche. Schriftenr. Forstl. Fak. Univ. Göttingen 34: 1–86.

Cain, M. L., Damman, H. & Muir, A. (1998): Seed dispersal and the holocene migration of woodland herbs. Ecological Monographs 68: 325–347.

Celinski, F. & Wika, S. (1977): Über den Einfluß der vorherrschenden Winde auf die Ausbildung der Waldgesellschaften. In: Tüxen, R. (Hrsg.): Vegetation und Klima. Ber. Int. Symp IVV Rinteln: 99–116.

Chalon, M. P., Devillez, F. & Dumont, J. M. (1977): Recherches sur les variations de la teneur en eau chez *Leucobryum glaucum* (Hedw.) Schimp. Duvigneaud u. Kestemont 1977: 69–72.

Childe, V. G. (1960): Vorgeschichte der europäischen Kultur. Rowohlts Dt. Enz. 101: 1–155.

Christensen, K. J. (1987): Taxonomic revision of the *Pinus mugo* complex and *P. raethica (P. mugo × P. sylvestris)* (Pinacea). Nordic Jour. Bot. 7: 383–408.

Clausen, W. (1974): Zur Geschichte und Vegetation ostholsteinischer Stockausschlagwälder. Mitt. d. AG Geobot. Schl.-Holst. u. Hmb. 24: 1–125.

Clausnitzer, I. (1983): Stickstoff-Mineralisation in verschiedenen Entwicklungsphasen von Buchenwäldern und Fichtenforsten. Verh. GfÖ 11: 57–66.

Clements, F. E. (1916): Plant succession: an analysis of the development of vegetation. Carnegie Inst. Washington Publ. 290: 1–388.

Clements, F. E. (1936): Nature and structure of the climax. J. Ecol. 24: 252–284.

Clot, F. (1990): Les érablaies européenes: essai de synthèse. Phytocoenologia 18: 409–564.

Csapody, I. (1968): Eichen-Hainbuchenwälder Ungarns. Feddes Rep. 78: 57–81.

Demesure, B., Comps, B. & Petit, R. J. (1996): Chloroplast DNA phylogeography of the common beech (*Fagus sylvatica* L.) in Europe. Evolution 50: 2515–2520.

Dengler, A. (1904): Die Horizontalverbreitung der Kiefer (*Pinus silvestris* L.). Mitt. a. d. forstl. Versuchswesen Preußens: 1–132.

Dengler, A. (1910): Neues zur Frage des natürlichen Verbreitungsgebietes der Kiefer. Zeitschr. f. Forst- und Jagdwesen 42: 474–495 u. 519–539.

Dengler, A. (1912): II. Die Horizontalverbreitung der Fichte (*Picea excelsa* Lk.). III. Die Horizontalverbreitung der Weisstanne (*Abies pectinata* DC.). Mitt. a. d. forstl. Versuchswesen Preußens: 1–131.

Dengler, A. (1980): Waldbau auf ökologischer Grundlage. Erster Band: Der Wald als Vegetationstyp und seine Bedeutung für den Menschen. 283 S., Parey, Hamburg.

Denz, O. (1994): Natürliche Habichtskraut-Traubeneichenwälder bodensaurer Felsstandorte und ihre Vegetationskomplexe im Rheinischen Schiefergebirge und weiteren silikatischen Mitttelgebirgen. Diss. Bot. 229: 1–154 u. Tab.

Detsch, R., Kölbel, M. & Schulz, U. (1994): Totholz – vielseitiger Lebensraum in naturnahen Wäldern. AFZ 11: 586–591.

Diemont, W. H. (1938): Zur Soziologie und Synökologie der Buchen- und Buchenmischwälder der nordwestdeutschen Mittelgebirge. Mitt. Flor.-soz. Arbeitsgem. 4: 5–182.

Dierschke, H. (1974a): Saumgesellschaften im Vegetations- und Standortsgefälle an Waldrändern. Scripta Geobot. 6: 1–246, Goltze, Göttingen.

Dierschke, H. (1974b): Zur Abgrenzung von Einheiten der heutigen potentiell natürlichen Vegetation in waldarmen Gebieten Nordwestdeutschlands. In: Tüxen, R. (Hrsg.): Tatsachen und Probleme der Grenzen in der Vegetation. Ber. d. Int. Symp. IVV Rinteln: 305–325.

Dierschke, H. (1981): Zur syntaxonomischen Bewertung schwach gekennzeichneter Pflanzengesellschaften. In: Dierschke, H. (Hrsg.): Syntaxonomie. Ber. d. Int. Symp. IVV Rinteln: 109–122.

Dierschke, H. (1982a): The significance of some introduced European broad-leaved trees for the present potential natural vegetation of Ireland. J. Life Sci. 3: 199–207.

Dierschke, H. (1982b): Pflanzensoziologische und ökologische Untersuchungen in Wäldern Süd-Niedersachsens. I. Phänologischer Jahresrhythmus sommergrüner Laubwälder. Tuexenia 2: 173–194.

Dierschke, H. (1983): Symphänologische Artengruppen sommergrüner Laubwälder und verwandter Gesellschaften Mitteleuropas. Verh. GfÖ 11: 71–87.

Dierschke, H. (1985): Pflanzensoziologische und ökologische Untersuchungen in Wäldern Süd-Niedersachsens. II. Syntaxonomische Übersicht der Laubwald-Gesellschaften und Gliederung der Buchenwälder. Tuexenia 5: 491–521.

Dierschke, H. (1986): Pflanzensoziologische und ökologische Untersuchungen in Wäldern Süd-Niedersachsens. III. Syntaxonomische Gliederung der Eichen-Hainbuchenwälder, zugleich eine Übersicht der Carpinion-Gesellschaften Nordwest-Deutschlands. Tuexenia 6: 299–323.

Dierschke, H. (1989a): Artenreiche Buchenwald-Gesellschaften Nordwest-Deutschlands. Ber. d. Reinh.-Tüxen-Ges. 1: 107–148.

Dierschke, H. (1989b): Species-rich beech woods on mesic habitats in Central and Western Europe. An attempt towards a regional classification in suballiances. In: Sjögren, E. (ed.): Forest of the world. Diversity and Dynamics. Stud. Plant Ecol. 18: 60–61.

Dierschke, H. (1989c): Kleinräumige Vegetationsstruktur und Phänologischer Rhythmus eines Kalkbuchenwaldes. Verh. GfÖ 17: 131–143.

Dierschke, H. (1989d): Symphänologische Aufnahme- und Bestimmungsschlüssel für Blütenpflanzen und ihre Gesellschaften in Mitteleuropa. Tuexenia 9: 477–484.

Dierschke, H. (1990): Species-rich beechwoods in mesic habitats in Central and Western Europe: a regional classification into suballiances. Vegetatio 87: 1–10.

Dierschke, H. (1991): Phytophänologische Untersuchungen in Wäldern: Methodische Grundlagen und Anwendungsmöglichkeiten im passiven Biomonitoring. Beih. Veröff. Natursch. Landschaftspfl. Bad.-Württ. 64: 76–86.

Dierschke, H. (1994): Pflanzensoziologie. 683 S., Ulmer, Stuttgart.

Dierschke, H. & Brünn, S. (1993): Raum-zeitliche Variabilität der Vegetation eines Kalkbuchenwaldes – Untersuchungen auf Dauerflächen 1981–1991. Scipta Geobot. 20: 105–151.

Dierschke, H. & Song, Y. (1982): Vegetationsgliederung und kleinräumige Horizontalstruktur eines submontanen Kalkbuchenwaldes. Ber. d. Int. Symp. IVV Rinteln: 513–539.

Dierssen, B. & Dierssen, K. (1984): Vegetation und Flora der Schwarzwaldmoore. Beih. Veröff. Natursch. u. Landschaftspfl. Bad.-Württ. 39: 1–512.

Dierssen, K. (1990): Einführung in die Pflanzensoziologie (Vegetationskunde). 241 S., Wiss. Buchges., Darmstadt.

Dierssen, K. (1996): Vegetation Nordeuropas. 838 S., Ulmer, Stuttgart.

Dierssen, K. (2001): Distribution, ecological amplitude and phytosociological characterization of European bryophytes. Bryophytorum Bib. 56: 1–289.

Dierssen, K. & Höper, H. (1984): Vegetationskundliche Untersuchungen im Reher Kratt. Kieler Notizen 16: 37–72.

Dierssen, K., Jensen, K. & Trepel, M. (1999): Die Bedeutung der Vegetationskunde für den Naturschutz. Ber. d. Reinh.-Tüxen-Ges. 11: 331–352 S.

Dinter, W. (1982): Waldgesellschaften der Niederrheinischen Sandplatten. Diss. Bot. 64: 1–111.

Dominik, K. C. F. (1995): Lexikon für den Waldbau. 395 S., Landwirtschaftsverlag, Mülheim.

Döring-Mederake, U. (1991): Feuchtwälder im nordwestdeutschen Tiefland. Gliederung, Ökologie, Schutz. Scripta Geobot. 19: 1–122.

Dorka, U. (1981): Die Bedeutung naturnaher Plenteralthölzer für das Vorkommen von Höhlenbrütern, insbesondere vom Rauhfußkauz (*Aegolis funereus*), im Nordschwarzwald. Beih. Veröff. Natursch. Landschaftspfl. Bad.-Württ. 20: 23–35.

Duvigneaud, P. & Denaeyer-De Smet, S. (1971): Cycle des éléments biogènes dans les écosystèmes forestiers d'Europe (principalement forêts caducifoliées). Ecol. Conserv. 4: 527–542.

Dzwonko, Z. & Loster, S. (1988): Species richness of small woodlands of the western Carpathian foothills. Vegetatio 76: 15–27.

Eber, W. (1972): Über das Lichtklima von Wäldern bei Göttingen und seinen Einfluß auf die Bodenvegetation. Scipta Geobot. 3: 1–150.

Eber, W. (1986): Jahresrhythmus und Produktion der Kraut- und Moosschicht. In: Ellenberg, H., Mayer, R. & Schauermann, J. (Hrsg.): Ökosystemforschung. Ergebnisse des Sollingprojekts 1966–1986: 127–135. Ulmer, Stuttgart.

Ehrhardt, O. (1988): Der Strahlungshaushalt eines Buchenwaldes und dessen Abwandlung während der verschiedenen phänologischen Entwicklungsphasen. Ber. d. Forschungszentrums Waldökosysteme. Reihe A 45: 1–170 u. Anhang.

Eichhorn, J. (1995): Stickstoffsättigung und ihre Auswirkungen auf das Buchenwaldökosystem der Fallstudie Zierenberg. Ber. d. Forschungszentrums Waldökosysteme. Reihe A 124: 1–175.

Einsele, G. (1986): Das landschaftsökologische Forschungsprojekt Naturpark Schönbuch. 636 S., VCH Verlagsgesellschaft, Weinheim.

Ellenberg, H. (1939): Über Zusammensetzung, Standort und Stoffproduktion bodenfeuchter Eichen- und Buchen-Mischwaldgesellschaften Nordwestdeutschlands. Mitt. Flor.-soz. Arbeitsgem. 5: 3–135.

Ellenberg, H. (1963): Vegetation Mitteleuropas mit den Alpen. 943 S., Ulmer, Stuttgart.

Ellenberg, H. (1964): Stickstoff als Standortsfaktor. Ber. Dt. Bot. Ges. 77: 82–92.

Ellenberg, H. (1971): Die natürlichen Waldgesellschaften der Eilenriede in ökologischer Sicht (mit Vegetationskarte von 1946). Beih. Ber. Naturh. Ges. 7: 121–127.

Ellenberg, H. (1971): Integrated experimental ecology. Ecol. Stud. 2: 1–214.

Ellenberg, H. (1977): Stickstoff als Standortsfaktor, insbesondere für mitteleuropäische Pflanzengesellschaften. Oecol. Plant. 12: 1–22.

Ellenberg, H. (1987): Ökosystemforschung im Solling: Ein Über- und Ausblick. Verh. GfÖ 16: 11–26.

Ellenberg, H. (1990): Bauernhaus und Landschaft in ökologischer und historischer Sicht. 585 S., Ulmer, Stuttgart.

Ellenberg, H. (1994): Blatt- und Nadelverlust oder standörtlich wechselnde Ausbildung des Photosynthese-Apparats? Fragen zum Waldschadensbericht 1992. Schweiz. Z. Forstwes. 145: 413–416.

Ellenberg, H. (1995): Blattverluste – kein Schadensmerkmal? Unser Wald 47: 22–23.

Ellenberg, H. (1996): Vegetation Mitteleuropas mit den Alpen. 1096 S., Ulmer, Stuttgart.

Ellenberg, H. & Klötzli, F. (1972): Waldgesellschaften und Waldstandorte der Schweiz. Mitt. Schweiz. Anst. Forst. Vers.wes. 48: 586–930.

Ellenberg, H., Mayer, R. & Schauermann, J. (1986): Ökosystemforschung. Ergebnisse des Sollingprojekts 1966–1986. 507 S., Ulmer, Stuttgart.

Ellenberg, H., Weber, H. E., Düll, R., Wirth, V., Werner, W. & Paulissen, D. (1991): Zeigerwerte von Pflanzen in Mitteleuropa. Scripta Geobot. 18: 1–248.

Ellenberg, Hermann (1986): Immissionen – Produktivität der Krautschicht – Populationsdynamik des Rehwildes: Ein Versuch zum Verständnis ökologischer Zusammenhänge. Natur u. Landschaft 61: 335–340.

Ellenberg, Hermann (1992): Folgen der verbesserten Verfügbarkeit von Stickstoff als Nährstoff für Flora und Fauna in Mitteleuropa. Habilitation Univ. Hamburg, 63 S. u. Anhang.

Ellenberg, Hermann, Rüger, A. & Vauk, G. (1989): Eutrophierung, das gravierendste Problem im Naturschutz? NNA-Berichte 2: 1–70.

Elling, W., Bauer, E., Klemm, G. & Koch, H. (1987): Nationalpark Bayerischer Wald – Klima und Böden, Waldstandorte. 255 S., Nationalpark Bayerischer Wald. Band 1. Nationalparkverwaltung Bayerischer Wald, Grafenau.

Em, H. (1968): Traubeneichenwald und das Vorkommen der Hainbuche in Mazedonien. Feddes Rep. 78: 83–95.

Erdmann, M. & Wilke, H. (1997): Quantitative und qualitative Totholzerfassung in Buchenwirtschaftswäldern. Forstw. Cbl. 116: 16–28.

Ernst, F. (1951): Aus der Waldgeschichte der schlechtwüchsigen Kieferngebiete der Bayerischen Oberpfalz (und Oberfrankens) vom ausgehenden Mittelalter bis zum Dreißigjährigen Krieg. Mitt. Staatsforstverw. Bayerns 26: 11–66.

Etter, H. (1943): Pflanzensoziologische und bodenkundliche Studien an schweizerischen Laubwäldern. Mitt. Schweiz. Anst. Forstl. Versuchsw. 23: 5–132.

Etter, H. (1947): Über die Waldvegetation am Südostrand des schweizerischen Mittellandes. Mitt. Schweiz. Anst. Forstl. Versuchsw. 25: 141–210.

Evers, F. H. (1961): Funktionen und Abhängigkeiten der Mineralstickstoffanlieferung in Waldböden. Mitt. Ver. Forst. Standortskde. u. Forstpflanzenzücht. 11: 61–65.

Evers, F. H. (1967): Kohlenstoffbezogene Nährelementverhältnisse (C/N, C/P, C/K, C/Ca) zur Charakterisierung der Ernährungssituation in Waldböden. Mitt. Ver. Forst. Standortskde. u. Forstpflanzenzücht. 17: 69–76.

Ewald, J. (1997): Die Bergmischwälder der Bayerischen Alpen – Soziologie, Standortbindung und Verbreitung. Diss. Bot. 290: 1–234.

Ewald, J. (1999a): Relationships between floristic and microsite variability in coniferous forests of the Bavarian alps. Phytocoenologia 29: 327–344.

Ewald, J. (1999b): Soziologie und Standortbindung subalpiner Fichtenwälder in den Bayerischen Alpen. Tuexenia 19: 107–125.

Ewald, J. (2000): The influence of coniferous canopies on the understory vegetation and soils in mountain forests of the northern Calcareous Alps. Appl. Veg. Sci. 3: 123–134.

Ewald, J. (2003): Ansprache von Waldstandorten mit Zeigerarten-Ökogrammen – eine graphische Lösung für Lehre und Praxis. Allg. Forst- u. Jagdztg. 174: 177–185.

Fabijanowski, J. (1950): Untersuchungen über Zusammenhänge zwischen Exposition, Relief, Mikroklima und Vegetation in der Fallätsche bei Zürich. Beitr. Geobot. Landesaufn. Schweiz 29: 1–104.

Falinski, J. B. (1977): Research on vegetation and plant population dynamics conducted by Bialowieza Geobotanical Station (1952–1977). Phytocoenosis 6: 1–2.

Falinski, J. B. (1980): Ökologisch-pflanzensoziologische Voraussetzungen des Vorkommens von frühmittelalterlichen Hügelgräber-Friedhöfen im Bialowieza-Urwald. Phytocoenologia 8: 35–63.

FALINSKI, J. B. (1986): Vegetation dynamics in temperate lowland primeval forest. Geobotany 8, 537 S., Dordrecht.

FALINSKI, J. B., CIESLINSKI, S. & CZYZEWSKA, K. (1993): Dynamic-Floristic Atlas of Jelonka. Phytocoenosis 5: 1–139.

FEGER, K. H. (1998): Untersuchungen zum N-Haushalt. In: RASPE, S., FEGER, K. H. & ZÖTTL, H. W. (Hrsg.): Ökosystemforschung im Schwarzwald: 305–325. Ecomed, Landsberg.

FIRBAS, F. (1949): Spät- und nacheiszeitliche Waldgeschichte Mitteleuropas nördlich der Alpen. Band 1, 480 S., Fischer, Jena.

FIRBAS, F. (1952): Waldgeschichte Mitteleuropas. Band 2. 256 S., Fischer, Jena.

FISCHER, A. (1992a): Long term vegetation development in Bavarian mountain forest ecosystems following natural destruction. Vegetatio 103: 93–104.

FISCHER, A. (1992b): Welche Bedeutung haben Rote Listen für den Artenschutz im Wald? Eine kritische Würdigung. Forstw. Cbl. 111: 225–235.

FISCHER, A. (1995): Forstliche Vegetationskunde. Pareys Studientexte 82, 315 S., Berlin, Wien.

FISCHER, A. (1999): Sukzessionsforschung: Stand und Entwicklung. Ber. d. Reinh.-Tüxen-Ges. 11: 157–177.

FISCHER, A., ABS, G. & LENZ, F. (1990): Natürliche Entwicklung von Waldbeständen nach Windwurf Ansätze einer „Urwaldforschung" in der Bundesrepublik. Forstw. Cbl. 109: 309–326.

FLAIG, H. & MOHR, H. (1991): Auswirkungen eines erhöhten Ammoniumangebotes auf die Keimpflanzen der gemeinen Kiefer (*Pinus sylvestris*L.). Allg. Forst- u. Jagdztg. 162: 35–42.

FLAIG, H. & MOHR, H. (1996): Der überlastete Stickstoffkreislauf. Strategien einer Korrektur. Nova Acta Leopoldina 70: 1–168.

FLÜCKIGER, W., BRAUN, S. & LEONARDI, S. (1989): Nährstoffentwicklung im Buchenlaub in verschiedenen Waldbeständen der Nordwestschweiz und im Schweizer Mittelland und mögliche Folgen für einen veränderten Parasitenbefall. Bielefelder Ökol. Beitr. 5: 49–62.

FÖRSTER, M. (1968a): Über xerotherme Eichenmischwälder des deutschen Mittelgebirgsraumes. Eine waldkundlich-vegetationskundliche und pflanzengeographische Untersuchung. Diss. Forstwiss. Fak. Univ. Göttingen. 424 S., Göttingen.

FÖRSTER, M. (1968b): Neufund von *Quercus pubescens* Willd. in Hessen. Hess. Florist. Rundbr. 17: 43–44.

FÖRSTER, M. (1979): Gesellschaften der xerothermen Eichenmischwälder des deutschen Mittelgebirgsraumes. Phytocoenologia 5: 367–446.

FREHNER, H. K. (1963): Waldgesellschaften im westlichen Aargauer Mittelland. Beitr. Geobot. Landesaufn. Schweiz 44, 96 S., Bern.

FRENZEL, B. (1964): Über die offene Vegetation der letzten Eiszeit am Ostrande der Alpen. Verh. zool.-bot. Ges. 103/104: 110–143.

FRENZEL, B. (1968): Grundzüge der pleistozänen Vegetationsgeschichte Nord-Eurasiens. Erdwissenschaftliche Forschung 1: 1–296.

FRENZEL, B. (1977): Dendrochronologie und postglaziale Klimaschwankungen in Europa. 297–322, Franz Steiner Verlag, Wiesbaden.

FRENZEL, B. (1991): Klimageschichtliche Probleme der letzten 130 000 Jahre. Paläoklimaforschung 1: 1–451.

FRENZEL, B. (1992): European climate reconstructed from documentary data: Methods and results. Paläoklimaforschung 7: 1–275.

FREUND, H. (1994): Pollenanalytische Untersuchungen zur Vegetations- und Siedlungsentwicklung im westlichen Weserbergland. Abh. Westf. Mus. Naturkde. 3: 1–103.

FUKAREK, F. (1961): Die Vegetation des Darß und ihre Geschichte. Pflanzensoziologie 12: 1–321.

GAMS, H. (1930): Über Reliktföhrenwälder und das Dolomitphänomen. Veröff. Geobot. Inst. Rübel 6: 32–81.

GAUCKLER, K. (1938): Steppenheide und Steppenheidewald der Fränkischen Alb in pflanzensoziologischer, ökologischer und geographischer Betrachtung. Ber. Bay. Bot. Ges. 23: 3–134.

GAUCKLER, K. (1954): Serpentinvegetation in Nordbayern. Ber. Bay. Bot. Ges. 30: 19–26.

GAUME, R. (1925): La Chénaie de Chêne sessile de la forêt de Montargis (Loiret). Bull. de l'Assoc. des Natural. de la Vallee du Loing 8: 42–49.

GEBUREK, T. (1992): Genetische Struktur und Architektur bei Waldbäumen – Implikationen für die Erhaltung von forstlichen Genressourcen? Centralbl. f. d. gesamte Forstw. 165: 193–203.

GEBUREK, T., STEPHAN, B. R. & SCHOLZ, F. (1989) Zur Erhaltung genetischer Variation in Waldbaumpopulationen. Forstw. Cbl. 108: 204–211.

GÉHU, J. M. & JULVE, P. (1989): Die atlantischen Wälder mit Buche: Struktur, Pflanzengeographie Ökologie, Dynamik und Syntaxonomie. Ber. d Reinh.-Tüxen-Ges. 1: 93–106.

GENSSLER, H. (1959): Veränderungen von Boden und Vegetation nach generationsweisem Fichtenanbau. Diss. FH Hann.-Münden. 191 S., Hann.-Münden.

GERLACH, A. (1970): Wald- und Forstgesellschaften im Solling. Schriftenr. f. Vegetationskde. 5: 75–133.

GIGON, A. & RORISON, I. H. (1972): The response of some ecologically distinct plant species to nitrate- and to ammonium-nitrogen. J. Ecol. 60: 93–102.

GLAHN, H. VON (1969): Vegetations- und bodentypologische Gliederung ostholsteinischer Waldschwingel-Buchenwälder. Ein Beitrag zum Methodenproblem. Vegetatio 16: 64–81.

GLAHN, H. VON (1981): Über den Flattergras- oder Sauerklee-Buchenwald (Oxali-Fagetum) der niedersächsischen und holsteinischen Moränenlandschaft. Drosera 81: 57–74.

GLAVAC, V. & BOHN, U. (1970): Quantitative vegetationskundliche Untersuchungen zur Höhengliederung der Buchenwälder im Vogelsberg. Schriftenr. f. Vegetationskde. 5: 135–185.

GLAVAC, V. & KRAUSE, A. (1969): Über bodensaure Wald- und Gebüschgesellschaften trockenwarmer Standorte im Mittelrheingebiet. Schriftenr. f. Vegetationskde. 4: 85–102.

GÖNNERT, T. (1989): Ökologische Bedingungen verschiedener Laubwaldgesellschaften des Nordwestdeutschen Tieflandes. Diss. Bot. 136: 1–225.

GONSCHORREK, J. (1977): Aushagerungserscheinungen im Luzulo-Fagetum des Wesergebirges. In: TÜXEN, R. (Hrsg.): Vegetation und Klima. Ber. d. Int. Symp. IVV Rinteln: 117–125.

GÖTTSCHE, D. (1972): Verteilung von Feinwurzeln und Mykorrhizen im Bodenprofil eines Buchen- und Fichtenbestandes im Solling. Mittl. Bundesf. Forst- u. Holzwirtsch. 88: 1–102.

GRABHERR, G., KOCH, G., KIRCHMEIR, H. & REITER, K. (1995): Hemerobie österreichischer Waldökosysteme – Vorstellung eines Forschungsvorhabens im Rahmen des österreichischen Beitrages zum MAB-Programm der UNESCO. Zeitschr. f. Ökol. u. Natursch. 4: 131–136.

GRABHERR, G., KOCH, G., KIRCHMEIR, H. & REITER, K. (1998): Hemerobie österreichischer Waldökosysteme. 493 S., Veröff. d. Österreichischen MAB-Programms.

GRABHERR, G. & MUCINA, L. (1989): Waldsterben und Waldmelioration in den Alpen aus Sicht der Vegetationsökologie. Dargestellt am Beispiel Vorarlbergs. Allg. Forst- u. Jagdztg. 160: 216–222.

GRABHERR, W. (1936): Die Dynamik der Brandflächenvegetation auf Kalk- und Dolomitböden des Karwendels. Beih. Bot. Cbl. 55 B: 1–94.

GRADMANN, R. (1950): Das Pflanzenleben der Schwäbischen Alb. Bd. 1/2, 407 S./449 S., Schwäb. Albverein, Stuttgart.

GRIMME, K. (1975): Wasser- und Nährstoffversorgung von Hangbuchenwäldern auf Kalk in der weiteren Umgebung von Göttingen. Diss. Univ. Göttingen. 190 S., Göttingen.

GRIMME, K. (1977): Wasser- und Nährstoffversorgung von Hangbuchenwäldern auf Kalk in der weiteren Umgebung von Göttingen. Scripta Geobot. 12: 1–58.

GROSS, H. (1935): Der Döhlauer Wald in Ostpreußen. Eine bestandesgeschichtliche Untersuchung. Beih. Bot. Cbl. 53 B: 405–431.

GROSSE-BRAUCKMANN, G. & STREITZ, B. (1990): Das Pyrolo-Pinetum an der nördlichen Bergstraße: Eine von der Vernichtung bedrohte, bemerkenswerte Waldgesellschaft. Botanik und Naturschutz in Hessen 4: 64–76.

GRÜGER, E. (1975): Pollenanalyse spätpleistozäner und holozäner Sedimente aus der Adria. Geol. Jb. A 29: 3–32.

GRULOIS, J. (1968): Recherches sur l'écosytème foret. Contrib. No. 20. Réflexion, interception et transmission du rayonnement de courtes longueurs d'onde: Variation au cours d'une année. Bull Soc. Roy. Botan. Belg. 102: 13–26.

GRÜNEBERG, H. & SCHLÜTER, H. (1957): Waldgesellschaften im Thüringischen Schiefergebirge. Arch. Forstwes. 6: 861–932.

GUNIA, S., DUE, J. E. & KRAMER, W. (1972): Die Weißtanne (*Abies alba* Mill.) im Nordosten ihres Verbreitungsgebietes. Forstarchiv 43: 84–91.

GUTERSOHN, H. (1968): Geographie der Schweiz in drei Bänden. Band III Mittelland 1. Teil. 292 S., Kümmerly u. Frey, Bern.

GUTERSOHN, H. (1969): Geographie der Schweiz in drei Bänden. Band III Mittelland 2. Teil. 367 S., Kümmerly u. Frey, Bern.

HAEUPLER, H. (1970): Vorschläge zur Abgrenzung der Höhenstufen im Rahmen der Mitteleuropakartierung. Gött. Flor. Rundbr. 4: 3–15, 54–62.

HAEUPLER, H. & SCHÖNFELDER, P. (1988): Atlas der Farn- und Blütenpflanzen der Bundesrepublik Deutschland. 768 S., Ulmer, Stuttgart.

HAHNE, J. (1992): Untersuchungen zur spät- und postglazialen Vegetationsgeschichte im nordöstlichen Bayern (Bayerisches Vogtland, Fichtelgebirge, Steinwald). Flora 187: 169–200.

HAKES, W. (1991): Das Galio odorati-Fagetum im Habichtswald bei Kassel – Untersuchungen zur ökologischen Feingliederung. Tuexenia 11: 381–406.

HALL, A. E. (1982): Stomatal responses, water loss and CO_2-assimilation rates of plants in contrasting environments. In: LANGE, O. L., NOBEL, C. B., OSMOND, C. B. & ZIEGLER, H. (eds.): Encyclopedia of Plant Physiology Vol. 12 B: 181–230. Springer, Berlin, Heidelberg, New York.

HANSTEIN, U. (1982): Biotopschutz durch Unterlassen. Forst- u. Holzwirt 37: 157–158.

HÄRDTLE, W. (1989): Potentielle natürliche Vegetation. Ein Beitrag zur Kartierungsmethode am Beispiel der Topographischen Karte 1623 Owschlag. Mitt. AG Geobot. Schl.-Holst. u. Hmb. 40: 1–72.

HÄRDTLE, W. (1990a): Buchenwälder auf Mergelhängen in Schleswig-Holstein. Tuexenia 10: 475–486.

HÄRDTLE, W. (1990b): Damage in beech forests of Schleswig-Holstein in relation to forest structure and soil conditions. Vegetatio 90: 117–123.

HÄRDTLE, W. (1994): Zur Veränderung und Schutzfähigkeit historisch alter Wälder in Schleswig-Holstein. Ber. Nordd. Naturschutzakad. 7: 88–96.

HÄRDTLE, W. (1995a): Vegetation und Standort der Laubwaldgesellschaften (Querco-Fagetea) im nördlichen Schleswig-Holstein. Mitt. AG Geob. Schl.-Holst u. Hmb. 48: 1–441.

HÄRDTLE, W. (1995b): Zur Synsystematik und Synökologie artenarmer Buchenwälder („Flattergras-/Sauerklee-Buchenwälder") in Schleswig-Holstein. Tuexenia 15: 45–51.

HÄRDTLE, W. (1995c): On the theoretical concept of the Potential Natural Vegetation and proposals for an up-to-date modification. Folia Geobot. Phytotax. 30: 263–276.

HÄRDTLE, W. (1996): Zur Nutzungsgeschichte schleswig-holsteinischer Wälder unter besonderer Berücksichtigung des Landesteils Schleswig. Schr. Naturwiss. Ver. Schlesw.-Holst. 66: 43–69.

HÄRDTLE, W., HEINKEN, TH., PALLAS, J. & WELSS, W. (1997): Bodensaure Eichenmischwälder (Quercion roboris Tx. 1930) in Deutschland. In: DIERSCHKE (Hrsg.): Synopsis der Pflanzengesellschaften Deutschlands. 42 S., Verl. Flor.-soz. AG, Göttingen.

HÄRDTLE, W., MENZEL, U. & SCHRAUTZER, J. (1996): Ökologische Potenz und standörtlicher Zeigerwert der Rotbuche (*Fagus sylvatica* L.) auf Podsol-Böden des nordwestdeutschen Tieflandes. Verh. GfÖ. 26: 161–172.

HÄRDTLE, W. & WESTPHAL, C. (1998): Zur ökologischen Bedeutung von Altwäldern in Schleswig-Holstein. Braunschw. Geobot. Arb. 5: 127–138.

HARTMANN, F. K. (1930): Zur soziologisch-ökologischen Charakteristik von Waldbeständen Norddeutschlands. Zeitschr. Forst- u. Jagdw. 62 (11): 749–778.

HARTMANN, F. K. (1933): Zur soziologisch-ökologischen Charakteristik der Waldbestände Norddeutschlands. Silva 21: 161–168, Silva 31: 154–241, Silva 40: 314–318.

HARTMANN, F. K. (1972): Zur Methodik der klimatischen und phänologischen Charakterisierung von Waldgesellschaften. Ber. d. Int. Symp. IVV Rinteln: 313–335.

HARTMANN, F. K. (1974): Mitteleuropäische Wälder. 241 S., Fischer, Stuttgart.

HARTMANN, F. K. & JAHN, G. (1967): Waldgesellschaften des mitteleuropäischen Gebirgsraumes nördlich der Alpen. 635 S., Fischer, Jena.

HARTMANN, F. K. & SCHNELLE, F. (1970): Klimagrundlagen natürlicher Waldstufen und ihrer Waldgesellschaften in deutschen Mittelgebirgen. 176 S., Fischer, Stuttgart.

HARTMANN, F. K., VAN EIMERN, J. & JAHN, G. (1959): Untersuchungen reliefbedingter kleinklimatischer Fragen in Geländequerschnitten der hochmontanen und montanen Stufe des Mittel- und Südwestharzes. Ber. Dt. Wetterdienst 7 (50): 1–39.

HARTMANN, G. & BLANK, R. (1992): Winterfrost, Kahlfraß und Prachtkäferbefall als Faktoren im Ursachenkomplex des Eichensterbens in Norddeutschland. Forst u. Holz 47: 443–452.

HATZFELDT, H. (1993): Ökologische Waldwirtschaft. 296 S., Müller, Heidelberg.

HAUFF, R. (1937): Die Buchenwälder auf den kalkarmen Lehmböden der Ostalb und die nacheiszeitliche Waldentwicklung auf diesen Böden. Jahresh. Ver. vaterl. Naturk. Württ 93: 51–97.

HAUFF, R. (1956): Pollenanalytische Beiträge zur nachwärmezeitlichen Waldgeschichte des Schwäbisch-Fränkischen Waldes. Mitt. Ver. Fortl. Standortskart. 5: 3–9.

HAUFF, R. (1965): Die Bodenvegetation älterer Fichtenbestände auf aufgeforsteten Schafweiden der Mittleren Alb. Mitt. Ver. Forstl. Standortskde. u. Forstpflanzenzücht. 15: 39–43.

HAUFF, R. (1977): Erläuterungen zur vegetationskundlichen Karte 1: 25 000 Blatt 7818 Wehingen. 53 S., Stuttgart.

HEERING, H (1986): Veränderungen der floristischen Struktur von Waldökosystemen in Schleswig-Holstein. Dipl. arb. Univ. Hamburg, 95 S. u. Anhang.

HEINE-KOCH, J. (1993): Beziehungen zwischen phänologischer Entwicklung von Pflanzen und Frühjahrserwärmung in Laubwäldern bei Göttingen. Diplomarbeit Univ. Göttingen, 114 S. u. Anhang.

HEINKEN, T. (1994): Classification of Beech Forests on Acid Soils in North-Western Central Europe. Colloques Phytosociologiques; Large area vegetation surveys 23: 417–436.

HEINKEN, T. (1995): Naturnahe Laub- und Nadelwälder grundwasserferner Standorte im niedersächsischen Tiefland: Gliederung, Standortsbedingungen, Dynamik. Diss. Bot. 239: 1–311.

HEINKEN, T. (1998): Zum Einfluss des Alters von Waldstandorten auf die Vegetation in bodensauren Laubwäldern des niedersächsischen Tieflandes. Arch. für Nat. & Lands. 37: 201–232.

HEINKEN, T. & ZIPPEL, E. (1999): Die Sand-Kiefernwälder (Dicrano-Pinion) im norddeutschen Tiefland: syntaxonomische, standörtliche und geographische Gliederung. Tuexenia 19: 55–106.

HEINKEN, T. (1996): Die naturnahe Waldvegetation grundwasserferner Standorte im niedersächsischen Tiefland. Forst und Holz 51: 429–435.

HEISS, G. (1994): Naturschutz und Forstwirtschaft im europäischen Wald. Bericht WWF Österreich: 1–48.

HELLER, H. & GÖTTSCHE, D. (1986): Biomasse-Messungen an Buche und Fichte: In: ELLENBERG, H., MAYER, R. & SCHAUERMANN, J. (Hrsg.): Ökosystemforschung, Ergebnisse des Sollingprojekts 1966–1986: 109–127. Ulmer, Stuttgart.

HEMP, A. (1995): Die Dolomitkiefernwälder der Nördlichen Frankenalb – Entstehung, systematische Stellung und Bedeutung für den Naturschutz. Bayreuther Forum Ökologie 22: 1–189.

HERMY, M. & STIEPERAERE, H. (1981): An indirect gradient analysis of the ecological relationship between ancient and recent riverine woodlands to the south of Breges (Flanders, Belgium). Vegetatio 44: 43–49.

HERTEL, D. & LEUSCHNER, C. (1998): Die Rhizoshäre in einem Eichen-Buchenwald: Feinwurzelproduktion und Bedetung von Wurzelkonkurrenz. Verh. GfÖ 28: 441–447.

HESMER, H. (1936): Die Bewaldung Deutschlands. Dargestellt an Hand von Karten der einzelnen Holz- und Betriebskosten. IV. Die Buche.; VII. Die Eiche. Forstliche Wochenschr. Silva 24: 169–176, 409–424.

HESMER, H. & SCHROEDER, F. G. (1963): Waldzusammensetzung und Waldbehandlung im Niedersächsischen Tiefland westlich der Weser und in der Münsterschen Bucht bis zum Ende des 18. Jahrhunderts. Decheniana-Beih. 11: 1–304.

HEYNERT, H. (1964): Das Pflanzenleben des hohen Westerzgebirges. 141 S., Steinkopff, Dresden.

HOFMANN, F., KILL, J., MEDER, R., PLACHTER, H. & VOLZ, K. R. (2000): Waldnutzung in Deutschland. Bestandsaufnahme, Handlungsbedarf und Maßnahmen zur Umsetzung des Leitbildes einer nachhaltigen Entwicklung. Materialien zur Umweltforschung 35: 1–309.

HOFMANN, G. (1958): Die eibenreichen Waldgesellschaften Mitteldeutschlands. Arch. Forstwes. 7: 502–558.

HOFMANN, G. (1959): Die Wälder des Meininger Muschelkalkgebietes. Feddes Rep. 138: 56–140.

HOFMANN, G. (1963): Vegetationskundliche Beobachtungen an Waldgesellschaften des nördlichen Lubliner Hügellandes (SO-Polen) und ein Vergleich mit entsprechenden Einheiten in Deutschland. Archiv für Forstwes. 12: 361–390.

HOFMANN, G. (1965a): Die Vegetation im Waldschutzgebiet „Hainich" (Westthüringen). Landschaftspfl. u. Natursch. Thüringen 2: 1–12.

HOFMANN, G. (1965b): Waldgesellschaften der östlichen Uckermark. Feddes Rep. 142: 133–202.

HOFMANN, G. (1968): Über die Beziehungen zwischen Vegetationszeit, Humusform, C/N-Verhältnis und pH-Wert des Oberbodens in Kiefernbeständen des nordostdeutschen Tieflandes. Arch. Forstwes. 17: 845–855.

HOFMANN, G. (1994): Wälder und Forsten – mitteleuropäische Wald- und Forst-Ökosystemtypen in Wort und Bild. 51 S., Der Wald, Sonderheft Ökosystemkatalog, Berlin.

HOFMANN, W. (1965): Laubwaldgesellschaften der Fränkischen Platte. Abh. Naturw. Ver. Würzburg 5/6: 1–228.

HOFMANN, W. (1968): Vitalität der Rotbuche und Klima in Mainfranken. Feddes Rep. 78: 135–137.

HOFMEISTER, H. (1990): Die Pflanzengesellschaften des Hildesheimer Waldes. Tuexenia 10: 443–473.

HOHENESTER, A. (1960): Grasheiden und Föhrenwälder auf Diluvial- und Dolomitsanden im nördlichen Bayern. Ber. Bay. Bot. Ges. 33: 30–85.

HOHENESTER, A. (1978): Die potentielle natürliche Vegetation im östlichen Mittelfranken Region 7), Erläuterungen zur Vegetationskarte 1:200000. 57 S., Mitt. Fränk. Geograph. Ges. 23/24, Palm u. Enke, Erlangen.

HOLEKSA, J. (1998): Breakdown of tree stand and spruce regeneration versus structure and dynamics of a Carpathian subalpine spruce forest. Monographiae Botanicae 82: 1–290.

HOLTMEIER, F. K. (1987): Der Baumwuchs als klimaökologischer Faktor an der oberen Waldgrenze. In: KÖHLER, E. & WEIN, N. (Hrsg.): Natur und Kulturräume: 145–151. Schöningh, Paderborn.

HÖLZEL, N. (1996a): Schneeheide-Kiefernwälder in den mittleren Nördlichen Kalkalpen. Laufener Forschungsberichte 3: 1–192.

HÖLZEL, N. (1996b): Erico-Pinetea (H6). Alpisch-Dinarische Karbonat-Trocken-Kiefernwälder. Synopsis der Pflanzengesellschaften Deutschlands 1: 11–49.

HÖLZEL, N. (1996c): Zur floristischen Struktur, Ökologie und Dynamik alpischer Karbonat-Trockenkiefernwälder der Klasse Erico-Pinetea. Ber. d. Reinh.-Tüxen Ges. 8: 79–98.

HORAK, E. (1991): Ektomykorrhizapilze als Bioindikatoren nach Kalkung bzw. Kompensationskalkung. Beih. Veröff. Naturschutz Landschaftspflege Bad.-Württ. 64: 204–225.

HORNDASCH, M. (1993) Die Weißtanne (*Abies alba* Mill.) und ihr tragisches Schicksal im Wandel der Zeiten. 334 S., Augsburg.

HORVAT, I., GLAVAC, V. & ELLENBERG, H. (1974): Vegetation Südosteuropas. 752 S., Fischer, Stuttgart.

HÖVEMEYER, K. (1998): *Diptera* associated with dead beech wood. Studia dipterologica 5: 113–122.

HUBER, C. (1997): Untersuchungen zur Ammoniakimmission und zum Stickstoffhaushalt auf ungekalkten und neugekalkten Flächen in einem stickstoffübersättigten Fichtenökosystem (Höglwald). 183 S., Hieronymus, München.

HÜBNER, W. (1988): Die ökologischen Artengruppen nach Schönhaar 1954/1988. Mitt. Ver. Forstl. Standortskunde u. Forstpflanzenz. 31: 25–38.

HULT, R. (1881): Försök till analytisk behandling of vaxtformationerna. Soc. pro Fauna et Flora Fennica 8: 1–155.

HURST, A. (1988): Wirkungen von Bodenabkühlungen auf Wasserbilanz und Wachstum von Buchen (*Fagus sylvatica* L.). Mitt. Eidgen. Anst. Forstl. Versuchswes. 64: 475–634.

HUSOVÁ, M. (1968): Synökologische Studie der Waldgesellschaften auf Amphibolitgesteinen. 188 S.,Vegetace CSSR, Band A3, Academia-Verlag, Praha.

INGESTAD, T. (1973): Mineral nutrient requirements of *Vaccinium vitis-idea* and *Vaccinium myrtillus*. Physio. Plant. 29: 239–246.

IRMLER, U., HELLER, K. & WARNING, J. (1996): Age and tree species as factors influencing the populations of insects living in dead wood (Coleoptera, Diptera: Sciaridae, Mycetophilidae). Pedobiologia 40: 134–148.

ISSLER, E. (1942): Vegetationskunde der Vogesen. Pflanzensoziologie 3, 116 S., Fischer, Jena.

ISSLER, E. (1951): Trockenrasen und Trockenwaldgesellschaften der oberelsässischen Niederterasse und ihre Beziehung zu denjenigen der Kalkhügel und der Silikatberge des Osthangs der Vogesen. Ber. Schweiz. Bot. Ges. 61: 664–699.

JACOBSEN, P. (1992): Flechten in Schleswig-Holstein: Bestand, Gefährdung und Bedeutung als Bioindikatoren. Mitt. AG Geobot. Schl.-Holst. u. Hamb. 42: 1–234.

JÄGER, E. (1968): Die pflanzengeographische Ozeanitätsgliederung der Holarktis und die Ozeanitätsbindung der Pflanzenareale. Feddes Rep. 79: 157–335.

JAHN, G. (1977): Die Fichtenwaldgesellschaften in Europa. In: SCHMID-VOGT, H.: Die Fichte. Band 11: 468–560. Parey, Hamburg.

JAHN, G. (1979a): Zur Frage der Buche im nordwestdeutschen Flachland. Forstarchiv 50: 85–95.

JAHN, G. (1979b): Werden und Vergehen von Buchenwald-Gesellschaften. In: WILMANNS, O. & TÜXEN, R. (Hrsg.): Werden und Vergehen von Pflanzengesellschaften. Ber. d. Int. Symp. IVV Rinteln: 339–362.

JAHN, G. (1979c): Das Melico-Fagetum in seinen Beziehungen zur Umwelt. In: WILMANNS, O. & TÜXEN, R. (Hrsg.): Epharmonie. Ber. d. Int. Symp. IVV Rinteln: 209–233.

JAHN, G. (1985a): Chorological phenomena in spruce and beech commumities. Vegetatio 59: 21–37.

JAHN, G. (1985b): Zum Nadelbaumanteil an der potentiellen natürlichen Vegetation der Lüneburger Heide. Tuexenia 5: 377–389.

JAHN, G. & RABEN, G. (1982): Über den Einfluß der Bewirtschaftung auf Struktur und Dynamik der Wälder. In: DIERSCHKE, H. (Red.): Struktur und Dynamik von Wäldern. Ber. d. Int. Symp. IVV Rinteln: 717–734.

JAHN, H., NESPIAK, A. & TÜXEN, R. (1967): Pilzsoziologische Untersuchungen in Buchenwäldern (Carici-Fagetum, Melico-Fagetum und Luzulo-Fagetum) des Wesergebirges. Mitt. Flor.-soz. Arbeitsgem. 11/12: 159–197.

JAHN, S. (1952): Die Wald- und Forstgesellschaften des Hils-Berglandes (Forstamtsbezirk Wenzen). Angew. Pflanzensoz. 5: 1–77.

JAKUCS, P. (1959): Über die ostbalkanischen Flieder-Buschwälder. Acta bot. Acad. Scient. Hung. 5: 357–390.

JAKUCS, P. (1960): Nouveau classement cénologique des bois de chênes xérothermes (Querceton pubescenti-petreae cl. nova) de l'Europe. Acta Bot. Acad. Scient. Hung. 6: 267–303.

JAKUCS, P. (1961): Die Flaumeichenwälder in der Tschechoslowakei. Veröff. Geobot. Inst. ETH 36: 91–118.

JANIESCH, P. (1986): Bedeutung einer Ernährung von *Carex*-Arten mit Ammonium oder Nitrat für deren Vorkommen in Feuchtgesellschaften. Abh. Westf. Mus. Naturkde.: 341–354.

JANSSEN, A. & SEIBERT, P. (1991): Potentielle natürliche Vegetation in Bayern. Hoppea 50: 151–188.

JAX, K. (1994): Mosaik-Zyklus und Patch-dynamics: Synonyme oder verschiedene Konzepte? Eine Einladung zur Diskussion. Z. Ökol. u. Natursch. 3: 107–112.

JEDICKE, E. (1995): Ressourchenschutz und Prozeßschutz – erforderliche Ansätze zu einem ganzheitlichen Naturschutz. Natursch. u. Landschaftspl. 27: 125–133.

JEDICKE, E. (1998): Raum-Zeit-Dynamik in Ökosystemen und Landschaften. Natursch. u. Landschaftspl. 30: 229–236.

JENSEN, U. (1961): Die Vegetation des Sonneberger Moores im Oberharz und ihre ökologischen Bedingungen. Natursch. Landschaftspfl. Niedersachsen 1: 1–85.

JERZ, H., SCHAUER, T. & SCHEUERMANN, K. (1988): Zur Geologie, Morphologie und Vegetation der Isar im Gebiet der Ascholdinger und Pupplinger Au. Ver. z. Schutz d. Bergwelt 51: 87–131.

JESCHKE, L. (1964): Die Vegetation der Stubnitz. Nat. Natursch. Meckl. 2: 1–154.

JESCHKE, L., LANGE, E. (1987): Zur Landschafts- und Vegetationsgeschichte im Gebiet der Sternberger Seen im Nordwesten der DDR. Flora 179: 317–334.

JOHANN, E. (1992): Forstwirtschaft im Gegensatz zu Naturschutz? Österr. Forst Z. Wien 103/12: 15–18.

JUNG, E. (1960): Die Waldgesellschaften der hinteren Sächsischen Schweiz am Beispiel des Großen Zschandes. Ber. AG sächs. Bot. N. F. 2: 75–112.

KAISER, T. (1996): Die potentielle natürliche Vegetation als Planungsgrundlage im Naturschutz. Natur u. Landschaft 71: 435–439.

KALKHOVEN, J. T. R. & WERF, S.V.D. (1988): Mapping the Potential Natural Vegetation. In: WÄCHTER, A. W. &. ZONNEFELD, I. S. (eds.): Vegetation Mapping. Handb. Veg. Sci.. 375–386, Junk, Dordrecht/ Bosten/London.

KARRER, G. (1985): Waldgrenzstandorte an der Thermenlinie (Niederösterreich). Stapfia 14: 85–103.

KERNER VON MARILAUN, A. (1863): Das Pflanzenleben der Donauländer. 348 S., Wagner, Innsbruck.

KETTERER, K. & EWALD, J. (1999): Waldgesellschaften und Standorte auf dem Eibsee-Bergsturz bei Garmisch-Partenkirchen. Hoppea 60: 627–689.

KIELLAND-LUND, J. (1981): Die Waldgesellschaften SO-Norwegens. Phytocoenologia 9: 53–250.

KIESE, O. (1972): Bestandsmeteorologische Untersuchungen zur Bestimmung des Wärmehaushalts eines Buchenwaldes. Ber. Inst. Meteor. Klimatol. TU Hannover 6: 1–132.

KIMMINS, J. P. (1987): Forest ecology. 531 S., Machillan, New York.

KLEINSCHMIDT, J. (1997): Forstliche Generhaltung: Ziele, Arbeitsweisen, Methoden. NNA-Berichte 10: 2–4.

KLÖTZLI, F. (1968): Über die soziologische und ökologische Abgrenzung schweizerischer Carpinion- von den Fagion-Wäldern. Feddes Rep. 78: 15–37.

KLÖTZLI, F. (1975): Ökologische Besonderheiten *Pinus*-reicher Waldgesellschaften. Schweiz. Zeitschr. f. Forstwes. 126: 672–710.

KNAPP, H. D. (1979): Geobotanische Studien an Waldgrenzstandorten des hercynischen Florengebietes. Teil 1 u. 2. Flora 168: Teil 1: 276–319, Teil 2: 468–510.

KNAPP, H. D. (1980): Geobotanische Studien an Waldgrenzstandorten des hercynischen Florengebietes. Teil 3. Flora 169: 177–215.

KNAPP, H. D. & JESCHKE, L. (1991): Naturwaldreservate und Naturwaldforschung in den ostdeutschen Bundesländern. Schriftenr. f. Vegetationskde. 21: 21–54.

KNAPP, R. (1944): Vegetationsstudien im Rheingau und in den angrenzenden Landschaften. 39 S., Halle/Saale (unveröff. Mskr.).

KORPEL, S. (1995): Die Urwälder der Westkarpaten. 310 S., Fischer, Stuttgart.

KORPEL, S. (1997): Totholz in Naturwäldern und Konsequenzen für Naturschutz und Forstwirtschaft. Forst und Holz 21: 619–624.

KÖSTLER, J. N. (1956): Allgäuer Plenterwaldtypen. Forstwiss. Cbl. 75: 423–458.

KÖSTLER, J. N., BRÜCKNER, E. & BIEBELRIETHER, H. (1968): Die Wurzeln der Waldbäume. 284 S., Parey, Hamburg.

KÖTZ, F. (1929): Untersuchungen über Waldtyp und Standortsbonität der Fichte im sächsischen Erzgebirge. Allg. Forst- u. Jagdz. 105: 121–136.

KOWARIK, I. (1987): Kritische Anmerkungen zum theoretischen Konzept der potentiellen natürlichen Vegetation mit Anregungen zu einer zeitgemäßen Modifikation. Tüxenia 7: 53–67.

KRAL, F. (1979): Spät- und postglaziale Waldgeschichte der Alpen auf Grund der bisherigen Pollenanalysen. 175 S., Veröff. Inst. Waldbau, Univ. f. Bodenkultur, Österreichischer Agrarverlag, Wien.

KRAMM, E. (1978): Pollenanalytische Hochmooruntersuchungen zur Floren- und Siedlungsgeschichte zwischen Ems und Hase. Abh. Landesmuseum f. Naturkunde Münster/Westf. 4: 1–49.

KRATOCHWIL, A. & SCHWABE, A. (1993): Wuchsformen der Arve (*Pinus cembra* L.) in Abhängigkeit von der ornithochoren Ausbreitung – im Vergleich mit Weidbuchen (*Fagus sylvatica* L.). Diss. Bot. 196: 107–134.

KRAUSE, A. & SCHRÖDER, L. (1979): Vegetationskarte der Bundesrepublik Deutschland 1:200000 – Potentielle natürliche Vegetation – Blatt CC 3118 Hamburg-West. Schriftenr. f. Vegetationskde. 14: 1–138.

KRAUSE, A. & TRAUTMANN, W. (1970): Erläuterungen zur Karte der potentiellen natürlichen Vegetation des Sollings. Schriftenr. f. Vegetationskde. 5: 121–133.

KREUTZER, K. (1961): Wurzelbildung junger Waldbäume auf Pseudogleyböden. Forstw. Cbl. 80: 356–391.

KREUTZER, K. (1970): Manganmangel der Fichte (*Picea abies* Karst.) in Süddeutschland. Forstw. Cbl. 89: 275–299.

KREUTZER, K. & GÖTTLEIN, A. (1991): Ökosystemforschung Höglwald. Forstw. Forsch. 39: 1–261.

KRIEBITZSCH, W. U. (1978): Stickstoffnachlieferung in sauren Waldböden Nordwestdeutschlands. Scripta Geobot. 14: 1–66.

KUBITZKI, K. (1961): Zur Synchronisierung der nordwesteuropäischen Pollendiagramme (mit Beiträgen zur Waldgeschichte Nordwestdeutschlands). Flora 150: 43–72.

KUHN, K. (1937): Die Pflanzengesellschaften im Neckargebiet der Schwäbischen Alb. 340 S. Rau, Öhringen.

KUHN, N., AMIET, R. & HUFSCHMID, N. (1987): Veränderungen der Waldvegetation der Schweiz infolge Nährstoffanreicherung aus der Atmosphäre. Allg. Forst- und Jagd-Ztg. 158: 77–84.

KÜNNE, H. (1969): Laubwaldgesellschaften der Frankenalb. Diss. Bot. 2: 1–177.

KUOCH, R. (1954): Wälder im Verbreitungsgebiet der Weißtanne. Mitt. Schweiz. Anst. Forst. Vers. wes. 30: 133–260.

KÜSTER, H. (1988): Vom Werden einer Kulturlandschaft. Vegetationsgeschichtliche Studien am Auerberg (Südbayern). Quellen u. Forschungen z. prähist. u. provinzialröm. Archäologie 3: 1–214.

KÜSTER, H. (1994): The economic use of *Abies* wood as timber in central Europe during Roman times. Veg. Hist. Archaeobot. 3: 25–32.

KÜSTER, H. (1996): Auswirkungen von Klimaschwankungen und menschlicher Landschaftsnutzung auf die Arealverschiebung von Pflanzen und die Ausbildung mitteleuropäischer Wälder. Forstw. Cbl. 115: 301–320.

KÜSTER, H. (1997): The role of farming in the postglacial expansion of beech and hornbeam in the oak woodlands of central Europe. The Holocene 7: 239–242.

LANG, G. (1994): Quartäre Vegetationsgeschichte Europas. 462 S., Fischer, Jena, Stuttgart, New York.

LANGER, H. (1959): Übersicht der Fichtenforsten der Allgäuer Moräne. Bot. Jb. 78: 341–366.

LARCHER, W. (1994): Ökophysiologie der Pflanzen. Leben, Leistung und Streßbewältigung der Pflanzen in ihrer Umwelt. 394 S. Ulmer, Stuttgart.

LEE, J. A., STEWART, G. R. & HORVILL, D. C. (1975): Nitrate utilization and succession XII. Int. Bot. Congr. 1: 1–156.

LEIBUNDGUT, H. (1959): Über Zweck und Methodik der Struktur- und Zuwachsanalyse von Urwäldern. Schweiz. Z. Forstw. 110: 111–124.

LEIBUNDGUT, H. (1982): Europäische Urwälder der Bergstufe. 306 S., Haupt, Bern, Stuttgart.

LEIBUNDGUT, H. (1991): Unsere Waldbäume. Eigenschaften und Leben. 172 S., Haupt, Bern, Stuttgart.

LEIBUNDGUT, H. (1993): Europäische Urwälder. 260 S., Haupt, Bern, Stuttgart.

LEUSCHNER, C. (1993): Resource availability at three presumed stages of a heathland succession on the Lüneburger Heide, Germany. J. Veg. Sci. 4: 255–262.

LEUSCHNER, C. (1994): Walddynamik auf Sandböden in der Lüneburger Heide (NW-Deutschland). Phytocoenologia 22: 289–324.

LEUSCHNER, C. (1998): Mechanismen der Konkurrenzüberlegenheit der Rotbuche. Ber. Reinh.-Tüxen-Ges. 10: 5–18.

LEUSCHNER, C., RODE, M. W. & HEINKEN. T. (1993): Gibt es eine Nährstoffmangel-Grenze der Buche im nordwestdeutschen Flachland? Flora 192: 239–249.

LINDQUIST, B. (1931): Den skandinaviska bokskogens biologi. Svenska Skogsvardsför. Tidskr. 3: 117–532.

LISS, B. M. (1990): Beweidungseffekte im Bergwald. Ergebnisse aus fünfjährigen Untersuchungen zur Waldweide unter besonderer Berücksichtigung des Wildverbisses. Forstw. Forsch. 40: 50–65.

LOHMEYER, W. (1962): Zur Gliederung der Zwiebelzahnwurz (*Cardamine bulbifera*) – Buchenwälder im nördlichen Rheinischen Schiefergebirge. Mitt. Flor.-Soz. Arbeitsgem. 9: 187–193.

LORENZ, M. (1994): Die europäische Waldzustandserfassung. Z. Ökol. u. Natursch. 2: 245–251.

LORENZ, M., MÜLLER-EDZARDS, C., BECHER, G., FISCHER, R. & DIBBERN, B. (1999): Forest condition in Europe. 84 S.,UN/ECE and EC, Technical Report, Geneva, Brussels.

LÖTSCHERT, W. (1963): Keimzahlgehalt, CO_2-Gehalt der Bodenluft und CO_2-Abgabe des Bodens in verschiedenen Ausbildungsformen des baltischen Perlgras-Buchenwaldes. Mitt. Flor.-soz. Arbeitsgem. 10: 188–200.

LÜCKE, K. & SCHMIDT, W. (1997): Vegetation und Standortsverhältnisse in Buchen-Fichten-Mischbeständen des Sollings. Forstarchiv 68: 135–143.

LUDEMANN, T. (1992): Im Zweribach – vom nacheiszeitlichen Urwald zum „Urwald von morgen“. Beih. Veröff. Naturschutz Landschaftspflege Bad.-Württ. 63: 1–268.

LUDEMANN, T. (1994): Die Wälder im Feldberggebiet heute. Zur pflanzensoziologischen Typisierung der aktuellen Vegetation. Mitt. Ver. Forstl. Standortskunde u. Forstpflanzenzücht. 37: 23–47.

LUNDEGÅRDH, H. (1954): Klima und Boden in ihrer Wirkung auf das Pflanzenleben. 598 S., Fischer, Jena.

MANTEL, K. (1980): Forstgeschichte des 16. Jahrhunderts unter dem Einfluß der Forstordnungen und Noe Meurers. 1071 S., Parey, Berlin.

MANTEL, K. (1990): Wald und Forst in der Geschichte. 518 S., Schaper, Alfeld-Hannover.

MANZ, E. (1993): Vegetation und standörtliche Differenzierung der Niederwälder im Nahe- und Moselraum. 413 S., Pollichia-Buch, Bad Dürkheim.

MARINCEK, L., PUNCER, I. & ZUPANCIC, M. (1980): Die floristischen und strukturellen Unterschiede zwischen dem Urwald und dem Wirtschaftswald der Gesellschaft Abieti-Fagetum dinaricum. In: WILMANNS, O., TÜXEN, R. (Hrsg.): Epharmonie. Ber. d. Int. Symp. IVV Rinteln: 249–263.

MARKGRAF, F. (1927): Vergleich von Buchenassoziationen in Nordwestdeutschland und Schweden. Veröff. Geobot. Inst. Rübel 4: 42–56.

MATUSKIEWICZ, W. & MATUSKIEWICZ, J. (1973): Pflanzensoziologische Übersicht der Waldgesellschaften von Polen, Teil 2: Die Kiefernwälder. Phytocoenosis 2: 273–356.

MATUSZKIEWICZ, A. (1962): Zur Systematik der natürlichen Kiefernwälder des mittel- und osteuropäischen Flachlandes. Mitt. Flor.-soz. Arbeitsgem. 9: 145–186.

MATUSZKIEWICZ, A. & MATUSZKIEWICZ, W. (1954): Die Verbreitung der Waldassoziationen des Nationalparks von Bialowieza. Polska Akad. Nauk. Kom. Ekol. 2: 33–60.

MATUSZKIEWICZ, J. (1977): Pflanzensoziologische Übersicht der Waldgesellschaften von Polen. Teil 4: Die Fichten- und Tannenwälder. Phytocoenosis 6: 149–227.

MATUSZKIEWICZ, W. (1982): Zum Stand der Kartierung der potentiell-natürlichen Vegetation 1:300000 in Polen und ihre Bedeutung für die geographische Landschaftsforschung. Arch. Naturschutz u. Landschaftsforsch. 22 (2): 151–156.

MATUSZKIEWICZ, W. (1984): Die Karte der potentiellen natürlichen Vegetation von Polen. Braun-Blanquetia 1: 5–99.

MATUSZKIEWICZ, W. & MATUSZKIEWICZ, A. (1956): Zur Systematik der Quercetalia pubescentis-Gesellschaften in Polen. Acta Societatis Bot.: Corum Poloniae 25: 27–72.

MATUSZKIEWICZ, W. & MATUSZKIEWICZ, A. (1973): Pflanzensoziologische Übersicht der Waldgesellschaften von Polen. Teil 1: Die Buchenwälder. Phytocoenosis 2: 143–202.

MATUSZKIEWICZ, W. & MATUSZKIEWICZ, A. (1985): Zur Syntaxonomie der Eichen-Hainbuchenwälder in Polen. Tuexenia 5: 473–487.

MATZNER, E. & GROSHOLZ, C. (1997): Beziehung zwischen NO_3^--Austrägen, C/N-Verhältnis der Auflage und N-Einträgen im Fichtenwald (*Picea abies* Karst.). Forstw. Cbl. 116: 39–44.

MAYER, H. (1963): Der Block-Fichtenwald (Asplenio-Piceetum Kuoch (1954) in den Berchtesgadener, Chiemgauer und Kitzbüheler Alpen. Mitt. ostalp.-dinar. AG 2: 47–53.

MAYER, H. (1971): Das Buchen-Naturwaldreservat Dobra/Kampleiten im niederösterreichischen Waldviertel. Schweizerische Zeitschr. f. Forstwesen Journal Forestier Suisse 122: 45–66.

MAYER, H. (1974): Wälder des Ostalpenraumes. Ökologie der Wälder und Landschaften. Band 3. 344 S., Fischer, Stuttgart.

MAYER, H. (1984): Waldbau auf soziologisch-ökologischer Grundlage. 514 S., Fischer, Stuttgart, New York.

MAYER, H., NEUMANN, M. & SOMMER, H. G. (1980): Bestandesaufnahme und Verjüngungsdynamik unter dem Einfluß natürlicher Wilddichten im kroatischen Urwaldreservat Corkova Uvala/Plitvicer Seen. Schw. Z. Forstw. 131: 45–70.

MEIWES, K. J. & BEESE, F. (1988): Ergebnisse der Untersuchung des Stoffhaushalts eines Buchenwaldökosystems auf Kalkgestein. Ber. Forschungsz. Waldökosysteme, Reihe B 9: 1–142.

MERKEL, J. (1994): Schneeheide-Kiefernwälder in Oberfranken. Hoppea 55: 403–414.

MEUSEL, H. (1935): Die Waldtypen des Grabfeldes und ihre Stellung innerhalb der Wälder zwischen Main und Werra. Beih. Bot. Cbl. 53: 175–251.

MEUSEL, H. (1939): Die Vegetationsverhältnisse der Gipsberge am Kyffhäuser und im südlichen Harzvorland. Hercynia 2: 1–372.

MEUSEL, H. (1951/52): Die Eichen-Mischwälder des Mitteldeutschen Trockengebietes. Wiss. Z. Univ. Halle, Math.-Nat. 1/2: 4 u. 50–72.

MEUSEL, H. (1952): Vegetationskundliche Studien über mitteleuropäische Waldgeselschaften. III. Über einige Waldgesellschaften der Insel Rügen. Ber. Dt. Bot. Ges. 64: 223–241.

MEUSEL, H., JÄGER, E. & WEINERT, E. (1965): Vergleichende Chorologie der Zentraleuropäischen Flora. 583 S. und 258 S. Kartenband, Fischer, Jena.

MEUSEL, H., JÄGER, E. & WEINERT, E. (1978): Vergleichende Chorologie der Zentraleuropäischen Flora. 418 S. und 421 S. Kartenband, Fischer, Jena.

MEUSEL, H. & NIEMANN, E. (1971): Der Silgen-Stieleichenwald (Selino-Quercetum roboris Struktur) und pflanzengeographische Stellung. Arch. Naturschutz u. Landschaftsforsch. 11: 203–233.

MEYER, F. H. (1959): Untersuchungen über die Aktivität der Mikroorganismen in Mull, Moder und Rohhumus. Arch. Mikrobiol. 33: 149–169.

MEYER, F. H. (1967): Feinwurzelverteilung bei Waldbäumen in Abhängigkeit von Substrat. Forstarchiv 38: 286–290.

MICHALKO, J. (1982): Die Dynamik des Eichen-Hainbuchenwaldes mit pontisch-panonischem Charakter. In: DIERSCHKE, H. (Red.): Struktur und Dynamik von Wäldern. Ber. d. Int. Symp. IVV Rinteln: 612–619.

MICHIELS, H. G. (1994): Die Regionale Natürliche Waldzusammensetzung im Teilwuchsbezirk „Waldsassener Schiefergebiet". Forstw. Cbl. 113: 345–353.

MIKYSKA, R., MITARB. (1968): Geobotanische Karte der Tschechoslowakei 1. Böhmische Länder (Böhmen, Mähren, Schlesien). 204 S., Vegetace CSSR A2, Academia, Praha.

MITSCHERLICH, G. (1955): Untersuchungen über das Wachstum der Kiefer in Baden. 2. Teil. Die Streunutzungs- und Düngungsversuche. Allg. Forst- u. Jagdztg. 126: 193–204.

MOHR, H. (1993): Warum wurde ausgerechnet der Stickstoff zum Problem? Akademie-Journal 1: 16–19.

MOOR, M. (1952): Die Fagion-Gesellschaften im Schweizer Jura. Beitr. Geobot. Landesaufn. Schw. 31: 1–201.

MOOR, M. (1954): Fichtenwälder im Schweizer Jura. Vegetatio 5/6: 542–552.

MOOR, M. (1970): Adenostylo-Fagetum – Höhenvikariant des Linden-Buchenwaldes. Bauhinia 4: 161–185.

MOOR, M. (1972): Versuch einer soziologisch-systematischen Gliederung des Carici-Fagetum. Vegetatio 24: 31–69.

MOOR, M. (1975): Ahornwälder im Jura und in den Alpen. Phytocoenologia 2: 244–260.

MORAVEC, J., HUSOVÁ, M., NEUHÄUSL, R. & NEUHÄUSLOVÁ-NOVOTNÁ, Z. (1982): Die Assoziationen mesophiler und hygrophiler Laubwälder in der Tschechischen Sozialistischen Republik. Vegetace CSSR, Band A 12. 292 S., Academia Praha, Prag.

MORAVEC, J. & NEUHÄUSL, R. (1991): Natural vegetation of the Territory of the Capital City Prague and its Reconstruction Map. 200 S., Academia Praha, Prag.

MOSANDL, R. (1991): Die Steuerung von Waldökosystemen mit waldbaulichen Mitteln, dargestellt am Beispiel des Bergmischwaldes. Mitt. aus der Staatsforstverw. Bayerns 46: 1–246.

MOSS, C. E. (1910): The fundamental units of vegetation. Historical development of the concepts of the plant association and the plant formation. New Phytologist 9: 18–53.

MRÁZ, K. (1958): Beitrag zur Kenntnis der Stellung des Potentillo-Quercetum. Archiv f. Forstwesen 7: 703–728.

MUCINA, L., GRABHERR, G. & WALLNÖFER, S. (1993): Die Pflanzengesellschaften Österreichs. Teil III. 353 S., Fischer, Jena.

MÜLLER, S. (1981): Oberbodenstörungen nach Weide und Streunutzung. Mitt. Ver. Forstl. Standortskde. u. Forstpflanzenzücht. 29: 3–6.

MÜLLER, T. (1966): Vegetationskundliche Beobachtungen im Naturschutzgebiet Hohentwiel. Veröff. Landesst. Natursch. Landschaftspfl. Bad.-Württ. 34: 14–61.

MÜLLER, T. (1975): Natürliche Fichtengesellschaften der Schwäbischen Alb. Beitr. naturk. Forsch. SW-Deutschl. 34: 233–249.

MÜLLER, T. (1980): Der Scheidenkronwicken-Föhrenwald (Coronillo-Pinetum) und der Geißklee-Föhrenwald (Cytiso-Pinetum) auf der Schwäbischen Alb. Phytocoenologia 7: 392–412.

MÜLLER, T. (1987): Der Traufwald. Natur und Landschaft 62: 344–346.

MÜLLER, T. (1989): Die artenreichen Rotbuchenwälder Süddeutschlands. Ber. d. Reinh. Tüxen-Ges. 1: 149–163.

MÜLLER, T. (1991): Zur synsystematischen Stellung des Luzulo-Fagetum. Hoppea 50: 189–202.

MÜLLER, T. (1992a): 3. Ordnung: Quercetalia pubescenti-petraeae. In: OBERDORFER, E. (Hrsg.): Süddeutsche Pflanzengesellschaften. Teil IV: Wälder und Gebüsche: 119–137. Fischer, Stuttgart.

MÜLLER, T. (1992b): 3. Verband: Tilio-Acerion pseudoplatani. In: OBERDORFER, E. (Hrsg.): Süddeutsche Pflanzengesellschaften. Teil IV: Wälder und Gebüsche: 173–192. Fischer, Stuttgart.

MÜLLER, T. (1992c): 4. Verband: Fagion sylvaticae. In: OBERDORFER, E. (Hrsg.): Süddeutsche Pflanzengesellschaften. Teil IV: Wälder und Gebüsche. 193–249. Fischer, Stuttgart.

MÜLLER, T. (1992d): 4. Verband: Carpinion. In: OBERDORFER, E. (Hrsg.): Süddeutsche Pflanzengesellschaften Teil IV: Wälder und Gebüsche: 157–172. Fischer, Stuttgart.

MÜLLER, T. (1994): Die synsystematische Stellung des Aceri-Fagetum. Carolinea 53: 175–184.

MÜLLER, T. & OBERDORFER, E. (1974): Die potentielle natürliche Vegetation von Baden-Württemberg. Beih. Veröff. Landesst. Natursch. u. Landschaftspfl. Bad.-Württ. 6: 1–45.

MÜLLER-STARCK, G. (1994): Die Bedeutung der genetischen Variation für die Anpassung gegenüber Umweltstress. Schweiz. Z. Forstwes. 12: 977–997.

MÜLLER-STARCK, G. (1997): Genetische Kriterien für die Erhaltung forstlicher Genressourcen. NNA-Berichte 10: 21–25.

MURMANN-KRISTEN, L. (1987): Das Vegetationsmosaik des Nordschwarzwälder Waldgebietes. Diss. Bot. 104: 1–316.

NANSON, A. (1962): Quelques éléments concernant lebilan d'assimilation photosynthétique en hêtraie ardennaise. Bull. Inst. Agron. et Stat. Rech. Gembloux 30: 320–331.

NEUHÄUSL, R. (1975): Kartierung der potentiell natürlichen Vegetation in der Kulturlandschaft. Preslia 47: 117–128.

NEUHÄUSL, R. (1980a): Chemischer Zustand der Atmosphäre in Industriegebieten und die natürliche Vegetation. Acta Bot. Acad. Sci. Hung. 26: 139–142.

NEUHÄUSL, R. (1980b): Entwurf der syntaxonomischen Gliederung mitteleuropäischer Eichen-Hainbuchenwälder. Ber. Int. Symp. IVV Rinteln: 533–546.

NEUHÄUSL, R. (1981): Entwurf der syntaxonomischen Gliederung mitteleuropäischer Eichen-Hainbuchenwälder. Ber. Int. Symp. IVV Rinteln: 533–546.

NEUHÄUSL, R. (1982): Blüh- und Sproßaspekte in Auenwäldern und mesophytischen Laubwäldern. Ber. Int. Symp. IVV Rinteln: 591–599.

NEUHÄUSL, R. (1984): Umweltgemäße natürliche Vegetation, ihre Kartierung und Nutzung für den Umweltschutz. Preslia 56: 205–212.

NEUHÄUSL, R. & NEUHÄUSLOVÁ-NOVOTNÁ, Z. (1967): Syntaxonomische Revision der azidophilen Eichen- und Eichenmischwälder im westlichen Teil der Tschechoslowakei. Folia Geobot. Phytotax. 2: 1–41.

NEUHÄUSL, R. & NEUHÄUSLOVÁ-NOVOTNÁ, Z. (1968): Übersicht der Carpinion-Gesellschaften der Tschechoslowakei. Feddes Rep. 78: 39–56.

NEUHÄUSL, R. & NEUHÄUSLOVÁ-NOVOTNÁ, Z. (1969): Die Laubwaldgesellschaften des östlichen Teiles der Elbeebene, Tschechoslowakei. Folia Geobot. Phytotax. 4: 261–301.

NEUHÄUSL, R. & NEUHÄUSLOVÁ-NOVOTNÁ, Z. (1972): Carpinion-Gesellschaften in Mittel- und Nordmähren. Folia Geobot. Phytotax. 7: 225–258.

NEUHÄUSL, R. & NEUHÄUSLOVÁ-NOVOTNÁ, Z. (1977): Jahreszeitliche Dynamik in Auen- und Eichen-Hainbuchenwäldern. Preslia 49: 237–280.

NEUHÄUSLOVÁ, Z. & Mitarb. (1998): Map of potential natural vegetation of the Czech Republic. 341 S., Academia Praha, Prag.

NEUHÄUSLOVÁ-NOVOTNÁ Z. & NEUHÄUSL, R. (1971): Beitrag zur Kenntnis der Carpinion-Gesellschaften im subkontinentalen Teil Europas. Preslia 43: 154–167.

NEUMANN, M. (1978): Bestandesstruktur und Entwicklungsdynamik im Urwald Rothwald. Diss. Hochschule f. Bodenkultur. Wien.

NIHLGÅRD, B. (1970): Vegetation types of planted spruce forests in Scania, Southern Sweden. Bot. Notiser 123: 310–337.

NIHLGÅRD, B. (1972): Plant biomass, primary production and distribution of chemical elements in a beech and a planted spruce forest in South Sweden. Oikos 23: 69–81.

NILSSON, S. G. & GREUNFELDT, H. (1988): Reprint of the workshop report on critical loads for sulphur an nitrogen. Miljora Repport 16: 1–31.

NNA – Alfred Toepfer Akademie für Naturschutz (1997): Forstliche Generhaltung und Naturschutz. NNA-Berichte 10: 1–57.

OBERDORFER, E. (1950): Zur Frage der natürlichen Waldgesellschaften auf der Ostabdachung des Südschwarzwaldes. AFZ 121: 16–21.

OBERDORFER, E. (1957): Süddeutsche Pflanzengesellschaften. Pflanzensoziologie 10: 1–564.

OBERDORFER, E. (1968): Assoziation, Gebietsassoziation, geographische Rasse. In: TÜXEN, R. (ed.): Pflanzensoziologische Systematik. Ber. Int. Symp. IVV Rinteln: 273–278.

OBERDORFER, E. (1982): Die hochmontanen Wälder und subalpinen Gebüsche. Der Feldberg im Schwarzwald. Natur- u. Landschaftsschutzgebiete Bad.-Württ. 12: 317–358.

OBERDORFER, E. (1984): Zur Systematik bodensaurer artenarmer Buchenwälder. Tuexenia 4: 257–266.

OBERDORFER, E. (1992, Hrsg.): Süddeutsche Pflanzengesellschaften. Teil IV. Wälder und Gebüsche. A: Textband, B: Tabellenband. 282 S., 580 S., Fischer, Jena, Stuttgart, New York.

OBERDORFER, E. (1994): Pflanzensoziologische Exkursionsflora. 1050 S., Ulmer, Stuttgart.

OBERDORFER, E. (2001): Pflanzensoziologische Exkursionsflora. 1051 S., Ulmer, Stuttgart.

OBERDORFER, E. & MÜLLER, T. (1984): Zur Synsystematik artenreicher Buchenwälder, insbesondere im präalpinen Nordsaum der Alpen. Phytocoenologia 12: 539–562.

OHEIMB, G. VON (1996): Ausbreitung und Verbreitung krautiger Pflanzenarten im Vergleich alter und junger Laubwälder in Südschweden. Diplomarbeit Univ. Göttingen, 115 S. u. Anhang.

ONNO, U. (1969): Laubstreunutzungsversuche in Waldgesellschaften des Wienerwaldes. In: TÜXEN, R. (Hrsg.): Experimentelle Pflanzensoziologie: 206–212. Junk, Den Haag.

OTT, E., FREHNER, M., FREY, H. U. & LÜSCHER, P. (1997): Gebirgsnadelwälder – Ein praxisorientierter Leitfaden für eine standortgerechte Waldbehandlung. 287 S., Haupt, Bern.

OTTO, H. J. (1993): Der dynamische Wald. Ökologische Grundlagen des naturnahen Waldbaus. Forst u. Holz 48: 331–335.

OTTO, H. J. (1994): Waldökologie. 391 S., Ulmer, Stuttgart.

Overbeck, F. (1975): Botanisch-geologische Moorkunde unter besonderer Berücksichtigung Nordwestdeutschlands. 719 S., Wachholtz, Neumünster.

Ozenda, P. (1988): Die Vegetation der Alpen im europäischen Gebirgsraum. 353 S., Fischer, Stuttgart, New York.

Paar, U. (1994): Untersuchungen zum Einfluß von Ammonium und Nitrat auf wurzelphysiologische Reaktionsmuster der Buche. Ber. Forschungszentr. Waldökosysteme, Reihe B 115: 1–124.

Pallas, J. (1996): Beitrag zur Synatxonomie und Nomenklatur der bodensauren Eichenmischwälder in Mitteleuropa. Phytocoenologia 26: 1–79.

Pallas, J. (2000): Zur Sysnsystematik und Verbreitung der europäischen bodensauren Eichenmischwälder. Abh. Westf. Mus. Naturkde. 62: 1–125.

Pallas, J. (2002): Artenarme bodensaure Eichenmischwälder (Deschampsio-Querceteum Passarge 1966) in Nordwestdeutschland. Abh. Westf. Mus. Naturkde. 64: 1–132.

Passarge, H. (1953): Waldgesellschaften des mitteldeutschen Trockengebietes. Archiv f. Forstw. 2: 1–58, 182–208, 340–383, 532–551.

Passarge, H. (1956): Die Wälder von Magdeburgerforth (NW-Fläming). Wiss. Abhandl. Deutsch. Akad. Landwirtschaftswiss. 18: 1–112.

Passarge, H. (1957): Waldgesellschaften des nördlichen Havellandes. Wiss. Abhandl. Deutsch. Akad. Landwirtschaftswiss. 26: 1–139.

Passarge, H. (1958): Beobachtungen über Waldgesellschaften im Jungmoränengebiet um Flensburg und Schleswig. Arch. f. Forstw. 7: 388–408.

Passarge, H. (1959): Vegetationskundliche Untersuchungen in den Wäldern der Jungmoränenlandschaft um Dargun/Ostmecklenburg. Arch. f. Forstw. 8: 1–74.

Passarge, H. (1960): Waldgesellschaften NW-Mecklenburgs. Arch. f. Forstw. 9: 499–541.

Passarge, H. (1966a): Waldgesellschaften der Prignitz. Arch. f. Forstw. 15: 475–504.

Passarge, H. (1966b): Zur soziologischen Gliederung baltischer Buchenwälder in Jütland. Arch. f. Forstw. 15: 505–529.

Passarge, H. (1971): Zur soziologischen Gliederung mitteleuropäischer Fichtenwälder. Feddes Rep. 81: 577–604.

Passarge, H. (1984): Buchenwaldgesellschaften Ostholsteins. Mitt. AG Geobot. Schl.-Holst. u. Hmb. 33: 214–223.

Passarge, H. & Hofmann, G. (1968a): Pflanzengesellschaften des nordostdeutschen Flachlandes II. Pflanzensoz. 16: 1–298.

Passarge, H. & Hofmann, G. (1968b): Zur soziologischen Gliederung nordmitteleuropäischer Hainbuchenwälder. Feddes Rep. 78: 1–13.

Perpeet, M. (1995): Biotoppflege in der Forsteinrichtung. Forstw. Cbl. 114: 141–150.

Persson, H. (1975): Deciduous woodland at Andersby, eastern Sweden: field-layer and below-ground production. Acta Phytogeogr. Suecica 62: 1–71.

Peterken, G. F. & Game, M. (1984): Historical factors affecting the number and distribution of vascular plant species in the woodlands of central Lincolnshire. J. Ecol. 72: 155–182.

Peterken, G. F. (1974): A method for assessing woodland flora for conservation using indicator species. Biol. Conserv. 14: 239–245.

Petermann, R. (1970): Buchenwälder im westbayerischen Alpenvorland zwischen Iller und Ammersee. Diss. Bot. 8: 1–227.

Petermann, R. & Seibert, P. (1979): Die Pflanzengesellschaften des Nationalparkes Bayerischer Wald. 142 S., Nat. Park Bayer. Wald. Band 4, Grafenau.

Pfadenhauer, J. (1969): Edellaubholzreiche Wälder im Jungmoränengebiet und in den bayerischen Alpen. Diss. Bot. 3: 1–213.

Pfadenhauer, J. (1973): Versuch einer vergleichend-ökologischen Analyse der Buchen-Tannenwälder des Schweizer Jura (Weißenstein und Chasseral). Veröff. Geobot. Inst. ETH Stiftg. Rübel. 47: 1–74.

Pfadenhauer, J. (1975): Beziehungen zwischen Standorteinheiten, Klima, Stickstoffernährung und potentieller Wuchsleistung der Fichte im bayerischen Flyschgebiet. Diss. Bot. 30: 1–239.

Philippi, G. (1966): Sporenkeimung und Protonemawachstum von Moosen verschiedener Standorte in Abhängigkeit vom pH-Wert. Flora 156: 319–349.

Philippi, G. (1970): Die Kiefernwälder der Schwetzinger Hardt (nordbadische Oberrheinebene). Veröff. Landesstelle Naturschutz u. Landschaftsplege Bad.-Württ. 38: 46–92.

Philippi, G. (1981): Bedeutung der Altholzbestände aus botanischer Sicht. Beih. Veröff. Natursch. Landschaftspfl. Bad.-Württ. 20: 19–22.

Pignatti, S. (1972): Vorläufiger Bericht über die Phänologie europäischer Buchenwälder. Ber. Internat. Symp. IVV Rinteln 1970: 337–345.

Plachter, H. (1991): Naturschutz. 463 S., Ulmer, Stuttgart.

Plachter, H. (1996): Bedeutung und Schutz ökologischer Prozesse. Verh. GfÖ 26: 287–303.

Plewczynska, U. (1970): Herb layer production and plant fall in the association Pino-Quercetum Kozlowska 1925 in the Pisz Forest. Ekol. Pol. Ser. A 18: 758–778.

Pogrebniak, P. S. (1968): Die Eichen-Hainbuchenwälder in der osteuropäischen Ebene. Feddes Rep. 79: 139–143.

Poldini, L. (1988): Übersicht des Verbandes Ostryo-Carpinion orientalis (Quercetalia pubescentis) in SO-Europa. Phytocoenologia 16: 125–143.

Polomski, J. & Kuhn, N. (1998): Wurzelsysteme. 290 S., Haupt, Bern.

Poschlod, P. (1996): Das Metapopulationskonzept – eine Betrachtung aus pflanzenökologischer Sicht. Zeitschr. f. Ökol. u. Natursch. 5: 161–185.

Pott, R. (1981): Der Einfluss der Niederwaldwirtschaft auf die Physiognomie und floristisch-soziologische Struktur von Kalkbuchenwäldern. Tuexenia 1: 233–242.

Pott, R. (1985): Vegetationsgeschichtliche und pflanzensoziologische Untersuchungen zur Niederwaldwirtschaft in Westfalen. Abh. Westf. Mus. Naturkde. 47: 1–75.

Pott, R. (1988): Entstehung von Vegetationstypen und Pflanzengesellschaften unter dem Einfluß des Menschen. Düsseld. Geobot. Kolloq. 5: 27–54.

Pott, R. (1989): Die Formierung von Buchenwaldgesellschaften im Umfeld der Mittelgebirge Nordwestdeutschlands unter dem Einfluß des Menschen. Ber. Geobot. Inst. Univ. Hannover 1: 30–44.

Pott, R. (1990): Veränderungen von Waldlandschaften unter dem Einfluß des Menschen. In: Naturschutzforschung in Deutschland. NNA-Berichte 3/3: 117–131.

Pott, R. (1992a): Nacheiszeitliche Entwicklung des Buchenareals und der mitteleuropäischen Buchenwaldgesellschaften. Anforderungen an den Buchenwald-Naturschutz aus vegetationskundlicher Sicht. NZ NRW-Seminarber. Naturschutzzentrum NRW 12: 6–18.

Pott, R. (1992b): Die Pflanzengesellschaften Deutschlands. 427 S., Ulmer, Stuttgart.

Pott, R. (1993): Farbatlas Waldlandschaften. Ausgewählte Waldtypen und Waldgesellschaften unter dem Einfluß des Menschen. 224 S., Ulmer, Stuttgart.

Pott, R. (1995a): The origin of grassland plant species and grassland communities in Central Europe. Fitosociologia 29: 7–32.

Pott, R. (1995b): Die Pflanzengesellschaften Deutschlands. 622 S., Ulmer, Stuttgart.

Pott, R. (1996): Die Entwicklungsgeschichte und Verbreitung xerothermer Vegetationseinheiten in Mitteleuropa unter dem Einfluß des Menschen. Tuexenia 16: 337–369.

Pott, R. (1997): Von der Urlandschaft zur Kulturlandschaft – Entwicklung und Gestaltung mitteleuropäischer Kulturlandschaften durch den Menschen. Verh. GfÖ 27: 5–26.

Pott, R. (2000a): Die Entwicklung der europäischen Buchenwälder in der Nacheiszeit. Rundgespr. d. Kommission. f. Ökol. 18: 49–75.

Pott, R. (2000b): Palaeoclimate and vegetation – long-term vegetation dynamics in central Europe with particular reference to beech. Phytocoenologia 30: 285–333.

Pott, R. & Hüppe, J. (1991): Die Hudelandschaften Nordwestdeutschlands. Abh. Westfäl. Mus. Naturkde. 53: 1–313.

Praag, H. J., Van, Weissen, F., Brigode, N. & Dufour, J. (1974): Evaluation de la quantité d' azote minéralisé par an, dans un sol de hêtraie ardennaise. Bull. Soc. Roy. Botan. Belg. 107: 137–146.

Priehäusser, G. (1965): Die forstwirtschaftlich genutzten Böden. In: Brunnacker, K.: Erläuterungen zur Bodenkarte von Bayern 1:25000, Blatt Nr. 6945, München.

Prill, H. (1987): Zur Nestbauaktivität der Spechte (*Picidae*) im Totalreservat des Naturschutzgebietes Serrahn. Arch. Natursch. Landschaftsforsch. 27: 57–61.

Pruša, E. (1985): Die böhmischen und mährischen Urwälder – ihre Struktur und Ökologie. Vegetáce CSSR A 15, 578 S., Academia, Prag.

Raabe, E. W. (1965): Sukzessionsstudien an Salzrasen. Die Heimat 72: 3–7.

Rackham, O. (1980): Ancient woodland, history, vegetation and uses in England. 402 S., Arnold, London.

Raspe, S., Feger, K. H. & Zöttl, H. W. (1998, Hrsg.): Ökosystemforschung im Schwarzwald. 534 S., Ecomed, Landsberg.

Raspe, S. & Haug, I. (1998): Wurzelverteilung und Mykorrhizadynamik in Abhängigkeit vom Nährelementangebot im Boden. In: Raspe, S., Feger, K. H. & Zöttl, H. W. (Hrsg.): Ökosystemforschung im Schwarzwald: 223–238. Ecomed, Landsberg.

Rehder, H. (1962): Der Girstel – ein natürlicher Föhrenwaldkomplex am Albis bei Zürich. Ber. Geobot. Inst. ETH Stiftg. Rübel 33: 17–64.

Rehder, H. (1965): Die Klimatypen der Alpenkarte im Klimadiagramm-Weltatlas (Walter und Lieth) und ihre Beziehungen zur Vegetation. Flora 156: 78–93.

Rehfuess, K. E. (1967): Standort und Ernährungszustand von Tannenbeständen in der südwestdeutschen Schichtstufenlandschaft. Forstw. Cbl. 86: 321–348.

Rehfuess, K. E. (1986): Wirkungen des Fichtenanbaus auf den Boden. In: Schmidt-Vogt, H.: Die Fichte. Band II/1: 250–279. Parey, Hamburg.

Rehfuess, K. E. (1990): Waldböden. Entwicklung, Eigenschaften und Nutzung. Pareys Studientexte 29, 294 S., Parey, Berlin.

Rehfuess, K. E., Flurl, H., Franz, F. & Raunecker, E. (1983): Growth patterns, phloem nutrient contents and root characteristics of beech (*Fagus sylv.* L.) on soils of different reaction. In: Ulrich, B. & Pankrath, J. (Hrsg.): Effects of Accumulation of Air Pollutants in Forest Ecosystems: 359–375. Reidel Pub. Comp., Dordrecht, Boston, London.

Reichelt, G. (1968): Über die Vegetationsentwicklung der Baar während der Vor- und Frühgeschichte. Schr. Ver. Gesch. u. Naturgesch. Baar 24: 224–268.

Reif, A. & Leonhardt, A. (1991): Die Wald- und Forstgesellschaften im Fichtelgebirge. Hoppea 50: 409–452.

Reif, A. & Przybilla, M. (1995): Zur Regeneration der Fichte (*Picea abies*) in den Hochlagen des Nationalparks Bayerischer Wald. Hoppea 56: 467–514.

REINHOLD, F. (1939): Versuch einer Einteilung und Übersicht der natürlichen Fichtenwälder (Piceion excelsae) Sachens. Thar. Forstl. Jb. 90: 229–271.

REINHOLD, F. (1944): Ergebnisse vegetationskundlicher Untersuchungen im Erzgebirge, den angrenzenden Gebirgen und im nordsächsischen Heidegebiet. Forstw. Cbl. u. Tharandt. Forstl. Jb. 3: 167–191.

REMMERT, H. (1990): Das Mosaik-Zyklus-Konzept der Ökosysteme. In: Naturschutzforschung in Deutschland. NNA-Berichte 3: 110–117.

REMMERT, H. (1991): The mosaic-cycle concept of ecosystems. Ecological studies 85. 60 S., Springer, Berlin.

RICHARD, J. L. (1961): Les forêts acidophiles du Jura. Beitr. Geobot. Landesaufn. Schweiz 38: 1–164.

RICHARD, J. L. (1972): La vegetation des cretes rocheuses du Jura. Ber. Schweiz. Bot. Ges. 82: 68–112.

RIECKEN, U. (1992): Grenzen der Machbarkeit von „Natur aus zweiter Hand". Natur und Landschaft 67: 527–535.

RINGLER, A. (1981): Die Alpenmoore Bayerns – Landschaftsökologische Grundlagen, Gefährdung, Schutzkonzept. Ber. ANL 5: 54–98.

RITTER-STUDNICKA, H. (1970): Die Vegetation der Serpentinvorkommen in Bosnien. Vegetatio 21: 75–156.

RODE, M. W. (1993): Leaf-nutrient accumulation and turnover at three stages of succession from heathland to forest. J. Veg. Sci. 4: 263–268.

RODE, M. W., DAGEFÖRDE, A. & GÖRLITZ, G. (1996): Einfluß der Baumart auf den Nährstoffeintrag und seine Bedeutung für die natürliche Waldentwicklung auf nährstoffarmen Böden Norddeutschlands. Verh. GfÖ 26: 139–145.

RÖDEL, H. (1970): Waldgesellschaften der Sieben Berge bei Alfeld und ihre Ersatzgesellschaften. Diss. Bot. 7: 1–144.

RODENKIRCHEN, H. (1993): Wirkungen von Luftverunreinigungen und künstlichem sauren Regen auf die Bodenvegetation in Koniferen-Wäldern. Forstw. Cbl. 112: 70–75.

RODENWALDT, U. & HAUFF, R. (1957): Die Waldgeschichte des Villinger Stadtwaldes (Schwarzwaldbaar) mit pollenanlytischen Beiträgen. AFJZ 128: 19–26.

RODI, D. (1956): Die Vegetations- und Standortsgliederung im Einzugsgebiet der Lein (Kreis Schwäbisch-Gmünd). Veröff. Landesst. Natursch. Landschaftspfl. Bad.-Württ. 27/28: 76–167.

RODI, D. (1975): Die Vegetation des nordwestlichen Tertiär-Hügellandes (Oberbayern). Schriftenr. Vegetationsk. 8: 21–79.

ROST-SIEBERT, K. & JAHN, G. (1988): Veränderungen der Waldbodenvegetation während der letzten Jahrzehnte – Eignung zur Bioindikation von Immissionsauswirkungen? Forst u. Holz 43: 75–81.

ROTHE, A. (1997): Einfluß des Baumartenanteils auf Durchwurzelung, Wasserhaushalt, Stoffhaushalt und Zuwachsleistung eines Fichten-Buchen-Mischbestandes am Standort Höglwald. 174 S., Forstl. Forschungsber. 163, Forstwiss. Fakultät Univ. München, München.

ROTHMALER, W., SCHUBERT, R., & VENT, W. (1986): Exkursionsflora. Band 4. 812 S., Volk u. Wissen, Berlin.

RUBNER, K. (1950): Moostypen als Vegetationsweiser. Forstarch. 21: 87–89.

RÜCKERT, E. & WITTIG, R. (1984): Der Flattergras-Buchenwald im Spessart. Ber. Bay. Bot. Ges. 55: 85–93.

RÜHL, A. (1956): Über die linksrheinischen wärmeliebenden Trockenwälder. Allg. Forst- u. Jagdztg. 127: 221–227.

RÜHL, A. (1957): Über die Waldgesellschaften Schleswig-Holsteins. Allg. Forst- u. Jagdztg. 128: 110–117.

RÜHL, A. (1960): Über die Waldvegetation der Kalkgebiete nordwestdeutscher Mittelgebirge. Decheniana 111, Beih. 8: 1–50.

RUNGE, M. (1965): Untersuchungen über die Mineralstickstoff-Nachlieferung an nordwestdeutschen Waldstandorten. Flora 155: 353–385.

RUNGE, M. (1973): Energieumsätze in den Biozönosen terrestrischer Ökosysteme. Scripta Geobot. 4: 1–78.

RUNGE, M. (1974): Die Stickstoffmineralisation im Boden eines Sauerhumus-Buchenwaldes. I. Mineralstickstoff-Gehalt und Netto-Mineralisation. II. Die Nitratproduktion. Oecol. Plant. 9: 201–218 u. 219–230.

SAMEK, V. & JAVUREK, M. (1964): Zerfallphasen und Naturverjüngung in den Buchen-Mischwäldern. Lesnicky Casopis 10: 173–194.

SAYER, U. (1999): Die Ökologie der Flaumeiche (*Quercus pubescens* Willd.) und ihrer Hybriden auf Kalkstandorten an ihrer nördlichen Arealgrenze. Untersuchungen zu Boden, Klima und Vegetation. Diss. Forstw. Fak. Univ. Freiburg. 130 S. und Anh., Freiburg.

SCAMONI, A. (1960): Waldgesellschaften und Waldstandorte – dargestellt am Gebiet des Diluviums der Deutschen Demokratischen Republik. 326 S., Akademie Verlag, Berlin.

SCAMONI, A. (1961): Der märkische Kiefern-Traubeneichenwald (Calamagrostido-Quercetum) als pflanzengeographische Erscheinung. Arch. f. Forstw. 10: 270–307.

SCAMONI, A. (1969): Das chorologische und vegetationskundliche Verhalten der Stiel- und Traubeneiche im Flachland und Hügelland der DDR nebst Folgerungen für die forstliche Praxis. Arch. Natursch. u. Landschaftsforsch. 9: 265–270.

SCAMONI, A. (1975): Die Wälder um Chorin. Vegetation und Grundlagen für die Erschließung und Pflege eines Landschaftsschutzgebietes. Naturschutzarb. Berlin u. Brandenburg Beih. 4: 1–64.

SCHERZINGER, W. (1996): Naturschutz im Wald. 447 S., Ulmer, Stuttgart.

SCHEURER, M. (1989): Vegetationskundliche Untersuchungen am Scheuchenberg (Landkreis Regensburg) als Grundlage für den Naturschutz. Hoppea 47: 91–147.

SCHEURER, M. (1993): *Cladonia stellaris* am Bayerischen Pfahl – ein Beitrag zur Kenntnis autochthoner Kiefernwälder. Hoppea 54: 565–573.

SCHEURER (1996): Trockene, bodensaure Kiefernwälder in Ostbayern. Ber. Naturw. Ges. Bayreuth 23: 496–502.

SCHLENKER, G., DIETERICH, H., MÜLLER, S., BENECKE, P., BABEL, U., EVERS, H., BLUME, H. P., MÜNNICH, K. O. & ZIMMERMANN, U. (1969): Auswirkungen des Fichtenanbaus auf die Standorte: Untersuchungen über die Auswirkungen des Fichtenreinanbaus auf Parabraunerden und Pseudogleye des Neckarlandes. Mitt. Ver. Forstl. Standortskde. u. Forstpflanzenzücht. 19: 72–114.

SCHLENKER, G. & MÜLLER, S. (1973): Erläuterungen zur Karte der Regionalen Gliederung von Baden-Württemberg. I. Teil (Wuchsgebiete Neckarland und Schwäbische Alb). Mitt. Ver. Forstl. Standortskde. u. Forstpflanzenzücht. 23: 3–66.

SCHLENKER, G. & MÜLLER, S. (1986): Erläuterungen zur Karte der Regionalen Gliederung von Baden-Württemberg IV. Teil (Wuchsgebiet Baar-Wutach). Mitt. Ver. Forstl. Standortskde. u. Forstpflanzenzücht. 32: 3–42.

SCHLÜTER, H. (1959): Waldgesellschaften und Wuchsbezirksgliederung im Grenzbereich der Eichen-Buchen – zur Buchenstufe am Nordwestabfall des Thüringer Waldes. Arch. f. Forstw. 8: 427–493.

SCHLÜTER, H. (1964): Zur Waldentwicklung im Thüringer Gebirge, hergeleitet aus Pollendiagrammen, Archivquellen und Vegetationsuntersuchungen. Arch. f. Forstw. 13: 283–305.

SCHLÜTER, H. (1965): Vegetationskundliche Untersuchungen an Fichtenforsten im Mittleren Thüringer Wald. Die Kulturpflanze 13: 55–99.

SCHLÜTER, H. (1966a): Untersuchungen über die Auswirkungen von Bestandeskalkungen auf die Bodenvegetation in Fichtenforsten. Die Kulturpflanze 14: 47–60.

SCHLÜTER, H. (1966b): Abgrenzung der natürlichen Fichtenwälder gegen anthropogene Fichtenforste und die Ausweitung des Fichtenwaldareals im Zusammenhang mit dem Tannenrückgang im Thüringer Wald. In: TÜXEN, R. (Hrsg.): Anthropogene Vegetation. Bes. Int. Symp. IVV Rinteln: 263–274.

SCHLÜTER, H. (1969): Das Calamagrostio villosae-Piceetum des Thüringer Waldes im Vergleich zu anderen Mittelgebirgen. Vegetatio 17: 157–164.

SCHMID, E. (1936): Die Reliktföhrenwälder der Alpen. 190 S., Beitr. Geobot. Landesaufn. Schweiz 21, Huber, Bern.

SCHMID, H., & VON GAISBERG, E. (1936): Untersuchungen über Standorte und Ertragsleistung der Fichte in württembergischen Waldgebieten. Mitt. Württ. forstl. Versuchsanst. 1: 1–129.

SCHMID, I. & LEUSCHNER, C. (1998): Warum fehlt den Gipsbuchenwäldern des Kyffhäusers (Thüringen) eine Krautschicht? Fortw. Cbl. 117: 277–288.

SCHMIDT, M. (2000): Die Blaugrasrasen des nördlichen deutschen Mittelgebirgsraumes und ihre Kontaktgesellschaften. Diss. Bot. 328: 1–294.

SCHMIDT, W. (1970): Untersuchungen über die Phosphorversorgung niedersächsischer Buchenwaldgesellschaften. Scripta Geobot. 1: 1–120, Goltze, Göttingen.

SCHMIDT, W. (1998): Dynamik mitteleuropäischer Buchenwälder – Kritische Anmerkungen zum Mosaik-Zyklus-Konzept. Natursch. u. Landschaftspl. 30: 242–249.

SCHMIDT, W. (1999): Bioindikation und Monitoring von Pflanzengesellschaften – Konzepte, Ergebnisse Anwendungen, dargestellt an Beispielen aus Wäldern. Ber. d. Reinh.-Tüxen-Ges. 11: 133–155.

SCHMIDT-VOGT, H. (1977): Die Fichte. Band I: Taxonomie, Verbreitung, Morphologie, Ökologie, Waldgesellschaften. 647 S., Parey, Hamburg.

SCHMIDT-VOGT, H. (1986): Die Fichte. Band. II/1: Wachstum, Züchtung, Boden, Umwelt, Holz. 563 S., Parey, Hamburg.

SCHMIDT-VOGT; H. (1991): Die Fichte. Band II/3: Waldbau, Ökosysteme, Urwald, Wirtschaftswald, Ernährung, Düngung, Ausblick. 781 S., Parey, Hamburg.

SCHMITHÜSEN, J. (1950): Das Klimaxproblem, vom Standpunkt der Landschaftsforschung aus betrachtet. Mitt. Flor.-soz. Arbeitsgem. 2: 176–182.

SCHMITHÜSEN, J. (1968): Allgemeine Vegetationsgeographie. 463 S. De Gruyter, Berlin.

SCHMUCKER, T. & DRUDE, G. (1934): Verbreitungsgesetze bei Pflanzen, besonders *Allium ursinum*. Beih. Bot. Cbl. 52 A: 240–565.

SCHNEIDER, R. (1978): Pollenanalytische Untersuchungen zur Kenntnis der spät- und postglazialen Vegetationsgeschichte am Südrand der Alpen zwischen Turin und Varese (Italien). Bot. Jb. Syst. 100: 26–109.

SCHOLZ, F. (1989): Importance of the genetic Structure in Tree Species for Forest Ecosystems under the Influence of Air Pollutants. In: ULRICH, B. (Hrsg.): Internationaler Kongreß Waldschadensforschung: Wissensstand und Perspektiven: 479–497. Kernforschungszentrum Karlsruhe GmbH, Karlsruhe.

SCHÖPFER, W. (1985): Zur Genauigkeit terrestrischer Waldschadensinventuren. Forst- und Holzwirt. 40: 221–224.

SCHRAUTZER, J., HÄRDTLE, W., HEMPRICH, G. & WIEBE, C. (1991): Zur Synökologie und Synsystematik gestörter Erlenwälder im Gebiet der Bornhöveder Seenkette (Schleswig-Holstein). Tuexenia 11: 293–307.

SCHRETZENMAYR, M. (1967): Der *Aira flexuosa*-Buchenwald (Markgraf 1925). Eine Betrachtung 40 Jahre später. Bot. Jb. 86: 522–526.

SCHRÖDER, L. (1984): Kartenübersicht zur potentiellen natürlichen Vegetation und realer Waldvegetation in der Bundesrepublik Deutschland. Natur u. Landschaft 59: 280–283.

SCHUBERT, R. (1960): Die zwergstrauchreichen azidophilen Pflanzengesellschaften Mitteldeutschlands. Pflanzensoziologie 11: 1–235.

SCHUBERT, R. (1972): Übersicht über die Pflanzengesellschaften des südlichen Teiles der DDR. III. Wälder, Teil 1–3. Hercynia 9: 1–34, 106–136, 197–228.

SCHUHWERK, F. (1986): Kryptogamengemeinschaften in Waldassoziationen – ein methodischer Vorschlag zur Synthese. Phytocoenologia 14: 79–108.

SCHUHWERK, F. (1988): Naturnahe Vegetation im Hotzenwald (Südöstlicher Schwarzwald). Diss. Univ. Regensburg. 526 u. Anh., Regensburg.

SCHUHWERK, F. (1990): Relikte und Endemiten in Pflanzengesellschaften Bayerns – eine vorläufige Übersicht. Ber. Bay. Bot. Ges. 61: 303–323.

SCHULZE, E. D. (1970): Der CO_2-Gaswechsel der Buche (*Fagus silvatica* L.) in Abhängigkeit von Klimafaktoren im Freiland. Flora 159: 177–232.

SCHULZE, E. D. & HALL, A. E. (1982): Stomatal responses, water loss and CO_2-assimilation rates of plants contrasting environmments. In: LANGE, O. L., OSMOND, C. B. & ZIEGLER, H. (eds.): Encyclopedia of plant physiology. Vol. 12 B: 181–230. Springer, Berlin, Heidelberg, New York.

SCHULZE, E. D. & LANGE, O. L. (1986): Der Kohlenstoffhaushalt in Wald, Forst und Wiese. In: ELLENBERG, H., MAYER, R. & SCHAUERMANN, J. (Hrsg.): Ökosystemforschung. Ergebnisse des Sollingprojekts 1966–1986: 136–149. Ulmer, Stuttgart.

SCHÜTT P., SCHUCK, H. J. & STIMM, B. (1992): Lexikon der Forstbotanik. 579 S., Ecomed, Landsberg.

SCHWABE A. & KRATOCHWIL, A. (1987): Weidbuchen im Schwarzwald und ihre Entstehung durch Verbiß des Wälderviehs. Beih. Veröff. Naturschutz Landschaftspflege Bad.-Württ. 49: 1–120.

SCHWICKERATH, M. (1944): Das Hohe Venn und seine Randgebiete. Pflanzensoziologie. 6, 278 S., Fischer, Jena.

SCHWICKERATH, M. (1958): Die wärmeliebenden Eichenwälder des Rheinstromgebietes und ihre Beziehungen zu den verwandten Wäldern Österreichs. Schr. Ver. Verbreitung Naturw. Kenntnisse 98: 86–112.

SEBALD, O. (1956): Über Wachstum und Mineralstoffgehalt von Waldpflanzen in Wasser- und Sandkulturen bei abgestufter Azidität. Mitt. Württemb. Forstl. Vers. Anst. 13: 3–83.

SEBALD, O. (1966): Erläuterungen zur vegetationskundlichen Karte 1:25 000 Blatt 7617 Sulz. 107 S., Stuttgart.

SEBALD, O. (1974): Erläuterungen zur vegetationskundlichen Karte 1:25 000 Blatt 6923 Sulzbach/Murr (Mainhardter Wald). 100 S., Stuttgart.

SEBALD, O. (1983): Erläuterungen zur vegetationskundlichen Karte 1:25 000 Blatt 7919 Mühlheim a. d. Donau. 87 S., Stuttgart.

SEIBERT, P. (1958): Die Pflanzengesellschaften im Naturschutzgebiet „Pupplinger Au". Landschaftspfl. u. Vegetationskde. 1: 1–79.

SEIBERT, P. (1962): Die Auenvegetation an der Isar nördlich von München und ihre Beeinflussung durch den Menschen. Landschaftspfl. u. Vegetationskde. 3: 1–124.

SEIBERT, P. (1968): Übersichtskarte der natürlichen Vegetationsgebiete von Bayern 1:500 000 mit Erläuterungen. Schriftenr. f. Vegetationskde. 3: 1–83.

SEIBERT, P. (1969): Über das Aceri-Fraxinetum als vikariierende Gesellschaft des Galio-Carpinetum am Rande der bayerischen Alpen. Vegetatio 17: 165–175.

SEIBERT, P. (1992a): Erico-Pinetea. In: OBERDORFER, E. (Hrsg.): Süddeutsche Pflanzengesellschaften. Teil IV. Wälder und Gebüsche: 42–52. Fischer, Jena.

SEIBERT, P. (1992b): Vaccinio-Piceetea. In: OBERDORFER, E. (Hrsg.): Süddeutsche Pflanzengesellschaften. Teil IV. Wälder und Gebüsche: 53–80. Fischer, Jena.

SEIBT, G. & ELLENBERG, H. (1986): Entwicklung und Leistung der Buchen- und Fichtenbestände. In: ELLENBERG, H., MAYER, R. & SCHAUERMANN, J. (Hrsg.): Ökosystemforschung. Ergebnisse des Sollingprojekts 1966–1986: 103–109. Ulmer, Stuttgart.

SEIDEL, D. (1976): Quantitativ-analytische Untersuchungen der Moosvegetation in Fichtenwäldern des Schönbuchs und der Schwäbischen Alb. Flora 165: 139–162.

SELLE, W. (1936): Die nacheiszeitliche Wald- und Moorentwicklung im südöstlichen Randgebiet der Lüneburger Heide: 371–421. Veltheim, Braunschweig.

SISSINGH, G. (1970): Dänische Buchenwälder. Vegetatio 21: 245–254.

SLAVÍKOVÁ, J. (1958): Einfluß der Buche (*Fagus sylvatica* L.) als Edifikator auf die Entwicklung der Krautschicht in Buchenphytozönosen. Preslia 30: 19–42.

SOO, R. (1962): Systematische Übersicht der pannonischen Pflanzengesellschaften V. Die Gebirgswälder I. Acta Bot. Acad. Sci. Hung. 8: 335–366.

SOUGNEZ, N. & THILL, A. (1959): Carte de la végétation de la Belgique. Texte explicatif de la planchette de Grupont 195 W.: 1–82.

SPEIER, M. (1994): Vegetationskundliche und paläoökologische Untersuchungen zur Rekonstrution prähistorischer und historischer Landnutzungen im südlichen Rothaargebirge. Abh. Westf. Mus. Naturkde. 56: 1–174.

SPEIER, M. (1997): Die nacheiszeitliche Entwicklung der Gehölzflora in Norddeutschland. NNA-Berichte 10: 5–15.

SSYMANK, A. (1994): Indikatorarten der Fauna für historisch alte Wälder. In: Bedeutung historisch alter Wälder für den Naturschutz. NNA-Berichte 7: 134–141.

STEGINK-HINDRIKS, L. (1994): Historisch alte Wälder – ihre Berücksichtigung in Konzepten und Programmen. NNA-Berichte 7: 152–159.

STEIN, A. & BREEMEN VAN, N. (1993): Time series analysis of changes in the soil solution: Evidence for approach to nitrogen saturation in Dutch forest soils. Agriculture, Ecosystems and Environment 47: 147–158.

STEIN, J. (1981): Biotopschutzprogramm Altholzinseln im hessischen Wald. Beih. Veröff. Natursch. Landschaftspfl. Bad Württ. 20: 91–110.

STÖCKER, G. (1965): Vegetationskomplexe auf Felsstandorten, ihre Auflösung und Systematisierung der Komponenten. Feddes Rep. 142: 222–236.

STÖCKER, G. (1967): Der Karpatenbirken-Fichtenwald des Hochharzes. Eine vegetationskundlich-ökologische Studie. 123 S., Pflanzensoziologie 15, Fischer, Jena.

STOCKMAR, S. (1984): Vegetationskundliche Untersuchungen in Fichtenwäldern und Fichtenforsten des Nordharzes. Tuexenia 4: 267–278.

STOFFLER, H. D. (1975): Zur Kenntnis der Tannen-Mischwälder auf Tonböden zwischen Wutach und Eyach (Pyrolo-Abietetum). Beitr. naturk. Forsch. SW-Deutschl. 34: 357–370.

STORM, C. (1996): Analyse der Beziehungen zwischen Standort und Vegetation mit der logistischen Regression – eine Studie in Nadelwäldern des Schwarzwaldes. Phytocoenologia 26: 273–412.

STROHWASSER, H. P. (1984): Das Durchbruchtal der Wertach im Allgäuer Alpenvorland. Jb. Ver. zum Schutz der Bergwelt 49: 115–162.

STURM, K. (1993): Prozeßschutz – ein Konzept für naturschutzgemäße Waldwirtschaft. Z. Ökol. u. Natursch. 2: 181–182.

STURM, K. (1994): Naturnahe Waldnutzung in Mitteleuropa. Unveröff. Gutachten im Auftrag von Greenpeace Deutschland, Polykopie, Duvensee.

STURM, K. & WALDENSPUHL, T. (1992): Grundsätze des Waldnaturschutzes und deren Umsetzung durch Waldbiotopkartierung. Vortr. Sem. Naturwerte u. Forstplanung, Univ. Freiburg.

SUCCOW, M. & JESCHKE, L. (1990): Moore in der Landschaft. 268 S., Verlag Harri Deutsch, Thun.

SUCK, R. (1991): Beiträge zur Syntaxonomie und Chorologie des Kalk-Buchenwaldes im außeralpinen Deutschland. Diss. Bot. 175: 1–211 u. Tab.

THIMONIER, A., DUPONEY, J. L. & TIMBAL, J. (1992): Floristic changes in the herblayer vegetation of a deciduous forest in the Lorraine Plain under the influence of atmospheric deposition. For. Ecol. Manage. 55: 149–167.

THOMASIUS, H. (1990): Dynamik natürlicher Waldgesellschaften im Osterzgebirge, ihre Modifikation durch Umweltveränderungen und deren Bedeutung für Rekonstruktionsmaßnahmen. Arch. Nat.schutz Landsch.forsch. 30: 161–176.

THOMASIUS, H. (1992): Prinzipien eines ökologisch orientierten Waldbaus. Forstw. Cbl. 111: 141–155.

THOMASIUS, H. (1993): Grundlagen eines ökologisch orientierten Waldbaus. In: HATZFELDT, H. (Hrsg.): Ökologische Waldwirtschaft. Grundlagen – Aspekte: 77–106. Müller, Heidelberg.

TILL, O. (1956): Über die Frosthärte von Pflanzen sommergrüner Laubwälder. Flora 143: 499–542.

TRAUTMANN, W. (1952): Pflanzensoziologische Untersuchung der Fichtenwälder des Bayerischen Waldes. Forstwiss. Cbl. 71: 289–313.

TRAUTMANN, W. (1966): Erläuterungen zur Karte der potentiellen natürlichen Vegetation der Bundesrepublik Deutschland 1:200000, Blatt 85 Minden. Schriftenr. f. Vegetationskde. 1: 1–137.

TRAUTMANN, W. (1972): Nordrhein-Westfalen: Potentielle natürliche Vegetation. Deutscher Planungsatlas, Nordrhein-Westfalen: 1–29.

TRAUTMANN, W., unter Mitarb. v. KRAUSE, A. MEYER, W., MEISEL, K., & WOLF, G. (1973): Vegetationskarte der Bundesrepublik Deutschland 1:200000 – Potentielle natürliche Vegetation – Blatt CC 5502 Köln. Schriftenr. f. Vegetationskd. 6: 1–172.

TREPL, L. (1987): Geschichte der Ökologie. 280 S., Athenäum, Frankfurt.

TROELS-SMITH, J. (1955): Pollenanalytische Untersuchungen zu einigen schweizerischen Pfahlbauproblemen. Monogr. Ur- u. Frühgesch. Schweiz 11: 283–288.

TÜRK, W. (1993a): Entwurf einer Karte der Potentiellen natürlichen Vegetation von Oberfranken. Tuexenia 13: 33–55.

TÜRK, W. (1993b): Pflanzengesellschaften und Vegetationsmosaike im nördlichen Oberfranken. Diss. Bot. 207: 1–290.

TUTIN, T. G. & HEYWOOD, V. J. (1964): Flora Europaea. Volume 1. 464 S., University Press, Cambridge.

TÜXEN, R. (1937): Die Pflanzengesellschaften Nordwestdeutschlands. Mitt. Flor.-soz. Arbeitsgem. 3: 1–170.

TÜXEN, R. (1950): Neue Methoden der Wald- und Forstkartierung. Mitt. Flor.-soz. Arbeitsgem. 2: 217–219.

TÜXEN, R. (1954): Über die räumliche, durch Relief und Gestein bedingte Ordnung der natürlichen Waldgesellschaften am nördlichen Rande des Harzes. Vegetatio 5/6: 454–478.

TÜXEN, R. (1956): Die heutige potentielle natürliche Vegetation als Gegenstand der Vegetationskartierung. Angew. Pflanzensoz. 13: 4–42.

TÜXEN, R. (1963): Typen von Vegetationskarten und ihre Erarbeitung. In: Tüxen, R. (Hrsg.): Vegetationskart. Stolzenau 1959. Ber. d. Int. Symp. IVV Rinteln: 139–154.

TÜXEN, R. (1975): Le Betulo-Quercetum de l'Allemagne du nord-ouest est-il une véritable association ou non? Collog. Phytosoc. 3: 311–317.

TÜXEN, R. & DIEMONT, H. (1937): Klimaxgruppe und Klimaxschwarm. Ein Beitrag zur Klimaxtheorie. Jahresber. Naturhist. Ges. Hannover 88–89: 73–87.

TYLER, G. (1987): Probable effects of soil acidification and nitrogen deposition on the floristic composition of oak (*Quercus robur* L.) forests. Flora 179: 165–170.

UERPMANN, H.-P. (1983): Die Anfänge von Tierhaltung und Pflanzenanbau. In: MÜLLER-BECK, H. (Hrsg.): Urgeschichte in Baden-Württemberg: 405–428. Theiss, Stuttgart.

ULLMANN, I. (1977): Die Vegetation des südlichen Maindreiecks. Hoppea 36: 5–190.

ULRICH, B. (1981): Ökologische Gruppierung von Böden nach ihrem chemischen Bodenzustand. Z. Pflanzenernähr. u. Bodenkde. 144: 289–305.

ULRICH, B. (1993): 25 Jahre Ökosystem- und Waldschadensforschung im Solling. Stand und Ausblick. Forstarchiv 64: 147–152.

ULRICH, B., MAYER, R. & MATZNER, E. (1986): Vorräte und Flüsse der chemischen Elemente. In: ELLENBERG, H., MAYER, R., SCHAUERMANN, J. (Hrsg.): Ökosystemforschung. Ergebnisse des Sollingprojekts 1966–1986: 375–417. Ulmer, Stuttgart.

USINGER, H. (1983): Pollenstratigraphische, vegetations- und klimageschichtliche Gliederung des „Bölling-Alleröd-Komplexes" in Schleswig-Holstein und ihre Bedeutung für die Spätglazial-Stratigraphie in benachbarten Gebieten. Habilitation Univ. Kiel, 77 S.

VAN DEN BURG, J. (1985): Foliar analysis for determination of tree nutrient status – a compilation of literature data. Rijksinst. voor onderzoek in de bosen landschapsbouw. 615 S., University of Wageningen.

VERBÜCHELN, G. & SCHNEIDER, K. (1990): Rezente Zeugnisse historischer Waldwirtschaftsweisen am Niederrhein unter besonderer Berücksichtigung acidophiler Buchenniederwälder. Forstwiss. Cbl. 109: 296–308.

VINCENT, J. M. (1989): Quantitative Untersuchungen am Feinwurzelsystem von Altbuchen unterschiedlicher Schadstufen. Bielefelder Ökol. Beitr. 5: 160–166.

WALENTOWSKI, H. (1998): Die Weißtannen-Waldgesellschaften Bayerns – eine vegetationskundliche Studie mit europäischem Bezug, mit waldbaulichen Anmerkungen und naturschutzfachlicher Bewertung. Diss. Bot. 291: 1–473.

WALLNÖFER, S. (1993): Vaccinio-Piceetea. In: MUCINA, L., GRABHERR, G. & WALLNÖFER, S. (Hrsg.): Die Pflanzengesellschaften Österreichs. Teil III: 283–337. Fischer, Jena.

WALLNÖFER, S., MUCINA, L. & GRASS, V. (1993): Querco-Fagetea. In: MUCINA, L., GRABHERR, G. & WALLNÖFER, S. (Hrsg.): Die Pflanzengesellschaften Österreichs. Teil III: 85–236. Fischer, Jena.

WALTER, H. (1954/1962): Einführung in die Phytologie Bd. I: Grundlagen des Pflanzenlebens. 494 S., Ulmer, Stuttgart; Bd. III: Grundlagen der Pflanzenverbreitung, Teil 1: Standortslehre. 525 S., Ulmer, Stuttgart.

WALTER, H. (1974): Die Vegetation Osteuropas, Nord- und Zentralasiens. 452 S., Fischer, Stuttgart.

WALTER, H. & STRAKA, H. (1970) Arealkunde, floristisch-historische Geobotanik. 478 S., 2. Aufl., Ulmer, Stuttgart.

WALTER, H. & WALTER, E. (1953): Das Gesetz der relativen Standortskonstanz, das Wesen der Pflanzengesellschaften. Ber. Dt. Bot. Ges. 66: 227–235.

WARMING, E. (1896): Lehrbuch der ökologischen Pflanzengeographie. Eine Einführung in die Kenntnis der Pflanzenvereine. 412 S., Borntraeger, Berlin.

WARMING, E. & GRAEBNER, P. (1918): Lehrbuch der ökologischen Pflanzengeographie. 988 S., Borntraeger, Berlin.

WEBER, D. F. & GAINEY, P. L. (1962): Relative sensitivity of nitrifying organisms to hydrogen ions in soils and in solutions. Soil Sci. 94: 138–145.

WEBER, G. (1998): Wachstum und Ernährungszustand von jungen Eschen (*Fraxinus excelsior* L.) und Bergahornen (*Acer pseudoplatanus* L.) in Abhängigkeit von der Basen- und Al-Sättigung und vom Wasserhaushalt natürlicher Böden. 234 S., Hieronymus, München.

WEBER, H. E. (1986): Waldumwandlung durch Beweidung in Niedersachsen. Natur u. Landschaft 61: 330–333.

WEBER, H. E. (2003): Gebüsche, Hecken, Krautsäume. 229 S., Ulmer, Stuttgart.

WEINERT, E. (1968): Zur Chorologie der submeridionalen Eichen-Hainbuchenwälder des südöstlichen Europa. Feddes Rep. 78: 131–133.

WELSS, W. (1985): Waldgesellschaften im nördlichen Steigerwald. Diss. Bot. 83: 1–174.

WESTHOFF, V. (1958): Boden- und Vegetationskartierung von Wald- und Forstgesellschaften im Quercion robori-petraeae-Gebiet der Veluwe (Niederlande). Angew. Pflanzensoz. 15: 23–30.

WESTHOFF, V. & DEN HELD, A. J. (1969): Plantengemeenschappen in Nederland. 324 S., Thieme & Cie, Zutphen.

WESTPHAL, C. (2000): Theoretische Gedanken und beispielhafte Untersuchungen zur Naturnähe von Wäldern im Staatlichen Forstamt Sellhorn (Naturschutzgebiet Lüneburger Heide). Diss. Univ. Lüneburg. 213 S. u. Anh., Lüneburg.

WHITE, E. J. & TURNER, F. (1970): A method of estimating income of nutrients in a catch of airborne particles by a woodland canopy. J. Appl. Ecol. 68: 365–395.

WHITTAKER, R. H. (1962): Classification of natural communities. Bot. Rev. 28: 1–239.

WIERMANN, R. & SCHULZE, D. (1996): Pollenanalytische Untersuchungen im großen Torfmoor bei Nettelstedt (Kreis Minden-Lübbecke). Abh. Westf. Mus. Naturkde. 48: 481–495.

WIERZCHOWSKA, U. (1981): Ecological amplitude and the regional variation of soil conditions in Oak-Hornbeam forests, Tilio-Carpinetum Tracz. 1962, in Poland. Ekologia Polska 29: 469–498.

WILMANNS, O. (1967): Anthropogener Wandel in der Kryptogamen-Vegetation in Südwestdeutschland. Ber. Geobot. Inst. ETH Stift. Rübel 37: 74–87.

WILMANNS, O. (1989): Zur Frage der Reaktion der Waldboden-Vegetation auf Stoffeintrag durch

Regen – eine Studie auf der Schwäbischen Alb. Allg. Forst- u. Jagd-Ztg. 160: 165–175.

WILMANNS, O. (1993): *Ericaceen*-Zwergsträucher als Schlüsselarten. Ber. d. Reinh. Tüxen-Ges. 5: 91–112.

WILMANNS, O. (1995): Die Eigenart der Vegetation im Mittleren Schwarzwald als Ausdruck der Bewirtschaftungsgeschichte. Mitt. bad. Landesver. Naturk. Natursch. N.F. 16: 227–249.

WILMANNS, O. (1998): Ökologische Pflanzensoziologie. 405 S., Quelle & Meyer, Wiesbaden.

WILMANNS, O. & BOGENRIEDER, A. (1986): Veränderungen der Buchenwälder des Kaiserstuhls im Laufe von vier Jahrzehnten und ihre Interpretation – pflanzensoziologische Tabellen als Dokumente. Abh. Westf. Mus. Naturkde. 48: 55–79.

WILMANNS, O., BOGENRIEDER, A. & MÜLLER, W. H. (1986): Der Nachweis spontaner, teils autogener, teils immissionsbedingter Änderungen von Eichen-Hainbuchenwäldern – eine Fallstudie im Kaiserstuhl/Baden. Natur u. Landschaft 61: 415–422.

WILMERS, F. & ELLENBERG, H. (1986): Allgemeinklima und Bestandesklima. In: ELLENBERG, H., MAYER, R. & SCHAUERMANN, J. (Hrsg.): Ökosystemforschung. Ergebnisse des Sollingprojekts 1966–1986: 61–76. Ulmer, Stuttgart.

WINTERHOFF, W. (1963): Vegetationskundliche Untersuchungen im Göttinger Wald. Nachr. Akad. Wiss. Göttingen. II. Math.-Phys. Kl. 2.: 1–79.

WINTERHOFF, W. (1978): Gefährdung und Schutz von Pilzen. Beih. Veröff. Naturschutz Landschaftspfl. Bad.-Württ. 11: 161–167.

WINTERHOFF, W. u. Mitarbeiter (1984): Vorläufige Rote Liste der Großpilze (Makromyzeten). In: BLAB, Z., NOWAK, E., TRAUTMANN, W. & SUKOPP, H. (Hrsg.): Rote Liste der gefährdeten Tiere und Pflanzen in der Bundesrepublik Deutschland: 162–184. Kilda, Greven.

WIRTH, V. (1976): Veränderungen der Flechtenflora und Flechtenvegetation in der Bundesrepublik Deutschland. Schriftenr. f. Vegetationskde. 10: 177–202.

WIRTH, V. (1978): Die Kartierung von Flechten in Baden-Württemberg und ihr Beitrag zum Schutz von Arten und Biotopen. Beih. Veröff. Natursch. Landschaftspfl. Bad.-Württ. 11: 135–154.

WITSCHEL, M. (1980): Xerothermvegetation und dealpine Vegetationskomplexe in Südbaden. Beih. Veröff. Natursch. Landschaftspfl. Bad-Württ. 17: 1–212.

WITSCHEL, M. (1989): Ökologie, Verbreitung und Vergesellschaftung von Amethyst-Schwingel (*Festuca amethystina* L.) und Horst-Segge (*Carex sempervirens* Vill.) in Baden-Württemberg. Jh. Ges. Naturkde. Württ. 144: 177–209.

WITTIG, R., BALLACH, H.-J. & BRANDT, C. J. (1985): Increase of number of acid indicators in the herb layer of the millet gras-beech forest of the Westfalian Bight. Angew. Bot. 59: 219–232.

WOLF, T. (1993): Die Missen im Landkreis Calw. Beih. Veröff. Naturschutz Landschaftspflege Bad.-Württ. 73: 55–190.

WOLTER, M. & DIERSCHKE, H. (1975): Laubwald-Gesellschaften der nördlichen Wesermünder-Geest. Mitt. Flor.-soz. Arbeitsgem. 18: 203–217.

WULF, M. (1993): Zur Bedeutung historisch alter Waldflächen für den Pflanzenartenschutz. Verh. GfÖ 22: 269–272.

WULF, M. (1994): Überblick zur Bedeutung des Alters von Lebensgemeinschaften, dargestellt am Beispiel „historisch alter Wälder". In: Bedeutung historisch alter Wälder für den Naturschutz. NNA-Berichte 7/3: 3–14.

WUNDER, J. & MÖSELER, B. M. (1996): Kaltluftströme auf Basaltblockhalden und ihre Auswirkungen auf Mikroklima und Vegetation. Flora 191: 335–344.

ZACHARIAS, D. (1994): Bindung von Gefäßpflanzen an Wälder alter Waldstandorte im nördlichen Harzvorland Niedersachsens – ein Beispiel für die Bedeutung des Alters von Biotopen für den Pflanzenartenschutz. NNA-Berichte 7: 76–88.

ZACHARIAS, D. (1996): Flora und Vegetation von Wäldern der Querco-Fagetea im nördlichen Harzvorland unter besonderer Berücksichtigung der Eichen-Hainbuchen-Mittelwälder. Natursch. Landschaftspfl. Niedersachsen 35: 1–150.

ZACHARIAS, D. & BRANDES, D. (1990): Species area-relationship and frequency. Floristical data analysis of 44 isolated woods in Northwestern Germany. Vegetatio 88: 21–29.

ZECH, W. (1969): Kalkhaltige Böden als Nährsubstrat für Koniferen. Diss. Univ. München. 165 S., München.

ZEIDLER, H. (1953): Waldgesellschaften des Frankenwaldes. Mitt. Flori.-soz. Arbeitsgem. 4: 88–109.

ZELNIKER, J. L. (1968): Dürreresistenz von Baumarten unter Steppenbedingungen. In: Dt. Akad. Landwirtschaftswiss. Berlin, Tagungsber. 100: 131–140.

ZERBE, S. (1992): Fichtenforste als Ersatzgesellschaften von Hainsimsen-Buchenwäldern. 173 S., Ber. Forschungszentr. Waldökosysteme, Reihe A 100

ZIERL, H. (1972): Der Hochwald – Untersuchungen über die Fichtenbestände in den Hochlagen des Bayerischen Waldes. Forstwiss. Forsch. 33: 1–80.

ZIMMERLI, S. & SCHÜTZ, M. (1995): Zur ökologischen Charakterisierung von Waldgesellschaften am Beispiel des Waldsimsen-Buchenwaldes (Luzulo silvaticae-Fagetum). Schweiz. Z. f. Forstw. For. Suisse 3: 157–179.

ZOLLER, H. (1960): Pollenanalytische Untersuchungen zur Vegetationsgeschichte der insubrischen Schweiz. Denkschr. Schweiz. Naturf. Ges. 63: 45–256.

ZÖTTL, H. (1961): Dynamik der Stickstoffmineralisation im organischen Waldbodenmaterial. I. Beziehungen zwischen Bruttomineralisation und Nettomineralisation. Plant and Soil 13: 166–182.

Zöttl, H. (1965): Anhäufung und Umsetzung von Stickstoff im Waldboden. Ber. Dt. Bot. Ges. 78: 167–180.
Zuck, W. (1952): Untersuchungen über das Vorkommen und die Biotope einheimischer Lumbriciden. Jahresb. Ver. Vaterl. Naturk. Württ. 107: 95–132.
Zukrigl, K. (1966): Urwaldreste in den niederösterreichischen Kalkalpen. Angew. Pflanzensoz. 19: 289–296.
Zukrigl, K. (1973): Montane und subalpine Waldgesellschaften am Alpenostrand unter mitteleuropäischem, pannonischem und illyrischem Einfluß. Mitt. Forstl. Bundesversuchsanst. Mariabrunn 101: 1–387.
Zukrigl, K., Eckhart, G. & Nather, J. (1963): Standortskundliche und waldbauliche Untersuchungen in Urwaldresten der niederösterreichischen Kalkalpen. Mitt. Forstl. Bundesversuchsanst. Mariabrunn 62: 1–244.
Zukrigl, K., Egger, G. & Rauchecker, M. (1993): Untersuchungen über Vegetationsveränderungen durch Stickstoffeintrag in österreichische Waldökosysteme. Phytocoenologia 23: 95–114.
Zundel, R. (1990): Einführung in die Forstwissenschaft. 359 S., Ulmer, Stuttgart.

Artenregister

Sachregister

Bildquellen

Die Grafiken fertigte Dirk Hahn nach Vorlagen der Verfasser und aus der zitierten Literatur.

Alle Fotos stammen, sofern nicht anders angemerkt, von den Verfassern.